Peter M. Kunz
Behandlung flüssiger Abfälle

UMWELTSCHUTZ ENTSORGUNGSTECHNIK

Prof. Dr. Peter M. Kunz

Behandlung flüssiger Abfälle

Flüssige Rückstände, Abfälle und Konzentrate

Vogel Buchverlag

Prof. Dr. rer. pol. Dipl.-Ing. Peter Kunz

1955 in Freiburg/Breisgau geboren. 1975 bis 1981 Studium der Siedlungswasserwirtschaft an der Universität Karlsruhe (TH); anschließend berufsbegleitendes Aufbaustudium Biotechnologie. 1980 bis 1987 wissenschaftlicher Angestellter am Fraunhofer-Institut für Systemtechnik und Innovationsforschung in Karlsruhe. 1987 Promotion an der TH Karlsruhe. Seit 1987 Professor für Grundlagen und angewandte Verfahrenstechnikan der Fachhochschule für Technik in Mannheim; seit Januar 1988 Leiter des dortigen Institutes für Biologische Verfahrenstechnik. Seit 1989 Inhaber einer Beratungsfirma für Biologische Verfahrenstechnik sowie Versuchsplanung in Karlsruhe. Im Dezember 1990 zum Sachverständigen für Produktions- und Rückgewinnungsverfahren (Luft, Wasser, Abwasser, Stoffe, Abfall) bestellt und vereidigt.

Die Fachbuchgruppe Umweltschutz/Entsorgungstechnik umfaßt folgende Themenbände:

Sattler/Emberger	Behandlung fester Abfälle
Kunz	Behandlung von Abwasser
Kunz	Behandlung flüssiger Abfälle
Fritz/Kern	Reinigung von Abgasen
Richly	Meß- und Analyseverfahren
	(Herausgeber: Prof. Dipl.-Ing. Klaus Sattler)
Borries	Altlastenerfassung und Erstbewertung
Emberger	Kompostierung und Vergärung
Ernstberger/ Lukas-Bartl	Kompendium für den technischen Umweltschutz
Schmid	Deponietechnik
Wille	Bodensanierungsverfahren

Die Deutsche Bibliothek – CIP-Einheitsaufnahme

Kunz, Peter: Behandlung flüssiger Abfälle : flüssige Rückstände, Abfälle und Konzentrate / Peter M. Kunz. – 1. Aufl. – Würzburg : Vogel, 1995
(Vogel-Fachbuch : Umweltschutz, Entsorgungstechnik)
ISBN 3-8023-1443-3

ISBN 3-8023-1443-3
1. Auflage. 1995

Umschlaggrafik: Michael M. Kappenstein, Frankfurt
Satz: Vogel Buchverlag, Würzburg
Druck und Bindung: Wilhelm Röck, Weinsberg

Vorwort

Auszug aus «Die Legende vom Wegweiser»

Ein Wegweiser ist nicht mehr als ein Stück Holz ohne eigenen Wert, verwittert vielleicht und sogar morsch. Er selbst kann nicht lesen, was auf ihm geschrieben steht, und könnte er's auch, er würde es doch nicht verstehen. Auch kann er niemals dorthin gehen, wohin er weist, im Gegenteil, sein Zweck ist es stehenzubleiben, wo er steht. Das kann überall sein, jeder Ort ist gleich gut, außer einem einzigen, nämlich der, auf den er weist. Das ist die einzige Stelle, wo er ganz und gar nutzlos und ohne Sinn wäre. Und eben weil er dort nicht ist, wohin er weist, ist er demjenigen dienlich, der den Weg dorthin sucht. *Michael Ende*

Die Abfallproblematik reicht weit in die Geschichte der Menschheit zurück: Sie ist so alt wie die Menschen in Gemeinschaften zusammenleben. Manche geschichtlichen Rückschlüsse über das Zusammenleben und die Kultur früherer Generationen werden aus Relikten von entdeckten Abfallgruben gezogen. Im Mittelalter noch «entsorgte» die Bevölkerung ihre vegetativen Rückstände aus dem Fenster direkt auf die Straße. Die «Wegwerfgesellschaft» ist also gar nicht so jung, wie man immer glauben mag. Folgeprobleme (Seuchen) wirkten damals sogar direkter auf die Verursacher zurück als heute.

Allerdings läßt sich auch die Wertstoffrückgewinnung in der Historie zurückverfolgen: Jäger und Sammler haben alles verwertet, was sie einer Verwendung zuführen konnten (Knöchelchen als Stecknadeln usw.). Aus Hamburg (1611) ist eine Gassen-Deputation bekannt, die eine Abfallbeseitigung gegen geringes Entgelt als Dienstleistung öffentlich ausschrieb. Die «Dreckführer» machten sogar noch ein gutes Geschäft (Müll-Barone), da sie die Abfälle sortiert und an die Bauern des Umlandes den organischen Anteil verkauft haben.

Damals wie heute hat besonders wirtschaftliche Not Menschen auf Müllhalden getrieben. In der modernen Zeit sind aber Müllberge entstanden, deren Dimensionen und Zusammensetzung einen unübersehbar hohen Grad an Gefährlichkeit erreicht haben. Ein erwachendes Bewußtsein für die Erhaltung der Natur regt sich allenthalben, obwohl die Akzeptanz der Bevölkerung hinsichtlich ihrer eigenen Abfallbehandlungs- und -entsorgungsanlagen zu wünschen übrigläßt. Sie kann sich aber nicht aus der Mitverantwortung für die Emissionen im täglichen Umfeld (Strom im Haushalt, Benzin, Verpackungen usw.) stehlen.

Der inzwischen allen bekannte Entsorgungsnotstand wird aber immer noch von vielen als Problem der zuständigen Behörden gesehen und weniger als ein Problem, das jeder einzelne durch seine Konsumgewohnheiten mitverursacht: Jeder von uns (oder fast jeder) läßt sich durch Farben verführen; wir stellen Ansprüche an die Dauerhaftigkeit von Gebrauchs- und Luxusgütern, aber wir sind nicht bereit zu sehen, daß die von uns geforderte Qualität mit Ausschuß und Produktionsabfällen gekoppelt ist (Emissionshypothek). Der glänzende Autolack muß sein. Lack als solcher ist aber «Gift», von dem wir nichts wissen wollen, schon gar nicht, wenn er in unserer Nähe durch Verbrennungsanlagen mineralisiert, d.h. entgiftet werden soll.

Damit sind wir beim Thema: Flüssige Abfälle aus der Industrie gelten immer als Sonderabfall und «Sonderabfall ist immer Gift». «Sollen sich doch die Ingenieure etwas einfallen lassen, um das Problem zu entschärfen.» Ingenieure sind deshalb auch ganz besonders gefordert und erarbeiten ständig neue technische Lösungen, um das Abfallaufkommen mechanisch zu sortieren, zu mineralisieren, zu deponieren, die Sikkerwässer zu behandeln und ... und vergessen dabei, daß das System Mensch-Technik optimiert werden muß.

Erst wenn jeder bereit ist, seinen Anteil an der Umweltbelastung zu erkennen und sich entsprechend umzustellen (nicht der totale Verzicht ist damit gemeint), kann man eine umweltverträgliche Produktion aufbauen. Wenn man weiß, wo die Kette der unvermeidbaren Reste unserer Abfälle aus Produktion und Konsum endet, kann man eine **technische Lösung für die Produktion** dieses Abfallrestes finden. Dazu ist es aber notwendig, daß eine gesellschaftliche Akzeptanz für diese Art der Problemlösung existiert und nicht dem St.-Florians-Prinzip gehuldigt wird. Hier sind Ingenieure auch als verantwortliche Staatsbürger gefordert.

Dieses Buch liefert hierzu einen indirekten Beitrag: Neben den technischen Lösungsmöglichkeiten zeigt es auch die Grenzen, die technische Lösungen in sich bergen, und vermeidet Hoffnungen zu wecken, die nicht zu erfüllen sind. Angesichts der umfangreichen Abfallproblematik konzentriert es sich auf flüssige Abfälle, die nach Ansicht des Verfassers problemreichste Abfallgruppe für die Industrie. Dazu werden aufgrund aktueller Diskussionen zum Thema «Flüssige Abfälle» auch jene Abwässer gerechnet, die einen CSB größer 10 000 mg/l aufweisen.

Da nicht alle Themen grundlagenorientiert behandelt werden können, gehören zur Zielgruppe Techniker, Ingenieure und Praktiker mit entsprechender Vorbildung. Insbesondere Absolventen der Verfahrenstechnik, des Apparatebaus und der chemischen Technik, die sich mit der Materie vertraut machen, dient das Buch zur Vertiefung. Selbstverständlich finden aber auch engagierte und interessierte Vertreter anderer Wissenszweige, die sich die dazu notwendigen technischen Grundlagen aneignen, hier Informationen und Anregungen.

Ich wünsche mir, daß sich recht viele Leser mit dem Stoff dieses Buches auseinandersetzen, um im obigen Sinne gesellschaftlich mit Fakten, weniger mit Emotionen zu wirken.

Karlsruhe — Peter M. Kunz

Inhaltsverzeichnis

1 Entstehung flüssiger Abfälle und Konzentrate

«Abfälle sind Rohstoffe am falschen Platz» ist ein häufig gehörtes Zitat, das für einen großen Teil der Abfälle seine Richtigkeit hat, weil es bedeutet, daß – wo immer möglich – die eingesetzten Rohstoffe durch Kreisprozesse auszunutzen sind. In diesem Zusammenhang ist auch jenes Zitat zu sehen, das vom Gründer der BAYER AG stammen soll, der seine Chemiker sinngemäß gescholten hat: «Wenn in einer chemischen Fabrik Abfälle entstehen, liegt das lediglich daran, daß die Chemiker nicht lang genug nachgedacht haben.» Hier spricht der Unternehmer, der aus allem noch einen Nutzen ziehen will.

Gerade der letzte Aspekt entspricht aber auch dem natürlichen Prinzip: Wichtiger Bestandteil unserer Umwelt ist pflanzliches Wachstum, das der Biologe als Produzententum bezeichnet, weil die Pflanze aus dem CO_2 der Luft, Mineralsalzen und Sonnenlicht höhermolekulare, energiereiche Verbindungen aufbaut. Diese werden von Konsumenten (Mensch und Tier, vgl. Bild 1.1) unvollständig verwertet, wie jeder weiß. Im Gegensatz zur menschlichen Produktion und Konsumption von Gebrauchs- und Verbrauchsgütern entsteht aber in der Natur kein Abfallberg: Gruppen von Input-orientierten Lebewesen (Destruenten genannt), die sehr klein und nicht einmal mit einem Lichtmikroskop erkennbar sind, Mikroorganismen, verwerten das scheinbar Unverwertbare oder Wertlose [1.1].

Wenn man diesem Leitbild folgen will, darf man jedoch eines nicht vergessen: Die Energie für diesen Stoffkreislauf entstammt dem Sonnenlicht! Es ist also nur sinnvoll, alle Wertstoffe im Kreislauf zu führen, wenn die Energiebilanz stimmt. Theoretisch kann man jeden Wertstoff destillativ aus jedem Gemenge zurückgewinnen. Man darf jedoch keinesfalls die dafür notwendige Energie außer acht lassen, weil man sonst zu Gunsten der Kreislaufwirtschaft die Entropie des Systems erhöht und damit einen anderen Systemkollaps heraufbeschwört.

Damit ist auf das entscheidende Merkmal für die Entstehung von Abfällen hingewiesen:

Abfall *ist ein Stoffgemisch, das einen Wert hat, der unter dem Wert liegt, den sein Besitzer aufwenden muß, um die Stoffe wieder einem Nutzen zuzuführen.*

Entsprechend entstehen Abfälle, weil in der Produktion und im Gebrauch für den Produzenten und Konsumenten aus einer «Sache» kein Nutzen mehr gezogen werden kann. Bisher konnte man sich dieser «Sache» nahezu ungehindert und uneingeschränkt entledigen (siehe den subjektiven Abfallbegriff in den Abschnitten 1.1 und 2.1). Angesichts wachsender Abfallberge und ungelöster Abfallprobleme mußte jedoch der Staat die Notbremse ziehen und zumindest prüfen lassen, ob nicht noch ein anderer außer dem ursprünglichen Produzenten oder Konsumenten aus dieser «Sache» einen Wert schöpfen kann; deshalb ist jeder Abfall zunächst als Rückstand zu betrachten (KrWG, 1994).

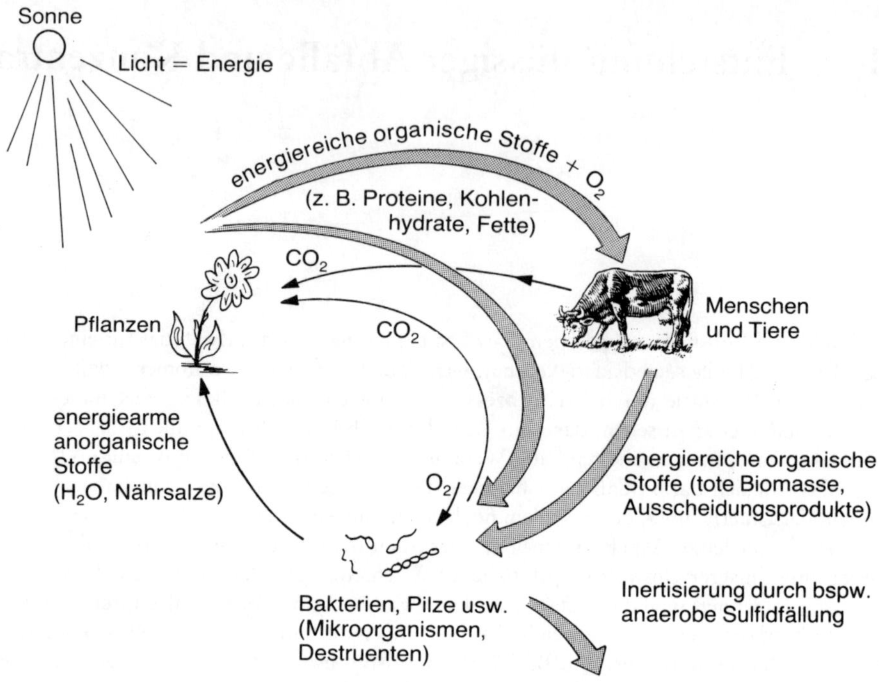

Bild 1.1 Die «natürliche» Wirtschaft: Produktion und Konsumption ohne Abfallberge

Der Gesetzgeber zwingt in jüngster Zeit zunächst Abfallproduzenten diese Werte zu überprüfen, indem er Organisationsaufwendungen und Kosten für Abfallbeseitigung und Abfallentsorgung enorm anhebt. Durch Verlagerung auf Verwertungsschienen kann eine Abfallentstehung durchaus verringert werden; allerdings darf nach Ansicht des Verfassers diese Verlagerung nicht Selbstzweck werden (s.o. Entropie).

Priorität haben deshalb Ansätze, die bereits in der Planungsphase neuer Produkte den Weg der Entsorgung so berücksichtigen, daß sie ökologisch sinnvoll ist (s. Bild 1.2). Bereits an dieser Stelle mag ein Beispiel die Komplexität aber auch Ambivalenz unseres derzeitigen Denkens und Handelns offenbaren: Die Welle bio-abbaubarer Verpackungen geht einher mit einer Welle der Verwendung antimikrobieller (mikrobizider) Ausrüstungschemikalien, die den mikrobiellen Abbau der Verpackungen bereits während ihrer Anwendung verhindern.

1.1 Definitionen der wesentlichen Abfallbegriffe

Für das Verständnis der Zusammenhänge – insbesondere wenn unterschiedliche Fachdisziplinen sich mit einem interdisziplinären Thema, wie dem Abfallthema, beschäftigen – ist eine einheitliche Sprache wichtig (leider gibt es noch keine einheitliche Nomenklatur der Kennbuchstaben). Deshalb sind nachstehend einige wesentliche Begriffe vorab schon einmal definiert (s.a. Glossar).

Insbesondere beim Begriff Abfall gab und gibt es unscharfe Bestimmungen, die deshalb so gravierend sind, weil im Strafgesetzbuch (§ 326) die umweltgefährdende Abfallbeseitigung reglementiert ist und für einen Richter erst einmal geklärt sein muß, ob es sich bei einem Straftatbestand auch wirklich um Abfall handelt.

Die augenblicklich noch gültige Legaldefinition entstammt dem § 1, Absatz 1 Abfallgesetz (AbfG, 1972), das bislang zwar dreimal geändert worden ist, jedoch ohne Veränderung der Definition. **Abfall (subjektiv)** *ist eine bewegliche Sache, deren sich der Besitzer entledigen will bzw.* ***Abfall (objektiv)*** *eine bewegliche Sache, deren geordnete Beseitigung zur Wahrung des Wohls der Allgemeinheit, insbesondere des Schutzes der Umwelt, geboten ist.*

In beiden Fällen ist der zu definierende Begriff selbst der Definition unterlegen. Der erste Teil wird als subjektiver, willkürlicher oder privatrechtsbezogener Abfallbegriff bezeichnet; er ermöglicht eine Entledigung «als Abfall», der zweite, auch als objektiver, verwaltungsrechtsbezogener Abfallbegriff tituliert, fordert, daß bewegliche Sachen entsorgt werden müssen, wenn dies geboten ist (Zwangsabfall). Diese Interpretation ist erforderlich, um den Geltungsbereich des Abfallrechts von anderen Rechtsbereichen abzugrenzen, da nicht jede Entledigung einer Sache diese selbst zum Abfall macht, aber auch nicht jeder Gegenstand, der zur Wahrung des Wohls der Allgemeinheit entsorgt bzw. beseitigt werden muß, zum Abfall wird.

Zu beachten ist, daß:

- ☐ es sich hierbei nur um bewegliche Sachen handeln kann (nach § 90 BGB sind dies alle körperlichen Gegenstände, die weder Grundstücke noch Grundstücksbestandteile sind (Bodensanierung!);
- ☐ es sich um begrenzte Stücke der den Menschen umgebenden Natur handeln muß [1.2]. Danach müssen flüssige oder gasförmige Stoffe in abgeschlossenen Behältern gelagert sein;
- ☐ die Sache sich tatsächlich im Besitz einer Person befinden muß und der lediglich Entledigungswille diese Sache noch nicht zum Abfall macht, da auch durch Verschenken, Spenden (Altkleider-Sammlung z.B. fällt nicht unter das Abfallrecht), Verkaufen usw. eine Entledigung erfolgt. Es muß also eine Widmung [1.2] erfolgen;
- ☐ der Wille, sich einer Sache als Abfall entledigen zu wollen, nach § 1a AbfG gesetzlichen Beschränkungen unterliegt. Nach dieser Vorschrift sind Abfälle unter den dort genannten Voraussetzungen zu vermeiden und zu verwerten.

Die Abfalleigenschaft endet nach der o.g. Abfalldefinition, wenn ein anderer diese Sache einer Verwendung zuführt. In der Vergangenheit wurden in den Betrieben diesbezüglich sehr viele Begriffe verwendet, um aus dem Abfallrecht herauszukommen: Vor allem der Begriff des Wirtschaftsgutes machte die Runde. Solange der Besitzer einer Sache noch einen Wert (von beispielsweise 1 DM) zuschrieb, war sie kein Abfall und konnte weniger restriktiv transportiert und ggf. ins Ausland verbracht werden.

Eingriffsmöglichkeiten behält der Staat über den objektiven Abfallbegriff, der eine fehlende Widmung und unverantwortliche Weiterverwendung einer Sache zu unterbinden ermöglicht. Allerdings muß sie gebrauchswertlos sein, da alles, was noch als Wirtschaftsgut verwertbar ist, kein Abfall ist – selbst dann nicht, wenn es sich um gefährliche Abfälle (s.u.) handelt. Die Gratwanderung zwischen wertvoll und wertlos ist die Ursache für mangelnde Eingriffsmöglichkeiten des Staates; Resultate sind die entsprechenden Schlagzeilen über unlautere Entsorgungswege sogenannter Wirtschaftsgüter.

Das Abfallgesetz [1.3] verwendet den Begriff des Reststoffes, insbesondere im Zusammenhang mit den besonders überwachungsbedürftigen Abfällen (s.u.). In § 2 Abs. 3 wird der Zusammenhang hergestellt (s.a. Abschnitte 2.1.2 und 2.1.3 und vor allem Bild 2.6):

Reststoffe *sind die in einer Rechtsverordnung aufgeführten Stoffe (Reststoff-Bestimmungsverordnung), die keine Abfälle im Sinne des Gesetzes sind, sondern verwertet werden sollen.*

Auch für die Reststoffe enthält die vierte Novelle des Abfallgesetzes entsprechende Anforderungen an die Überwachung, Genehmigung und Kennzeichnung (s. Abschnitt 2.2.3).

Das neue Kreislaufwirtschafts- und Abfallgesetz (KrWG, 1994 [1.4]), das in zwei Jahren in Kraft tritt, definiert den Abfall als «Abfall zur Verwertung» und «Abfall zur Entsorgung». Im Entwurf zum Gesetz hatte es noch geheißen: Abfall ist zunächst *Rückstand nach dem Gebrauch eines Produktes bzw. unerwünschter Rückstand, der nicht mehr als Sekundärrohstoff verwertet werden kann.*

Zunächst sind also einmal alle bisherigen «subjektiven Abfälle» Rückstände, deren Besitzer nun prüfen muß, ob sie verwertet werden können. Erst nach einer negativen Beurteilung wird der Rückstand zum Abfall.

Umgangssprachlich werden alle Abfälle, die nicht einem häuslichen Bereich entstammen, häufig als Sonderabfälle bezeichnet, wodurch sie beim einzelnen durchaus auch den Eindruck erweckt haben, daß es sich dabei immer um «giftige», gefährliche Stoffe handelt. Dies ist jedoch nicht der Fall, wenn man § 3, Abs. 3 AbfG (1972) zu Rate zieht, wobei der Begriff Sonderabfall vom Gesetzgeber dafür nicht geprägt wurde:

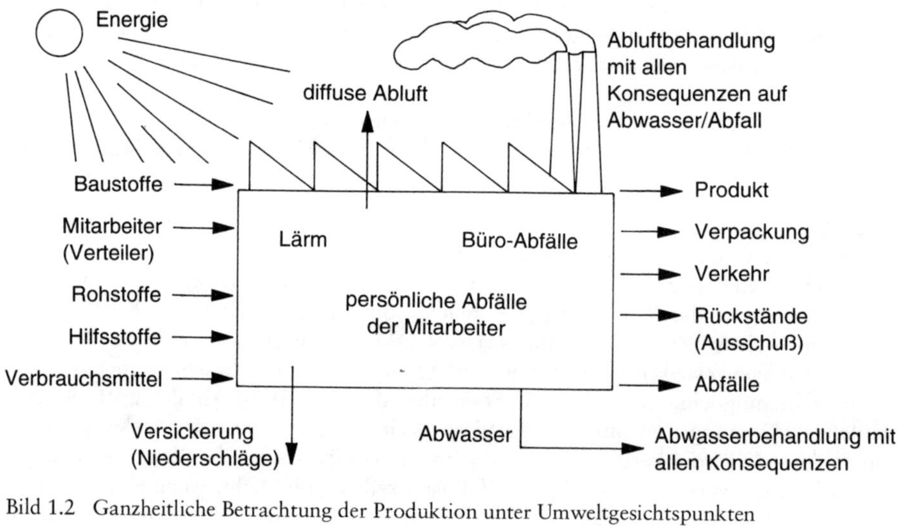

Bild 1.2 Ganzheitliche Betrachtung der Produktion unter Umweltgesichtspunkten

Sonderabfälle *sind von der durch die abfallbeseitigungspflichtige Gebietskörperschaft mit Zustimmung der zuständigen Behörde durch Satzung von der Beseitigung nach Art und Menge ausgeschlossenen Abfälle.*

Als Sonderabfall gelten i.a. jene Abfallarten, zu deren Beseitigung wegen ihrer stofflichen Eigenschaften im Vergleich zum Hausmüll zusätzliche Maßnahmen erforderlich sind.

Im Abfallgesetz sind dagegen für die Entsorgung der problematischen Abfälle aus gewerblichen und sonstigen wirtschaftlichen Unternehmen oder öffentlichen Einrichtungen besondere Anforderungen formuliert. Diese Abfälle werden als besonders überwachungsbedürftig bezeichnet:

Besonders überwachungsbedürftige Abfälle *sind Abfälle, die nach Art, Beschaffenheit oder Menge in besonderem Maße gesundheits-, luft- oder wassergefährdend, explosibel oder brennbar sind oder Erreger übertragbarer Krankheiten enthalten oder hervorbringen können (§ 2 Abs. 2 AbfG).*

Im EG-Recht wird dagegen der Begriff des gefährlichen Abfalls verwendet:

Gefährliche Abfälle *sind Abfallarten, die in einem der Anhänge I und II der EG-Richtlinie 91/689/EWG vom 12.12.1991 gelistet sind und einen oder mehrere Eigenschaften des Anhangs III aufweisen (s. Tabellen 2.4 bis 2.6)*

Da dieses Buch sich schwerpunktmäßig mit den flüssigen Formen beschäftigt, sollen auch diese hier einer Definition unterworfen werden:

Flüssiger Abfall *sind Abwässer mit einer chemischen Oxidierbarkeit mittels Kaliumdichromat (CSB) von 10 g O_2/l bzw. Konzentrate, die in der Abfall- respektive Reststoff-Bestimmungsverordnung (AbfBestV oder RestBestV, s. Abschnitt 2.2.1 und 2.2.2) gelistet sind und in Gebinden gelagert, transportiert und/oder abgelagert werden.*

Zur Abgrenzung sei angemerkt:

- **Abwasser** *ist durch häuslichen, gewerblichen und industriellen Gebrauch verunreinigtes Wasser sowie Niederschlags- und Grundwasser, das in Rohrleitungen transportiert wird.*
- **Altöl** *ist ein gebrauchter Schmierstoff auf Mineralölbasis, wie Motorenöl, Getriebeöl sowie Maschinen-, Turbinen- oder Hydrauliköl, verunreinigt durch Schwermetalle, Halogen-Verbindungen, Wasseranteil bis 5%; gebrauchte Metallbearbeitungsöle (Schneidöle) und Elektroisolieröle (Transformatorenöle) zählen nicht zum Altöl!*
- **Gülle bzw. Jauche** *ist ein bei der Tierhaltung anfallendes, mehr oder weniger verdünntes Gemisch aus Kot und Harn, vermischt mit Futterresten; Jauche ist vergorene Gülle.*
- **Lösungsmittel-Abfälle** *sind gebrauchte Flüssigkeiten, die andere Stoffe gelöst haben, ohne mit ihnen zu reagieren; chlorierte Lösungsmittel gelten als wassergefährdend.*
- **Sickerwasser** *ist das aus einem Deponiekörper austretende, mit eluierbaren Stoffen angereicherte Wasser aus Niederschlägen.*

In der Literatur werden auch Bezeichnungen für Konzentrate aus flüssigen Abfällen verschieden gebraucht; deshalb:

- **Konzentrat** *ist ein Flüssigkeits-Feststoff-Gemisch, dem Lösungsmittel entzogen wurde.*
- **Schlamm** *ist ein Flüssigkeits-Feststoff-Gemisch, das entweder aus der Abtrennung und Aufkonzentrierung von Feststoffen aus Flüssigkeiten und/oder aus der Phasenumwandlung von gelösten Stoffen in ungelöste entstand.*

- **Rohschlamm** *bezeichnet einen unbehandelten (allenfalls entwässerten) Schlamm aus einer Abwasserreinigungsanlage.*
- **Klärschlamm** *ist der bei der Behandlung von Abwasser in kommunalen oder industriellen Abwasserbehandlungsanlagen anfallende Schlamm; hierunter fällt grundsätzlich auch Schlamm, der entwässert, getrocknet, kompostiert oder sonst behandelt worden ist (§ 2 Abs. 1 Satz 1 und Abs. 2 AbfKlärV). Wird Klärschlamm mit Zusatzstoffen, wie z.B. Kalk, vermischt oder durchgetrocknet, kann er zum Düngemittel nach Düngemittelrecht werden.*

In diesem Zusammenhang soll auch noch der Begriff Kompost definiert werden, weil er häufig im Zusammenhang mit häuslichen vegetativen, teilweise flüssigen Abfällen angesprochen wird:

- **Kompost** *ist ein durch mikrobielle Aktivität mehr oder weniger stark verändertes Gemisch vorwiegend pflanzlicher, organischer und mineralischer Ausgangsstoffe.*

1.2 Abfallarten und Abfalleigenschaften

Nach der vierten Novelle des Abfallgesetzes [1.3] gibt es eigentlich nur drei Abfallarten:

1. Abfälle aus Haushaltungen.
2. Abfälle, die nach Art und Menge nicht mit den Abfällen aus Haushaltungen entsorgt werden können (siehe Abschnitt 1.1 Sonderabfälle).
3. Abfälle aus gewerblichen oder sonstigen Unternehmen, die überwachungsbedürftig sind.

Daneben lassen sich die Abfälle nach ihrer

- Herkunft (Mineralölindustrie, Galvanik usw.),
- Art (Altöl, Hydroxidschlamm usw.)
- Zusammensetzung (organisch bzw. anorganisch) und nach ihrem
- Zustand (fest, stichfest, pastös, schlammig, flüssig)

unterscheiden.

Durch die Herkunft ist natürlich nichts über ihre Qualität ausgesagt, auch die Art spezifiziert nur grob. In der Regel schwankt die Zusammensetzung, zum Teil in weiten Grenzen je nach Herkunft. Bild 1.3a zeigt exemplarisch die Zusammensetzung des Abfallaufkommens in Baden-Württemberg (rund 40 Mio. t), wobei der Begriff Produktionsschlämme nicht definiert ist (wie so oft in der Fachliteratur willkürlich neue Begriffe und Kurzzeichen eingeführt werden; hier muß es sich um Klärschlämme aus der Industrie handeln, die kommunalen Klärschlämmen entsprechen).

Grundsätzlich muß man bei der Umwelt-Diskussion über Rückstände und Abfälle zunächst einmal herausstellen, ob man von mengenmäßigen oder qualitativen Zustandsänderungen spricht. Seitens des Gesetzgebers werden beispielsweise einerseits bestimmte Abfälle in die Sonderabfallkategorie eingeteilt, durch innerbetriebliche Sortierung werden andererseits aber wieder gewerbliche Abfälle zu hausmüllähnlichen. Deshalb wird im folgenden den Statistiken wenig Raum gelassen; die statistischen Jahrbücher und Umweltberichte des Bundes oder der Länder enthalten diese (Bild 1.3b) in großem Umfang [1.5].

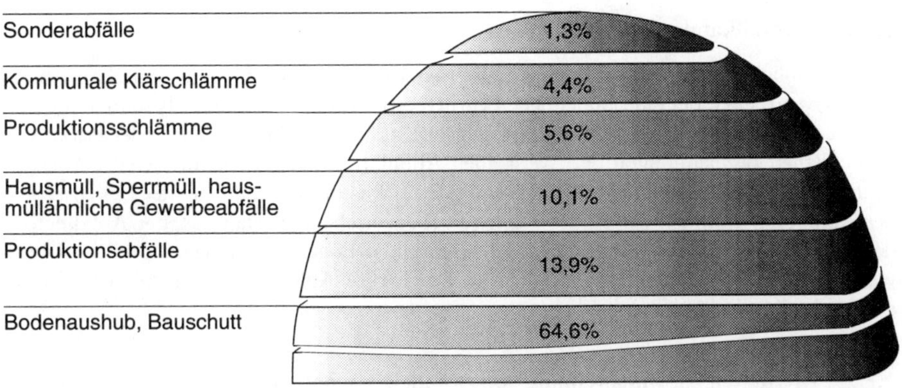

Bild 1.3a Zusammensetzung des Abfallaufkommens in Baden-Württemberg (insgesamt rund 40 Mio t/a; [1.6])

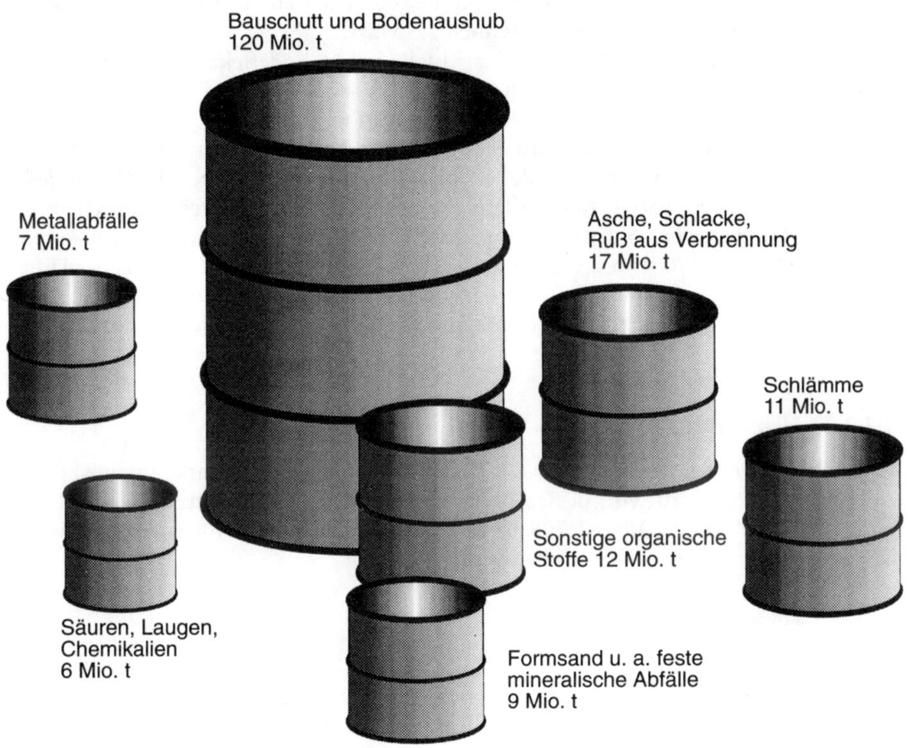

Bild 1.3b Aufkommen an Gewerbe- und Industrieabfall in den alten Bundesländern 1987 [1.5]

1.2.1 Abfallkatalog

Im Augenblick wird an einem Abfallkatalog seitens der Länderarbeitsgemeinschaft Abfall (LAGA) gearbeitet, der eine einheitliche Begriffsbestimmung, Systematik, Beschreibung der Abfälle und Bewertung zum Inhalt festlegt. Der Katalog enthält auch die in der Praxis gebräuchlichen Bezeichnungen und weist allen Abfallarten nach übergeordneten Sortierbegriffen eine Schlüsselnummer zu (s. Abschnitt 2.2), was insbesondere bei der Deklarierung der Abfälle im Rahmen des Abfall-Nachweis-(Begleitschein-)Verfahrens, der Abfallbeförderung, der Zuordnung von Abfällen zu bestimmten Entsorgungsanlagen und der Überwachung der Abfallbehandlung dienlich ist. Der LAGA-Abfallkatalog ist durch Vollzugserlasse der Bundesländer einheitlich.

1.2.2 Kriterien zur Beschreibung von Abfalleigenschaften

1.2.2.1 Wasser- und Feststoffgehalt

Bei flüssigen Abfällen interessiert im allgemeinen der Wassergehalt (WG), seltener handelt es sich um andere Fluide (Öle, chlorierte Lösungsmittel). Je flüssiger ein Abfall ist, desto homogener kann er im Endeffekt ausgebracht werden; allerdings erhöht der Wassergehalt sowohl das Volumen als auch die Masse.

Entscheidend für die Entsorgung der Abfälle ist im Endeffekt der Feststoffgehalt (FG), der analytisch als Trockensubstanz durch Trocknen bei 105 °C bestimmt wird (DIN 38 414) und in Form von [mg TS/l] angegeben wird.

Künftig noch entscheidender wird der organische Anteil am Feststoffgehalt, der aus einer getrockneten Probe durch Glühen bei 775 °C (analog DIN 51 719 für feste Brennstoffe) oder bei 650 °C (analog DIN 38 414-S3 für Flüssigkeiten) dadurch ermittelt wird, daß die in Form der inerten mineralischen Bestandteile verbliebenen Anteile (als Glührückstand (GR) bezeichnet) ausgewogen werden (= mTS) und aus der Differenz (TS – mTS) der organische Anteil oTS berechnet wird. Der Glühverlust (GV) entspricht den beim Glühen flüchtigen, brennbaren Anteilen und wird meist in Prozent angegeben.

1.2.2.2 Heizwert

Ein weiteres wichtiges Kennzeichen zur Beurteilung der Verbrennbarkeit von Abfällen ist der Heizwert: Dazu wird dessen oberer Heizwert H_o kalorimetrisch als Verbrennungsenthalpie gemäß DIN 51 708 bestimmt. H_o kann mit der folgenden, empirisch gewonnenen Korrelation abgeschätzt werden [1.7]:

$$H_o = 523 \; GV^{0,77} \; [\text{kJ/kg}]$$

mit: GV Glühverlust [%]
H_o oberer Heizwert [kJ/kg]

Den für die Bilanzierungsrechnungen bei Verbrennungsanlagen zugrundeliegenden unteren Heizwert H_u errechnet man aus H_o durch Abzug für die Verdampfung im Abfall enthaltenen Wassers und der zur Erwärmung seiner Inertanteile für die Verbrennungstemperatur benötigten Wärme:

$$H_u = \frac{100 - (GR + WG)}{100 - WG_{hygr.}} - 24{,}5\ WG\ [kJ/kg]$$

mit: GR Glührückstand [%]
WG Wassergehalt [%]
$WG_{hygr.}$ hygroskopisch gebundenes Wasser

Wenn die Zusammensetzung bekannt ist, errechnet man H_u hinreichend genau aus der «Formel»:

$$Hu = 339\ GV_C + 105\ GV_S + 1214\ (GV_H - GV_O/8) - 24{,}5\ WG$$

mit: GV_C und entsprechende = Massenanteile von C, S, H und O_2 in der Probe

Schließlich besitzt für die Überprüfung der Kompostierfähigkeit von Abfall der Selbsterhitzungstest noch eine gewisse Bedeutung: Eine mit Kompost oder Blumenerde geimpfte Probe wird in einem DEWAR-Gefäß belüftet. Tritt nach einer Anlaufphase ein Temperaturanstieg auf Werte über 40 °C auf, zeigt das Gemisch, daß die organischen Bestandteile aerob zersetzt werden können und daß ausreichende Substratmengen dafür in der Probe vorhanden sind.

1.2.2.3 Deponierbarkeit

Unter dem Begriff Deponierbarkeit soll einerseits die Konsistenz eines Abfalles beurteilt werden (sie ist wichtig für den Einbau des Materials in den Deponiekörper), zum anderen die Elution (Herauslösung) von Stoffkomponenten, die sich später im Sickerwasser wiederfinden. Tabelle 1.1 gibt eine entsprechende Übersicht der Anforderungen für besonders überwachungsbedürftige Abfälle zur Orientierung. Zum Teil werden von verschiedenen Aufsichtsbehörden allerdings Anforderungen gestellt, die nichts mehr mit der Praxis zu tun haben.

1.2.3 Stoffparameter

Allen Stoffparametern voran haben Dioxine in der jüngsten Vergangenheit Schlagzeilen gemacht. Charkteristisch werden Sie ähnlich wie andere Summenparameter (CSB/BSB) behandelt. Hinsichtlich der Entsorgbarkeit spielen natürlich auch Schwermetall- und Lösungsmittelgehalte noch eine sehr wichtige Rolle. Sie werden in der Literatur inzwischen ausführlich behandelt, weniger ausführlich dagegen das Problem der repräsentativen Probenahme aus Abfällen! Hier wird in naher Zukunft normative Arbeit zu leisten sein.

Tabelle 1.1 Grenzwerte für oberirdisch abzulagernde, besonders überwachungsbedürftige Abfälle (TA Abfall, Stand April 1991 [1.8])

Parameter	Analysenverfahren	Maßeinheit	Zuordnungswert, Anhang D, TA, Abfall, Teil 1
Kenngrößen für den Abfall			
Flügelscherfestigkeit	DIN 4096 (Mai 1980)	kN/m^2	> 25
Axiale Verformung	DIN 18 127 (Mai 1987)	%	< 2
Bruchfestigkeit	DIN 18 136 (März 1987)	kN/m^2	> 50
Glühverlust der TS (Originalsubstanz)	DIN 38 414 – S3 (Nov. 1985)	Massen %	< 10
Extrahierbare lipophile Stoffe	DIN 38 409 – H14 (Mai 1981)	Massen %	< 4
Wasserlöslicher Anteil	DIN 38 409 – H1-2 (Jan. 1987)	Massen %	< 10
Kenngrößen für das Abfalleluat (Eluatanfertigung nach DIN 38 414 – S, Oktober 1984)			
pH-Wert	DIN 38 404 – C5 (Jan. 1987)	–	4 bis 13
Elektrische Leitfähigkeit	DIN 38 404 – C8 (Sept. 1985)	µS/cm	< 100 000
TOC	DIN 38 409 – H3-1 (Juni 1983)	mg/l	< 200
Phenole	DIN 38 409 – H16-5 (Juni 1984)	mg/l	< 100
Arsen	DIN 38 405 – D18 (Sept. 1985)	mg/l	< 1
Blei	DIN 38 406 – E6-1 (Mai 1981)	mg/l	< 2
Cadmium	DIN 38 406 – E19-1 (Juli 1980)	mg/l	< 0,5
Chrom – VI	DIN 38 405 – D24 (Mai 1987)	mg/l	< 0,5
Kupfer	DIN 38 406 – E21 (Juli 1980)	mg/l	< 10
Nickel	DIN 38 406 – E21 (Juli 1980)	mg/l	< 2
Quecksilber	DIN 38 406 – E12-3 (Juli 1980)	mg/l	< 0,1
Zink	DIN 3840 – E8-1 (Okt. 1980)	mg/l	< 10
Fluorid	DIN 38 406 – D4-1 (Juli 1985)	mg/l	< 50
Ammonium	DIN 38 406 – E5-1 (Okt. 1980)	mg/l	< 1 000
Chlorid	DIN 38 405 – D1 (Dez.1985)	mg/l	< 6 000
Cyanide, leicht freis.	DIN 38 405 – D14-2 (Nov. 1988)	mg/l	< 1
Sulfat	DIN 38 405 – D5-2 (Jan. 1985)	mg/l	< 5 000
Nitrit	DIN 38 405 – D10 (Feb. 1981)	mg/l	< 30
AOX	DIN 38 409 – H14 (März 1985)	mg/l	< 3

1.2.3.1 Dioxine

In Tabelle 1.2a sind zunächst einige chlorierte Verbindungen und deren Wirkungen beim Menschen zusammengestellt. In der letzten Zeile ist jenes Dioxin aufgeführt, das 1976 bei Seveso in der Größenordnung von 3 kg emittiert wurde. Dieses 2,3,7,8-Tetrachlordibenzodioxin (TCDD) gehört der Gruppe von polyhalogenierten Arylkohlenwasserstoffen an, die auch als polychlorierte Dibenzodioxine und -furane bezeichnet (PCDD/PCDF) werden. Diese Stoffgruppe umfaßt 210 mögliche Kongenere (75 Dioxine und 135 Furane).

Da sie alle ein unterschiedlich hohes toxisches Potential (akute Toxizität, Fähigkeit zur Enzyminduktion) aufweisen, das um den Faktor 1000 schwankt, wurden sogenannte Toxizitäts-Äquivalenzfaktoren (TEF) eingeführt und zu TCDD mit dem Faktor 1 in Bezug gesetzt (s. Tabelle 1.2b). Bewertet werden jedoch nur die Kongenere, die in 2,3,7,8-Stellung mit Chlor substituiert sind, weil sie sich ebenfalls als toxisch relevant (Kanzerogenität wurde aber beispielsweise nicht berücksichtigt) erwiesen. Die TEF ermöglichen somit eine grobe Abschätzung der Toxizität eines Gemisches, wenn man die Konzentration der einzelnen Kongenere mit dem zugehörigen TEF multipliziert und die Summe davon bildet.

1.2.3.2 BSB und CSB/TOC

Der Biochemische Sauerstoffbedarf (BSB) ist das Resultat einer Messung der Sauerstoffzehrung einer wäßrigen Probe über eine bestimmte Zeit – meist fünf Tage. Wenn man diese Zehrung kontinuierlich bestimmt und über die Zeit aufträgt, erhält man eine abgestufte Ganglinie. Da i.a. keine Ganglinie bestimmt wird, sondern lediglich ein einzelner Wert nach der vereinbarten Zeit, sagt dieser Wert im Grunde nichts aus, weil z.B. durch toxische Effekte eine Zehrung zu Beginn von nahezu «0» möglich ist oder sehr leicht abbaubare Stoffe zu einer steilen Anfangszehrung führen können und nach fünf Tagen bereits mehrere Abbauphasen durchlaufen haben kann.

Während eine gestörte Probe einen geringen BSB_5-Wert vortäuscht, kann ein «angepaßtes» Inokolum eine sehr gute Abbaubarkeit vorspiegeln, die in realen Systemen nicht erreicht wird. Hinzu kommt, daß die Reproduzierbarkeit verhältnismäßig gering ist, wenn der Wasserprobe nicht gleiche Impfmengen an Mikroorganismen zugegeben werden.

Wenn trotzdem dieser Parameter immer wieder herangezogen wird, liegt das daran, daß er größenordnungsmäßig etwas über die Abbau- oder Biologiefähigkeit des Stoffgemisches aussagt.

Der chemische Sauerstoffbedarf (CSB) ist ein Maß zur Erfassung der chemisch oxidierbaren organischen Stoffe. Er ist die als Sauerstoffäquivalent ausgedrückte Menge an Kaliumdichromat, die von den in einem Liter Wasser enthaltenen oxidierbaren Verbindungen unter den Bedingungen einer vorgeschriebenen Methode verbraucht wird. Sie wird korrekt in mg CSB/l wiedergegeben.

Die Größe des CSB-Wertes ist von der Säurekonzentration, der Dichromatkonzentration, der Reaktionstemperatur und der Reaktionsdauer abhängig: Daher sind auch CSB-Werte nur miteinander vergleichbar, wenn sie nach der selben Analysenvorschrift durchgeführt wurden (DEV DIN 38 409, Teil 41 und 43, ASTM und ISO). Aber auch die nach DIN-Vorschrift angewandten CSB-Bestimmungsmethoden oxidieren wasserlösliche organische Verbindungen nur zu 90 bis 98%. Mittlerweile wird beim CSB auch der «biologisch inerte CSB» diskutiert, der zum Ausdruck bringen soll, welcher Anteil des CSB biologisch abbaubar und demzufolge mit dem BSB korrelierbar ist. Bei der CSB-Bestimmung fällt im übrigen Hg- und Ag-ionenhaltige Abfallsäure an, die ordnungsgemäß behandelt und entsorgt werden muß.

Tabelle 1.2a Anorganische, aliphatische und aromatische Chlorverbindungen

Verbindung		Wirkung
Cl_2	Chlor	wie $COCl_2$ und CH_2Cl_2 akutes Atemgift; bildet HCl; schleimhautreizend
Cl^-	Chlorid-Anion	gering toxisch
ClO^-	Hypochlorid-Anion	schleimhautreizend, disportioniert zu HCl und Chlorat
ClO_3^-	Chlorat-Anion	Ferrihämoglobin-Bindung und Hämolyse; trocken explosiv!
ClO_4^-	Perchlorat-Anion	hemmt die Jodid-Aufnahme in der Schilddrüse
$COCl_2$	Phosgen	bildet HCl (stark schleimhautreizend, Lungenödem) und CO (Atemgift)
H_2Cl_2	Dichlormethan	bildet HCl (stark schleimhautreizend) und CO (narkotisch)
CCl_4	Tetrachlormethan	lebertoxisch; Peroxidation von Lipiden
$H_2C{=}CHCl$	Chlorethan	nach Epoxidierung gentoxisch, kanzerogen
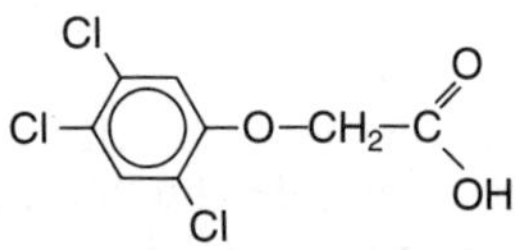	2,4,5,-Trichlor-phenoxyessigsäure (2,4,5,-T)	neuromuskuläre Schwäche; kanzerogene Wirkung unklar (Verunreinigungen mit «Dioxinen»)
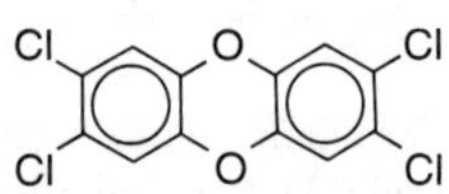	2,3,7,8-Tetrachlor-dibenzo-p-dioxin (TCDD)	Chlorakne; enzymreduzierend; im Tierversuch kanzerogen und teratogen (Promotor-Wirkung)

Tabelle 1.2b Äquivalenzfaktoren bei Dioxinen [1.9]

Verbindungen	TEF (BGA*)	I-TEF (international)
2,3,7,8,-Tetrachlordibenzodioxin	1	1
1,2,3,7,8,-Pentachlordibenzodioxin	0,1	0,5
Octachlordibenzodioxin	0,001	0,001
2,3,7,8,-Tetrachlordibenzofuran	0,1	0,1
1,2,3,7,8,-Pentachlordibenzofuran	0,1	0,05
Octachlordibenzofuran	0,001	0,001

*)Bundesgesundheitsamt

1.2.3.3 TOC

Beim TOC (total organic carbon) handelt es sich um einen Summenparameter, der Kohlenstoff insgesamt meist über eine thermische Reaktion und Bestimmung des CO_2 erfaßt.

1.3 Entstehung, Vermeidung und Verminderung flüssiger Abfälle am Beispiel der Lackiertechnik

Lacke gehören zu den wichtigsten Beschichtungsstoffen zum Schutz von Oberflächen. Sachwertschutz ist auch eine Form des Umweltschutzes, mitunter die wichtigste.

Vor über 2500 Jahren erfanden die Chinesen den Lack; heute existieren mehr als 500 000 verschiedene Lackformulierungen für die Applikation auf die unterschiedlichsten Untergründe: Holz, Metall, Kunststoff, Putzgips, Beton usw. Ein Lack muß, wenn er seine Funktion «Schutzhaut» erfüllen soll, aber nicht nur einmal auf einem Untergrund haften, er muß dies auch bei zum Teil extrem schwankenden klimatischen, chemischen und mechanischen Beanspruchungen. Lack kann also nicht gleich Lack sein. Lacke bestehen aus einer Vielzahl von Komponenten, die den beiden folgenden Gruppen zugeordnet werden können:

- flüchtige Bestandteile (Lösungsmittel; dazu gehört auch Wasser),
- Festkörper (Binde-, Farb- und Hilfsmittel).

Lösungsmittel haben die Aufgabe, die Formulierung des Lackes konstant zu halten, ohne mit den einzelnen Rezepturbestandteilen eine chemische Reaktion einzugehen. Dabei spielen bei der Anwendung auch die Eigenschaften Verarbeitung und Trocknung eine wichtige Rolle. Bindemittel (Natur- und Kunstharze bzw. -öle) stellen eigentlich den Grundstoff der Lacke dar und sorgen für die Haftfestigkeit sowie für die mechanische und chemische Beständigkeit. Pigmente sind unlösliche organische oder anorganische Verbindungen und dienen der Farbgebung. Sie können gleichzeitig auch Korrosionsschutzeigenschaften (Zinkstaub, Bleimennige) aufweisen. Die lacktechnischen Eigenschaften und die Haltbarkeit werden durch Hilfs- und Zusatzmittel eingestellt (Netz-, Verlaufs-, Antiabsetz-, Mattierungsmittel, Weichmacher, UV-Stabilisatoren, Konservierungsstoffe).

Neben den Lacken werden aber auch noch andere Beschichtungsstoffe auf die entsprechenden Untergründe appliziert, die im folgenden lediglich Erwähnung finden sollen:

- □ Korrosionsschutzmittel (heute anstelle Bleimennige oder Zinkchromat bereits weitgehend Zinkphosphatpigmente),
- □ Holzschutzmittel (Salze, lösungsmittelhaltige bzw. teerölhaltige Mittel),
- □ Fassadenschutzmittel (neuerdings auch Dispersionen auf Silikonharzbasis, Silikatfarben),
- □ Fußbodenbeschichtungsmittel (Polymerisatharze),
- □ Abbeizmittel (alkalische, chlorhaltige und chlorfreie lösungsmittelhaltige Pasten und Fluide),
- □ Reinigungs- und Entfettungsmittel,
- □ Klebstoffe.

1.3.1 Ausgangssituation: Lack

Ein Lack setzt sich aus den genannten Komponenten zusammen, die entsprechend mengenmäßig formuliert sind. Man unterscheidet Lacke im wesentlichen in

- □ Lösungsmittellacke zur Sprüh- und Streichapplikation,
- □ auf Basis organischer Lösungsmittel,
- □ auf Basis von Wasser (Wasserlacke),
- □ Wasserlacke sind Beschichtungsmaterialien, deren flüchtige Komponente zu mindestens 80% aus Wasser besteht; übliche Lösungsmittelgehalte liegen zwischen 5 und 20% [1.10],
- □ wäßrige Dispersionen/Dispersionsfarben,
- □ mit hohem Feststoffanteil (high-solid)
- □ Elektrotauchlacke zum elektrochemischen Auftrag in einem Tauchbad,
- □ Pulverlacke für einen elektrostatischen Auftrag mit anschließender Einbrennung oder Wirbelsinterung.

Bild 1.4 zeigt die Entwicklung des industriellen Lackverbrauches unterschieden nach Pulverlacken auf der einen Seite und lösungsmittelhaltigen bzw. Wasserlacken auf der anderen. Im Gegensatz zu der landläufigen Meinung, die durch eine Vielzahl entsprechender Veröffentlichungen erzeugt wurde und den Wunschvorstellungen vieler Politiker entspricht, hat sich der Lösungsmittelmarkt stärker entwickelt als der Wasserlackmarkt; rund 90% der Lacke sind immer noch Lösungsmittellacke. Auch die Pulverlacke haben nur einen geringen Anteil. Bild 1.5a (konventionelle Lackierung) und 1.5b (Pulverlackierung) zeigen die Materialbilanzen im Vergleich.
Die als «umweltfreundlich» bezeichneten Wasserlacke enthalten im einzelnen:

1. für die eigentliche Schutzschicht

- □ Pigmente für die Farbgebung (Titandioxid usw.),
- □ Bindemittel auf Basis wasserlöslicher Harze, deren ursprünglich hydrophobes Verhalten durch Salzbildung hydrophilisiert wird (Polyacrylamid, Polyoxyethylen, [1.13]), oder wasserverdünnbarer Harze, die unter dem Einsatz von Emulgatoren und Dispergatoren hydrophil eingestellt werden (Epoxidester, Epoxid-, Alkyd-, Amino- und Phenol-, Polyacrylat-, Polyester-Harz),

- Schutzkolloide oder Netzmittel bzw. Emulgatoren zur Stabilisierung des Lackes und Verhinderung einer vorzeitigen Koaleszenz der Bindemittelbestandteile,
- Füllstoffe (Talcum, Schwerspat usw.).

2. flüchtige oder lösliche Bestandteile aus Gründen der Verarbeitung

- Lösungsmittel (bis zu 80% des Lackes bestehen aus Lösungsmittel!) zur Ausbildung der Verfilmungseigenschaften (über das Verdunstungsverhalten) hinsichtlich Verlauf (Lackviskosität, Verhinderung von Kochblasen oder Kratern) Elastizität und Elektrostatik (Leitfähigkeitseinstellung), vorwiegend Wasser und organische Lösungsmittel (aliphatische und aromatische Kohlenwasserstoffe, Ester, Alkohole, Glykole, Glykolether, Ketone usw.),
- Amine zur Neutralisation der Carboxylgruppen der Harze (mit abnehmender Tendenz).

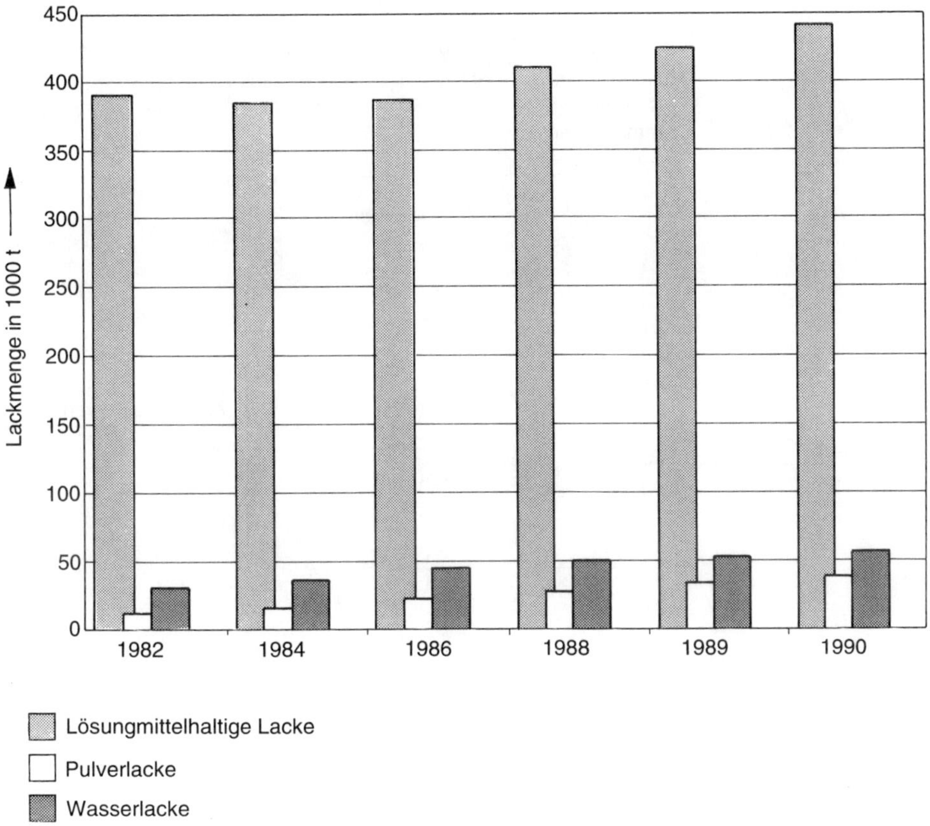

Bild 1.4 Entwicklung des Industrielackmarktes, aufgeschlüsselt nach Lackarten [1.11]

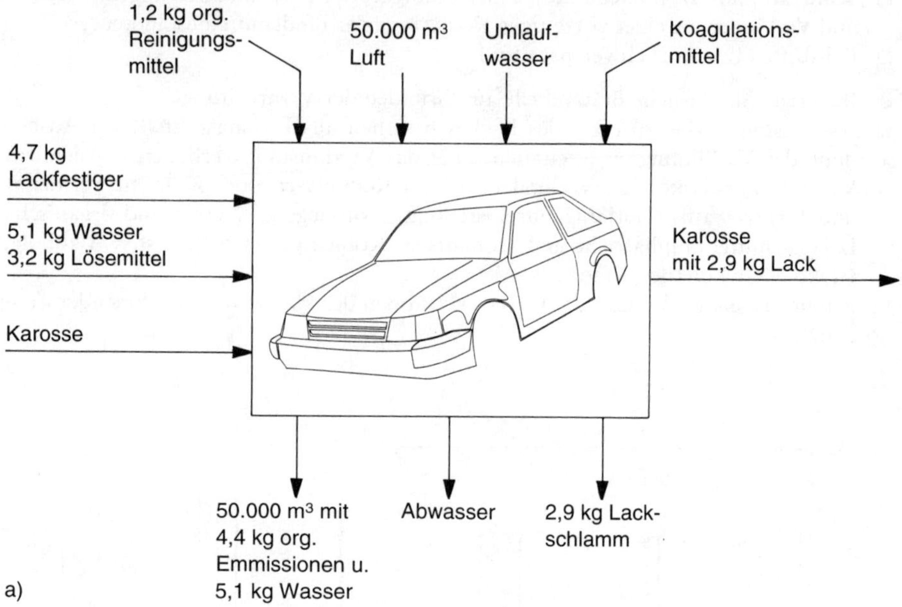

Bild 1.5a Materialbilanz für die konventionelle Lackierung

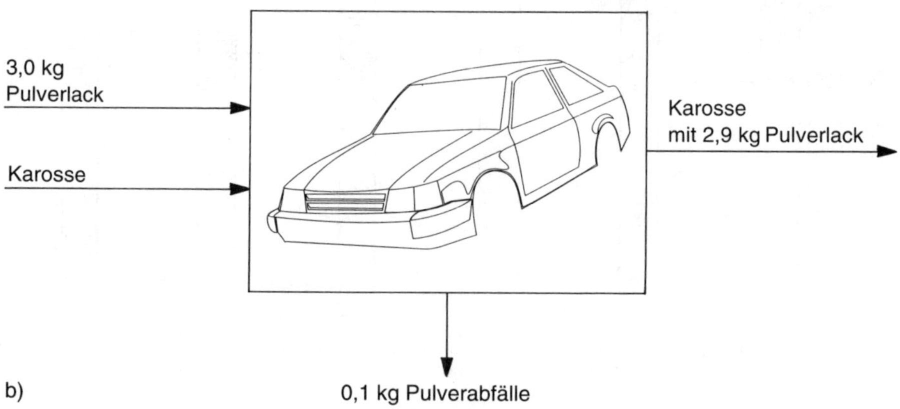

Bild 1.5b Materialbilanz für die Pulverlackierung [1.12]

1.3.2 «Umweltproblem» Lack

Die verschiedenen Lacke haben neben der Farbgebung unterschiedliche Funktionen: Ein «Primer» bügelt die Unebenheiten des Untergrundes aus, ein Leitlack bereitet einen nichtleitenden Untergrund für ein elektrostatisches Applikationsverfahren vor, ein Klarlack stellt die Witterungsbeständigkeit her usw. Mit dem Ziel einer langen Nutzbarkeit wird ein Produkt deshalb einer Vielzahl von Behandlungsschritten unterzogen (Beispiel in Bild 1.6).

Daneben stellt der Lack in seinen verschiedenen «Lebensphasen» ein Umweltproblem dar, was in Tabelle 1.3 auszugsweise skizziert ist.

Tabelle 1.3
Lebenslauf eines Lackes aus Umweltsicht (auszugsweise)

Lackproduktion	Emballagen Prüfstücke Laboratoriumsabfälle Fehlchargen Behälter-/Werkzeugreinigung Restmengen lösungsmittelhaltige Abluft Abwasser/Schlamm
Lacktransport	Lösungsmittelausgasungen Treibstoff usw.
Lackapplikation	lösungsmittelhaltige Abluft Rückstände aus der Abluftreinigung Overspray/Tauchbadverluste Einbrennenergie Rückstände bei der Werkzeugreinigung Emballagen (Restentleerung) Fehlproduktionen Rückstände aus Ansätzen Wasserbehandlung (Koagulantien) Wasserreinigung, Flockungsmittel Lackschlamm
Entlackung	lösungsmittelhaltige Abluft Abwasser (z.B. Aquastripping) Lackschlamm

Insbesondere bei der **Lackapplikation** (Auftragsverfahren) gibt es gravierende Unterschiede in der Umweltrelevanz der Lacke. Beim Spritzen (über Druckluftzerstäubung, Airmix, Airless) werden die größten Mengen an Lösungsmittel freigesetzt und gleichzeitig vom eigentlichen Lack am wenigsten Material auf die Oberfläche aufgetragen (der Grund für die Anwendung dieser Verfahren ist deren Anwendungsvielfalt). Tabelle 1.4 gibt im Überblick die Applikationstechniken mit ihren Auftragswirkungsgraden wieder.

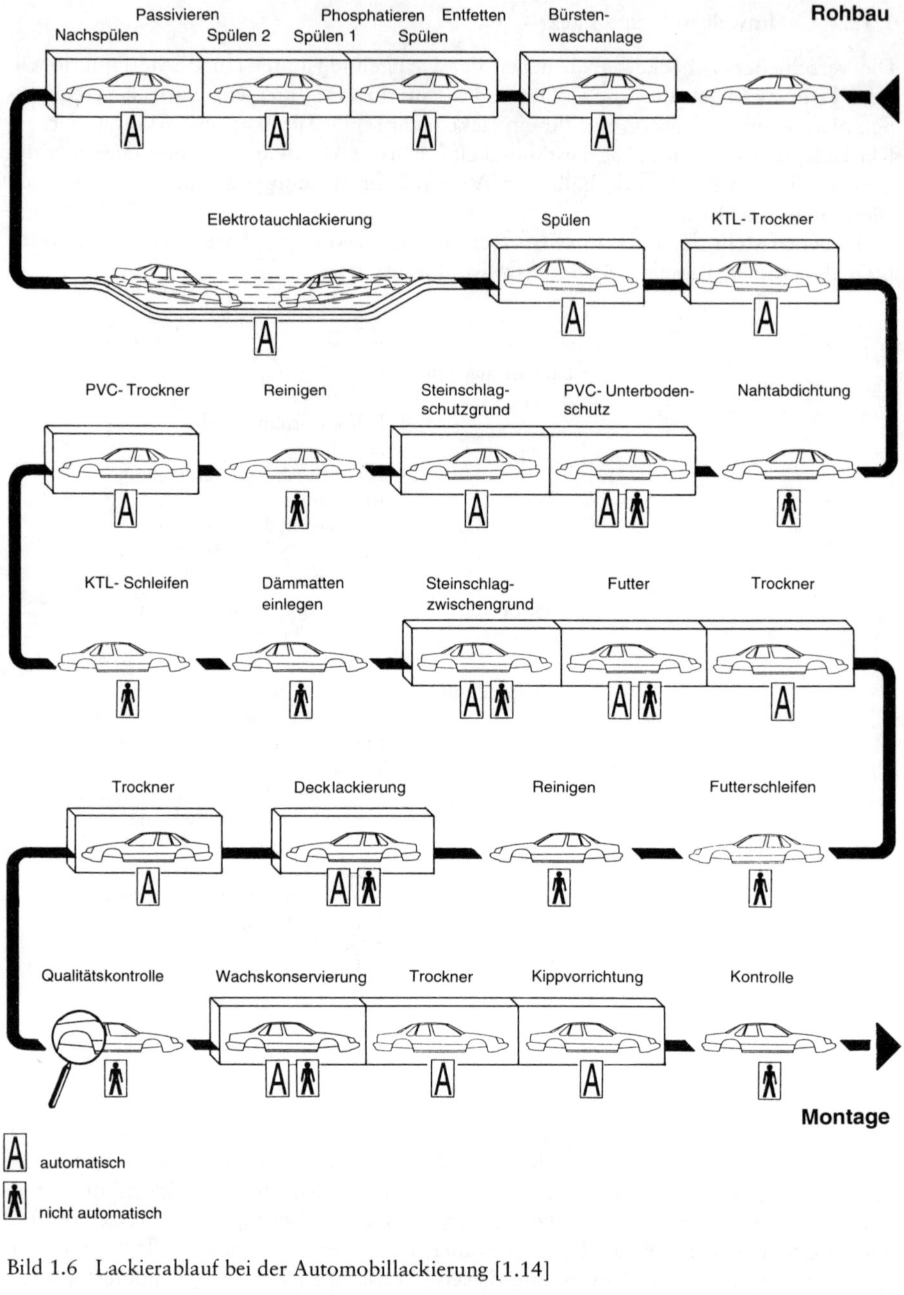

Bild 1.6 Lackierablauf bei der Automobillackierung [1.14]

Tabelle 1.4 Lackapplikationstechniken und deren Auftragswirkungsgrade

Auftragsart	Materialausbeute	Qualität	Anwendungsvielfalt
Spritztechnik			
Druckluft	25	+	++
Druckluft/ ESTA	65	+	++
Airmix	70	+	+
Airless	80	+	+
elektrostatisch	> 95	++	–
Tauchtechnik			
konventionell	90	o	+
elektrophoretisch	> 98	+	
Streichtechnik	98	–	+
Walztechnik	98	+	– –
Gießtechnik	98	+	–

++ sehr gut + gut o zufriedenstellend – eingeschränkt – – gering

Die **Spritzapplikation** ist die verbreitetste Auftragsart, weil praktisch alle Werkstücke mit beliebiger Geometrie lackiert werden können. Über ein Düsensystem wird der Lack in feinste Tröpfchen verteilt und auf die Oberfläche versprüht. Bild 1.7 zeigt eine konventionelle Spritzkabine für Lösungsmittellacke im Querschnitt. Bild 1.8 dokumentiert für den Fall der Spritzapplikation den Verbleib der Lackkomponenten; dabei wurde von einem 50%igen Auftragswirkungsgrad ausgegangen. Dies ist ein Erfahrungswert aus der Lackierung vieler Werkstücke, die bekanntlich unterschiedlichste Formen, Vertiefungen, Aussparungen und dergleichen aufweisen und damit zu unterschiedlichen Trefferquoten der Lackpartikel führen. Im Endeffekt bleiben etwa 30% des Lackfeststoffes im gezeigten Fall auf dem Werkstück.

Je nach verwendetem Trägergas unterscheidet man in

- □ Druckluftzerstäubung,
- □ Airless (der Lack wird ohne Luft mit Drücken zwischen 60 und 350 bar über Düsen vernebelt),
- □ Airmix (Kombination aus Druckluft und Airless bei niedrigeren Drücken),
- □ Heißspritzen (bei Temperaturen bis 80 °C für Lacke mit hohem Feststoffgehalt),
- □ elektrostatisches Spritzen (durch elektrische Aufladung fliegen die Lackpartikel auf die entgegengesetzt geladene Werkstückoberfläche). Die Pulverlackierung basiert auf diesem Applikationsprinzip.

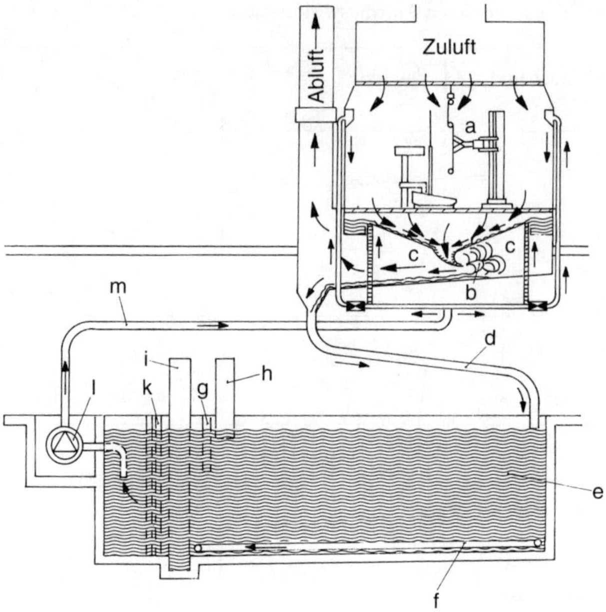

Bild 1.7
a Spritzkabine,
b Venturidüse,
c Entspannungsraum,
d Abfluß zum Klärsee,
e Klärsee ,
f Bodenschieber,
g Stauwand,
h Oberflächen-Räumbagger,
i Boden-Räumbagger,
k Filterwand,
l Pumpe,
m Wasserrücklauf

Bei der **Tauchapplikation** wird auf Basis der Elektrophorese Lack über einen elektrochemischen Prozeß auf der Oberfläche niedergeschlagen. Diese Technik erlaubt gleichmäßige Schichtdicken und ermöglicht eine gute Kantenabdeckung.

Die **Gießtechnik** wird häufig bei Bändern und Drähten angewendet (u.a. auch bei Garnen). Aus einem Gießtopf fließt der Lack durch einen Gießspalt und bildet einen Lackvorhang durch den das Werkstück gezogen wird; vorbeifließender und abtropfender Lack wird unterhalb aufgefangen und wieder in den Gießtopf zurückgeführt. Es geht kein Lack verloren.

Beim **Walzen** werden flache Werkstücke (auch Papierbögen, Holzplatten, bei Bändern bezeichnet als Coil-Coating) – zum Teil sehr dünn – beschichtet. Die Lackausbeute ist sehr hoch.

Schließlich dürfte jedermann über Erfahrungen mit dem Streichen verfügen. Die Lackausbeute ist zwar hoch, aber auch die spezifische Auftragsmenge. Die Entsorgung der Eimer und Dosen sowie die Reinigung der Pinsel, insbesondere bei mehreren Streichvorgängen – gegebenenfalls mit unterschiedlichen Lacken – veranschaulicht die Umweltproblematik der Lackiertechnik aus dem eigenen Erfahrungsschatz wohl am besten.

Spezielle Gesichtspunkte bei der Spritzapplikation

Angesichts der enormen Anwendungsbreite ist die Spritztechnik das Standardverfahren. Bei industrieller Anwendung sind die beiden Extreme zu unterscheiden: Lackierung großer Stückzahlen mit einem Lack im Gegensatz zu kleinen Stück-

Bild 1.8
Materialfluß bei der Spritzlackierung [1.16]

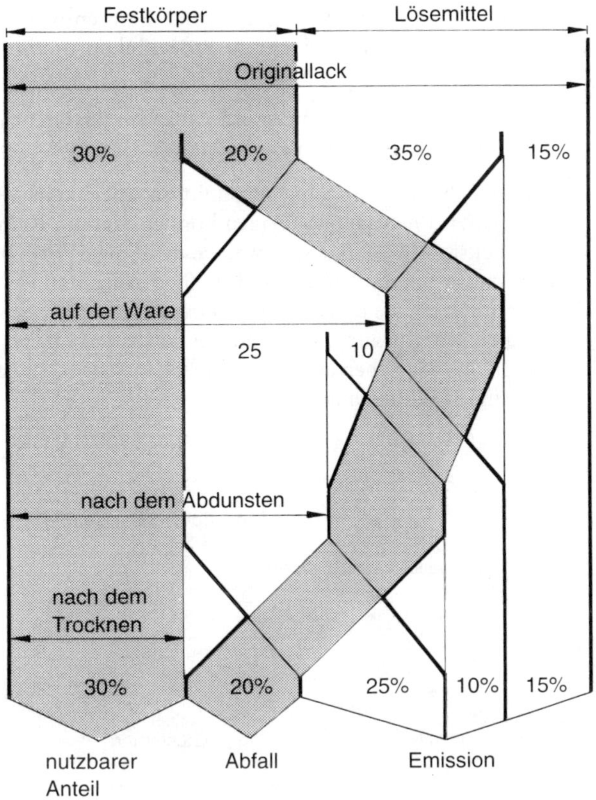

zahlen mit vielen Lacken. Ersteres ist umwelttechnisch recht gut in den Griff zu bekommen, letzteres bereitet enorme Schwierigkeiten.

Dazu mag folgendes Beispiel die Gesamtproblematik ein wenig verdeutlichen: Eine bekannte schwäbische Automobilfirma ist in der Lage, auf einem Förderband hintereinander ein Chassis weiß zu lackieren, unmittelbar folgend auf ein schwarzes, ohne daß sich schwarze Lackpartikel auf der weißen Karosse niederschlagen. Diese technische Meisterleistung (vollständiger Luftwechsel, vollständige Entleerung des Spritzsystems usw.) maximiert auf der anderen Seite die Lackverluste: Vollständiger Luftaustausch und Luftauswaschung erhöht die Abfallmenge, der Niederschlag der Lackpartikel im Kabinenwasser führt zu mehr Lackschlamm, Düsen- und Leitungen müssen freigespült und gereinigt, respektive der erste Sprühstrom verworfen werden.

Daraus wird, ohne ins Detail zu gehen, deutlich, daß die Applikation entscheidenden Einfluß auf Emissionen des Verfahrens hat. Dabei ist bisher lediglich das Lösungsmittelproblem und der Lackfeststoffanteil angesprochen. Weitere Emissionen, aufgrund ihrer gesamtgesellschaftlichen Bedeutung nicht unerheblich, sind Energien, die aufzuwenden sind, um den Lack in der gewünschten Art auf dem Werkstück aufzuziehen; vor allem die Trocknung bzw. der Einbrennvorgang sind hier von Bedeutung. RAPP (1992, [1.17]) stellt hierzu die Prozeßbilanz in Bild 1.9 auf.

1.3.3 Vermeidung und Verminderung von flüssigen Abfällen im allgemeinen und im besonderen von Lackschlamm

Grundsätzlich gilt, daß ohne Produktion auch keine Abfälle entstehen! Produziert man aber, wird man nie vermeiden können, daß im Rahmen der eigentlichen Produktion «Rückstände» entstehen, weil man immer Vorbehandlungs- und Nachbehandlungsprozesse hat und nie eine 100%ige Ausnutzung der Einsatzstoffe (Verschnitt, Applikationsverluste usw.) erreichen kann.

Desgleichen gilt auch, daß man nie auf einen Oberflächenschutz verzichten kann, weil man immer Oberflächen vor mechanischem, chemischem und/oder physikalischem Angriff schützen muß.

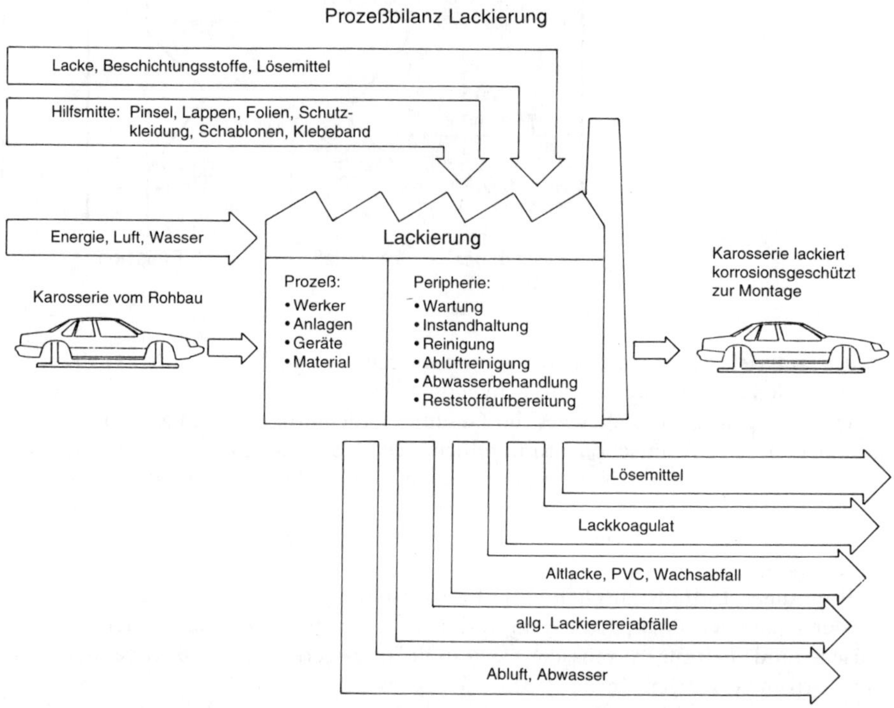

Bild 1.9 Prozeßbilanz für die Lackierung [1.17]

Gilt dann ebenso grundsätzlich, daß in der Produktion Rückstände/Abfälle bzw. bei der Lackierung Lackschlamm anfallen müssen? praktisch: ja! hypothetisch: nein! Hypothetisch kann man jeden Stoff mit genügend hohem energetischen und technischen Aufwand aus einem Gemisch in großer Reinheit zurückgewinnen. Der Umwelt wird dadurch jedoch mehr geschadet als genutzt!

Die richtige Antwort liegt jedoch in der Mitte: Mit Sicherheit sind heute die meisten Produktionen abfallärmer zu gestalten, total abfall- oder abwasserlos aber nicht. Weiterhin kann eine solche Frage auch erst beantwortet werden, wenn man definiert, wo der «Abfall als angefallen» gilt: im Prozeß, im Betrieb, am Zaun der Entsorgungsfirma, respektive des Abfallentsorgers?

Die Begriffe **Vermeidung und Verminderung** werden deshalb nachstehend im Zusammenhang mit dem Thema Abfall interpretiert.

Vermeidung *eines speziellen Abfalles kann heißen, daß die Produktion so umgestellt wird, damit*

1. *dieser spezielle Abfall nicht mehr entsteht bzw.*
2. *innerbetrieblich oder extern verwertet wird.*

Verminderung *eines speziellen Abfalles kann heißen,*

1. *daß die Produktion so umgestellt wird, daß weniger Produktionsmittel verlorengehen (also dieser spezielle Abfall nicht mehr in dem Umfang entsteht) oder*
2. *daß die Behandlung dieses speziellen Abfalles verändert wurde und weniger Hilfsstoffe benötigt werden, so daß das Abfallgemisch kleiner wird oder*
3. *daß eben auch ein Teil davon innerbetrieblich oder extern verwertet wird.*

Diesbezüglich sind Literaturangaben genauestens auf ihren Hintergrund zu überprüfen (z.B. Bild 1.10). Eine Rückstandsverwertung ist allemal einfacher zu realisieren als eine Produktionsumstellung. Dies haben gerade die Produzenten von Lacken und die Lackierer sehr anschaulich demonstriert: Der Verband der Lackhersteller hatte in einer freiwilligen Vereinbarung die Substitution von Lösungsmittellacken durch Wasserlacke innerhalb von 5 Jahren versprochen; eine derartige Umstellung geht jedoch einher mit Änderungen in der Anlagentechnik (wenn man sich nur einmal die Veränderung in der Abdunst-/Trocknungszone vorstellt), die in bestehenden Anlagen zum Teil schon aus Platzmangel und zum anderen aus Gründen fehlender Liquidität nicht so schnell realisiert werden kann bzw. konnte. In diesem Fall war die Technik sogar bereits bekannt; man hatte lediglich die technisch-wirtschaftlichen Umsetzungsmöglichkeiten überschätzt. Wie sieht es aber dann aus, wenn man die Substitutionstechnik erst noch entwickeln muß?

Am Thema Lackschlamm werden nachstehend wesentliche Aspekte einer Vermeidungs- und Verminderungsstrategie herausgearbeitet.

1.3.3.1 Vermeidungsstrategie Teil 1: Klärung der Produkteigenschaften

Dazu müssen zunächst grundsätzlich alle Möglichkeiten des Oberflächenschutzes bekannt sein:

- ☐ angefangen bei den Eigenschaften des zu beschichtenden Werkstoffes und der Klärung möglicher strukturverbessernder Eigenschaften, die eine Beschichtung überflüssig machen können (warum müssen Kunststoffe lackiert werden?),

- □ über die Alternativen der Oberflächenbeschichtung (galvanisch, Plasma z.B.),
- □ bis hin zu den alternativen Lackzusammensetzungen.

Für eine optimale Aufgabenlösung ist ein Anforderungsprofil unerläßlich. Nur anhand eines Anforderungsprofiles ist es überhaupt möglich, den tatsächlichen Bedarf nach Art und Qualität zu formulieren und danach aus den in den letzten Jahren immer breiter gewordenen Möglichkeiten das entsprechende Verfahren auszuwählen. Auf Basis eines Anforderungsprofiles kann beispielsweise in Verbindung mit einem Leistungsprofil des Lacklieferanten überprüft werden, ob eine eingefahrene Vorgehensweise mit mehreren Deckschichten noch immer notwendig ist oder zwischenzeitlich durch weniger oder andere Applikationen ersetzt werden kann. Die Profile sind demzufolge zeitlich fortzuschreiben. Im Falle der Lackschlammvermeidung kann – ausschließlich technisch betrachtet – die Trockenapplikation (Pulverlackierung) die Lösung sein (s. Bild 1.5).

Möglichkeiten bestehen natürlich auch in der Prozeßoptimierung. Dieser Vermeidungstyp ist bei Lackieranlagen allerdings nicht auf die Weise zu realisieren, daß keine Abfälle mehr entstehen. Bei der Vorbehandlung gibt es aber durchaus Ansätze mittels Automation, Meß- und Regeltechnik Aufarbeitungsschritte abwasserarm (absolut ist nur Theorie) und damit sektorenweise abfallfrei zu fahren (Energiebilanz!).

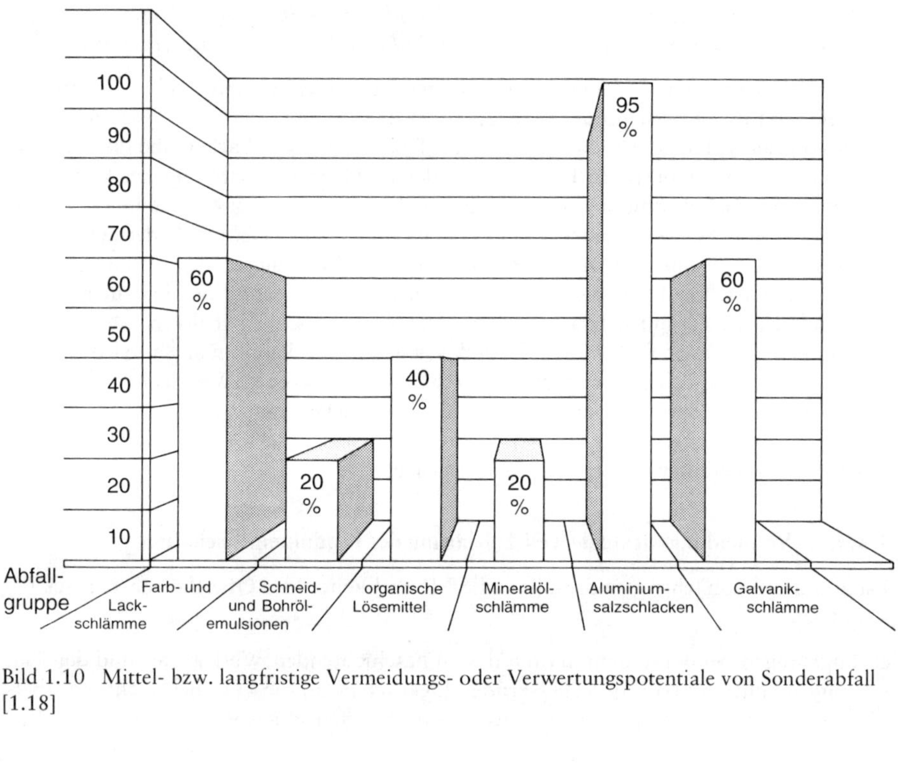

Bild 1.10 Mittel- bzw. langfristige Vermeidungs- oder Verwertungspotentiale von Sonderabfall [1.18]

Vermeidung durch Substitution
Alternativ wird in diesem Zusammenhang häufig Vermeidung durch Substitution angestrebt. Ein besonders gutes Beispiel ist die aktuelle Substitution von organischen Lösungsmitteln (infolge Verschärfung des BImSchG, s. Abschnitt 2.1.2) durch Wasser.

Eine Substitution darf jedoch nicht um ihrer selbst Willen erfolgen. Zunächst müssen die Folgen einer Substitution evaluiert werden. Nicht selten nämlich wird der Teufel mit dem Beelzebub ausgetrieben: Die Cadmiumsubstitution in der Oberflächentechnik beispielsweise führte zu erhöhten Konzentrationen von Cadmium in verzinkten Trinkwasserrohrleitungen (Zink und Cadmium sind miteinander vergesellschaftet); erst als die entsprechende Norm geändert und Cadmiumhöchstmengen begrenzt wurden, sanken die Eluatwerte wieder.

Häufig wird auch ein gut untersuchter Stoff durch weniger gut untersuchte ersetzt: Im Zuge der Formaldehyddiskussion wurde die Anwendung von Formalin in der Zuckerindustrie untersagt, und zur Konservierung der Rübenschnitzel wurden dann Dithiocarbamate eingesetzt. Dies führte zu erheblichen Betriebsproblemen. Das Rad konnte glücklicherweise aber wieder zurückgedreht werden, weil Formalin nicht in die Luft gelangt [1.19].

Greift man das am Anfang dieses Unterabschnittes aufgeworfene Thema der Wasserlacke noch einmal auf, muß man unter diesem Blickwinkel auch konstatieren, daß Probleme mit der Abluft durch den Wasserlack auf die Abwasserseite verlagert wurden. Auch sei die Frage an dieser Stelle erlaubt, ob eine geschlossene (99%) Lackiereinheit auf Lösungsmittelbasis mit wasserunlöslichen Lackbestandteilen (vgl. auch HKW-Verordnung Abschnitt 2.2.7) ökologisch nicht vorteilhafter ist als ein Wasserlacksystem mit anschließender Trockungszone und Behandlung des teils wasserlöslichen, teils wasserunlöslichen Restes und dessen Entsorgung? Hier müssen Ökobilanzen Auskunft geben; auf das Ergebnis darf man sehr gespannt sein.

1.3.3.2 Vermeidungsstrategie Teil 2: Ermöglichen einer internen Verwertung

Aufgabe in diesem Fall ist es, den bereits einmal eingesetzten Rohstoff möglichst in «verwertbarer Form» zurückzugewinnen, um ihn entweder direkt oder einer neuen nachfolgenden Produktionscharge zuzuführen. Bestes Beispiel hierfür in der Lackiertechnik ist die Rückgewinnungsscheibe (vgl. Bilder 1.7 und 1.11). Die direkte Rückgewinnung des Oversprays bei Spritzapplikationen stellt dabei noch die einfachste und erfolgreichste Lösung dar (Bild 1.11). Allerdings kann der Zusatz von Lösungsmitteln zur Verhinderung von Klebwirkungen auf dem Auffangsystem notwendig werden und dementsprechend die Konsistenz verändert sein, so daß eine unmittelbare Rückführung nicht immer möglich ist.

Die Rückgewinnung und Verwertung von Wasserlack über Ultrafiltration (Bild 1.12, s. dazu im einzelnen Abschnitt 3.4.2) erfolgt durch Abpumpen des Klärseewassers in einen Arbeitsbehälter und von dort kontinuierlich in eine Ultrafiltrationsanlage. Das Permeat wird der Spritzkabine zugeführt, das Retentat mit dem aufkonzentrierten Lack einem Speicherbehälter, aus dem die Spritzeinheit versorgt wird. Schwierigkeiten treten auf, wenn innerhalb der Rezeptur Bindemittel, Pigmente, Füllstoffe oder Additive gewechselt werden oder sich im Verlauf des Einsatzes chemisch oder physikalisch verändern. Eine Anwendung ist natürlich auch nur dann sinnvoll, wenn der Lack wieder eingesetzt werden kann; häufige Farbwechsel stehen dem entgegen.

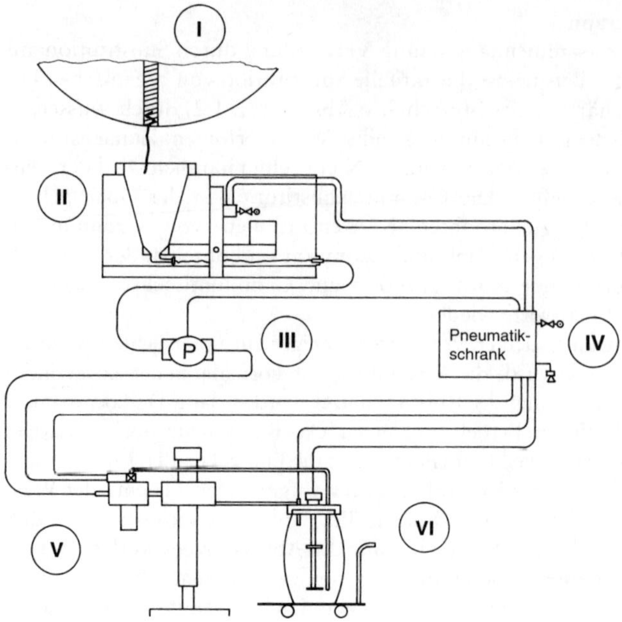

Bild 1.11 Prinzip der Lackauffangsysteme: Scheibe (a) und Lamelle (b) sowie System der Lackaufbereitung zur Rückgewinnung des Lack-Oversprays [1.20]
I Lackauffangeinrichtung;
II Auffangvorrichtung mit Niveaukontrolle und Schmutzempfänger
III Förderpumpe;
IV Pneumatische Steuerung mit Signalhorn;
V Filter
VI Sammelgefäß mit Rührwerk und Füllstandsüberwachung

Schließlich müssen noch einige Kniffe eingeführt werden, um ein 100%iges Recycling zu ermöglichen: Zur Verhinderung der Sedimentation werden Isopropanolamin oder Diisopropanolamin (geringer Dampfdruck, kein TA-Luft-Grenzwert) eingesetzt. Das Antrocknen des Wasserlackes wird durch einen Trocknungsinhibitor (Ketoxim) verhindert. Zur Verhinderung der Abscheidung von Bindemittelanteilen auf der Membran (Durchsatzeinstellung) wird eine geringe Menge Glykolderivate eingesetzt. Schließlich werden Biozide zur Verhinderung eines mikrobiellen Befalls verwendet [1.21].

Auch die Rückgewinnung von Elektrotauchlacken über Ultrafiltration gehört inzwischen zu den allgemein anerkannten Regeln der Technik [1.22].

Ein neues Beispiel ist die Rückgewinnung von Lack aus dem Overspray durch Eintragung in ein Luft-Wasser-Gemisch, das in einer speziellen Querstrom-Venturidüse hinter dem Werkstück erzeugt wird. Die Zerstäubungsluft mit dem Overspray wird dabei direkt einer Düse zugeführt, hinter der infolge starker Turbulenzen eine Homogenisierung von Luft, Umlaufwasser und Lacknebel entsteht. Diese dabei erzeugte, praktisch nicht klebende Masse ist mit einem Schwamm zu vergleichen. Sie wird durch Auskneten praktisch wasserfrei gemacht und mit Lösungsmittel wieder in einen qualitativ hochwertigen Lack verwandelt.

1.3.3.3 Verminderungsstrategie Teil 1: Erhöhung des Wirkungsgrades

Die Rückstandsverminderung steigt in dem Grade, wie ein Roh- oder Hilfsstoff länger genutzt werden kann. Bestes Beispiel ist in der Vorbehandlung die Standzeitverlängerung von Entfettungsbädern [1.23]. Die Verdoppelung der Nutzungsdauer halbiert die Rückstandsmenge pro Zeiteinheit.

Darüber hinaus sind in der Lackiertechnik die Bereiche Erhöhung der spezifischen Applikationsmenge und die Verminderung der Verluste durch Freispül- und Reinigungsmaßnahmen gute Ansätze, um mengenmäßig relevant die Rückstandsmengen zu minimieren. Bild 1.13 veranschaulicht sehr gut, daß in den unterschiedlichen Branchen bereits in unterschiedlichem Maße eine Umsetzung dieser Aspekte erfolgt sein muß.

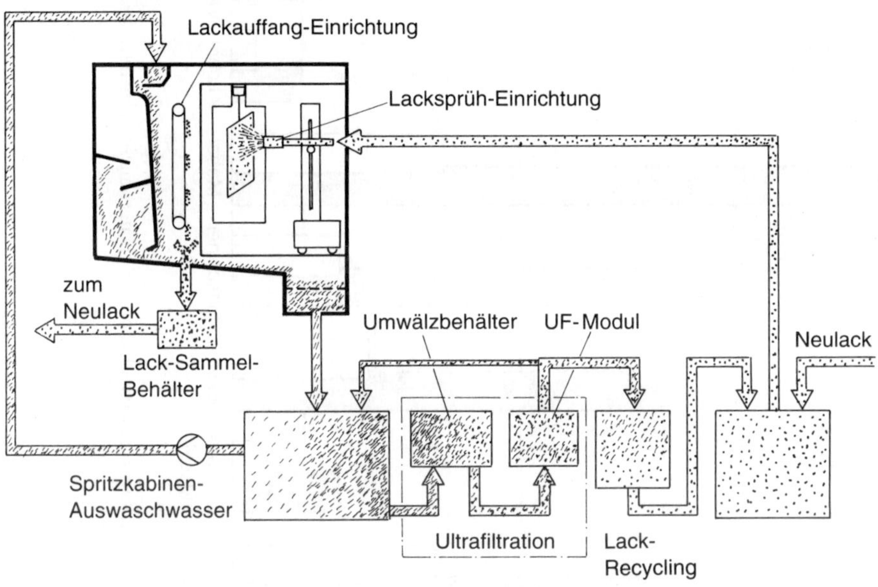

Bild 1.12 Verfahrensschema einer Wasserlack-Recyclinganlage [1.21]

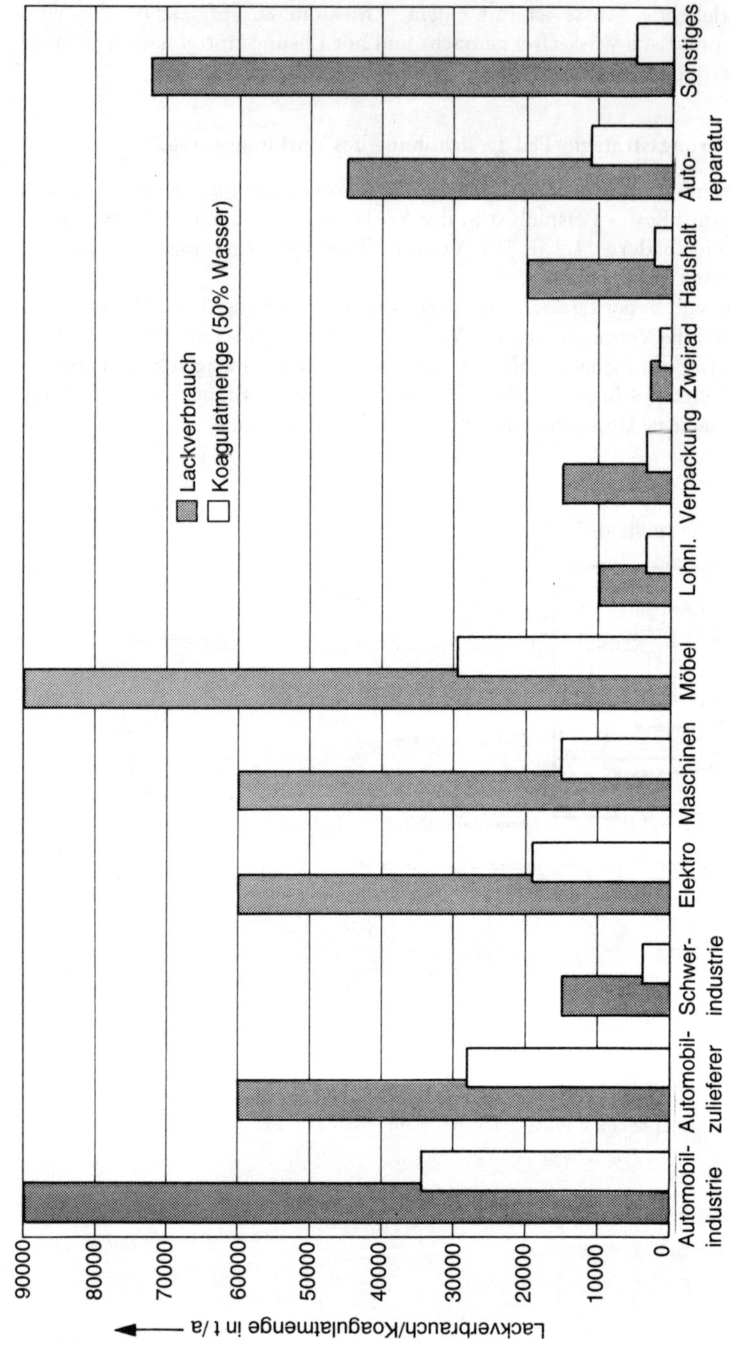

Bild 1.13 Lackverbrauch im Verhältnis zum Koagulatanfall in mengenmäßig relevanten Branchen [1.11]

Auftragswirkungsgrade
Im Falle der Lackschlämme handelt es sich hierbei um den Auftragswirkungsgrad unter Einbeziehung der Freispülverluste. Dieser ist im wesentlichen abhängig vom

- □ Applikationsverfahren (s. Tabelle 1.3),
- □ Werkstück (Geometrie, elektrostatische Aufladbarkeit),
- □ Senkung der Lackschichtdicke und der Lackschichtdickenkonstanz über verbesserte Prozeßsteuerung und -kontrolle,
- □ Verarbeitungstechnik (Lackvolumenstrom, Spritzluftdruck, Spritzabstand, Spritzwinkel, Spritzstrahlform, Spannung),
  - insbesondere bei der Spritztechnik die elektrostatische Aufladung oder
  - bei 2-K-Lacken (Zweikomponentenlacke) die Mischung erst in der Düse;
  - kein Lack auf nicht zu beschichtende Oberflächen.
- □ Verbesserung der Warenträgergestaltung und -belegung.

Zu berücksichtigen sind auch die Schichtdicke und die Anzahl der aufzutragenden Lackschichten (bei der Automobilaußenlackierung sind das z.B. Steinschlagzwischengrund, Füller-, Unidecklack- und Klarlackauftrag; bei Metallic-Lack muß sogar 2fach lackiert werden, wobei die 2. Schicht ohne elektrostatische Aufladung erfolgen muß, um spätere Reparaturlackierungen möglich zu machen, [1.24])

Verminderung der Reinigungszyklen
Bei der Lackierung unterschiedlicher Farbtöne kann durch Organisation von Farbblöcken mit steigendem Farbtongehalt der Reinigungsaufwand (Entleerung der Düsen und Zuleitungen, Einsatz von Freispüllack aus dem neuen Farbton usw.) der Verlust durch Reinigungsanforderungen auf den An- und Abfahrbetrieb beschränkt werden.

Die Reinigung von Gebinden kann mit gebrauchten Lösungsmitteln erfolgen. Restentleerbare Gebinde, größere Behältereinheiten, Retournierung im Betrieb durch Umfüllstationen helfen auch hier, Abfallmengen zu vermindern.

1.3.3.4 Verminderungsstrategie Teil 2: Produktion qualitativ hochwertiger Rückstände

Hierbei muß das «Verwertungsprodukt Lackschlamm» in den Mittelpunkt der Betrachtung gestellt werden: Auf Basis eines Anforderungsprofiles für einen «Rohstoff Lackschlamm» sind alle Verfahrensschritte seiner Entstehung bis hin zu seiner Ablieferung beim Verwerter zu bilanzieren. Der Lackschlamm muß nämlich nach den gleichen Kriterien produziert werden, die auch an das eigentliche Produkt gestellt werden. Nur so ist mittelfristig sicherzustellen, daß der «Abfall Lackschlamm» nicht entsteht.

Die Produzenten machen sich heute noch viel zu wenig Gedanken in dieser Richtung. Deshalb folgende Überlegung: Wer kann überhaupt «Abfall» in seinem Produktionsbereich verwerten, wenn er ein qualitativ hochwertiges Produkt herzustellen hat? Die Antwort lautet: keiner oder höchstens einer, der Massenprodukte herstellt, beispielsweise Baustoffe (Zement, Bitumen für den Straßenbau). Rechnet man einmal hoch, welche Branchen mit welchen Stoffmengen in diesem Marktsegment ihre Rückstände verwertet haben wollen, müßte die Bauindustrie boomen. Tatsächlich aber sind die Entwicklungen eher stagnierend; abgesehen von genehmigungsrechtlichen Fragen, die noch immer zu klären sind, und von den Kosten, die durch die Verwertung entstehen (Erlöse werden schon seit einiger Zeit nur noch selten erzielt).

Faktum ist deshalb, daß – nicht nur nach Möglichkeit – vermieden wird, was eine wesentliche Veränderung der Ausgangsstoffe herbeiführt, wie

- □ jede chemische Reaktion der Ausgangsstoffe untereinander oder mit Zusatzstoffen,
- □ jede Untermengung anderer Stoffe,
- □ deshalb muß jeder Zusatzstoff auf seine diesbezügliche Wirkung überprüft werden.

Die Rückstandsproduktion muß deshalb gleichrangig qualitativ wie die Produktion gesehen werden.

Man darf nicht vergessen, daß durchschnittlich 1 kg Lackkoagulat (50% Festkörper, 50% Wasser) im Einkauf 12 DM gekostet hat [1.25]. Rechnet man die Wertsteigerung durch Zusatzstoffe (1 DM/kg Koagulantien [1.24]) und durch die Entsorgungskosten (Transport, Analytik, Abfallabgabe, Sonderabfallbehandlungskosten usw.) hinzu, ist der Rückstand bald mehr wert als das eigentliche Produkt!

Weiterhin darf die Vorbehandlung nicht vergessen werden. Auch hier entstehen im Zusammenhang mit der Lackierung nicht unerhebliche und nicht unproblematische Schlämme: Phosphatierschlämme, Entfettungsbäder, Aktivkohlen ...

Praktische Aufgabe ist es daher, den Konzentratstrom so zu lenken, daß überwiegend verwertbare Fraktionen aus den Rückständen produziert werden und nur ein allenfalls kleiner Rest «Abfall» minderer Problematik entsteht. Auch ohne Auflagendruck (Verhältnismäßigkeitsgrundsatz und Bestandsschutz) muß der Produzent erkennen, daß aus wirtschaftlichen Gründen mittel- bis langfristig tragfähige Konzepte zu erarbeiten sind, wie Produktion und Entsorgung aufeinander eingestellt werden können, um nach gesetzlicher Auflage die aus der Luft und dem Wasser zu entfernenden Komponenten einer geeigneten Verwendung zuzuführen.

Im Detail: Der in der ersten Stufe (Rückgewinnungsscheibe) nicht aufgefangene Overspray gelangt in die Abluft. Diese wird durch Naßauswaschung von den Lackfeststoffen befreit. Dabei müssen die Bindemittel jedoch durch Zugabe spezieller Lackkoagulantien zum Umlaufwasser entklebt (verseift) werden; gleichzeitig findet eine entsprechende Wasserbenetzung statt. Je nach Beschaffenheit des Lackes werden sauere (schwach) bis stark alkalische Koaguliermittel eingesetzt (0,1% bis 1% der Wassermenge). In der Regel handelt es sich bei den Koagulantien um Salze, Flockungsmittel und Entschäumer. Der Lackschlamm wird im Klärsee abgeschieden und über Förderbänder meist kontinuierlich ausgetragen (vgl. Bild 1.14)

Wenn es gelingt, die Entklebung allein über eine pH-Wert-Verschiebung zu erreichen, ist der Lackschlamm einer Verwertung eher zugänglich. Weitere Verfahren zur chemikalienfreien Entklebung sind die Elektrokoagulation des Kreislaufwassers (nicht immer möglich!) und die Auswaschung der Lacknebel durch die oben skizzierte spezielle Querstrom-Venturidüse, für den Fall, daß der Lackschlamm nicht direkt zu Lack verarbeitet werden kann.

Eine Lackschlamm-Verwertung wird nur möglich sein, wenn die betrachteten Stoffe in hoher Konzentration mit nur geringen Verunreinigungen vorliegen. Das heißt, daß die eingesetzten Koaguliermittel neutral sein müssen und daß z.B. der Lack-

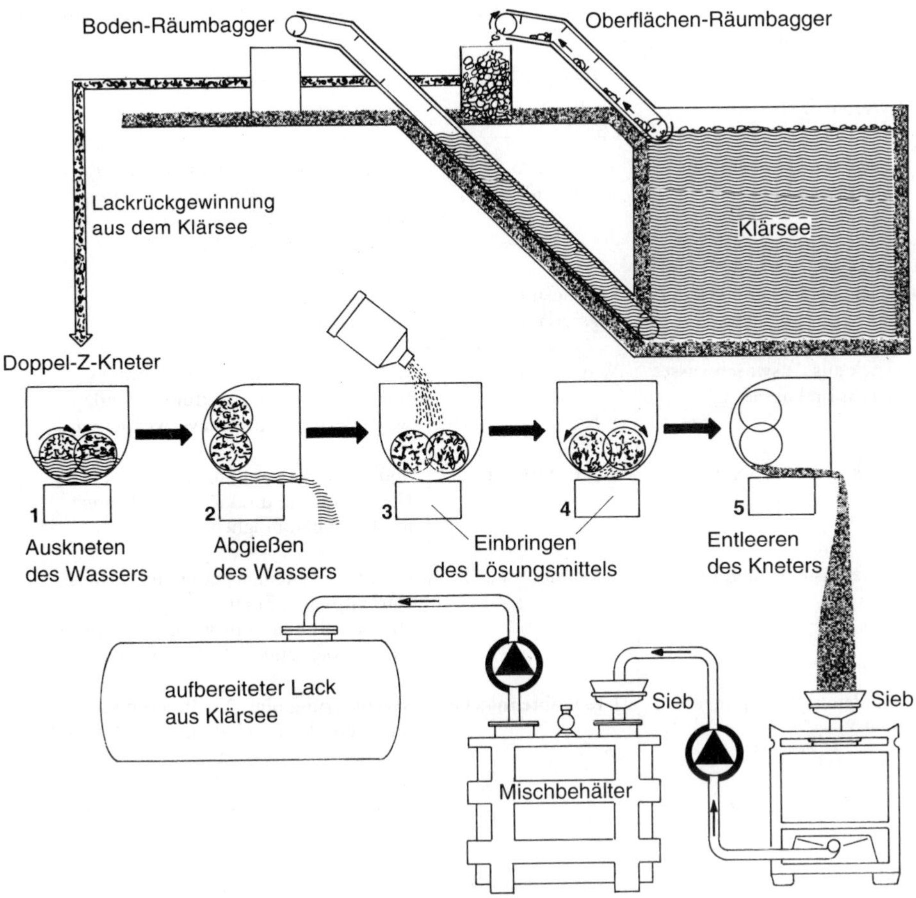

Bild 1.14 Lackrückgewinnung aus einem Klärsee [1.26]

schlamm unverzüglich aus dem Klärsee ausgetragen werden muß. Einer Verwertung können die gegebenenfalls noch enthaltenen Schwermetallpigmente entgegenstehen.

Technisch sind etliche Beispiele für die unterschiedlichsten Lacke bereits untersucht, teilweise realisiert, teilweise auch noch in der Erprobung. In Form einer «Wert»-Hierarchie sind davon in Bild 1.15 (siehe Tabelle 1.5) einzelne Verwertungsmöglichkeiten in Form von Produkten oder Verfahrensschritten gegliedert dargestellt (ausgehend vom Rohstoff Erdöl, der zu Lack verarbeitet wurde, stellt die unmittelbare Rückführung von Lack die höchste Stufe der Verwertung dar).

Tabelle 1.5 Übersicht einiger technischer Verwertungslösungen von Lacken, Lackkoagulaten und Lackprodukten [1.28, 1.29]

Wertstoff	Lackart	Bemerkungen
Lack aus Overspray aus Spritzverfahren	alle Spritzlacke (auch 2-K-Lacke)	Lack-Auffangsysteme hinter dem zu beschichtenden Werkstück (Schäfer-Scheibe u.a./s. Bild 1.7 und 1.11); direkte Rückführung möglich
Lack aus Freispüllack der Spritzdüsensysteme	Lösungsmittellacke/ Wasserlack	Auffangsystem und -behälter zur Rückführung
Lack aus Auswaschwasser aus Spritzkabinen	Wasserlacke	Kabinenwaschwasser über Ultrafiltration; direkte Rückführung möglich, wenn derselbe Farbton verwendet wird
Lack aus Tauchbad der Elektrotauchlackierung	Elektrotauchlack	Spülwasserbehandlung über Ultrafiltration; direkte Rückführung ins Tauchbad möglich
Lack aus Koagulation	1-K-Einbrennlacke	nach Lacksystemen getrennte Auffangeinrichtungen; Einarbeitung in Dickschichtmaterialien (Dämm-Massen, Unterbodenschutz, Abdichtmaterial)
Bindemittelkomponente	1-K-Einbrennlacke	Koagulierung ohne Veränderung der Bindemitteleigenschaften (z.B. Metallsalz-Polyelektrolyte); bei Bentonite Aufbereitung möglich, wenn Bentonit mit den Pigmenten und Füllstoffen abgetrennt wird; Erhaltung der Reaktivität
Bindemittel für die Kunststoff-Formteile-Herstellung	1-K-Lacke (noch nicht polymerisiert)	Aufbereitung der Lackkoagulate
Füllstoff (inert)	Mischkoagulate aus diversen Lacken	
Hydrolyseprodukte	alle Lacke	bis zu 5% als Rohstoff in Hydrieranlagen
Pyrolyseöle, -gase, -kokse	–	–
Kohlenwasserstoffe	alle	vorentwässert

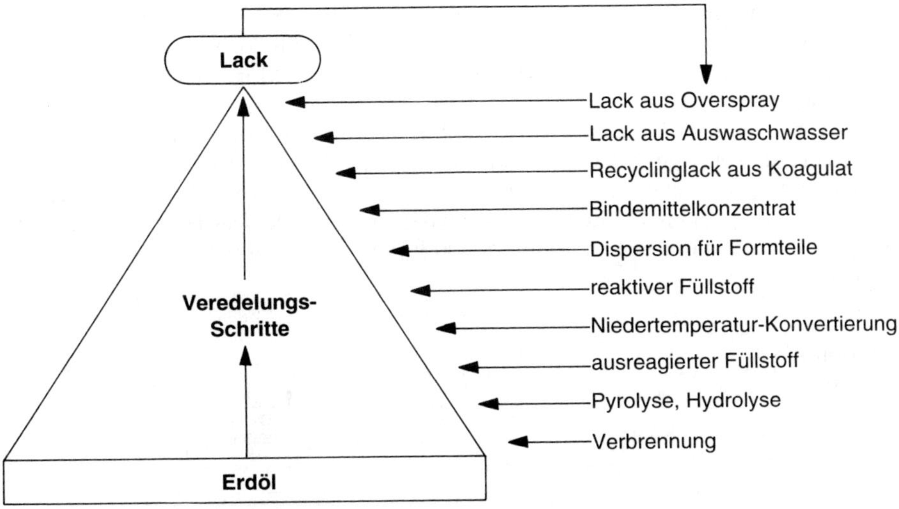

Bild 1.15 Wert-Hierarchie einzelner Verwertungslösungen von Lack (nach SCHENE, 1990)

Bei der Herstellung von Lacken aus Koagulat wird das Koagulat zunächst entwässert und durch Zugabe von Lösungsmitteln auf die für eine Weiterverwendbarkeit notwendige Viskosität eingestellt. Grobe Verunreinigungen werden entfernt, über Zentrifugation und Sedimentation werden Bindemittel- und Pigmente separiert (vgl. Bild 1.14; [11.26]). Erfahrungen liegen vor mit Alkyd-/Aminoharzeinbrenn-, Acrylatharzlacke und Kombinationen davon. Voraussetzung für die Recyclingfähigkeit ist die zerstörungsfreie Koagulation und die Freihaltung von Fremdstoffen. Bild 1.16 zeigt die darüber hinausgehende Aufarbeitung von Koagulat nach dem Envilack-Verfahren (s. dazu technisch Kapitel 4).

Bindemittel, wie Phenol- oder Acrylharze, bei der Kunststoff- und Formteileherstellung (Isolier- und Verkleidungsplatten) können durch modifizierte Lackkoagulate substituiert werden, wenn der Lackrückstand noch vernetzbar, d.h. noch nicht ausgehärtet ist. Dies wird verhindert, indem der Lackrückstand mit grenzflächenaktiven Substanzen und auch in seinem pH-Wert eingestellt und in Wasser dispergiert wird. Da die Dispersion später als Bindemittelkomponente eingesetzt wird, werden auch schon verschiedenste Füllstoffe, Reaktionsharze, Härter, Katalysatoren zugesetzt.

Lackkoagulate lassen sich auch als Füllstoffersatz in streich- und spritzfähigen Kunststoffdispersionen einsetzen; sie ersetzen dann Silikate und Karbonate. Das Koagulat wird hierzu entwässert, getrocknet, gemahlen und gesiebt.

Bei der Hydrierung von Lackkoagulat handelt es sich konkret um eine Mitverwertung in einer Kohleöl-Anlage (Bottrop), in der der Chemierohstoff Naphtha bzw. Dieselöl produziert wird. Bei der Hydrierung handelt es sich um die Anlagerung von Wasserstoff an Kohlenstoff unter hohem Druck und bei hohen Temperaturen.

Bild 1.17 faßt die Verwertung von Lackkoagulat optisch zusammen. Korrekter Weise muß man im Augenblick noch konstatieren, daß die zuletzt genannten Verfahren erst am Anfang ihrer technischen Reife und Umsetzung stehen und vor allem aufgrund der spezifischen Anfallmengen nur für wenige Großbetriebe relevant sind, während die vielen Klein- und Mittelbetriebe nur bescheidene Möglichkeiten der Rückgewinnung haben.

Eine energetische Nutzung ist zwar politisch nicht opportun, aber angesichts der Tatsache, daß andere Mineralölfraktionen direkt als Treibstoff oder lediglich zu Heizzwecken eingesetzt werden, nicht verwerflich, weil in diesem Fall schließlich der Kohlenwasserstoffanteil mindestens zweimal genutzt wurde. Der Heizwert der Lackschlämme liegt zwischen 6 000 und 18 000 kJ/kg – abhängig natürlich vom Wassergehalt.

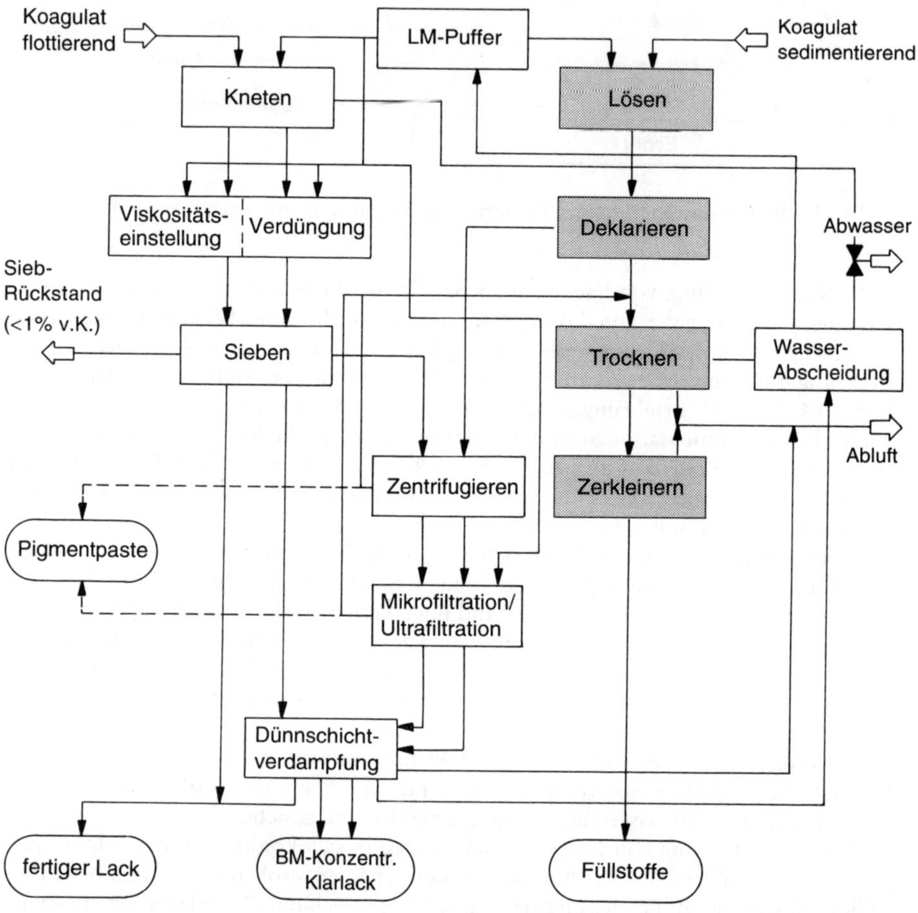

Bild 1.16 Verfahrensschema des Envilack-Verfahrens [1.27]

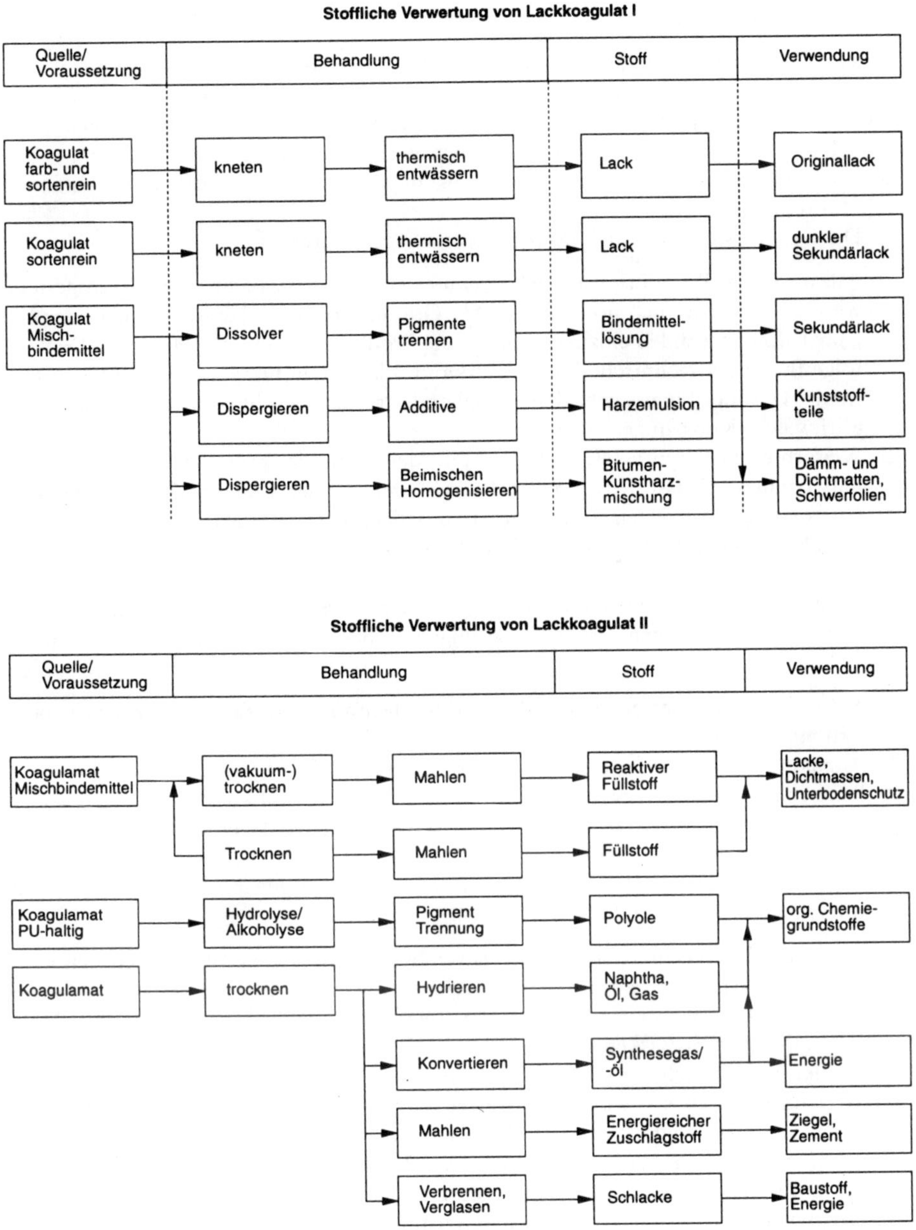

Bild 1.17 Aktuelle Wege der stofflichen Verwertung von Lacken im Überblick [1.17]

1.3.4 Hemmnisse

Warum wird das Naheliegende, nämlich die Vermeidung durch prozeßintegrierte Maßnahmen meist hintangestellt? Es besteht doch überall Konsenz, daß emissionsarme Technologien nicht nur die nachgeschalteten Rückhalteanlagen entlasten oder überflüssig machen und damit Investitionen und Behandlungskosten einsparen, sondern in vielen Fällen auch zur besseren Ausnutzung von Einsatzstoffen und Hilfsmitteln führen.

Die Gründe sind vielschichtig, einer der meistgenannten ist,

- daß an einem Produktionsprozeß, wenn er einmal läuft, nicht mehr herumgestellt werden darf, um auch noch das letzte «Gramm Produkt» herauszuholen oder ein paar Kilowattstunden einzusparen, um die Produktion nicht zu gefährden. Demzufolge findet der technische Fortschritt kaum Eingang in bestehende Produktionssysteme. Darüber hinaus geht den Anlagenfahrern das Gefühl verloren, welcher Eingriff welche Konsequenzen hat.
- Weiterhin existieren große Vorbehalte in der Industrie, wenn es darum geht, bereits benutzte Hilfsstoffe im selben Prozeß oder in einer anderen Verarbeitungsstufe nochmals einzusetzen. Die Sorge um mögliche Betriebsstörungen überwiegt hier jeglichen Aspekt der Roh- und Hilfsstoffeinsparung.

Folgende Hemmnisse führen zu dem Resümee, daß ohne einen administrativen und/oder wirtschaftlichen Druck Änderungen in der Produktion kaum zu erwarten sind:

- Mangelnde Informationen über Vermeidungstechnologien (Einkauf, Arbeitsvorbereitung, Fertigung).
- Anpassungsbedarf auf spezielle Produktionssysteme (Einzelfallösungen).
- Wirtschaftliche und personelle Situation (Liquidität, Qualifikation).
- Fehlende Transparenz der Prozeßabläufe (Eigenkontrolle, Überwachung).
- Fehlende Anforderungsprofile.
- Tagesgeschäft und hohe Flexibilitätsanforderungen erschweren Vermeidungs- und Rückgewinnungstechnologien.

Aus Sicht der Unternehmensleitung ist es verständlich, daß Investitionen für den Umweltschutz an der Rückhaltung von Emissionen ansetzen: Einen Abwasserfachmann z.B. findet man eher als einen Berater, der sowohl technisch als auch ökonomisch als auch sozial integrativ wirken kann.

Bei der Verwirklichung technischer Lösungen hat sich deshalb mittlerweile ein – meist technokratisches – Umsetzungsraster entwickelt, an dem grundsätzlich nichts auszusetzen ist. Es stellt sich jedoch die Frage, ob Technik allein zum Ziel führt: Viel eher muß man heute erkennen, daß vielfältige Probleme im Unternehmen aus persönlichen und sozialen Umständen und Fragestellungen der Mitarbeiter herrühren. Wer das vergißt, findet Lösungen nur im menschenleeren Roboter-Raum oder handelt an der Praxis vorbei. Schließlich muß auch der Chef mit gutem Beispiel vorangehen, wenn es um die Umsetzung von technisch-organisatorischen Lösungen geht.

Eine kreative Teilnahme am Produktionsprozeß durch Mitarbeiter im Unternehmen über längere Zeit ist nur zu erwarten, wenn sich die Mitarbeiter mit der Aufgabe identifizieren. Noch besser ist es, wenn sie selbst ihre zukünftigen Aufgaben definieren können und und dabei emissionsmindernde Maßnahmen zum Wohle aller umsetzen dürfen (Bereitstellung von Mitteln und Schaffung von Möglichkeiten).

Das betriebliche Vorschlagswesen sollte unter dem Umweltschutzgesichtspunkt im übrigen neu gefaßt werden: Nicht die einmalige Belohnung für eine Einsparung von Ausgaben nützt im Hinblick auf die Manifestation umweltgerechten Verhaltens, sondern die ständige Beteiligung an der Sache. Schließlich ist uns allen bekannt, daß wir im Grunde genommen nur ein Verhalten ändern, wenn uns die Verhaltensänderung einen bleibenden Vorteil verschafft. Nichtsdestoweniger müssen alle Maßnahmen auf ihren Erfolg hin kontrolliert und den Mitarbeitern ständig vor Augen geführt werden. Dies kann in Form von Hitparaden oder Tabellen auf der Basis ergebnisbezogener (z.B. auf die Qualität des Produktes) spezifischer Abfallmengenangaben je Betriebseinheit erfolgen.

Für die Umsetzung empfehlenswert ist es, im Sinne der ABC-Methode mit den Aufgaben zu beginnen, die schnell und einfach lösbar und dabei noch ausgesprochen wirkungsvoll sind, insbesondere wenn das Ergebnis quantitativ leicht nachweisbar ist. Die Erfahrung lehrt, daß allein durch eine systematische Ist-Analyse bereits $^1/_3$ bis die Hälfte von Abfallmengen eingespart werden können (sofern der Betrieb bisher noch nichts unternommen hat). Ähnliches gelingt in den Bereichen Abwasser und Abluft.

Für wiederkehrende Aufgaben lohnen sich Checklisten, wie sie von verschiedenen Stellen herausgegeben werden. Voraussichtlich greifen aber die Checklisten am besten, die auf das Unternehmen speziell abgestellt sind.

1.3.5 Resümee zur strategischen Abfallvermeidung

Aus den genannten Gründen und Merkmalen müssen zwei Vermeidungsstrategien unterschieden werden:

1. die mengenbezogene Abfallvermeidung,
2. eine schadstoffgehaltbezogene Abfallvermeidung.

Bisherige Bestrebungen orientieren sich vorangig an den Mengen, künftige werden sich auch an den Schadstoffen orientieren, weil geringe Verunreinigungen in einzelnen Fällen einen Rückstand zum Abfall machen können. Das Schadstoffproblem ist nur durch spezielle Kenntnisse zu lösen, weil häufig der Endanwender einer Formulierung (Beispiel Textilhilfsmittel) nicht weiß (und meist auch nicht wissen darf), welche Ingredienzien das von ihm eingesetzte Produkt enthält. Unter diesen die Regel darstellenden Verhältnissen ist es natürlich unmöglich, schadlose Rückstände zu produzieren.

Für solche Fälle hat der Autor eine Form der «ökologischen Produktion» entwikkelt, die sich aus einer Reihe von Dienstleistungsaufgaben nach dem Full-Service-Prinzip zusammensetzen. Das Full-Service-Prinzip basiert darauf, daß der Produzent nicht nur ein Hilfsmittel vom Hilfsmittel-Lieferanten bezieht, sondern ihm auch das gesamte Handling mit diesem Hilfsmittel überträgt (Beispiel Kühlschmiermittel, die gesamte Pflege und Entsorgung). Da der Lieferant das Know-how besitzt, ist er eher in der Lage, genau das zu leisten, was die Produktion benötigt. Vorstellbar ist, daß der Produzent das Produktions-Know-how in so viele Dienstleistungsaufgaben splittet (vgl. Bild 1.18), daß er kein eigenes Produktionspersonal mehr benötigt. Wenn jede Dienstleistungs-Schnittstelle eindeutig definiert ist, ist es möglich, aufgrund des Dienstleister-Know-how jeweils das Optimum in jedem Aufgabensegment herauszuholen. Der Dienstleister verdient am meisten, wenn er wenig Einsatzstoff und wenig Emissionen produziert; jede technische Entwicklung kann also – sofern sie wirtschaftlich ist – sofort umgesetzt werden. Abfalltechnisch dürfte die Aneinanderreihung der Optima durchaus zu einem absoluten Optimum führen.

An dieser Stelle wird deshalb empfohlen, mit Hilfe von Checklisten ständig zu überprüfen, ob bestimmte Abfälle in Art und Menge anfallen müssen (s. Tabelle 1.6).

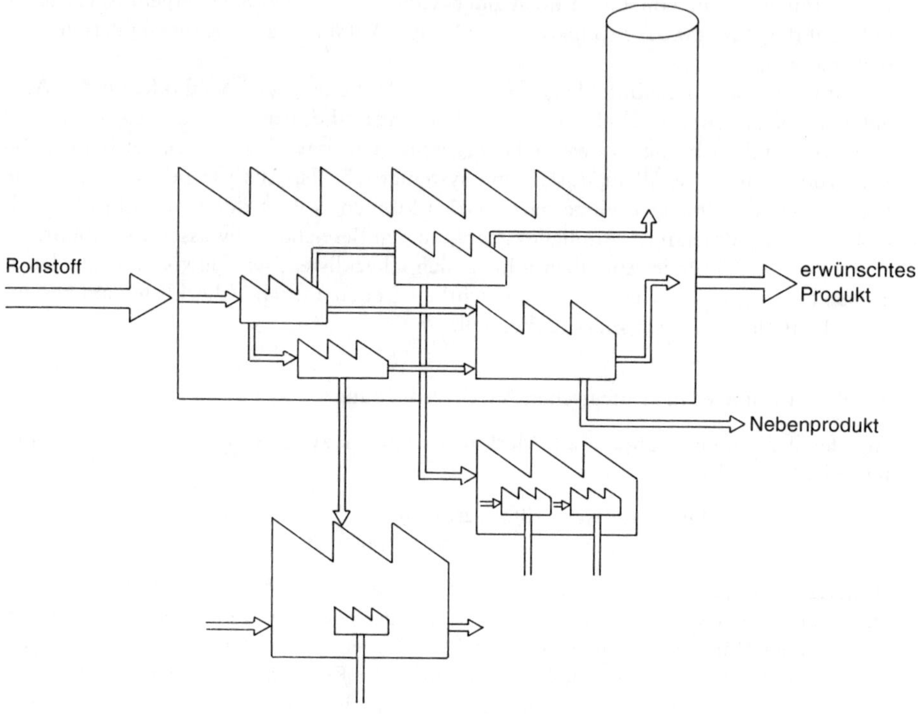

Bild 1.18 Vorschlag für eine tatsächlich emissionsarme Produktionsanlage

Tabelle 1.6
Checkliste über Art und Menge des Abfalls

Fragen an das System Konzentrate/Schlamm
1. Woher stammen die Konzentrate/Schlämme? Verluste von Ausgangs- und Hilfsstoffen Zusätzliche Chemikalien Unachtsamkeit 2. Wie entstehen die Konzentrate/Schlämme? mikrobiell chemisch 3. Kann man den Anfall der Konzentrate/Schlämme begrenzen? organisatorisch (Linienkennzeichnung) Produktumstellungen (Schadstoff/Handling) Verfahrensumstellungen (vorne/hinten) 4. Wie müssen Konzentrate/Schlämme beschaffen sein, damit man sie alternativ beseitigen kann? Inhaltsstoffe Konsistenz (Festigkeit/Wassergehalt)

1.4 Innerbetriebliche Lagerung und Transport von flüssigen Rückständen am Beispiel von Mineralölen

Mit der Abfallbehandlung hat die Lagerung von Abfällen nur mittelbar zu tun. Trotzdem ist dieses Thema von enormer Tragweite. In einigen Gebieten Deutschlands herrscht Entsorgungsnotstand, wodurch Betriebe derzeit mit Duldung der Behörden Abfall-Lagerung betreiben, ohne daß die Lager abfallrechtlich zugelassen sind.

Gleichgültig ob es sich um einen Abfall oder einen Rückstand handelt, muß das Unternehmen Vorsorge tragen, daß einerseits keine Gefährdung der Umwelt durch Emissionen in die Luft oder über den Boden ins Grundwasser, andererseits keine Brände und auch keine «Neulasten» entstehen, die eine Bodensanierung nach sich ziehen kann.

Mineralöle – Altöle – Mineralöl-Kohlenwasserstoffe – Emulsionen
Mineralöle werden quasi in jedem Unternehmen eingesetzt: Als Treibstoffe für den Fuhrpark, in Form von Schmiermitteln von Antrieben, in Transformatoren, als Reiniger neuerdings wieder; sie fallen auch bei der Druckluftaufbereitung als Kompressorenkondensat an usw.

Mineralöle oder mineralölhaltige Flüssigkeiten (häufig Emulsionen) zählen zu den wassergefährdenden Stoffen. Diese sind im Wasserhaushaltsgesetz (WHG, 1986) in § 19g definiert:
Wassergefährdende Stoffe *sind alle festen, flüssigen und gasförmigen Stoffe, die geeignet sind, nachhaltig die physikalische, chemische und biologische Beschaffenheit stehender und fließender Oberflächengewässer sowie des Grundwassers nachteilig zu verändern.*

Dazu sind von Seiten der Länderarbeitsgemeinschaft Wasser (LAWA) Einstufungen von wassergefährdenden Stoffen in Wassergefährdungsklassen (WGK) von Stufe «0» (im allgemeinen nicht wassergefährdend) bis Stufe «3» stark wassergefährdend vorgenommen. Der entsprechende Katalog wird ständig fortgeschrieben. Die Bewertung beruht auf biologischen Testverfahren.

Altöle (s. Definition in Abschnitt 1.1) und Schmieröle (legiert, emulgierbar) sind danach in WGK 3, Heizöl S dagegen nur in WGK 1 eingruppiert. Industrieschmierfette sind bisher nicht aufgeführt und von daher zunächst einmal grundsätzlich als wassergefährdend einzustufen. Auf Altöle ist im übrigen die Abfallgesetzgebung anzuwenden.

Rohöle (WGK 2) – aber auch andere Mineralölprodukte, die jedoch aufgrund ihrer Heterogenität nicht eindeutig charakterisiert werden können – vermischen sich nicht gleichmäßig mit Wasser, sondern schwimmen auf der Oberfläche mit weitgehender Ausbreitung auf. Dabei können sich explosionsfähige Gemische mit Luft über der Wasseroberfläche bilden, die durch Funken entzünden können. Im Verlauf von etwa 24 Stunden gasen die leichtflüchtigen Komponenten des Rohöls aus (Methan, Propan, Butan usw.), wodurch die Reste zähflüssig werden und klumpen.

Mineralöl-Kohlenwasserstoffe sind überwiegend aliphatische Kohlenwasserstoffe, sie lassen sich in Alkane (gesättigte, wie z.B. Methan, Ethan, Propan, Dekan und Tetrakontan usw.), Alkene (ungesättigte mit Doppelbindung zwischen zwei C-Atomen, wie z.B. Ethen, Propen, Buten) und Alkine (ungesättigte mit Dreifachbindung) unterscheiden. Sie können verzweigt oder unverzweigt sein; darüber hinaus gibt es zyklische Alkane und Alkene; von den substituierten seien hier die Chloralkane (Chlorkohlenwasserstoffe) genannt.

Emulsionen sind Dispersionen aus zwei ineinander nicht mischbaren Flüssigkeiten; in den meisten Fällen handelt es sich um Öl-in-Wasser-Emulsionen. D.h., eine geringe Menge (meist zwischen 5% und 10%) Öl ist in Wasser dispergiert. Um die Emulsion stabil zu halten, werden Emulgatoren zugegeben; ganz allgemein werden Additive zugesetzt, um den Emulsionen ihre technische Wirkung zu verleihen (Verschleißschutz, Oxidationsstabilität usw.). Beim Gebrauch der Emulsionen werden diese chemisch verändert; sie nehmen darüber hinaus Stoffe und Substanzen aus der Umgebung der Anwendung auf (Abrieb, Mikroorganismen). Dadurch werden die Emulsionen mit der Zeit unbrauchbar und müssen verworfen werden.

1.4.1 Umgang und Lagerung

Die Lagerung von Stoffen ist nicht nur im Hinblick auf den Schutz der Gewässer (Grundwasser zählt zu den Gewässern!) und vor Bränden wichtig, sie hat auch strafrechtliche Bedeutung. Im Sinne von § 326 Abs. 1 StGB (Strafgesetzbuch: Umweltgefährdende Abfallbeseitigung) umfaßt der Begriff des Lagerns in Fällen der vorübergehenden Aufbewahrung von Stoffen auch mit dem Ziel der Wiederaufarbeitung jede vorübergehende Aufbewahrung (insbesondere die Zwischenlagerung) mit dem Ziel anderweitiger Beseitigung. Dabei ist es unerheblich, ob die Stoffe endgültig beseitigt oder ganz oder zum Teil dem Wirtschaftskreislauf wieder zugeführt werden sollen.

Damit ist festgelegt, daß alle Stoffe, von denen eine Gefährdung der Umwelt ausgehen kann, so zu lagern sind, wie es das Abfallrecht (vgl. Abschnitt 2.1.3) vorsieht. Ob es sich im Einzelfall um ein Bereitstellen zum Abtransport oder schon um eine Zwischenlagerung handelt, bedarf der Abwägung (durch den Staatsanwalt). Hierbei spielt die Dauer der Bereitstellung/Lagerung ebenso eine Rolle wie die Tatsache, ob ein Abnehmer/Entsorger bereits gefunden ist [1.30].

Für das «Zwischenlagern» existiert eine Legaldefinition im Abfallgesetz (AbfG, 1986): Ein Zwischenlager ist eine Anlage zur vorbereitenden Behandlung von Abfällen (§ 12 Abs. 1 Satz 4). Danach handelt es sich bei der Bereitstellung von beispielsweise Altöl in Sammelcontainern noch nicht um ein Zwischenlagern im Sinne des Abfallgesetzes.

Im allgemeinen wird aber unter betrieblicher Zwischenlagerung ein kurzfristiges Abstellen von Lagergut verstanden, wobei «kurzfristig» meist strittig ist. Ein Zwischenlager, das jedoch ständig mit größeren Mengen an Lagergut gefüllt ist und ständig beschickt bzw. aus dem ständig entnommen wird, muß sicherheitstechnisch als Lager angesehen werden, selbst wenn die Rückstände schnell umgeschlagen werden [1.31].

Für die Lagerung von gefährlichen oder wassergefährdenden Stoffen, wie dem Altöl, sind vor allem die in Bild 1.19 ausgewiesenen Rechtsgebiete mit entsprechenden Verordnungen maßgeblich. Grundsätzlich sind alle Vorschriften nebeneinander und unabhängig voneinander zu erfüllen, außer wenn die jeweiligen Vorschriften eine Ersetzungswirkung vorsehen (z.B. benötigen Leckanzeigegeräte zur Überwachung doppelwandiger Lagerbehälter oder doppelwandiger Rohrleitungen nur eine gewerberechtliche Zulassung, wenn sie im Bereich der wassergefährdenden und zugleich brennbaren Flüssigkeiten eingesetzt werden). Aus der Ersetzungswirkung ergibt sich, daß der Antragsteller jeweils das Zulassungsverfahren in Gang zu setzen hat, dem die breiteste Wirkung zukommt. Dies ist in der Regel die gewerberechtliche (beispielsweise legt § 19g WHG (1986) fest, daß die wasserrechtliche Beurteilung im Rahmen bau- oder gewerberechtlicher Verfahren mit erledigt werden kann). Dies gilt auch für die Eignungsfeststellung.

Die Einschätzung des Gefahrenpotentials bei der Lagerung von Abfällen und Vorsichts- oder Schutzmaßnahmen hängen von den Eigenschaften des Lagergutes ab bzw. den potentiellen Gefahren, die durch Zusammenlagerung oder Brand aus dem Lagergut entstehen können. Hier kann die Einteilung der gefährlichen Eigenschaften des Chemikaliengesetzes (§ 3 Abs. 3 ChemG [1.32], s. Abschnitt 2.1.4) herangezogen werden:

a) sehr giftig
b) giftig
c) minder giftig
d) ätzend
e) reizend
f) explosionsgefährlich
g) brandfördernd (entzündlich, oxidierend)
h) hochentzündlich
i) leicht entzündlich
j) entzündlich
k) krebserregend
l) fruchtschädigend
m) erbgutverändernd
n) auf sonstige Weise für Menschen schädigend
o) umweltgefährlich

Bei Rückständen handelt es sich um Stoffgemische, d.h., das Gefahrenpotential ist meist höher als bei reinen Stoffen.

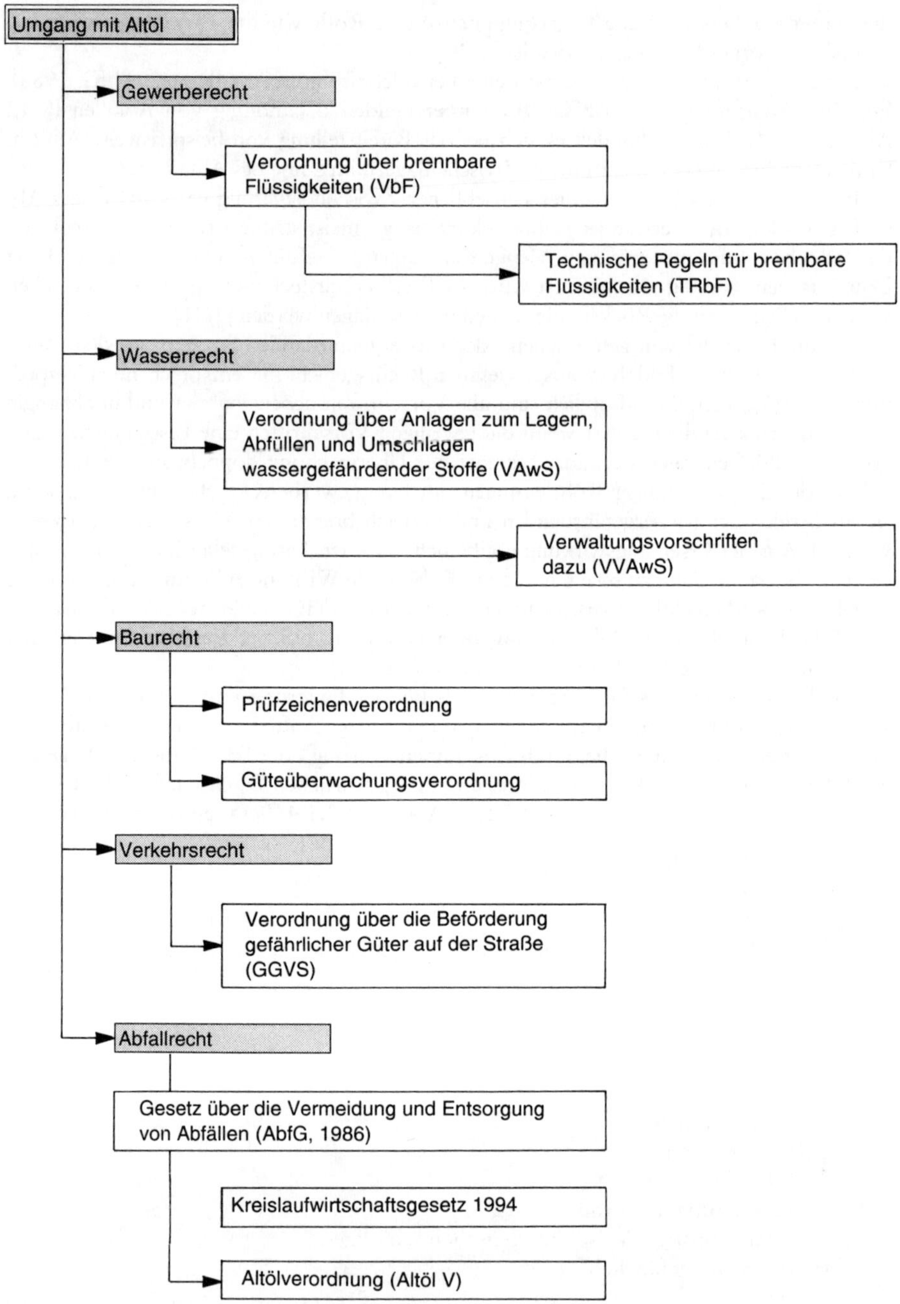

Bild 1.19 Rechtsgebiete im Umgang mit Altöl

1.4.1.1 Gewerberechtliche Anforderungen: Lagerung brennbarer Flüssigkeiten

Die Lagerung brennbarer Flüssigkeiten zu Lande ist in der Verordnung über brennbare Flüssigkeiten (VbF) in der Fassung aus dem Jahre 1982 geregelt. Sie gilt für die Errichtung und den Betrieb von Anlagen zur Lagerung, Abfüllung oder Beförderung brennbarer Flüssigkeiten. Ihrem Schutzziel entsprechend legt sie ab bestimmten Lagermengen präventive Kontrollen der Lagerung durch Anzeige- und Erlaubnispflichten fest.

Die Verordnung unterscheidet brennbare Flüssigkeiten in die Gefahrklassen A und B, wobei letztere wassermischbare Flüssigkeiten umfaßt, die einen Flammpunkt unter 21 °C aufweisen. In Gefahrklasse A sind alle nicht wassermischbaren Flüssigkeiten eingeordnet, bei denen jedoch in 3 Untergruppen unterschieden wird:

1. A I – brennbare Flüssigkeiten mit einem Flammpunkt unter 21 °C;
2. A II – brennbare Flüssigkeiten mit einem Flammpunkt zwischen 21 und 55 °C;
3. A III – brennbare Flüssigkeiten mit einem Flammpunkt über 55 °C.

An die Anlagen zum Lagern brennbarer Flüssigkeiten im Sinne der VbF werden besondere Anforderungen gestellt. Bereits relativ kleine Läger (abhängig von der Art der Lagerbehälter) sind der zuständigen Behörde anzuzeigen, größere bedürfen einer Erlaubnis (s. Tabelle 1.7).

Das Lagern brennbarer Flüssigkeiten in Durchgängen, Treppenräumen, allgemein zugänglichen Fluren oder Arbeitsräumen ist natürlich unzulässig – kommt aber nicht selten vor! Einrichtungen, die als technische Schutzvorkehrungen dienen (Leckanzeigegeräte, Überfüllsicherungen usw.) bedürfen spezieller Zulassungen (gewerberechtliche Bauartzulassung).

Die allgemeinen Anforderungen an VbF-Lager werden in Technischen Regeln für brennbare Flüssigkeiten (TRbF; siehe Tabelle 1.8) durch den Bundesminister für Arbeit bekanntgemacht. Von ihnen darf nur abgewichen werden (sie haben zwar keine Gesetzeskraft, wirken aber normativ), wenn der Nachweis erbracht ist, daß andere Maßnahmen mindestens die gleichen Anforderungen erfüllen.

Tabelle 1.7
Übersicht über die anzeige- und erlaubnisbedürftige Lagermenge brennbarer Flüssigkeiten

		freie Lagerung [l]	anzeige-bedürftige Lagerung [l]	erlaubnis-bedürftige Lagerung [l]
A-I-Flüssigkeit im Lagerraum	zerbrechliche Gefäße	< 60	60 bis 200	> 200
	sonstige Gefäße	< 450	450 bis 1 000	> 1 000
A-I-Flüssigkeit im Freien	zerbrechliche Gefäße	–	–	–
	sonstige Gefäße	–	450 bis 1 000	> 1 000
A-I-Flüssigkeit in unterirdischen Tanks	bis 0,8 m Erdabdeckung	–	< 1 000	> 1 000
	über 0,8 m Erdabdeckung	–	< 10 000	> 10 000
A-II- oder B-Flüssigkeit im Lagerraum	zerbrechliche Gefäße	< 200	200 bis 1 000	> 1 000
	sonstige Gefäße	< 3 000	3 000 bis 5 000	> 5 000
A-II- oder B-Flüssigkeit im Freien	zerbrechliche Gefäße	–	25 bis 100	> 100
	sonstige Gefäße	< 3 000	3 000 bis 5 000	> 5 000
A-II- oder B-Flüssigkeit in unterirdischen Tanks	bis 0,8 m Erdabdeckung	–	< 5 000	> 5 000
	über 0,8 m Erdabdeckung	–	< 30 000	> 30 000

A-I-Flüssigkeit: wasserunlösliche Flüssigkeit; Flammpunkt unter 21 °C, z.B. Ether, Benzin
A-II-Flüssigkeit: wasserunlösliche Flüssigkeit; Flammpunkt unter 21 bis 55 °C, z.B. Butanol, Xylol
B-Flüssigkeit: wasserlösliche Flüssigkeit; Flammpunkt unter 21 °C, z.B. Methanol, Ethanol

1.4.1.2 Baurechtliche Anforderungen

Grundsätzlich fallen alle Anlagen zum Lagern, Abfüllen und Umschlagen unter das Baurecht, da es sich um bauliche Anlagen handelt; vom Anwendungsbereich her ist jedoch hinsichtlich einer Baugenehmigungspflicht zu unterscheiden (Erfordernis eines baurechtlichen Prüfzeichens). Welche Gegenstände ein baurechtliches Prüfzeichen benötigen, ist in den Prüfzeichenverordnungen der Länder festgelegt; u.a.:

- □ Auffangvorrichtungen aus nichtmetallischen Werkstoffen.
- □ Abdichtungsmittel aus Kunststoff von Auffangwannen und Auffangräumen.

- Ortsfeste Behälter.
- Innenbeschichtungen aus Kunststoff für ortsfeste Behälter.
- Leckanzeigegeräte für Behälter und dopplewandige Rohrleitungen.
- Kunststoffrohre und kunststoffummantelte Rohre, ihre Formstücke und Dichtmittel.
- Überfüllsicherungen für ortsfeste Behälter.

Interessant hierbei ist die gegenseitige Ersetzungswirkung: Z.B. werden nach § 19h Abs. 1 Satz 5 WHG (1986; s. Abschnitt 2.1.5) die wasserechtliche Bauartzulassung für Anlagen, Anlagenteile und technische Schutzvorkehrungen nach § 19g Abs. 1 und 2 durch eine gewerberechtliche Bauartzulassung nach § 12 VbF oder durch ein baurechtliches Prüfzeichen ersetzt, wenn diese zugleich erteilt sind. Auch ersetzt nach § 2 Abs. 3 Satz 2 PrüfzV eine gewerberechtliche Bauartzulassung ein baurechtliches Prüfzeichen, soweit Prüfzeichenverordnung und VbF für das gleiche Anlagenteil eine Zulassung vorsehen. Andererseits ersetzt in baurechtliches Prüfzeichen nach § 12 Abs. 9 Satz 2 VbF eine gewerberechtliche Bauartzulassung nach § 12 Abs. 1 Nr. 5 und 6 VbF für Tanks, Rohre und Formstücke, deren tragende Wandung nicht ausschließlich aus Metall besteht [1.31]. Diese Liste läßt sich noch beliebig erweitern: Welcher Verantwortliche eines Unternehmens ist aber unter produktiven Bedingungen eigentlich noch in der Lage, den gesamten Kontext im Auge zu behalten? Die Länder haben weiterhin Verordnungen über die Güteüberwachung von Baustoffen und Bauteilen erlassen.

Tabelle 1.8 Übersicht über die Technischen Regeln für brennbare Flüssigkeiten – Auszug aus dem Gesamtverzeichnis für kleinere und mittlere Betriebe

TRbF	A I, A II, B	A III
allgemeine Sicherheitsanforderungen	100	200
Lager	110	210
Füllstellen, Entleerstellen	111	211
ortsfeste Tanks aus metallischen und nichtmetallischen Werkstoffen – allgemein	120	220
ortsfeste Tanks aus metallischen Werkstoffen	121	221
Rohrleitungen innerhalb des Werkes	131	231
Tanks auf Fahrzeugen	141	–
Tank-Container	142	–
ortsbewegliche Gefäße	143	–
Betriebsvorschriften	180	280
Fernleitungen durch fremde Gebiete	301	301
Verbindungsleitungen über fremde Gebiete	302	302
Richtlinien für Innenbeschichtungen von Tanks zur Lagerung brennbarer Flüssigkeiten	401/402	401/402
Richtlinie/Bau- und Prüfgrundsätze für Leckanzeigegeräte für Behälter	501	501
Richtlinie/Bau- und Prüfgrundsätze für Leckanzeigegeräte für Überfüllsicherungen	510	510

1.4.1.3 Lagerung wassergefährdender Stoffe

Aufgrund der vielen Unfälle mit wassergefährdenden Stoffen hat die LAWA (Länderarbeitsgemeinschaft Wasser, [1.33]) 1990 eine Musterverordnung (Muster-VAwS) zum Umgang mit diesen Stoffen erarbeitet. An dieser Stelle ist wichtig, daß unter Umgang sowohl das Herstellen, Behandeln, Abfüllen, Umschlagen, Verwenden und Lagern verstanden wird (frühere Verordnungen hatten die Herstellung und Verwendung ausgeklammert).

Als **Grundsatz** *für alle Anlagen (definitionsgemäß sind das alle selbständigen und ortsfesten oder ortsfest benutzten Funktionseinheiten oder betrieblich verbundene unselbständige Einheiten) gilt, daß sie so beschaffen sein und betrieben werden müssen, daß wassergefährdende Stoffe nicht austreten können. Sie müssen dicht, standsicher und gegen die zu erwartenden mechanischen, thermischen und chemischen Einflüsse hinreichend widerstandsfähig sein.*

Dennoch austretende wassergefährdende Stoffe müssen schnell detektiert werden können und Undichtigkeiten zuverlässig erkannt werden. Die austretenden Stoffe müssen zurückgehalten und auch nach Möglichkeit verwertet werden können. Im Regelfall sind doppelwandige Behältnisse mit Leckanzeige vorzusehen, ansonsten müssen Anlagen mit einem dichten und beständigen Auffangraum ausgerüstet werden. In einer Betriebsanweisung sind Überwachungs-, Instandhaltungs- und Alarmpläne festzulegen.

Die Anforderungen (die zuständigen Behörden können auch weitergehende Anforderungen stellen) an Anlagen zum Umgang mit wassergefährdenden Stoffen, vor allem zur Anordnung, zum Aufbau, zu Schutzvorkehrungen und zur Überwachung sind nach ihrem Gefährdungspotential zu stufen, das entsprechend ihrer Volumina in 4 Stufen entsprechend der Wassergefährdungsklassen eingeteilt ist.

Für die WGK 0 ist immer die «Gefährdungsstufe A» anzusetzen, für WGK 1 jedoch nur bis 10 m^3 (bzw. t), für WGK 2 bis 1 m^3 und für WGK 3 bis 0,1 m^3. Entsprechende Anlagen sind «einfacher oder herkömmlicher Art», wenn sie der Gefährdungsstufe A entsprechen, d.h. im einzelnen:

- □ wenn die Lagerbehälter doppelwandig sind oder als oberirdisch (nicht in das Erdreich eingelassen!) einwandig in einem flüssigkeitsdichten Auffangraum stehen,
- □ wenn Undichtheiten der Behälter durch ein Leckanzeigegerät selbständig angezeigt werden,
- □ Auffangräume mindestens 10% des Gesamtlagervolumens aufweisen bzw. mindestens das Volumen des größten Lagerbehälters aufnehmen können.

Behälter in Anlagen zum Lagern und Abfüllen wassergefährdender flüssiger Stoffe dürfen nur unter Verwendung einer Überfüllsicherung, die rechtzeitig den Füllvorgang unterbrechen kann oder zumindest Alarm auslöst, befüllt werden. Behälter unter 1 m^3 Füllvolumen dürfen nur mit selbständig schließender Zapfpistole befüllt werden. Das in Bild 1.20 wiedergegebene Schema zeigt die Betriebs- und Verhaltensvorschriften im Überblick mit Handlungsanweisungen für die Lagerung wassergefährdender flüssiger Stoffe.

Für Behältervolumen bis 1 m^3 sind in Tabelle 1.9 die jeweiligen Vorschriften zusammengestellt, wie sie sich nach den aktuellen Anforderungen ergeben (Katalog für Abfüll-/Umschlagsanlagen, Katalog für die Eignungsfeststellung).

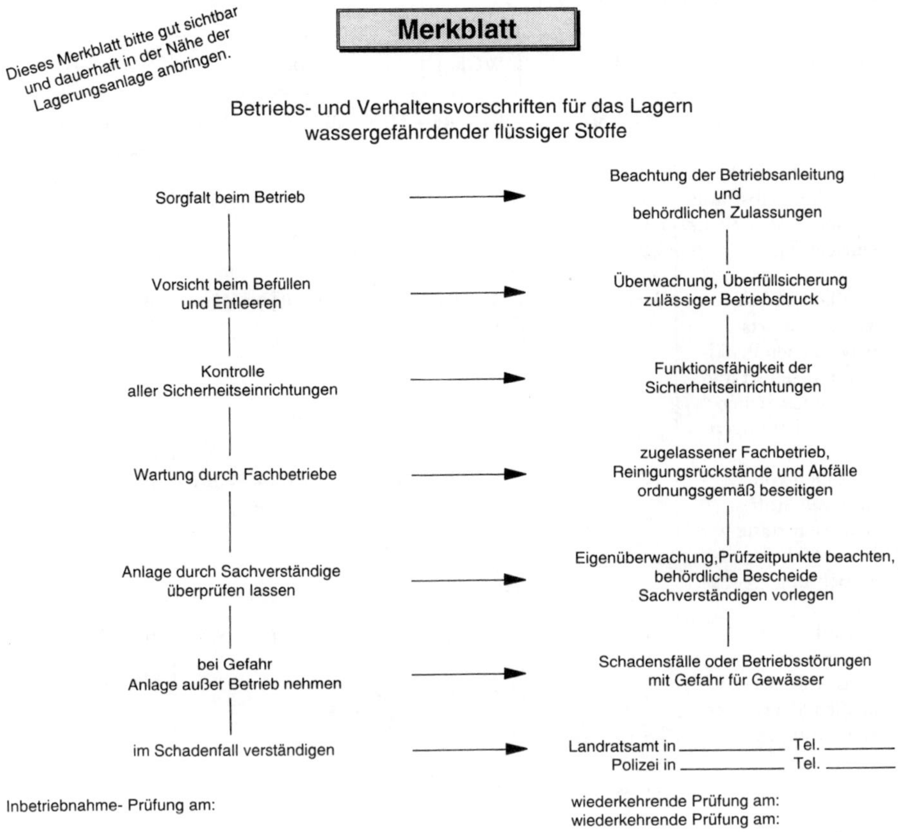

Bild 1.20 Schema für die Erarbeitung von Betriebs- und Verhaltensvorschriften für das Lagern wassergefährdender flüssiger Stoffe [1.33]

Bild 1.21 zeigt im Vergleich die Anforderungen an Tanksysteme, in denen Stoffe der WGK 0 bzw. WGK 2 gelagert werden. In Bild 1.22 ist ein Prüfschema für den Brauchbarkeitsnachweis bei Anlagen zum Umgang mit wassergefährdenden Stoffen wiedergegeben.

Tabelle 1.9 Schutzmaßnahmen für Abfüllplätze, Umschlagplätze und für Anlagen zum Lagern wassergefährdender Stoffe [1.34, 1.35]

bis 1 m^3	WGK 0	WGK 1	WGK 2	WGK 3
Befüllen und Entleeren von ortsbeweglichen Behältern ohne selbsttätig wirkende Sicherheitseinrichtung	$R_1 + N_1$	$B1 + R_2 + N_{2/3}$	$B_2 + R_{4/5} + N_{3/4/5}$	$B_2 + R_{4/5} + N_{4/5}$
Befüllen und Entleeren von ortsbeweglichen Behältern mit selbsttätig wirkenden Sicherheitseinrichtungen	keine	$B_1 + R_1 + N_{1/2/3}$	$B_2 + R_{2/3} + N_{3/4/5}$	$B_2 + R_{2/3} + N_{4/5}$
Umfüllen von flüssigen Stoffen ohne selbsttätig wirkende Sicherheitseinrichtung	N_1	$B_1 + R_4 + N_{2/3}$	$B_2 + R_4 + N_{3/4/5}$	$B_2 + R_3 + N_{4/5}$
Umfüllen von flüssigen Stoffen mit selbsttätig wirkenden Sicherheitseinrichtungen	keine	$B_1 + R_{1/3} + N_{1/2/3}$	$B_2 + R_{1/3} + N_{3/4/5}$	$B_2 + R_2$
Umladen von Flüssigkeiten in Verpackungen	keine	B_1	$B_1 + R_2$	$B_2 + R_2$
Lagerung oberirdisch	keine	E_1	E_1	A/L
Lagerung unterirdisch	keine	L oder $E_6 + I_1$	L oder A_u oder $E_6 + I_1$ oder mit wiederkehrender Prüfung durch Sachverständigen	L oder $A_u + I_1$

Maßnahmen der Infrastruktur organisatorischer oder technischer Art

I_1 Ständig besetzte Meßwarte oder vergleichbare Betriebsstätte in Verbindung mit selbsttätigen Störmeldeeinrichtungen.

I_2 Sachliche und personelle Voraussetzungen zur Vermeidung von Gewässerschäden bei Störungen (z.B. Umfüllmöglichkeiten, Werksfeuerwehr).

I_3 Wie I_2, jedoch muß ein mit der Wasserbehörde abgestimmter und regelmäßig aktualisierter Gewässerschutzalarm- und -maßnahmenplan vorhanden sein.

I_4 Flüssigkeitsdichte Anlageflächen mit Entwässerung oder ein dichtes Ableitungssystem in ein hierfür geeignetes betriebliches Rückhaltesystem.

Maßnahmen zum Befestigen und Abdichten der Bodenflächen

B1 Flüssigkeitsundurchlässige Befestigung in Straßenbauweise, z.B. Asphalt- oder Betondecken.

B2 Wie B1, aber mit dem Nachweis der Beständigkeit. Hierfür können zusätzliche Maßnahmen, z.B. Dichtungsbahnen, Beschichtungen, Stahlwannen erforderlich sein.

Maßnahmen zum Erkennen von Undichtigkeiten

E1 Aufstellung über flüssigkeitsundurchlässiger Sperrschicht (Lehm, Ton).

E2 Aufstellung auf flüssigkeitsundurchlässiger, standsicher ausgebildeter Platte aus Asphalt oder Beton.

E3 Aufstellung wie E1 oder E2, jedoch bei vollflächiger Aufstellung mit Kontrolldrainage oder Doppelboden mit Kontrollöffnungen.

E4 Aufstellung auf Betonstreifen oder Stahlträgern oder Sattelfundamenten über flüssigkeitsundurchlässiger Bodenfläche.

L Leckanzeigegerät.

Maßnahmen zum Ableiten von Niederschlagswasser

N1 Anschluß ohne zusätzliche Maßnahmen an die öffentliche Schmutzwasserkanalisation oder an eine vergleichbare Kanalisation eines Direktleiters.

N2 Anschluß wie N1, jedoch über eine Einrichtung, durch die die Kontrolle des Niederschlagswassers, das während des Abfüll- oder Umschlagvorganges anfällt, vor Ort sichergestellt wird (Betriebsanweisung!).

N3 Anschluß wie N1, jedoch über einen Leichtstoffabscheider (nur zulässig bei mit Wasser nichtmischbaren und in Wasser schwerlöslichen Flüssigkeiten).

N4 Sammeln des Niederschlagswassers in dichten Gruben oder Behältern und Entsorgung als Abwasser oder Abfall oder Rückführung in eine Verfahrensanlage.

N5 Anschluß an eine betriebseigene hierfür geeignete Abwasserbehandlungsanlage.

N6 Ausreichend große Überdachung unter Berücksichtigung des Schlagregens.

Maßnahmen zum Auffangen freigesetzter Flüssigkeiten

AT Flüssigkeitsundurchlässige Flächen mit Gefälle und Aufkantungen für eine Teilmenge des Lagervolumens;
oder
Flüssigkeitsundurchlässige Flächen mit angeschlossener Auffanggrube oder Auffangbehälter für eine Teilmenge des Lagervolumens;
oder
Auffangtasse für eine Teilmenge des Lagervolumens.

A Auffangraum für den Rauminhalt des jeweils größten Behälters.

E6 Einlagerung im Erdreich mit darunterliegender Betonplatte mit Kontrollschacht und Lecksonde.

Au Unterirdischer Auffangraum (nicht begehbar, bei brennbaren Flüssigkeiten verfüllt oder ausreichend belüftet) mit Lecksonde.

Rückhaltevermögen für austretende wassergefährdende Flüssigkeiten

R1 Rückhaltevermögen für kleinere Leckagemengen aus fehlerhaften Abdichtungen (z.B. Auffangwannen unter Pumpen, Zapfarmaturen und Schlauchkupplungen mit ordnungsgemäßer Entsorgung anfallender Flüssigkeiten).

R2 Rückhaltevermögen für den Inhalt des größten zu befüllenden Gefäßes (Kanister, Faß, Container), bzw. bei Umladestellen für die größte Umlade-Einheit (z.B. Palette).

R3 Rückhaltevermögen für die Auslaufmenge, die bis zum Wirksamwerden von selbsttätigen Sicherheitseinrichtungen austreten kann. Bei der Verwendung selbsttätig wirkender Sicherheitseinrichtungen ist für die Abschätzung der möglichen Auslaufmenge das gesamte Füll- bzw. Entleersystem zu betrachten.

R4 Rückhaltevermögen für die Auslaufmenge, die bei fehlenden selbsttätig wirkenden Sicherheitseinrichtungen bis zum Wirksamwerden geeigneter Maßnahmen austreten kann.

R5 Rückhaltevermögen für den Inhalt des Behälters, aus dem abgefüllt wird, oder Abfüllen im hierfür geeigneten Auffangraum des Lagerbehälters.

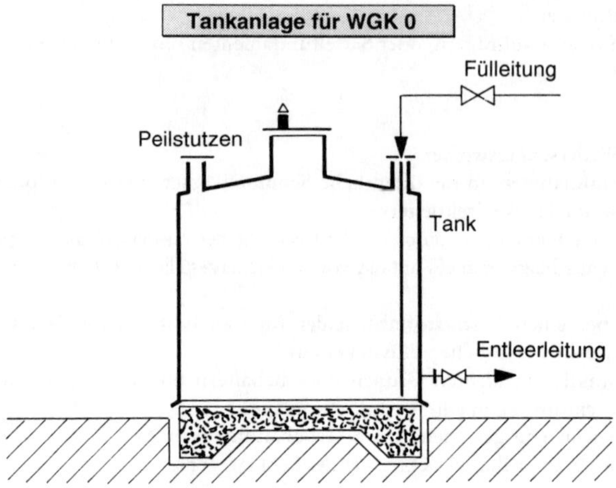

Bild 1.21
Umsetzung der Anforderungen an Tankanlagen in Beispielen für die WGK 0 und 2 [1.36]

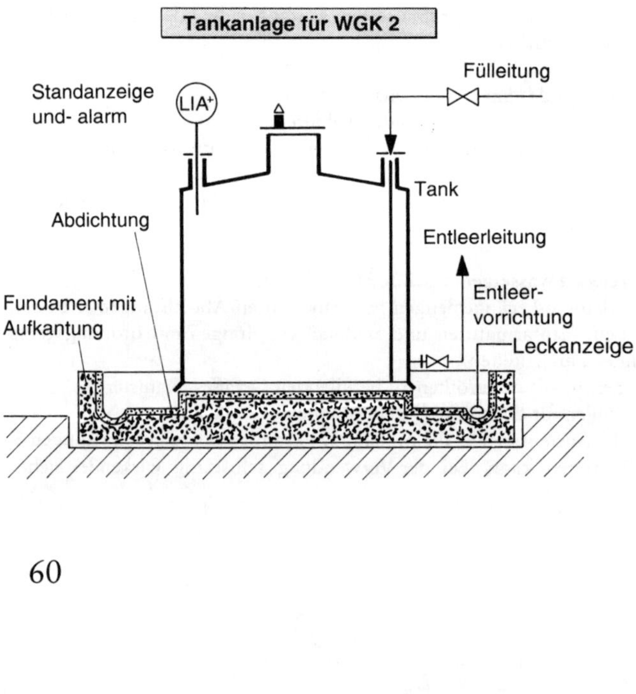

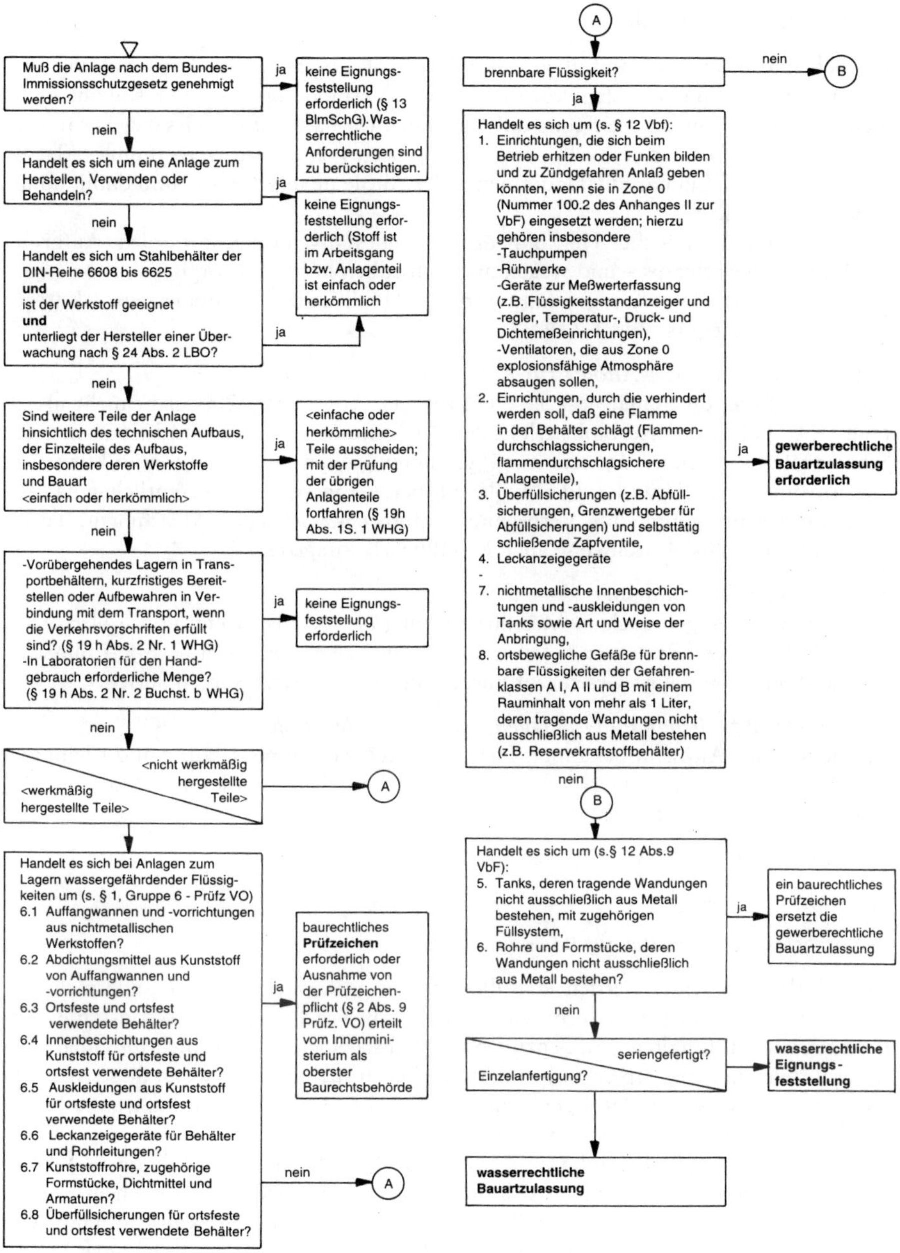

Bild 1.22
Brauchbarkeitsnachweise bei Anlagen zum Umgang mit wassergefährdenden Stoffen [1.37]

1.4.1.4 Umgang mit Altöl

Jährlich sind in Deutschland über 500 000 t Altöle zu entsorgen. Aufgrund von Verunreinigungen – insbesondere chlororganische Verbindungen – stößt sowohl deren Aufarbeitung als auch Beseitigung auf Probleme. Deshalb hat der Gesetzgeber mit Inkrafttreten der letzten Novelle des Abfallgesetzes eine Altölverordnung erlassen (1987), die zum Ziel hat, die Hauptmenge der Altöle unverschmutzt und damit aufarbeitbar zu halten.

Altöle unterschiedlicher Herkunft dürfen keinesfalls vermischt werden. Aufgrund des Verursacherprinzips – und wegen unterschiedlich hoher Entsorgungskosten – sollte sie der für die Entsorgung verantwortliche Abfallbesitzer in mindestens 3 Kategorien getrennt halten (s. Bild 1.23):

1. Sogenannte «Saubere Altöle» zur Aufbereitung
Das sind Altöle, die gemäß § 3 Satz 1 AltölV (s. Abschnitt 2.2.5) nicht mehr als 20 ppm PCB (polychlorierte Biphenyle) oder 0,2% Gesamthalogen und keine sonstigen Schadstoffe (was immer das sein mag!) enthalten, gelten als «sauber» und können in Zweitraffinerien zu Grund- und Fluxölen aufbereitet werden. Im wesentlichen handelt es sich dabei um gebrauchte Verbrennungsmotoren-, Getriebe-, Maschinen-, Turbinen- und Hydrauliköle (teilweise auch Metallbearbeitungsöle).

2. Altöle zur Energienutzung
Dazu gehören alle gebrauchten Metallbearbeitungsöle (Schmierstoffe) und Isolieröle auf Mineralölbasis, die nicht unter 1. fallen und in genehmigten Anlagen nach § 4 BImSchG (Bundes-Immissionsschutz-Gesetz) zur Energienutzung eingesetzt werden dürfen.

3. In Sonderabfallbehandlungsanlagen zu entsorgende Altöle
Darunter fallen Altöle unbekannter Herkunft bzw. Zusammensetzung und Kleinmengen aus Privatbereichen, stark additivierte Metallbearbeitungsöle und Hydraulikflüssigkeiten aus dem Untertagebau.

Als weitere Kategorien werden dazu empfohlen:

4. Emulsionen.

5. Korrosionsschutzmittel auf Basis Testbenzin.

Es muß dabei beachtet werden, daß die getrennt gesammelten Altöle auch nicht mit Stoffen anderer Kategorien vermischt werden (z.B. Frost- oder Korrosionsschutzmittel, Emulsionen, Inhalten von Benzin- oder Ölabscheidern). Auch ölverunreinigte Betriebsmittel (Lumpen, Papier) haben darin nichts zu suchen, auch wenn diese Arten im Sinne des Gesetzes zum Altöl gerechnet werden. Bei der Überwachung ist der Nachweis nach Art und Herkunft zu führen.

Nach der VbF § 3 (1) erfolgt die Einordnung des Altöls in die Gefahrklasse A I und nur, wenn sichergestellt ist, daß es sich um Altöl bekannter Herkunft mit einem Flammpunkt über 55 °C handelt, in A III. Bei bekannter Herkunft dürfen Kunststofftanks verwendet werden [1.39]. Auch der Betrieb von A-I-Anlagen bereitet bei Beachtung der einschlägigen Sicherheitsvorschriften (TRbF) keine besonderen Schwierigkeiten. ESSER [1.39] faßt nachstehend die wesentlichen Aussagen im Umgang mit Altölen für bestimmte Betriebe mit eingewiesenem Personal zusammen (Beispiele s. Bild 1.24):

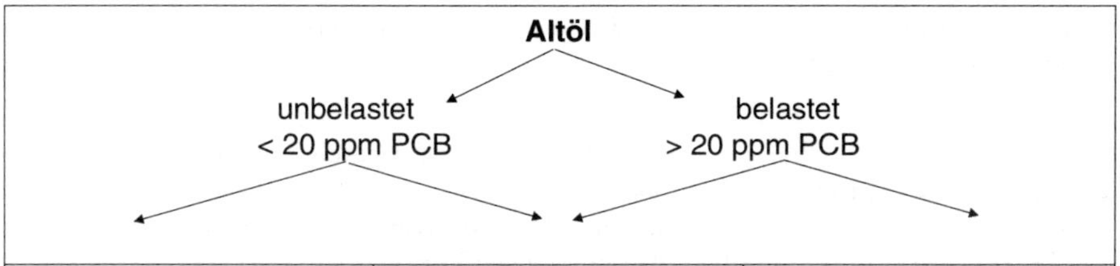

geeignet zur Aufarbeitung stofflicher Verwertung	geeignet zur energetischen Nutzung in BImschG-Anlagen	weder stofflich noch energetisch nutzbar
Kategorie 1 § 5a Abs. 2, S. 2 Wirtschaftsgut	Kategorie 2 § 5a Abs. 2, S. 1 Quasiabfall	Kategorie 3 § 5a Abs. 1 Abfall
Zweitraffination AltölV	Altölverbrennung §§ 4, 10 BImschG i.V.m. 4. BImschV und TA Luft	Abfallaltöl
Das AbfG ist nur teilweise anwendbar, nämlich nur §§ 11, 11a bis f, 12 und 14 (z.B. nicht § 7)		
Schnellübersicht zur Anwendbarkeit von:		
§ 11 Abs. 3 AbfG ja § 12 AbfG eingeschränkt § 13 AbfG nein § 7 AbfG nein	ja ja nach h.M. ja nein	ja ja ja ja

Bild 1.23 Hintergrund für die Einteilung von Altöl in drei Kategorien [1.38]

1. Eine Lagerung brennbarer Flüssigkeiten findet nicht statt (damit gelten weder VbF/TRbF oder WHG § 19h), wenn an Arbeitsstätten brennbare Flüssigkeiten

- im Arbeitsgang vorzufinden sind,
- in der für den Fortgang der Arbeiten erforderlichen Menge bereitgehalten werden (eine Tagesmenge),
- als Fertig- oder Zwischenprodukt kurzfristig abgestellt werden (auch transportbedingtes Zwischenlagern);

2. Transportbehälter (Tankcontainer > 450 l und ortsbewegliche Gefäße < 450 l) dürfen auch als Lager- und Sammelbehälter verwendet werden, wenn sie nicht ausschließlich zur Lagerung eingesetzt werden.
3. Tankcontainer (> 450 l) dürfen nicht aus Kunststoff bestehen und müssen mindestens flammendurchschlagsicher, wenn nicht explosionsdruckfest sein.

4. Kubische Tankcontainer (< 450 l) dürfen am Ort der Lagerung auch als Sammelbehälter benutzt werden, wenn sie

- □ standsicher,
- □ gegen mögliche Beschädigung widerstandsfähig oder geschützt sind, beispielsweise durch Auffangwannen oder Doppelmäntel, bzw.
- □ die Fülleinrichtung eine trichterförmige Öffnung von mindestens 200 mm aufweist (das Befüllrohr muß bis auf die Behältersole geführt werden).

1.4.1.5 Lagerung giftiger und sehr giftiger Stoffe sowie Zubereitungen

Die Lagerung giftiger und sehr giftiger Stoffe sowie Zubereitungen regelt die Gefahrstoffverordnung (Verordnung über gefährliche Stoffe nach dem Chemikaliengesetz; siehe Abschnitt 2.1.4) und die darauf basierende Technische Regel für Gefahrstoffe 514 (TRGS 514). Letztere gilt ab einer Menge von 200 kg, sofern nicht mehr als 50 kg sehr giftiger Stoffe gelagert werden. Trotzdem sollten die Erkenntnisse, die in dieser Regel stehen, in jedem Fall beachtet werden.

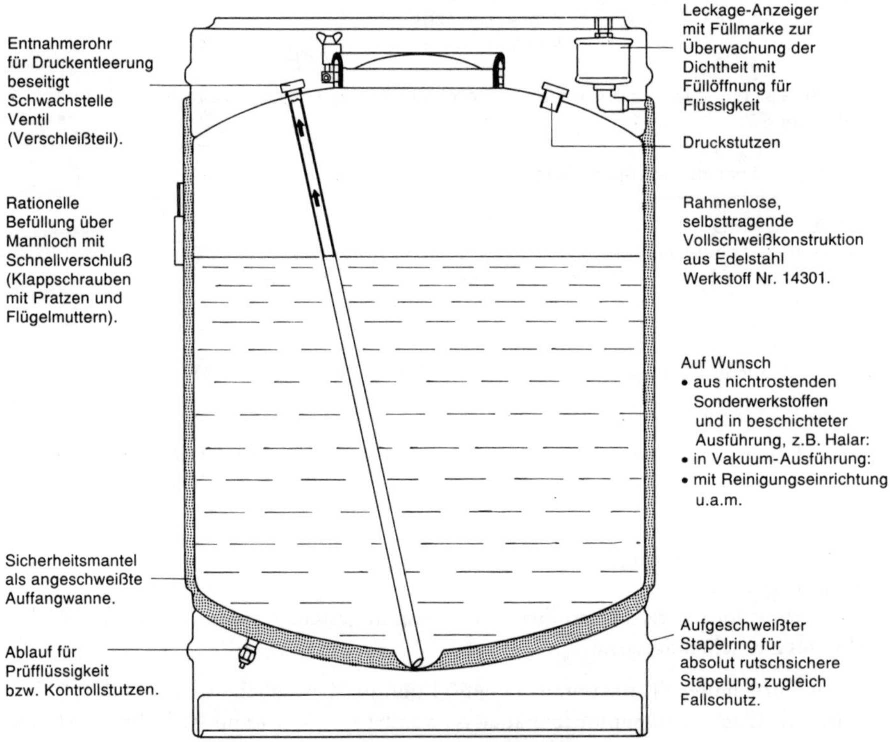

Bild 1.24 Beispiel für eine korrekte Lagerung von gefährlichen und/oder wassergefährdenden Flüssigkeiten (Behälter, Container, Containments)

Grundsätzlich gilt, daß sehr giftige und giftige Stoffe sowie Zubereitungen nicht mit entzündlichen Stoffen zusammengelagert werden dürfen (Ausnahmen sind zulässig, sofern bei einem Brand für diese Stoffe keine unterschiedlichen Löschmittel benötigt werden). Die Lager müssen den baurechtlichen Vorschriften entsprechen und sind so zu errichten, daß keine Gefährdung der Gewässer zu besorgen ist.

1.4.1.6 Zusammenfassung

An die Lagerung von Stoffen – gleichgültig ob zur Verwertung oder Beseitigung zwischengelagert/bereitgestellt – werden hohe Anforderungen gestellt, die auch ein enormes Investitionsvolumen enthalten. Der Betreiber eines Lagers tut gut daran, sich in den entsprechenden Regelwerken auszukennen. Tabelle 1.10 versucht zusammenfassend auch den internationalen Stand einzubeziehen, um zu vermitteln, daß auch in anderen europäischen Ländern diesem Aspekt der Umweltvorsorge entsprechend hoher Stellenwert beigemessen ist.

Gehen von einer Lagerung durch Versickerung Gefährdungen der Umwelt aus oder sind durch Brände Schäden entstanden, schließt das Strafrecht den Kreis der Vorsorge durch Strafe und Abschreckung, insbesondere wenn es sich um ein nichtgenehmigtes Abfallager gehandelt hat. Eine behördliche Duldung hilft im Schadensfall nicht.

1.4.2 Lagerung von unbehandeltem Abfall – Zwischenlagerung

Laut Abfallbestimmungsverordnung (s. Abschnitt 2.2.1) zählt mineralölbelastetes Erdreich zum Abfall, wenn es auf einer Deponie entsorgt werden soll. Abfall wird in Zukunft jedoch nur noch deponiert werden dürfen, wenn er selbst eine Barriere gegen den Untergrund darstellt, was im wesentlichen heißt, daß Abfall mineralisiert sein muß (s. Kapitel 4). Da augenblicklich nicht genügend Mineralisierungskapazitäten existieren, muß Abfall zwischengelagert werden («Parkhaus», [1.41]). Zwischenlager sind jedoch nur unter bestimmten Vorausetzungen zulässig (vgl. TA Abfall, Abschnitt 2.3).

Die Tatsache, daß unbehandelte Abfälle zwischengelagert werden müssen, ohne daß vorausgesagt werden kann, wie diese Abfälle auf ihre Umschließung wirken, erfordert folgende konstruktiven Merkmale:

- Eignung der Umschließung der Abfälle auf Dauer,
- visuelle Kontrollierbarkeit auf Dauer,
- umfassende, wiederholbare Reparierbarkeit,
- Rückholbarkeit der Abfälle.

Für die Erfüllung dieser Anforderungen gibt es je nach Abfallart und Gefährdungspotential unterschiedliche Ausführungen. Eine extreme Form, die jedoch gar nicht so weit hergeholt ist, stellt das zweischalige Zwischenlager dar, das den höchsten Anforderungen genügt (Überdachung zur Vermeidung von Sickerwasser, Bild 1.25).

Tabelle 1.10 Lagerungsvorschriften in Europa (Auszug [1.40])

I	II	III	IV	V	VI	VII		VIII	IX	X
Land	Vorschrift	Klassifizierung (nach Flammpunkt und Wasserlöslichkeit)	Anzeige	Erlaubnis	Behörde	Prüfung durch Sachverständige		Alarm- und Einsatzpläne	Einlagerungsplan	Zusammenlagerungsverbote
						vor Inbetriebnahme	wiederkehrend			
BR Deutschland	VbF, TRbF 100, TRbF 110,	AI < 21 °C, AII ≥ 21 °C, ≤ 55 °C, (nicht in Wasser löslich)	> 450 l > 3000 l	> 1000 l > 5000 l	Gewerbeaufsichtsamt	ja	nein	falls Lager der Störfall V unterliegt	nein	ja
	Empf. DAbF,	BI < 21 °C,	> 3000 l	> 5000 l						
	TRbF 180,	(in Wasser löslich)								
	VbF, TRbF 200, TRbF 210, Empf. DAbF, TRbF 280	AIII > 55 °C, (nicht in Wasser löslich)	nein	nein	entfällt	ja	nein	nein	nein	nein
Belgien	A.R.A.B.	≤ 21 °C, > 21 °C ≤ 55 °C > 55 °C	nein	nein	entfällt	nein	nein	ja (wenn ≥ 50 Beschäftigte in einem Betrieb)	nein	nein
Frankreich	Technische Anweisung betreffend Lagerhäuser[1])	™	nein	nein	entfällt	nein	nein	ja	nein	ja

Abkürzungen Spalte II:
VbF = Verordnung über brennbare Flüssigkeiten;
TRbF = Technische Regeln für brennbare Flüssigkeiten;
DAbF = Deutscher Ausschuß für brennbare Flüssigkeiten;
A.R.A.B. = Algemeen Reglement voor Arbeidsbescherming.

1.4.3 Transport von flüssigem Abfall

Beim größten Teil betrieblicher Rückstände und Abfälle handelt es sich um Stoffe, die im Sinne der Gefahrgut-Verordnung auch gefährliche Güter sind. Die Gefahrgutverordnung Straße (GGVS) regelt beispielsweise jeglichen Transport von Abfällen auf der Straße (es gibt auch Verordnungen für den Transport mit Bahn, Schiff und Flugzeug). Beim Transport betrieblicher Abfälle sind deshalb sowohl das Abfallrecht als auch das Gefahrgutrecht anzuwenden. Beide weisen unterschiedliche Schutzziele auf, haben somit auch wenig Gemeinsamkeiten.

XI	XII	XIII	XIV	XV	XVI	XVII	XVIII	XIX	XX	XXI
Belegungsmaximum je Brandabschnitt	Betriebsanweisung	Unterweisung	Notfallübungen	Automatische Brandmeldeeinrichtungen	Ortsfeste Feuerlöscheinrichtungen	Besondere bauliche Anforderungen	Brandgut- und Löschmittelrückhalteanlagen	Ex-Schutz	Lüftung (Rauminhalt)	Rauch- und Wärmeabzugsanlage
2400 m^3	ja	ja	nein	falls erlaubnisbedürftig	> 10 000 l > 10 000 l > 30 000 l	Brandabschnitt: Wände, F90 Türen, T90 Ansonsten: Wände, F30 Türen, T30	Wenn Löschwasserversorgung ≥1600l/min und autom. Löschanlagen (einschl. autom. Brandmeldung) und Feuerwehr, die innerhalb von 15 Min. nach Alarmierung mit der Brandbekämpfung beginnt dann Ã 0,1 m^3 pro m^3 Lagerkapazität (=10%)	2 Ex-Schutz gemäß: VDE 0165 (=Schutzart IP54); alternativ Gaswarneinrichtungen	5fach nein	nein
nein	ja	ja	nein	nein	in besonderen Fällen	Brandabschnitt: Wände, F90 Türen, T90 Ansonsten: Wände, F30 Türen, T30	Generell 10% der Lagerkapazität(Auffangräume[3])	nein		 nein
nein			ja (wenn ≥ 50 Beschäftigte in einem Betrieb)	nein	nein	Brandabschnitt: nein[2]) Ansonsten: Wände, F30 Türen, T30	nein	«entsprechende Maßnahmen»	nein	nein
nein	ja	ja	ja	ja	bei «besonderen Risiken» und HRL (ab 8 m)	Brandabschnitt: Wände, F60 Türen, T60 Ansonsten: bei Lagerhöhe von > 10 m Wände, F30 Türen, T30	ja (ohne jegliche Beschreibung)	ja	künstliche Lüftung (ohne Werte)	nein

Fußnoten:

[1]) Instruction Technique – relative aux entrepôts, veröffentlicht im Circulaire du 4 février 1987;

[2]) Unterteilung in Brandabschnitte nicht vorgesehen;

[3]) In der Bundesrepublik Deutschland wird zwischen Auffangräumen (für auslaufende brennbare Flüssigkeiten) und Löschwasser-Rückhalteeinrichtungen (LWR) unterschieden, wobei die Auffangräume als LWR genutzt werden können, aber nicht umgekehrt.

1.4.3.1 Transport nach dem Abfallrecht

Grundsätzlich gilt nach Abfallrecht (§ 12 s. Abschnitt 2.1.3), daß Abfälle gewerbsmäßig oder im Rahmen wirtschaftlicher Unternehmungen nur mit Genehmigung der zuständigen Behörde befördert werden dürfen (Einzelheiten zum Verfahren der Genehmigungserteilung sind in der Abfall- und Reststoff-Überwachungsverordnung – AbfRestÜberwV s. auch Abschnitt 2.2 – festgelegt). Dem Antrag sind beispielsweise Bestätigungen der abfallbeseitigenden Institutionen und Analysenberichte beizufügen, aus denen hervorgeht, daß der Abfallbeseitiger diesen Abfall auch annehmen darf. Die Genehmigung wird i.a. erteilt,

- ☐ wenn gewährleistet ist, daß eine Beeinträchtigung des Wohls der Allgemeinheit nicht zu besorgen ist,

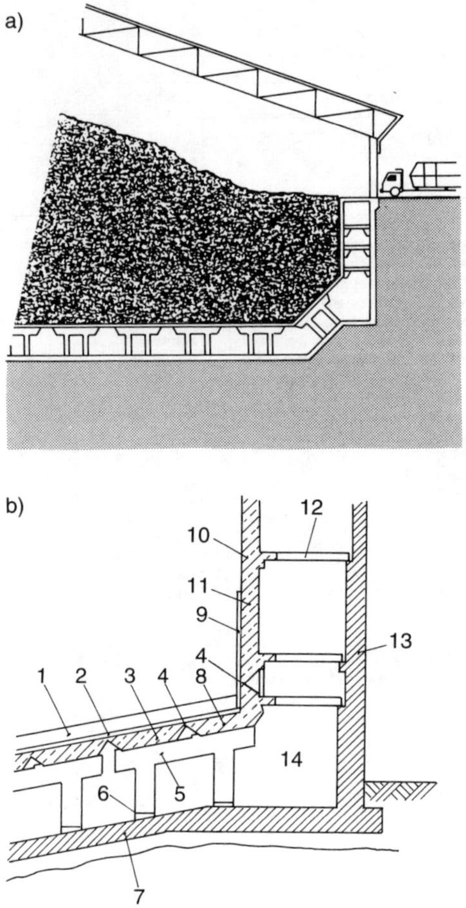

Bild 1.25
Querschnitt eines zweischaligen Zwischenlagers [1.42]:
(a) Gesamtansicht
(b) Ausschnitt der Basisumschließung
1 Filterschicht
2 Abdichtungsplatte der Sohle
3 Sohle-Elemente der Abfallumschließung
4 Fuge
5 Abstützrahmen der Sohle
6 Auflagersockel
7 Außenmantel der Sohle
8 Eckelement der Abfallumschließung
9 Drän- und Schutzplattenwand
10 Abdichtungsplatte der Wand
11 Wandelement der Abfallumschließung
12 Abstützrahmen der Wand
13 Außenmantel der Wand
14 Kontroll und Arbeitsraum

- ☐ wenn die Zuverlässigkeit des Beförderers und Beseitigers nachgewiesen und
- ☐ die geordnete Beseitigung sichergestellt ist.

Der Transporteur muß bei jedem Abfalltransport die Genehmigung mit sich führen.

Die AbfRestÜberwV regelt u.a. vorwiegend den Vollzug der Nachweisführung beim Transport von Abfällen und Reststoffen vom Erzeuger zum Entsorger. Das wichtigste Instrument der Nachweisführung sind die Begleitscheine (Bild 1.26), die – wie in Bild 1.27 dargestellt – in 6 Ausfertigungen die Runde zwischen Erzeuger, Transporteur, Entsorger und den jeweils zuständigen Behörden machen. Dieses Verfahren ermöglicht eine Kontrolle der Wege von Abfällen und Rückständen – vorausgesetzt die Beteiligten halten sich an die gesetzlichen Spielregeln. Leider hat auch die jüngste Vergangenheit gezeigt, daß eben durch noch so aufwendige Überwachung schwarze Schafe nicht von ihrem Tun abgehalten werden können, dafür aber korrekt Handelnde mit einem Verwaltungsaufwand überzogen werden, der für diese Gruppe überhaupt nicht notwendig ist.

Begleitschein **Beleg zum Nachweis der Entsorgung von Abfällen/Verwertung von Reststoffen**

Diese Ausfertigung (weiß) ist mit der Unterschrift des Beförderers im Nachweisbuch des Erzeugers abzuheften.

Nr.: 4 0 0 0 0005901 | 1

① **Abfall-/Reststoffart**

② **Abfall-/Reststoffschlüssel**

③ **Menge** Tonnen (t) | Kubikmeter (m³)

④ **Entsorgungs-/Verwertungsnachweisnummer**

⑤ **Amtliches Kennzeichen des Fahrzeuges** Zugmaschine | Anhänger, Auflieger

⑥ **Erzeugernummer**

Datum der Übergabe Tag | Monat | Jahr

⑨ **Erzeuger** (Name, Anschrift oder Stempel)

⑫ Versicherung der richtigen Deklarierung

Unterschrift

⑦ **Beförderernummer**

Datum der Übernahme Tag | Monat | Jahr

⑩ **Beförderer** (Name, Anschrift oder Stempel)

⑬ Versicherung der ordnungsgemäßen Beförderung

Unterschrift

⑧ **Entsorger-/Verwerternummer**

Datum der Annahme Tag | Monat | Jahr

⑪ **Entsorger/Verwerter** (Name, Anschrift oder Stempel)

⑭ Versicherung der Annahme zur ordnungsgemäßen Entsorgung/Verwertung

Unterschrift

Frei für Vermerke

⑮ Übernahmeschein-Nummern, Schiffsregister-Nummer

gbb verlag Postfach 54 · 8854 Asbach-Bäumenheim Telefon 0906/984-0 · Fax 0906/984-80 **Bestell-Nr. 176-052** Sammel-Entsorgungsnachweis AbfG

Bild 1.26 Begleitscheinformular

1.4.3.2 Transport nach dem Gefahrgutrecht

Der Transport gefährlicher Güter auf Straßen ist in der Verordnung über die innerstaatliche und grenzüberschreitende Beförderung gefährlicher Güter auf Straßen (GGVS) geregelt. Der Transport von Abfall wurde erstmals in der Änderung vom 21.12.1987 darin berücksichtigt. Die Rahmenverordnung regelt auch hier die grundlegenden Punkte wie Zulassung zur Beförderung, Anwendung der Verordnung, Sicherheitspflichten, Baumusterzulassungen von Tankfahrzeugen usw. Ohne hier auf die vielen Details eingehen zu wollen, sei auf folgende wichtige Merkmale in bezug auf den Abfall-/Reststofftransport eingegangen (Tabelle 1.11).

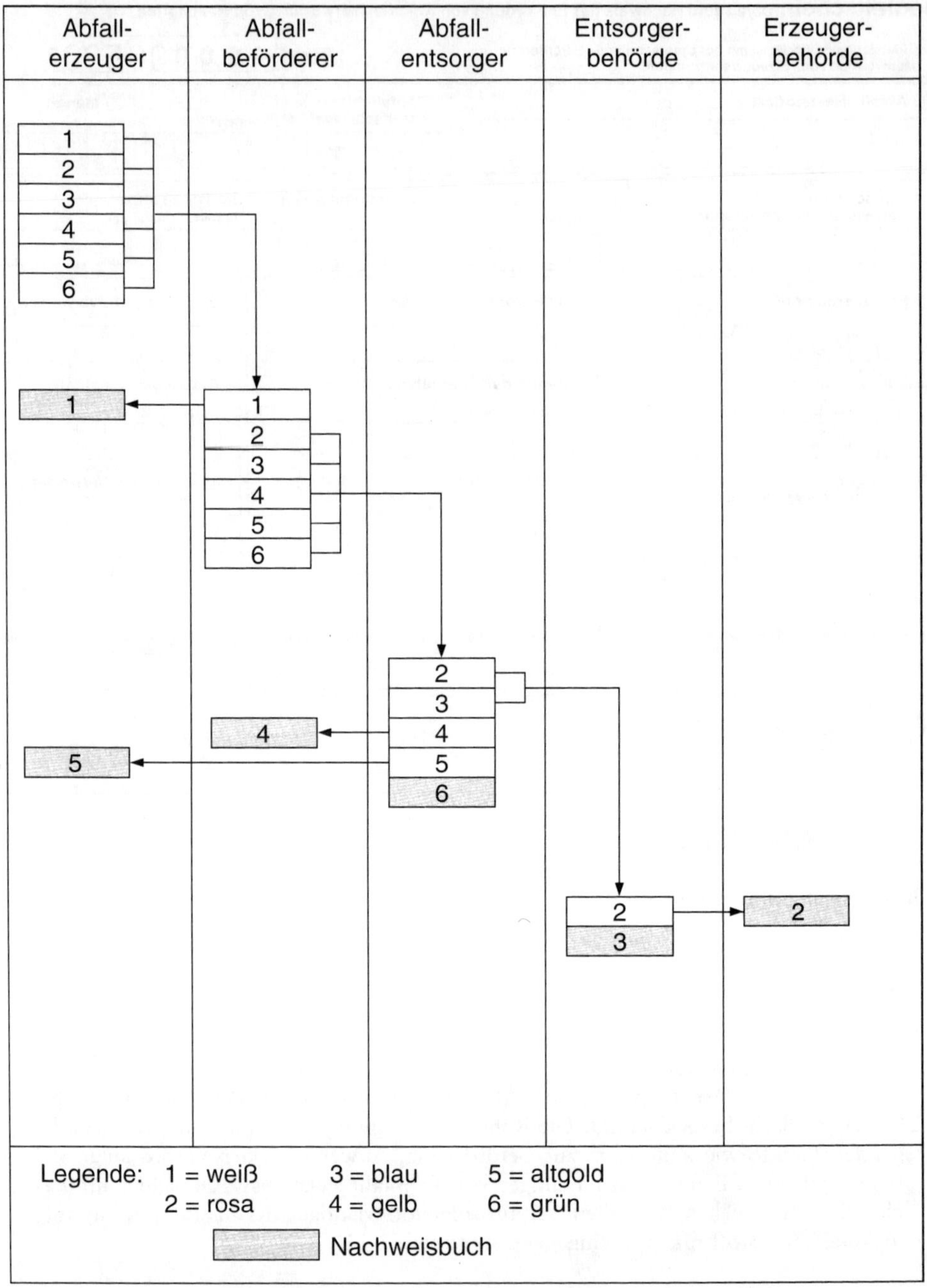

Bild 1.27 Begleitscheinverfahren

Tabelle 1.11 Übersicht über wesentliche Merkmale des Abfall-/Reststofftransportes nach GGVS

Pflichten des Erzeugers	Klassifizierung nach Verpackung nach Beförderungspapier Kontrolle, ob Fahrwegbestimmung vorliegt Erstellen von schriftlichen Weisungen Übergabe des Beförderungspapieres an Beförderer	GGVS Verpackungs-vorschriften Rn 2002 GGVS Anhang B8 GGVS Unfallmerkblätter
Pflichten des Verladers	Kontrolle auf Zulassung Kontrolle auf zulässige Transportart Anbringen der Gefahrzettel Beachten des Zusammenladeverbotes Kontrolle auf Unversehrtheit Kontrolle der Prüfbescheinigung eines Transportes in Tanksystemen höchstzulässigen Füllgrad ermitteln Unfallmerkblätter mitgeben	 GGVS § 6 GGVS
Pflichten des Beförderers	Kontrolle auf Transporterlaubnis Zusammenladeverbot beachten Fahrwegbestimmung ggf. durchführen Beförderungspapiere übergeben nur zugelassene Fahrzeuge nur geschulte Fahrer Überprüfung der Prüfbescheinigung des Tankfahrzeuges bzw. Aufsetztanks sofern zutreffend Schutzausrüstung mitgeben	 § 7, § 7a GGVS ADR-Bescheinigung § 6 GGVS
Pflichten des Fahrzeughalters	Vorschriften über den Bau und die Ausrüstung beachten Prüffristen der Fahrzeuge beachten	
Pflichten des Fahrers	Warntafeln anbringen Rauchverbote beachten	
Begleitpapiere	Beförderungspapier zur Identifizierung jeder Sendung Unfallmerkblätter Prüfbescheinigung Fahrwegbestimmung IHK-Bescheinigung des Fahrers (Ausnahmegenehmigungen)	 § 7 GGVS oder bei Tanks (auch leere) § 6 GGVS § 7, § 7a GGVS ADR
Kennzeichnung	orangefarbene Warntafeln Gefahrzettel	 Anlage A/Anhang 9 zur Anlage A GGVS
Ausrüstung	Feuerlöscher Warnleuchten Schutzausrüstung besondere Fahrzeugelektrik Brandschutz	 § 7 GGVS in speziellen Fällen in speziellen Fällen

1.4.3.3 Transport in Rohrleitungen

Hinsichtlich des Rohrleitungstransportes gelten ebenfalls spezielle Anforderungen (vgl. Tabelle 1.12); z.B. müssen

1. Undichtheiten leicht und zuverlässig feststellbar sein,
2. muß die Wirksamkeit von Sicherheitseinrichtungen leicht überprüfbar und
3. die Rohrleitungen gegen nicht beabsichtigte Beschädigungen geschützt sein.

Für die Praxis ergeben sich dadurch einige Probleme: Eine oberirdische Verlegung über Rohrbrücken erfüllt Punkt 1, erfordert aber spezielle Maßnahmen hinsichtlich Punkt 3; umgekehrt erfüllt eine unterirdische Verlegung Punkt 3, macht aber Schwierigkeiten bei Punkt 1; auf Punkt 2 kommt es dann besonders an. Darüber hinaus ist natürlich bedeutsam, ob Rohrleitungen in den angezeigten Fällen doppelwandig ausgelegt werden müssen oder zumindest ein (begehbarer) Rohrkanal vorzusehen ist.

1.5 Ökonomische Betrachtungen zum Thema Behandlung und Entsorgung von Rückständen und Abfällen

Aus unternehmerischer Sicht kostet Umweltschutz immer Geld. Dabei ist jedoch immer der Umweltschutz «end-of-pipe» gemeint (am Ende der Rohrleitung heißt so viel wie im Moment der Übergabe an die Umwelt über den Schornstein, das Abwasserrohr oder eben an den Abfallbeseitiger). In der Regel stimmt diese Behauptung.

Siedelt man den Umweltschutz jedoch bereits in der Produktion an und schließt den Verbleib der Rückstände in die einzelnen Phasen des Produzierens mit ein, lassen sich «Gewinne» machen – in Form vermiedener Kosten.

Allerdings sollte jeder Verantwortliche darauf achten, daß nicht nur Teilprobleme gelöst werden oder gar Verlagerungen auf andere Teilgebiete des Produzierens erfolgen; z.B. durch verstärkten Energieeinsatz. In der Regel wird man allerdings einen persönlichen Mehraufwand tolerieren müssen: Beispielsweise bedeutet Trennung von Abfallströmen mehr Behälter, mehr Überwachung, d.h. zentrale Einheiten, weitere Wege usw.

Weniger offensichtlich ist das Problem der ganzheitlichen Lösung: Häufig lassen sich durch erste ganz einfache Maßnahmen enorme Volumen-Verminderungen und damit meistens erhebliche Kostensenkungen erzielen. Jeder Anbieter einer derartigen Lösung kann Wirtschaftlichkeit (s.u.) rasch und glaubhaft nachweisen. Wenn allerdings auch noch eine Schadstoffverminderung erreicht werden soll, fehlen in der dann anstehenden Berechnung die großen Margen und die dafür meistens sehr viel teureren Anlagen werden niemals «wirtschaftlich» sein.

Definitionen

Die Ökonomie verkörpert den Begriff der **Knappheit**. Alles wirtschaftliche Handeln ist darauf ausgerichtet, einen Gewinn zu maximieren. Eine Gewinnmaximierung erreicht man jedoch nur, wenn ein Produkt einen Markt hat (Nachfrage existiert) und das Produkt knapp ist. Hinzu kommt, daß die Produktionskosten niedrig sein müssen. Das bedeutet aber nichts anderes, als daß teure Güter sparsam eingesetzt werden müssen und, besonders heute, daß auch die Entsorgungskosten minimiert werden müssen.

Tabelle 1.12 Anforderungen an Rohrleitungen zur Beförderung brennbarer und wassergefährdender Flüssigkeiten nach VbF/TRBF und VAwS/VVAwS

VbF/TRbF	VAwS/VVAwS	
Geltungsbereich § 1 (1) Diese Verordnung gilt für die Errichtung und den Betrieb von Anlagen zur Lagerung, Abfüllung oder Beförderung brennbarer Flüssigkeiten zu Lande.	§ 1 (1) Diese Verordnung gilt für Anlagen zum Lagern, Abfüllen und Umschlagen wassergefährdender Stoffe (nach WHG ab 1. 1. 1987 erweitert auf Herstellen, Behandeln, Verwenden). § 1 (2) Sofern nicht anders bestimmt ist, gelten die nachfolgenden Vorschriften für Anlagen auch für einzelne Anlagenteile, insbesondere Lagerbehälter, Rohrleitungen, Sicherheitseinrichtungen und technische Schutzvorkehrungen.	Entwurf einer Muster-Anlagenverordnung (Stand 6. 4. 1990)
Anforderungen an Rohrleitungen TRbF 131/231 § 2 (1) Rohrleitungen müssen so beschaffen sein, daß brennbare Flüssigkeiten aus ihnen nicht auslaufen können oder daß Undichtheiten leicht und zuverlässig feststellbar sind. Sie sind so anzuordnen, daß sie gegen nicht beabsichtigte Beschädigungen gesichert sind.	VAwS/VVAwS § 4 Undichtheiten von Rohrleitungen müssen leicht und zuverlässig feststellbar sein. Die Wirksamkeit von Sicherheitseinrichtungen muß leicht überprüfbar sein. Alle Rohrleitungen sind so anzuordnen, daß sie gegen nicht beabsichtigte Beschädigungen geschützt sind.	1. Unterirdische Rohrleitungen sind nur zulässig, wenn eine oberirdische Anordnung aus Sicherheitsgründen nicht möglich ist. 2. Bei zulässigen unterirdischen Rohrleitungen sind lösbare Verbindungen und Armaturen in überwachten, dichten Kontrollschächten anzuordnen. Diese Rohrleitungen müssen hinsichtllich ihres technischen Aufbaues einer der folgenden Anforderungen entsprechen.

Was ist nun aber wirtschaftlich? **Wirtschaftlichkeit** heißt, daß ein finanzieller Einsatz eines Vorhabens für den Finanzier in der Zukunft einen Gewinn abwirft.

Diese etwas schwammige Erklärung ist deswegen gewählt, weil sie deutlich machen soll, daß es sich bei der Wirtschaftlichkeitsbetrachtung um eine subjektive Wertvorgabe für in der Zukunft ablaufende Zahlungsströme handelt. Obwohl der Begriff Wirtschaftlichkeit ständig in Technik und Wirtschaft verwendet wird, gibt es keinen einheitlichen Maßstab für die Angabe einer Wirtschaftlichkeit. Für einen Investor kann beispielsweise eine Verzinsung seines eingesetzten Kapitals in der Höhe des aktuellen

Zinssatzes langfristiger Geldanlagen ausreichen, während ein anderer ein Mehrfaches davon ansetzt, weil er ein bestimmtes Risiko der Geldanlage mitbewertet. Beispielsweise verlangen die meisten Unternehmen den «break even point» (Summe aller Abflüsse minus Summe aller Zuflüsse = Zeitpunkt der Gewinnentwicklung) innerhalb von zwei Jahren; für kommunale Sachanleger ist es hingegen meist ausreichend und damit ebenfalls wirtschaftlich, wenn überhaupt nur eine Rückzahlung der eingesetzten Mittel innerhalb der Lebensdauer erreicht wird. Wirtschaftlichkeit muß also in jedem Einzelfall genauestens definiert werden.

Wenn beurteilt werden soll, ob eine Investition wirtschaftlich ist, müssen mindestens folgende Faktoren berücksichtigt werden:

- □ Zeiteinfluß auf die Wirtschaftlichkeitsfrage,
- □ Veränderung der Parameter während der Nutzungsdauer (z.B. Preisänderungen, Zinsänderungen),
- □ Unsicherheiten bei der Bestimmung künftiger Entwicklungen.

In der Praxis werden häufig statische Berechnungen der Wirtschaftlichkeit durchgeführt, Experten benutzen dynamische. Was ist der Unterschied? Statisch heißt, daß der Zeiteinfluß nicht berücksichtigt wird, genauer: Die sich über die Zeit ändernden Einflüsse auf die Ersatzbeschaffungen, aber auch Einnahmen aus der Investition, Veränderungen der Personalkosten usw. werden nicht in ihrer zeitlichen Abhängigkeit abgebildet.

Bei der statischen Rechnung wird beispielsweise aus den folgenden Daten bei einer geforderten 2jährigen Amortisation (Kapitalrückfluß innerhalb von 2 Jahren)

Ausgaben:	
Investitionsausgabe	1000 TDM
per annum (p.a.) bei zwei Jahren Amortisation	500 TDM
plus	
Personalkosten (insgesamt p.a.)	200 TDM
Sachkosten (insgesamt p.a.)	100 TDM
Summe Ausgaben p.a.	800 TDM
Einnahmen:	
im 1. Jahr	780 TDM
im 2. Jahr	840 TDM
im Durchschnitt	810 TDM

Wirtschaftlichkeit erreicht.

Für kurze Betrachtungszeiträume ist mit Sicherheit der Zeitfaktor nicht von derartiger Wichtigkeit wie bei längeren. Dort darf im Grunde gar nicht anders als dynamisch gerechnet werden. Eine dynamische Rechnung ist allerdings komplizierter und aufwendiger.

Wenn es sich nämlich um längere Investitionszeiträume handelt (hier können allerdings Prognosen über die wirtschaftliche Entwicklung im Bereich der Wahrsagerei angesiedelt sein), spielen Geldwertänderungen und Preissteigerungen eine erhebliche Rolle. Der gemeinsame Grundgedanke aller dynamischen Wirtschaftlichkeits-Berechnungsmethoden ist der, daß eine Zahlung, die in der Zukunft zu leisten ist, auf den heutigen Tag bezogen, weniger wert ist als eine Zahlung in gleicher Höhe, die sofort fällig ist. Beispiel: Wenn man am 31. 12. 2000 1000 DM bezahlen muß, reicht es aus, zum 01.01.1991 463,19 DM zu 8% Zins anzulegen (ohne Berücksichtigung von Steuern).

Deshalb werden finanzmathematisch die in Zukunft zu tätigenden Zahlungen auf einen gemeinsamen Bezugszeitpunkt diskontiert (Endwert oder Barwert) und damit in ihrem zeitlichen Wert vergleichbar gemacht. Für eine dynamische Investitionsrechnung ist es somit erforderlich,

- □ den zeitlichen Anfall aller durch eine Investition bedingten Einnahmen (ersatzweise Einsparungen) und Ausgaben in einer Zahlungsreihe zu prognostizieren,
- □ die Differenz der mit dem Kalkulationszinsfuß diskontierten Einnahmen und Ausgaben zu bilden (Kapitalwertmethode) oder
- □ den Diskontierungszinsfuß zu ermitteln, bei dem diese Differenz gleich null wird (interne Zinsfußmethode).

Beide Ergebnisse sind Beurteilungskriterien für die Wirtschaftlichkeit einer Investition, die Amortisationszeit ist ein Kriterium für das Risiko.

Der Kapitalwert wird berechnet:

$$K_0 = \sum_{t=0}^{T} [(E_t - A_t)/(1+i)^t]$$

mit

mit	E_t, A_t	Einnahme bzw. Ausgabe am Ende von t
	K_0	Kapitalwert
	i	Faktor für die Diskontierung $= p/100$
	p	Diskontierungszinsfuß in [%]

Der interne Zinsfuß r gibt an, mit welchem Prozentsatz sich das eingesetzte Kapital in t Jahren verzinst (iterative Rechnung):

$$r = p_1 - K_{01} \cdot [(p_1 - p_2)/(K_{02} - K_{01})]$$

Am Beispiel einer Kostenvergleichsrechnung zwischen zwei Alternativen der Abfallbehandlung soll die dynamische Investitionsrechnung nach der Kapitalwertmethode gezeigt werden. Bei einer Kostenvergleichsrechnung kann man entweder die beiden Alternativen vollständig über die zu bilanzierenden Jahre durchrechnen oder aber nur die Differenzen zwischen den einzelnen Lösungsalternativen. In Tabelle 1.13 (Teil 1 und 2) sind entsprechende Angaben (fiktiv) vorhanden und mit einem Berechnungsschema erläutert. In Bild 1.28 wird das Ergebnis grafisch dargestellt.

Das Ergebnis aus der Kapitalwertermittlung für eine zentrale Anlage ergibt einen Barwert von – 5,44 Mio. DM; während die Abgabe an einen Entsorger mit – 4,75 Mio. DM wirtschaftlicher ist, hingegen die dezentralen Anlagen trotz der größeren Investition mit lediglich – 4,29 Mio. DM die wirtschaftlichste Alternative darstellt. Die größere Investition führt also unter den gegebenen Voraussetzungen zur wirtschaftlichsten Lösung.

Tabelle 1.13 Teil 1: Parameter für eine Wirtschaftlichkeitsberechnung und deren Anwendung in einer Kapitalwertermittlung nach der Barwertmethode

	zentrale Behandlung	dezentrale Behandlung	Entsorger
Investitionen	900 TDM	1500 TDM	–
Reinvestitionen nach 2 Jahren	400 TDM	100 TDM/Anlage	–
Personalkosten	90 TDM/Mann	90 TDM/Mann	–
	1,5 Mann/a	3 Mann/a	–
Kostensteigerung	6%/a	6%/a	–
Instandhaltung	2%/Investition	2%/Investition	–
Kostensteigerung	6%/a	6%/a	–
Energiekosten im 1. Betriebsjahr	30 TDM	15 TDM	–
Kostensteigerung	6%/a	6%/a	–
Entsorgungskosten im 1. Betriebsjahr			
Ölphase	500 TDM	100 TDM	800 TDM
Wasserphase	200 TDM	80 TDM	–
Kostensteigerung	10%/a	10%/a	12%/a
Einkauf, Lagerung	200 TDM	100 TDM	300 TDM
im 1. Betriebsjahr	5%/a	5%/a	5%/a

Eine Amortisationsdauer kann in diesem Fall nicht angegeben werden, weil keine der drei Alternativen wesentliche Rückflüsse enthält. Setzt man jedoch das Ergebnis der Entsorgeralternative als Basisfall an und wertet die vermiedenen Ausgaben als Einnahmen, läßt sich angeben, daß sich die Investition der dezentralen Lösung ziemlich genau am Ende des 4. Jahres amortisiert hat (die Summe der Barwerte der Ausgaben plus der Investitionsausgaben entsprechen den Barwerten der vermiedenen Ausgaben). Ab diesem Zeitpunkt spart das Unternehmen gegenüber dem Basisfall Kosten ein. Bild 1.29 zeigt, daß es sich im genannten Fall um einen Barwert von rund 461 TDM handelt.

Schließlich müssen die angenommenen Preissteigerungsraten noch in einer Sensitivitätsbetrachtung auf ihre Entscheidungsrelevanz hin untersucht werden. Dabei ist zu beachten, daß sich bei Veränderung der Steigerungsraten quantitativ immer eine Ergebnisänderung einstellt. Wichtig ist jedoch nur der Punkt, von dem an qualitativ eine andere Lösung in Betracht kommt.

Tabelle 1.13 Teil 2

	in Tausend DM/a					
	0	1	2	3	4	5
Dezentrale Anlage						
Investitionen	1500,0	–	300,0	–	–	–
Personal	–	270,0	286,2	303,4	321,6	340,9
Instandhaltung	–	30,0	31,8	33,7	35,7	37,9
Energiekosten	–	45,0	47,7	50,6	53,6	56,8
Entsorgungskosten	–	180,0	198,0	217,8	239,6	263,5
Einkauf, Lagerung	–	100,0	105,0	110,3	115,8	121,6
Σ	1500,0	625,0	968,7	715,8	766,3	820,7
disk. Wert	1500,0	558,0	772,2	509,5	487,0	465,7
Σ = 4292,4						
Zentrale Anlage						
Investitionen	900,0	–	400,0	–	–	–
Personal	–	135,0	143,1	151,7	160,8	170,4
Instandhaltung	–	18,0	19,1	20,2	21,4	22,7
Energiekosten	–	30,0	31,8	33,7	35,7	37,9
Entsorgungskosten	–	700,0	770,0	847,0	931,7	1024,9
Einkauf, Lagerung	–	200,0	210,0	220,5	231,5	243,1
Σ	900,0	1083,0	1174,0	1273,1	1381,1	1499,0
disk. Wert	900,0	967,0	935,9	906,2	877,7	850,6
Σ = 5437,4						
Entsorger					–	–
Investitionen	–	–	–	–	–	–
Personal	–	–	–	–	–	–
Instandhaltung	–	–	–	–	–	–
Energiekosten	–	–	–	–	–	–
Entsorgungskosten	–	800,0	896,0	1003,5	1123,9	1258,8
Einkauf, Lagerung	–	300,0	315,0	330,8	347,3	364,7
Σ	–	1100,0	1211,0	1334,3	1471,2	1623,5
disk. Wert	–	982,1	965,4	949,7	935,0	921,2
Σ = 4753,4						

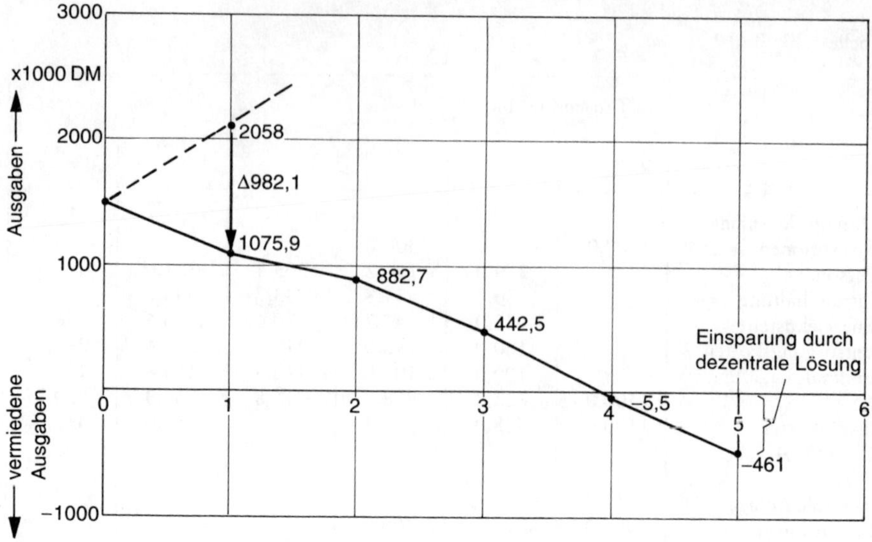

Bild 1.28 Grafische Darstellung der Diskontierung von Zahlungsströmen (Ausgaben) im Rahmen einer Kapitalwertermittlung

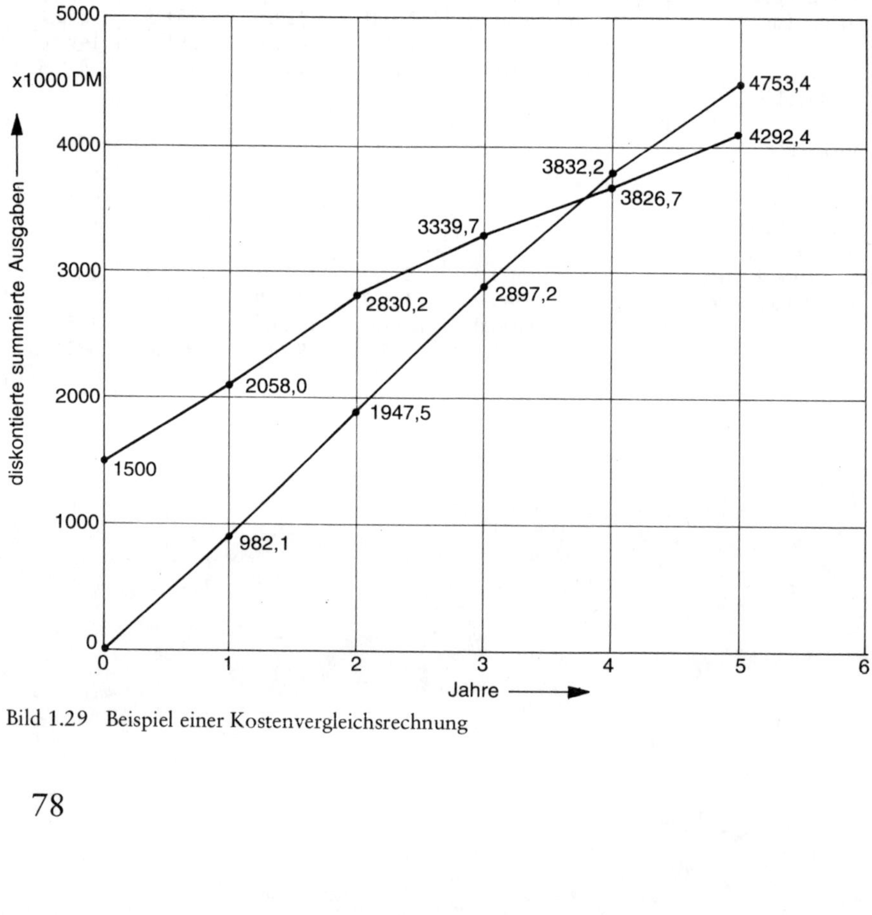

Bild 1.29 Beispiel einer Kostenvergleichsrechnung

2 Abfallrecht

«Wenn jeder stets nur das tut, wozu er gesetzlich verpflichtet ist, und andererseits alles ausnutzt, was ihm die Rechtsordnung erlaubt, wird das Leben auf dieser Welt unerträglich ...» erkannten schon die Römer und prägten den Satz:

> *Summum ius, summa iniuria*
> (Treibt man das Recht auf die Spitze, maximiert man das Unrecht, [2.1]).

Diesen lateinischen Ausdruck können mit Sicherheit viele Unternehmer in Deutschland unterschreiben, die sich an das geltende Recht halten wollen, durch den Wust an Verordnungen und Vorschriften, insbesondere aber durch den damit in Zusammenhang stehenden und zu bearbeitenden «Papierkram» nicht mehr überblicken und aus Unwissenheit zu Umweltstraftätern werden können. Die steigenden Anforderungen resultieren jedoch nicht aus behördlicher Willkür: Sie sind meist Folge von aufgedeckten Skandalen im Zusammenhang mit der Entsorgung besonders überwachungsbedürftiger/gefährlicher Abfälle (Produktions-, Krankenhausabfälle usw.).

Ausgangspunkt für alle derartigen Probleme mit dem Umweltschutz ist die unternehmerische Auffassung der Nutzung von sogenannten «freien» Gütern. Die Betriebswirtschaft definierte noch bis vor wenigen Jahren Luft und Wasser als Beispiele für freie Güter, die jedermann ohne «Bezahlung» nutzen durfte. Insofern mußten sie auch in keine unternehmerische Kostenrechnung einbezogen werden. Dies ist heute eklatant anders: Aber nicht nur die Kosten spielen hierbei eine Rolle; viel stärker noch trägt der Produzent und vor allem der für die Produktion vor Ort zuständige Betriebsleiter heute die Verantwortung für den Umgang mit Produkten (Produkthaftung), für die produzierenden Mitarbeiter (Arbeitsschutz) und für die Wirkung der Produktion auf die Umwelt (Umwelthaftung und Umweltstrafrecht). Die inzwischen gut bekannten «Beauftragten für einzelne Sparten des Umweltschutzes» (Abfallbeauftragter, s. Abschnitt 2.2.4) haben dagegen nur eine beratende und informierende Funktion; sie haben – wenn sie nicht Funktionsträger sind – keine Verantwortung im oben genannten Sinne.

Deshalb muß der Werk-, Betriebsleiter oder auch der Meister sich im Umweltrecht auskennen. Für den Abfallbereich soll nachstehend deshalb diesem Aspekt Rechnung getragen und der Versuch unternommen werden, in einer Übersicht die Zusammenhänge darzustellen; die einzelnen Vorschriften muß sich jedoch der Betroffene aus einschlägigen Handbüchern oder Loseblattsammlungen [2.2 oder 2.3] besorgen, da sie inzwischen so umfangreich wurden und teilweise jeglichen Rahmen sprengen und z.B. beim Verfasser Stellplatz im Regal von mehr als 1 m einnehmen. Das neue Kreislaufwirtschaftsgesetz (KrWG, 1994) wird daran nichts ändern.

Die Umweltschutzgesetzgebung hat mittlerweile ganzheitlichen Charakter für die Unternehmen bekommen (Bild 2.1); es gibt so gut wie keinen Bereich mehr, der nicht einer Reglementierung unterworfen ist (eine Bodenschutzgesetzgebung des Bundes steht noch aus; einige Bundesländer sind bereits aktiv geworden). Angesichts der für den Laien nicht mehr überschaubaren Gesetzeslage ist in Bild 2.2 ein Überblick der in diesem Kapitel gestreiften national und international (EU) relevanten Regelungen in Verbindung mit den Abschnitten gegeben, in denen sie behandelt werden. Aus Übersichtlichkeitsgründen ist nur die Hierarchie dargestellt, nicht jedoch die jeweiligen Verflechtungen.

Umweltstrafrecht § 326 Strafgesetzbuch
Davon abgehoben ist das Umweltstrafrecht (§ 326 StGB), weshalb es vorab erläutert werden soll. Unter die Strafnorm fällt danach, wer bestimmte Abfälle (definiert werden Abfallarten) außerhalb einer dafür zugelassenen Anlage oder unter wesentlicher Abweichung von einem vorgeschriebenen oder zugelassenen Verfahren behandelt, lagert, ablagert oder sonstwie beseitigt. Der Begriff Abfall ist im StGB nicht definiert, sehr wohl jedoch die Abfallarten, wobei die Terminologie sich an den besonders überwachungsbedürftigen und den wassergefährdenden Stoffen (die nach Art, Beschaffenheit oder Menge ... nachhaltig ein Gewässer, die Luft oder Boden verunreinigen oder sonstwie nachteilig verändern ...) orientiert (vgl. Abschnitt 1.1).

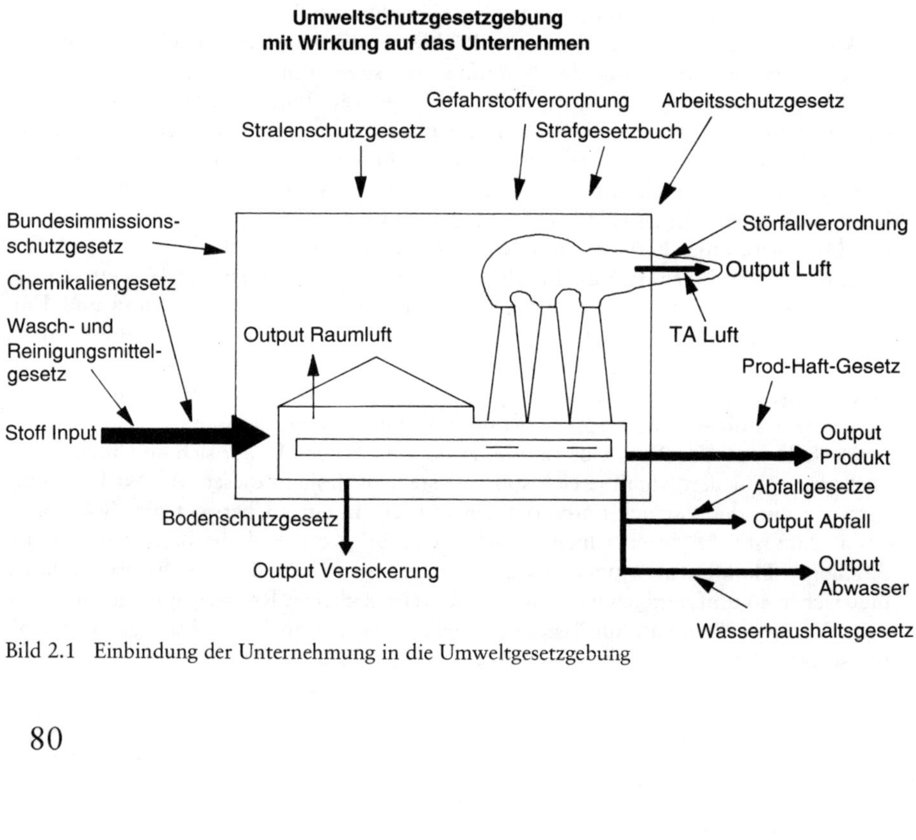

Bild 2.1 Einbindung der Unternehmung in die Umweltgesetzgebung

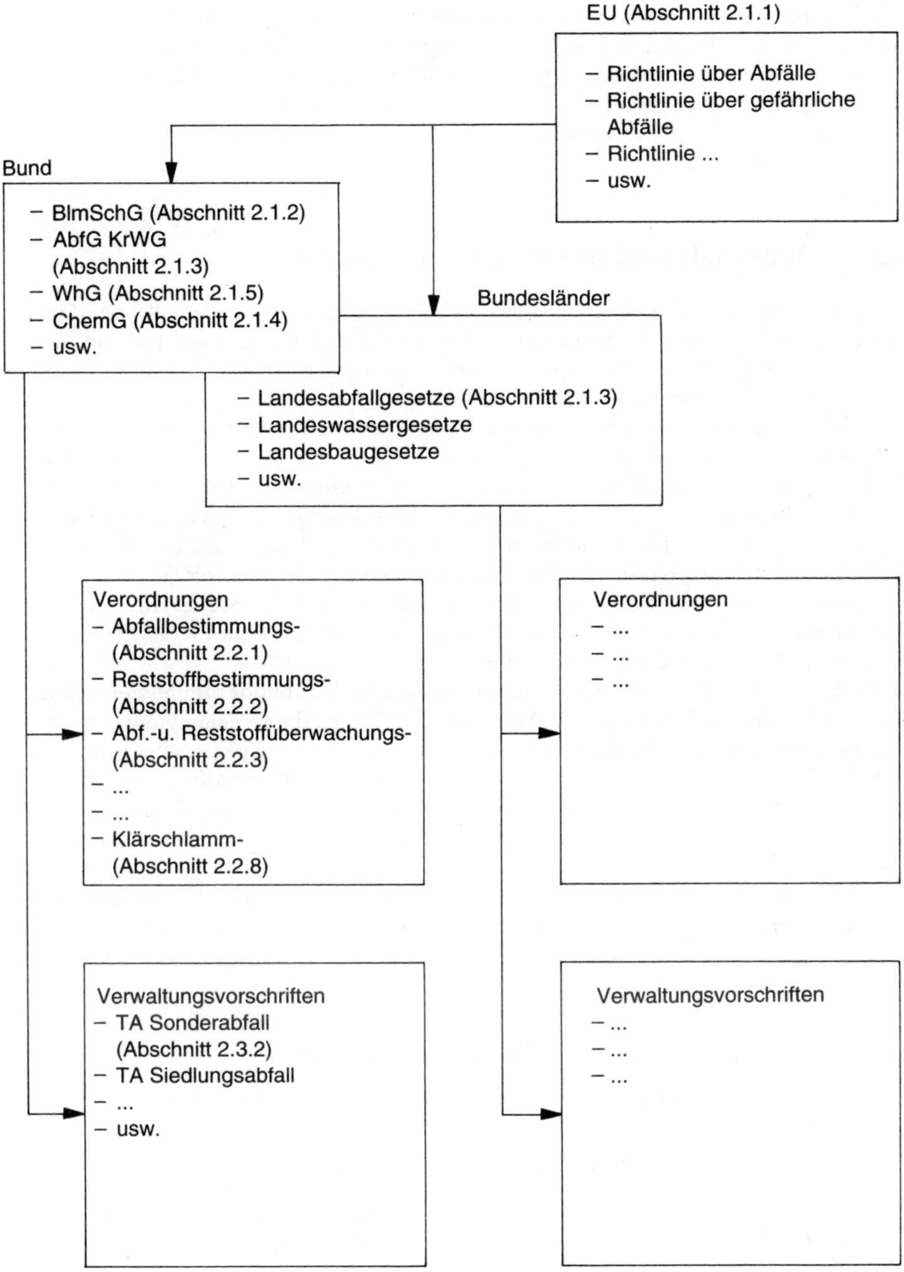

Bild 2.2 Abfallrecht im Überblick (in Klammern die Abschnittsnummern zu den nachfolgenden Erläuterungen)

Diese Bestimmung umfaßt somit alle unter das Abfallrecht fallenden Stoffe, wie auch die, die im Abfallrecht ausdrücklich ausgeschlossen sind (Kernbrennstoffe usw., s. Abschnitt 2.1.3), da auf sie die genannten Merkmale zutreffen. Fälle von Umweltstraftaten, die nach dem Abfallrecht zu einer Verurteilung führen, haben deshalb in den letzten Jahren erheblich zugenommen. Sie erreichen mittlerweile 10 000 Verurteilungen pro Jahr und mehr.

2.1 Nationale und internationale Gesetze

In der Vergangenheit (bis etwa 1970) war die Beseitigung von Abfällen alleinige Angelegenheit der Gemeinden (s. Satzungen in Abschnitt 2.4) bzw. von Gewerbe und Industrie nach dem Verursacherprinzip (Verbotsnormen im Wasserrecht und im BImSchG, s. Abschnitt 2.1.2 bzw. im Baurecht). Angesichts der dramatisch gestiegenen Abfallmengen und deren Gefährdungspotential (brennende Hausmülldeponien an vielen Ortsausgängen, zugeschüttete Kiesgruben usw.) erhielt der Bund 1972 die Gesetzgebungskompetenz für das Abfallrecht. In diesem Jahr wurde das Abfallbeseitigungsgesetz des Bundes (AbfG) erlassen. Zuvor schon hatten einige Bundesländer Landesabfallgesetze (L-AbfG) in Kraft gesetzt, die im wesentlichen ebenfalls die Beseitigung von Abfällen und die entsprechenden Zuständigkeiten geregelt hatten. Infolge der Bundeskompetenz bei der Gesetzgebung im Abfallbereich regeln die Landesabfallgesetze nur noch spezielle landesrechtliche Fragestellungen (beim Wasserrecht (WHG, 1986) hat der Bund nur Rahmenrichtlinienkompetenz!).

Besondere Bedeutung in diesem Zusammenhang hat das Bundes-Immissionsschutzgesetz (BImSchG, 1990). In § 5 (s. Abschnitt 2.1.2) wird die Genehmigung einer (genehmigungsbedürftigen Produktions-)Anlage von der Vorsorge gegen schädliche Umwelteinwirkungen abhängig gemacht und insbesondere die Reststofffrage angeschnitten. Schließlich enthält das Wasserhaushaltsgesetz (WHG, 1986) Überlappungen zum Abfallrecht, was die Lagerung wassergefährdender Stoffe anbelangt (s. Abschnitt 1.4.1 und 2.1.4).

Über dem Ganzen steht mittlerweile (seit 1975) das EU-Recht: Der Rat der Europäischen Gemeinschaft hat zwei bedeutsame Richtlinien erlassen, die sich mit Abfällen im allgemeinen und gefährlichen Abfällen im besonderen befassen (s. nachstehenden Abschnitt 2.1.1).

2.1.1 Richtlinien des Rates der Europäischen Gemeinschaft

Die erste Richtlinie des Rates vom 15.07.1975 über Abfälle (75/442/EWG) formulierte in der Präambel, daß

- jede Regelung der Abfallbeseitigung als wesentliches Ziel den Schutz der menschlichen Gesundheit sowie der Umwelt gegen nachteilige Auswirkungen der Sammlung, Beförderung, Behandlung, Lagerung und Ablagerung von Abfällen aufweisen muß und
- die Aufbereitung von Abfällen sowie die Verwendung wiedergewonnener Materialien im Interesse der Erhaltung der menschlichen Rohstoffquellen zu fördern ist.

Weiterhin ist dort nachzulesen, daß ein Genehmigungsverfahren für die Unternehmen vorzusehen ist, die Abfälle für andere sammeln, aufbereiten, lagern oder ablagern, sowie eine Überwachung der Firmen, die ihre Abfälle selbst beseitigen, als auch ein Instrument zu schaffen ist, das die wesentlichen Daten in verschiedenen Phasen der Abfallbeseitigung verfügbar macht.

In dieser Richtlinie, wie auch im ersten deutschen Abfallgesetz, steht jeweils der Begriff «Beseitigung» im Vordergrund. Dies hängt damit zusammen, daß zum damaligen Zeitpunkt die ordnungsgemäße Beseitigung der Abfälle dringend geboten war (wilde Abfallhalden mehr oder weniger ohne Basisabdichtung waren damals die Regel). Der Begriff ist in der Richtlinie definiert als *«Einsammeln, Sortieren, Befördern und Behandeln von Abfällen und deren Lagerung und Ablagerung auf dem Boden oder im Boden»; wie auch «die erforderlichen Umwandlungsvorgänge zu ihrer Wiederverwendung, Rückgewinnung oder Verwertung».*

Bald mußte man national wie international erkennen, daß man mit der Beseitigung das Pferd von hinten aufgezäumt hatte. Deshalb wurde auch auf EG-Ebene formuliert, daß «zur Erreichung eines hohen Umweltschutzniveaus die Mitgliedstaaten nicht nur für eine verantwortungsvolle Beseitigung und Verwertung der Abfälle zu sorgen haben, sondern auch Maßnahmen zu treffen sind, um das Entstehen von Abfällen zu begrenzen, und zwar insbesondere durch die Förderung sauberer Technologien und wiederverwertbarer und wiederverwendbarer Erzeugnisse» unter Wahrung der bestehenden und potentiellen Absatzmöglichkeiten für verwertete Abfälle.

Die Präambel zur entsprechenden Richtlinie des Rates zur Änderung der Richtlinie 75/442/EWG vom 18.03.1991 (91/156/EWG) fordert eine zumindest in der Gemeinschaft funktionierende Entsorgungsautarkie, wünschenswert sei es, wenn jeder Mitgliedsstaat sie erreichen würde. Dazu sollen die Mitgliedsstaaten

- □ Abfallbewirtschaftungspläne erstellen,
- □ Abfallverbringung vermindern,
- □ Unternehmen, die Abfälle beseitigen und verwerten, der Genehmigung und Kontrolle unterziehen,
- □ Unternehmen, die ihre Abfälle selbst beseitigen oder verwerten, einer Meldepflicht unterziehen,
- □ die Überwachung der Abfälle von ihrem Entstehen bis hin zu ihrer endgültigen Beseitigung sicherstellen.

Diese Forderungen sind im Kontext zu den deutschen abfallrechtlichen Regelungen zu sehen, die mit Sicherheit bei einigen Formulierungen Pate gestanden haben. Trotzdem geht die EU-Richtlinie über das aktuell gültige Abfallgesetz (AbfG, 1986) hinaus, vor allem aus dem Blickwinkel der Abfallbewirtschaftung, die bisher im deutschen Recht noch nicht realisiert wurde, obwohl dieser Ansatz in der letzten Novelle ursprünglich vorgesehen war. Die Erfahrung mit nationalem Recht zeigt aber auch, daß zwar das Abfallmengenproblem mit derartigen Regelungen ansatzweise angegangen werden kann, nicht aber das Schadstoffproblem im Zusammenhang mit dem Abfall. Abfallvermeidung muß z.B. in der Konstruktionsphase eines Produktes begonnen werden; Abfallbewirtschaftungspläne gehen hier nicht weit genug.

Abfall umfaßt im Sinne der Richtlinie alle Stoffe oder Gegenstände, die unter die in Tabelle 2.1 aufgeführten Gruppen fallen und deren sich ihr Besitzer entledigt, entledigen will oder entledigen muß. Auch die Beseitigungs- und Verwertungsverfahren werden in der Richtlinie definiert (Tabellen 2.2 und 2.3). In beiden Fällen gilt, daß Abfälle zu verwerten sind, ohne daß die menschliche Gesundheit gefährdet und umweltschädigende Verfahren oder Methoden verwendet werden (Artikel 4 konkretisiert: Wasser, Luft, Boden, Tier- und Pflanzenwelt ausdrücklich auch hinsichtlich Geräusch- und Geruchsbelästigungen), wie auch Umgebung und Landschaftsbild unbeeinträchtigt bleiben müssen. Wenn allerdings Beseitigungsverfahren mit Einleitungen in ein Gewässer (D7) oder auf den Meeresboden (D8) ausdrücklich Erwähnung finden, muß man diese Forderung wohl oder übel relativieren. Dies gilt auch aus Kostengründen: Artikel 5 fordert Maßnahmen, ..., die den derzeit modernsten, keine übermäßig hohen Kosten verursachenden Technologien Rechnung tragen.

Tabelle 2.1 Abfallgruppen nach der Abfallrichtlinie des Rates 91/156/EWG

Q1	Nachstehend nicht näher beschriebene Produktions- oder Verbrauchsrückstände;
Q2	Nicht den Normen entsprechende Produkte;
Q3	Produkte, bei denen das Verfalldatum überschritten ist;
Q4	Unabsichtlich ausgebrachte oder verlorene oder von einem sonstigen Zwischenfall betroffene Produkte einschließlich sämtlicher Stoffe, Anlageteile usw., die bei einem solchen Zwischenfall kontaminiert worden sind;
Q5	Infolge absichtlicher Tätigkeiten kontaminierte oder verschmutzte Stoffe (z.B. Reinigungsrückstände, Verpackungsmaterial, Behälter usw.);
Q6	Nichtverwendbare Elemente (z.B. verbrauchte Batterien, Katalysatoren usw.);
Q7	Unverwendbar gewordene Stoffe (z.B. kontaminierte Säuren, Lösungsmittel, Härtesalze usw.);
Q8	Rückstände aus industriellen Verfahren (z.B.Schlacken, Destillationsrückstände usw.);
Q9	Rückstände von Verfahren zur Bekäpfung der Verunreinigung (z.B. Gaswaschschlamm, Luftfilterrückstand, verbrauchte Filter usw.);
Q10	Bei maschineller und spanender Formgebung anfallende Rückstände (z.B. Dreh- und Frässpäne usw.);
Q11	Bei der Förderung und der Aufbereitung von Rohstoffen anfallende Rückstände (z.B. im Bergbau, bei der Erdölförderung usw.);
Q12	Kontaminierte Stoffe (z.B. mit PCB verschmutztes Öl usw.);
Q13	Stoffe oder Produkte aller Art, deren Verwendung gesetzlich verboten ist;
Q14	Produkte, die vom Besitzer nicht oder nicht mehr verwendet werden (z.B. in der Landwirtschaft, den Haushaltungen, Büros, Verkaufsstellen, Werkstätten usw.);
Q15	Kontaminierte Stoffe oder Produkte, die bei der Sanierung von Böden anfallen;
Q16	Stoffe oder Produkte aller Art, die nicht einer der oben erwähnten Gruppen angehören.

Tabelle 2.2 Beseitigungsverfahren nach Abfallrichtlinie des Rates 91/156/EWG

D1	Ablagerungen in oder auf dem Boden (d.h. Deponien usw.);
D2	Behandlung im Boden (z.B. biologischer Abbau von flüssigen oder schlammigen Abfällen im Erdreich usw.);
D3	Verpressung (z.B. Verpressung pumpfähiger Abfälle in Bohrlöcher, Salzdome oder natürliche Hohlräume usw.);
D4	Oberflächenaufbringung (z.B. Ableitung flüssiger oder schlammiger Abfälle in Gruben, Teiche oder Lagunen usw);
D5	Speziell angelegte Deponien (z.B. Ablagerung in abgedichteten, getrennten Räumen, die verschlossen und gegeneinander und gegen die Umwelt isoliert werden, usw.);
D6	Einleitung in ein Gewässer mit Ausnahme von Meeren/Ozeanen;
D7	Einleitung in Meere/Ozeane einschließlich Einbringung in den Meeresboden;
D8	Biologische Behandlung, die nicht an anderer Stelle in diesem Anhang beschrieben ist und durch die Endverbindungen oder Gemische entstehen, die mit einem der in diesem Anhang aufgeführten Verfahren entsorgt werden;
D9	Chemisch/physikalische Behandlung, die nicht an anderer Stelle in diesem Anhang beschrieben ist und durch die Endverbindungen oder -gemische entstehen, die mit einem der in diesem Anhang beschriebenen Verfahren entsorgt werden (z.B. Verdampfen, Trocknen, Kalzinieren, Neutralisieren, Ausfällen usw.);
D10	Verbrennung an Land;
D11	Verbrennung auf See;
D12	Dauerlagerung (z.B. Lagerung von Behältern in einem Bergwerk usw.);
D13	Vermengung oder Vermischung vor Anwendung eines der in diesem Anhang beschriebenen Verfahren;
D14	Rekonditionierung vor Anwendung eines der in diesem Anhang beschriebenen Verfahren;
D15	Lagerung bis zur Anwendung eines der in diesem Anhang beschriebenen Verfahren (Zwischenlagerung), ausgenommen zeitweilige Lagerung – bis zum Einsammeln – auf dem Gelände der Entstehung der Abfälle.

Tabelle 2.3 Verwertungsverfahren nach Abfallrichtlinie des Rates 91/156/EWG

R1	Rückgewinnung/Regenerierung von Lösemitteln;
R2	Verwertung/Rückgewinnung organischer Stoffe, die nicht als Lösemittel verwendet werden;
R3	Verwertung/Rückgewinnung von Metallen und Metallverbindungen;
R4	Verwertung/Rückgewinnung anderer anorganischer Stoffe;
R5	Regenerierung von Säuren oder Basen;
R6	Wiedergewinnung von Bestandteilen, die der Bekämpfung der Verunreinigung dienen;
R7	Wiedergewinnung von Katalysatorenbestandteilen;
R8	Altölraffination oder andere Wiederverwendungsmöglichkeiten von Altöl;
R9	Verwendung als Brennstoff (außer bei Direktverbrennung) oder andere Mittel der Energieerzeugung;
R10	Aufbringung auf den Boden zum Nutzen der Landwirtschaft oder der Ökologie, einschließlich der Kompostierung und sonstiger biologischer Umwandlungsverfahren, mit Ausnahme der nach Artikel 2 Absatz 1 Buchstabe b) Ziffer iii) ausgeschlossenen Abfälle;
R11	Verwendung von Rückständen, die bei einem der unter R1 bis R10 aufgezählten Verfahren gewonnen werden;
R12	Austausch von Abfällen, um sie einem der unter R1 bis R11 aufgezählten Verfahren zu unterziehen;
R13	Ansammlung von Stoffen, die für eines der in diesem Anhang beschriebenen Verfahren vorgesehen sind, ausgenommen zeitweilige Lagerung – bis zum Einsammeln – auf dem Gelände der Entstehung der Abfälle.

Gefährliche Abfälle im EG-Recht

Die Novelle der Richtlinie des Rates vom 12.12.1992 über gefährliche Abfälle (91/689/EWG) definiert einheitlich Abfälle und fordert die vollständige Überwachung sowohl was die Beseitigung als auch die Verwertung anbelangt. In Tabelle 2.4 sind die nach dieser Richtlinie als gefährlich bezeichneten Abfälle aufgelistet. Diese Liste basiert auf Herkunftsangaben (Krankenhaus, Pyrolyse oder Labor), auf Produktbezeichnungen (Medikamente, Holzschutzmittel, Biozide), auf Abfallarten (Emulsionen), auf Zustandsformen (explosiv) und auf Inhaltsstoffe (Kongenere der Dioxine), die nach Tabelle 2.5 noch weiter spezifiziert sind. Schließlich gibt Tabelle 2.6 noch die gefahrenrelevanten Eigenschaften der gefährlichen Abfälle an.

Tabelle 2.4 Gruppen oder Arten gefährlicher Abfälle nach EU-Richtlinie 91/689/EWG

Abfälle, die eine der in Tabelle 2.6 aufgeführten Eigenschaften aufweisen und aus folgendem bestehen (Bestimmte Wiederholungen gegenüber den Aufzählungen in Anhang II sind beabsichtigt.):

1. anatomischen Stoffen; Abfällen aus Krankenhäusern oder anderen ärztlichen Einrichtungen;
2. Arzneimitteln, Medikamenten, Tierarzneimitteln;
3. Holzschutzmitteln;
4. Bioziden und Pflanzenschutzmitteln;
5. Lösungsmittelrückständen;
6. halogenierten organischen Stoffen, die nicht als Lösungsmittel dienen, ausgenommen inerte polymerisierte Stoffe;
7. cyanidhaltigen Härtesalzen;
8. Mineralölen und öligen Stoffen (z.B. Bohr-, Schneid- und Schleiföle);
9. Öl/Wasser- oder Kohlenwasserstoff/Wasser-Gemischen, Emulsionen;
10. PCB- und/oder PCT-haltigen Stoffen (z.B. Dielektrika);
11. Teerrückständen aus Raffinations-, Destillations- oder Pyrolysevorgängen (z.B. Bodensätze in Destillationskolben);
12. Druckfarben, Farbstoffen, Pigmenten, Farben, Lacken, Klarlacken;
13. Harzen, Latex, Weichmachern, Klebstoffen;
14. nichtidentifizierten un/oder neuen chemischen Stoffen aus Forschungs-, Entwicklungs- und Ausbildungstätigkeiten, deren Auswirkungen auf den Menschen und/oder die Umwelt nicht bekannt sind (z.B. Laborabfälle);
15. pyrotechnischen Erzeugnissen und sonstigen explosiven Stoffen;
16. Foto- und Entwicklerchemikalien;
17. Material, das durch Kongenere der polychlorierten Dibenzofurane kontaminiert ist;
18. Material, das durch Kongenere der polychlorierten Dibenzoparadioxine kontaminiert ist.

Abfälle, die einen der in Anhang II genannten Bestandteile enthalten und eine der in Tabelle 2.6 genannten Eigenschaften aufweisen sowie aus folgendem bestehen:

19. tierischen oder pflanzlichen Seifen, Fetten, Waschsen;
20. nichthalogenierten organischen Stoffen, die nicht als Lösungsmittel dienen;
21. anorganischen Stoffen ohne Metalle oder Metallverbindungen;
22. Aschen und/oder Schlacken;
23. Erde, Sand oder Ton einschließlich Baggerschlamm;
24. nichtcyanhaltigen Härtesalzen;
25. Metallstaub und -pulver;
26. verbrauchten Katalysatoren;
27. Flüssigkeiten oder Schlamm, die Metalle oder Metallverbindungen enthalten;
28. bei Umweltschutzmaßnahmen anfallenden Abfällen (z.B. Filterstäube) mit Ausnahme von Nummern 29, 30 und 33;
29. Schlämmen aus der Gasreinigung;
30. Schlämmen aus Wasserreinigungsanlagen;
31. Dekarbonationsrückständen;
32. Rückständen aus Ionenaustaschern;
33. unbehandelten oder in der Landwirtschaft nicht verwendbaren Klärschämmen;
34. bei der Reinigung von Tanks und/oder Geräten anfallenden Rückständen;
35. kontaminierten Geräten;
36. kontaminierten Behältern (z.B. Verpackungsmaterial, Gasflaschen usw.), die eine oder mehrere in Anhang II genannte Bestandteile enthalten;
37. Batterien und anderen elektrischen Zellen;
38. pflanzlichen Ölen;
39. bei Getrennt-Sammlungen in Haushalten anfallenden Gegenständen, die eine der in Anhang III genannten Eigenschaften aufweisen;
40. jeden sonstigen Abfall, der einen in Anhang II genannten Bestandteil enthält und eine der in Anhang III genannten Eigenschaften aufweist.

Tabelle 2.5 Bestandteile gefährlicher Abfälle nach EU-Richtlinie 91/689/EWG

Bestimmte Wiederholungen gegenüber den Arten von gefährlichen Abfällen, die in Tabelle 2.4 aufgezählt werden, sind beabsichtigt.	
C1	Beryllium, Berylliumverbindungen;
C2	Vanadiumverbindungen;
C3	Chrom-6-Verbindungen;
C4	Kobaltverbindungen;
C5	Nickelverbindungen;
C6	Kupferverbindungen;
C7	Zinkverbindungen;
C8	Arsen, Arsenverbindungen;
C9	Selen, Selenverbindungen;
C10	Silberverbindungen;
C11	Cadmium, Cadmiumverbindungen;
C12	Zinnverbindungen;
C13	Antimon, Antimonverbindungen;
C14	Tellur, Tellurverbindungen;
C15	Bariumverbindungen mit Ausnahme von Bariumsulfat;
C16	Quecksilber, Quecksilberverbindungen;
C17	Thallium, Thalliumverbindungen;
C18	Blei, Bleiverbindungen;
C19	anorganische Sulfide;
C20	anorganische Verbindungen von Fluor mit Ausnahme von Kalziumfluorid;
C21	anorganische Cyanide;
C22	folgende Alkali- oder Erdalkalimetalle in elementarer Form: Lithium, Natrium, Kalium, Kalzium, Magnesium;
C23	saure Lösungen oder Säuren in fester Form;
C24	basische Lösungen oder Basen in fester Form;
C25	Asbest (Staub, und Fasern);
C26	Phosphor; Phosphorverbindungen mit Ausnahme von phosphatischen Mineralien;
C27	Metallcarbonyle;
C28	Peroxide;
C29	Chlorate;
C30	Perchlorate;
C31	Azide;
C32	PCB und/oder PCT;
C33	Arznei- oder Tierarzneimittel;
C34	Biozide und Pflanzenschutzmittel (z.B. Pestizide);
C35	infektiöse Substanzen;
C36	Kreosote;
C37	Isocyanate, Thiocyanate;
C38	organische Cyanide (z.B. Nitrile);
C39	Phenole, Phenolverbindungen;
C40	halogenierte Lösungsmittel;
C41	organische Lösungsmittel, ausgenommen halogenierte Lösungsmittel;
C42	halogenorganische Verbindungen, ausgenommen inerte polymerisierte Stoffe und sonstige in diesem Anhang aufgeführte Stoffe;
C43	aromatische Verbindungen; polyzyklische und heterozyklische organische Verbindungen;

Bestimmte Wiederholungen gegenüber den Arten von gefährlichen Abfällen, die in Tabelle 2.4 aufgezählt werden, sind beabsichtigt.

C44	aliphatische Amine;
C45	aromatische Amine;
C46	Ether;
C47	explosive Stoffe mit Ausnahme der an anderer Stelle dieses Anhangs aufgeführten Stoffe,
C48	schwefelorganische Verbindungen;
C49	alle Kongenere der polychlorierten Dibenzofurane;
C50	alle Kongenere der polychlorierten Dibenzoparadioxine;
C51	Kohlenwasserstoffe und ihre Sauerstoff-, Stickstoff- und/oder Schwefelverbindungen, die in diesem Anhang nicht eigens genannt sind.

Im einzelnen führt die Richtlinie aus (Artikel 2), daß die Mitgliedsstaaten durch geeignete Maßnahmen ein Vermischen der gefährlichen Abfälle miteinander oder mit nichtgefährlichen Abfällen verhindert wird; es sei denn, es besteht eine Genehmigung nach 75/442/EWG und dies mit dem Ziel geschieht, die Sicherheit der Beseitigung oder Verwertung zu verbessern.

Weiterhin fordert die Richtlinie (Artikel 5) eine ordnungsgemäße Verpackung (s. Abschnitt 1.4) und Kennzeichnung, die Kontrolle hinsichtlich Herkunft und Bestimmung sowie ein Begleitscheinverfahren, insbesondere bei grenzüberschreitender Verbringung nach der Richtlinie 84/631/EWG vom 06.12.1984 (zuletzt geändert durch die Richtlinie 86/279/EWG).

Die Richtlinie sollte bis zum 12.12.1993 in nationales Recht umgesetzt sein; ein Jahr später sollen alle Mitgliedsstaaten der Kommission für jede Anlage oder jedes Unternehmen, die im Auftrag Dritter gefährliche Abfälle beseitigen und/oder verwerten, die Art der Behandlung, Art und Menge der behandelbaren Abfälle mitteilen.

Tabelle 2.6 Gefahrenrelevante Eigenschaften der gefährlichen Abfälle nach EU-Richtlinie 91/689/EWG

H1	«Explosiv»: Stoffe und Zubereitungen, die unter Einwirkung einer Flamme explodieren können oder empfindlicher auf Sröße oder Reibung reagieren als Dinitrobenzol;
H2	«Brandfördernd»: Stoffe und Zubereitungen, die bei Berührung mit anderen, insbesondere brennbaren Stoffen eine stark exotherme Reaktion auslösen;
H3-A	«Leicht entzündbar:» Stoffe und Zubereitungen in flüssiger Form mit einem Flammpunkt von weniger als 21 °C (einschließlich hochentzündbarer Flüssigkeiten) oder Stoffe und Zubereitungen, die sich an der Luft bei normaler Temperatur und ohne Energiezufuhr erwärmen und schließlich entzünden oder feste Stoffe und Zubereitungen, die sich unter Einwirkung einer Zündquelle leicht entzünden und nach Entfernung der Zündquelle weiterbrennen oder unter Normaldruck an der Luft entzündbare gasförmige Stoffe und Zubereitungen oder Stoffe und Zubereitungen, die bei Berührung mit Wasser oder feuchter Luft gefährliche Mengen leicht brennbarer Gase abscheiden;
H3-B	«Entzündbar»: Flüssige Stoffe und Zubereitungen mit einem Flammpunkt von mindestens 21 °C und höchstens 55 °C;
H4	«Reizend»: Nicht ätzende Stoffe und Zubereitungen, die bei unmittelbarer, länger dauernder oder wiederholter Berührung mit der Haut oder den Schleimhäuten eine Entzündungsreaktion hervorrufen können;
H5	«Gesundheitsschädlich»: Stoffe und Zubereitungen, die bei Einatmung, Einnahme oder Hautdurchdringung Gefahren von beschränkter Tragweite hervorrufen können;
H6	«Giftig»: Stoffe und Zubereitungen (einschließlich der hochgiftigen Stoffe und Zubereitungen), die bei Einatmung, Einnahme oder Hautdurchdringung schwere, akute oder chronische Gefahren oder sogar Tod verursachen können;
H7	«Krebserzeugend»: Stoffe und Zubereitungen, die bei Einatmung, Einnahme oder Hautdurchdringung Krebs erzeugen oder dessen Häufigkeit erhöhen können;
H8	«Ätzend»: Stoffe und Zubereitungen, die bei Berührung mit lebenden Geweben zerstörend auf diese einwirken können;
H9	«Infektiös»: Stoffe, die lebensfähige Mikroorganismen oder ihre Toxine enthalten und die im Menschen oder sonstigen Lebewesen erwiesenermaßen oder vermutlich eine Krankheit hervorrufen;
H10	«Teratogen»: Stoffe und Zubereitungen, die bei Einatmung, Einnahme oder Hautdurchdringung nichterbliche angeborene Mißbildungen hervorrufen oder deren Häufigkeit erhöhen können;
H11	«Mutagen»: Stoffe und Zubereitungen, die bei Einatmung, Einnahme oder Hautdurchdringung Erbschäden hervorrufen oder ihre Häufigkeit erhöhen können;
H12	Stoffe und Zubereitungen, die bei der Berührung mit Wasser, Luft oder einer Säure ein giftiges oder sehr giftiges Gas abscheiden;
H13	Stoffe und Zubereitungen, die nach Beseitigung auf irgendeine Art die Entstehung eines anderen Stoffes bewirken können, z.B. ein Auslaugungsprodukt, das eine der obengenannten Eigenschaften aufweist;
H14	«Ökotoxisch»: Stoffe und Zubereitungen, die unmittelbare oder mittelbare Gefahren für einen oder mehrere Umweltbereiche darstellen können.

2.1.2 Bundes-Immissionsschutz-Gesetz (BImSchG)

Das BImSchG (Gesetz zum Schutz vor schädlichen Umwelteinwirkungen durch Luftverunreinigungen, Geräusche, Erschütterungen und ähnliche Vorgänge) ist eigentlich inzwischen zum Produktionserlaubnisgesetz avanciert: Zweck des Gesetzes (§ 1) ist es, Menschen, Tiere und Pflanzen, Boden, Wasser, die Athmosphäre sowie Kultur- und sonstige Sachgüter vor schädlichen Umwelteinwirkungen und, soweit es sich um genehmigungsbedürftige Anlagen handelt, auch vor Gefahren, erheblichen Nachteilen und erheblichen Belästigungen ... zu schützen und dem Entstehen schädlicher Umwelteinwirkungen vorzubeugen. Schädliche Umwelteinwirkungen im Sinne des Gesetzes sind Immissionen (also objektbezogene Belange), die nach Art, Ausmaß oder Dauer geeignet sind, Gefahren, erhebliche Nachteile oder erhebliche Belästigungen für die Allgemeinheit herbeizuführen. 1974 trat das Gesetz zum ersten Mal in Kraft. Es ist heute in der geänderten Fassung von 1990 gültig.

Der Realisierung dieser umweltpolitischen Ziele dienen die folgenden drei Prinzipien als Grundlage:

1. Vorsorgeprinzip: Schäden (Umweltbelastungen) sind durch vorbeugende Maßnahmen zu vermeiden.
2. Verursacherprinzip: Umweltbelastungen hat der Verursacher kosteninternalisiert zu vermindern.
3. Kooperationsprinzip: Alle Betroffenen (Staat, Wirtschaft, Wissenschaft) sollen nach ihrem Vermögen dazu beitragen.

Die 4. BImSchV (Durchführungsverordnung zum BImSchG) enthält die Auflistung (rund 100) der Anlagengruppen, bei denen eine Genehmigung erforderlich ist. Leistungsgrenzen in Abhängigkeit der Anlagengrößen sind dort genannt. Im Falle von Anlagen, in denen leichtflüchtige Halogenkohlenwasserstoffe eingesetzt werden und die nicht der 4. BImSchV unterliegen, greift die 2. BImSchV, die im Untertitel heißt: Verordnung zur Emissionsbegrenzung von leichtflüchtigen Halogenkohlenwasserstoffen vom 10.12.1990 (BGBl. I S. 2694 f.).

Die 9. BImSchV enthält die Vorgehensweise, wie das Genehmigungsverfahren abläuft. Zur Ausführung der BImSchG-Anforderungen sind bisher 20 Rechtsverordnungen (BImSchV) und fünf allgemeine Verwaltungsvorschriften (BImSchVwV) erlassen worden oder in Vorbereitung. Hinzu kommen noch Verwaltungsvorschriften, die auf der Grundlage einzelner BImSchV basieren.

Das BImSchG verfolgt die Emissionsbegrenzung eher strategisch über Maßnahmen zum

- □ anlagenbezogenen (genehmigungs- und nichtgenehmigungsbedürftigen) Immissionsschutz,
- □ produktbezogenen Immissionsschutz,
- □ gebietsbezogenen Immissionsschutz.

Im Sinne des hier betrachteten Abfalls ist vor allem § 5 relevant; dort sind die Pflichten der Betreiber genannt und insbesondere Satz 3 Absatz 1 enthält die Formulierung:

Genehmigungsbedürftige Anlagen sind so zu betreiben, daß Reststoffe vermieden werden, es sei denn, sie werden ordnungsgemäß und schadlos verwertet oder, soweit Ver-

meidung und Verwertung technisch nicht möglich oder unzumutbar sind, als Abfälle ohne Beeinträchtigung des Wohls der Allgemeinheit beseitigt.

In § 6 wird die Erteilung der Genehmigung davon abhängig gemacht, daß die Pflichten aus § 5 sicher erfüllt werden. Damit ist von vornherein für neue, genehmigungsbedürftige Anlagen neben dem Gefahrenschutz (Satz 1 Absatz 1) und dem Vorsorgegebot (Satz 2 Absatz 1) die Vermeidung von Reststoffen als hohes Gebot (neben dem Abwärmenutzunsgebot) festgeschrieben (s. Bild 2.3). Der Reststoffbegriff umfaßt im übrigen alle Stoffe (mit Ausnahme von Abgas), die in der betreffenden Anlage neben den Produkten anfallen (vgl. dazu das Abfallgesetz in Abschnitt 2.1.3; [2.4]).

Für nichtgenehmigungsbedürftige Anlagen gilt § 22 Abs. 1, in dem gefordert wird, daß nach dem Stand der Technik schädliche Umwelteinwirkungen verhindert werden, wenn sie vermeidbar sind, unvermeidbare auf ein Mindestmaß beschränkt werden und die entstehenden Abfälle ordnungsgemäß beseitigt werden können (Bild 2.3).

Abgesehen von der Tatsache, daß eine Genehmigung für die Errichtung und den Betrieb einer Anlage nur erteilt werden kann, wenn die Reststofffrage geklärt ist, ergeben sich im Detail noch viele offene Fragen für Antragsteller und Genehmigungsbehörden (vgl. Bild 2.3):

- Eine Vermeidung von Reststoffen um ihrer selbst willen und ohne Rücksicht auf ihre Umweltverträglichkeit läßt § 5 nicht zu. Beispielsweise reichern sich durch Kreisläufe häufig produktionsunverträgliche Stoffe an, so daß insgesamt größere Reststoffmengen entstehen können als ohne Vermeidungsmaßnahmen. Dann kann auf Verwertung des Rückstandes geprüft werden.
- Eine Verwertung setzt aber voraus, daß ein Abnehmer für die Reststoffe vorhanden und die Verwertung wirtschaftlich zumutbar ist (z.B., wenn erhebliche Änderungen an der Produktionsanlage notwendig sind oder Zuzahlungen verlangt werden; man spricht in Fachkreisen vom Doppelten der Entsorgungskosten). Kommt eine Verwertung aber nicht in Betracht, muß der Komplex Vermeidung nochmals eingehender geprüft werden.
- Erst wenn hier ein negatives Resultat ermittelt wurde, darf auf Beseitigen optiert werden. Bei Massenabfällen, wie beispielsweise bei Rückständen aus Feuerungsanlagen, steht hier aber das Wohl der Allgemeinheit entgegen, da sie den knappen Deponieraum einschränken; ergo muß wieder auf Verwertung geprüft werden (Bild 2.3).

Um den Genehmigungsbehörden Hilfestellung zu geben, hat der Länderausschuß für Immissionsschutz (LAI) einen Entwurf einer Verwaltungsvorschrift zur Vermeidung, Verwertung und Beseitigung nach § 5 Abs. 1 Nr. 3 BImSchG gebilligt und den Ländern zur Umsetzung empfohlen. Dieser Entwurf enthält einige interessante Definitionen, von denen der Reststoff- und Verwertungsbegriff hier wiedergegeben werden.

Reststoffe sind alle Stoffe, die bei der Energieumwandlung oder bei der Herstellung, Bearbeitung oder Verarbeitung von Stoffen anfallen, ohne daß der Zweck des Anlagenbetriebes darauf gerichtet ist. Zu den Reststoffen gehören auch Betriebsabwässer.

Liegt eine Voraussetzung für die Zulässigkeit einer Verwertung nicht vor und kommt die dann grundsätzlich vorrangige Vermeidung nicht in Betracht, dürfen die Reststoffe zum Zweck ihrer Beseitigung als Abfall dem Anwendungsbereich anderer Gesetze nur unterstellt werden, wenn dadurch dem Gemeinwohl keine unvereinbaren Nachteile entstehen.

Verwertung von Reststoffen erfolgt, wenn sie außerhalb der genehmigungsbedürftigen Anlage, in der sie anfallen (ggf. nach einer Behandlung), genutzt werden. Eine Verwertung in diesem Sinne liegt nicht vor, wenn die stoffliche oder energetische Nutzung lediglich nachgeordneter Zweck eines hauptsächlich auf Entledigung gerichteten Vorganges ist.

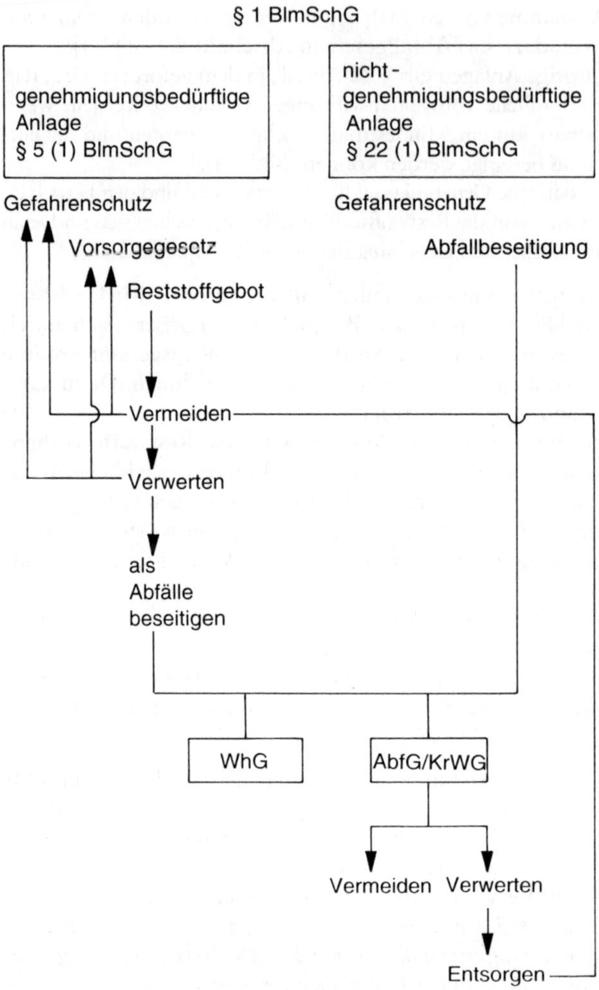

Bild 2.3
Hierarchie der Reststoffproblematik im BImSchG im Zusammenspiel mit dem WHG und dem AbfG

Der Abfallbegriff in diesem Zusammenhang ist unabhängig von dem des Abfallgesetzes zu verstehen. Insbesondere das «Wohl der Allgemeinheit» stellt im Sinne des BImSchG einen Maßstab für die Beurteilung der Umweltverträglichkeit dar, während er im Abfallgesetz als Beurteilungsmaßstab für den Beseitigungsvorgang als solcher dient. Satz 5.3 des Entwurfes kommt zu dem Schluß, ... *soweit die Reststoffe weder verwertet noch vermieden werden können und auch das Wohl der Allgemeinheit ihrer Beseitigung entgegensteht, hat die zuständige Behörde die beantragte Genehmigung wegen der Nichterfüllung der Genehmigungsvoraussetzungen ...* zu versagen.

2.1.3 Abfallgesetze des Bundes und der Länder

Am 11.06.1972 trat das Gesetz über die Beseitigung von Abfällen (Abfallbeseitigungsgesetz – AbfG; BGBl. I S. 873) vom 07.06.1972 in Kraft. Es stand damals (wie heute, s. BImSchG) nicht allein, so sind und waren wichtige Aspekte im Altölgesetz (inzwischen außer Kraft gesetzt), im Atomrecht (radioaktive Abfälle), im Tierkörperbeseitigungs- und im Wasserrecht geregelt. Bis zur 4. Novelle war das Abfallbeseitigungsgesetz in erster Linie ein Organisations- und Planungsgesetz für die Durchführung der Abfallbeseitigung. Es behandelte die Maßnahmen für eine schadlose und ordnungsgemäße Abfallbeseitigung und stellte dabei auf

- □ Planung und Organisation sowie
- □ behördliche Kontrolle

ab. Dem Landesrecht blieben weitere Einzelregelungen überlassen und insbesondere die Vollzugsvorschriften.

Auf Initiative des Bundesrates wurden im ersten Änderungsgesetz vom 26.06.1976 (BGBl. I S. 1601) die Kontrollen der Abfalltransporte und der Abfallanlagen verschärft und insbesondere der Bereich der besonders überwachungsbedürftigen Abfälle einer verstärkten Kontrolle unterworfen. Es trat am 01.01.1977 in Kraft.

Am 01.04.1982 trat bereits das 2. Änderungsgesetz in Kraft (vom 10.03.1982; BGBl. I S. 281), in dem die Kontrollen zum Teil wieder gelockert wurden und die Klärschlammverwertung einbezogen wurde.

Schließlich machten die Abfälle aus Seveso eine umfassende Überwachung aller grenzüberschreitenden Beseitigungsvorgänge notwendig. Weiterhin sollten auch gefährliche Reststoffe erfaßt werden (vgl. Abschnitt 2.1.1): Das 3. Änderungsgesetz war fällig am 31.01.1985 (BGBl. I S. 204) und gültig ab 01.06.1985.

Verfahrensrechtliche Passagen im Abfallrecht fielen danach dem 1. Gesetz zur Bereinigung des Verwaltungsverfahrensrechtes vom 18.02.1986 (BGBl. I S. 265) zum Opfer.

Das 4. Änderungsgesetz mit den bis dato gravierendsten Änderungen wurde am 27.08.1986 verkündet (BGBl. I S. 1410); es trat am 01.11.1986 in Kraft. Erstmalig war darin der Versuch unternommen worden, die Abfallwirtschaft gesetzlich zu verankern: Vermeiden und Vermindern von Abfällen traten vor die Beseitigung, die im weiteren als Entsorgung bezeichnet wird. Das vielzitierte Abfalldreieck (Bild 2.4) wurde in dieser Zeit entwickelt. Bedeutung hatte es jedoch praktisch keine erlangt, weil seine Begriffe der wirtschaftlichen Zumutbarkeit in bestehenden Anlagen selten nachzuweisen sind.

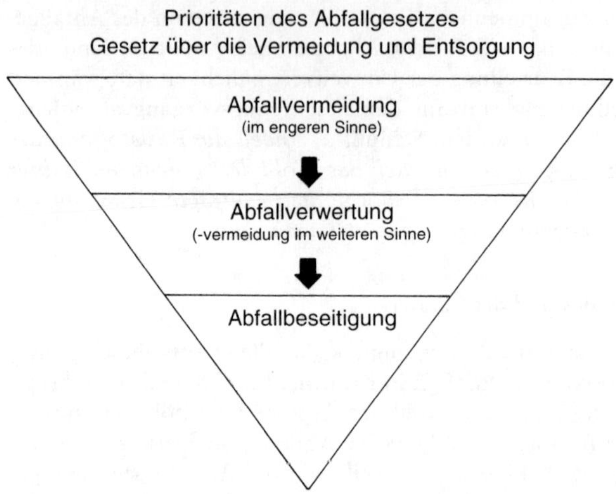

Bild 2.4 Abfall-Dreieck

Die 5. Novelle zum Abfallgesetz: Gesetz zur Vermeidung, Verwertung und Beseitigung von Abfällen wurde am 27.09.1994 im Bundesgesetzblatt (BGBl. I S. 2705—2728 vom 06.10.1994) veröffentlicht; sie widmet sich verstärkt der Kreislaufwirtschaft. Die Betriebe mit Abfällen über 2000 t/a werden künftig gezwungen, Stoffflüsse im Unternehmen zu bilanzieren. Wesentliche Teile des Gesetzes werden jedoch erst zwei Jahre nach Verkündung in Kraft treten.

Ziel des Gesetzes ist es, die Abfallvermeidung bereits durch die Produktgestaltung voranzutreiben. Den Produzenten wird damit neben den Haftungsanforderungen (und den Qualitätsansprüchen am Markt) Produktverantwortung mitgegeben, die teilweise die unternehmerische Produktionsfreiheit einschränkt. Die Einsprüche der Industrievertreter gegen den Gesetzentwurf waren heftig, weshalb das Gesetz lange in der Bearbeitung war.

2.1.3.1 Grundzüge des Gesetzes über die Vermeidung und Entsorgung von Abfällen (AbfG, 1986)

Der Begriff Abfall war bereits eingangs (Abschnitt 1.1) definiert und nach subjektiven und objektiven Kriterien unterschieden worden. Die abfallwirtschaftliche Zielhierarchie in der 4. Novelle lautete:
Abfälle sind nach Maßgabe des Gesetzes zu vermeiden (§ 1a Abs. 1), nicht vermeidbare Abfälle sind zu verwerten (§ 1a Abs. 2), und nicht verwertbare Abfälle sind so zu entsorgen, daß das Wohl der Allgemeinheit nicht beeinträchtigt wird (§ 2 Abs. 1).

§ 1a Abs. 1 dokumentiert das vorrangige Ziel der Abfallvermeidung. Die Pflichten daraus werden im Abfallrecht aber nicht geregelt. § 14 enthält hierzu Ermächtigungen, die den Erlaß von Rechtsverordnungen zur Abfallvermeidung und -verminderung ermöglichen. Das Abfallvermeidungsgebot wird im Gesetz in unterschiedlicher Weise ausgesprochen, das gleiche gilt auch für das Abfallverwertungsgebot (s. Bild 2.5) jeweils über § 14 AbfG. Allerdings sind viele Verordnungen nach § 14 (s. Abschnitt 2.2.7) im Gesetzgebungsverfahren steckengeblieben.

§ 1 enthält weiterhin die in Abschnitt 1.1 bereits diskutierten Begriffe, den Geltungsbereich des Gesetzes und die Abgrenzung zu den Wirtschaftsgütern.

Im Zusammenhang mit den industriellen Rückständen sind die sogenannten Sonderabfälle wichtig, die aber im Gesetzestext so gar nicht bezeichnet sind. SUTTER (1990, [2.5) hat einmal grafisch dargelegt, wie die im allgemeinen als Sonderabfälle (nach § 3 Abs. 3) titulierten Abfälle, die von einer Entsorgung durch die kommunale Gebietskörperschaft aufgrund von Art und Menge ausgeschlossen sind, sich von den besonders überwachungsbedürftigen Abfällen nach § 2 Abs. 2 abgrenzen (Bild 2.6). In Abschnitt 2.2.1 sind hierzu Hinweise auf einzelne Abfallstoffe gegeben.

Wie im vorigen Abschnitt angedeutet, ist ein entstandener Abfall zunächst der entsorgungspflichtigen Gebietskörperschaft zur Entsorgung zu überlassen (Überlassungspflicht, § 3). Die genannten Sonderabfälle bleiben jedoch in der Verantwortung des Abfallproduzenten/-besitzers, der sich Dritter bedienen kann: Im Bereich der Sonderabfallentsorgung gibt es hierfür Sonderabfallentsorgungsgesellschaften, die teilweise unter Beteiligung der öffentlichen Hand betrieben werden. Die von den einzelnen Bundesländern gewählten Organisationsformen sind unterschiedlich. In einigen Ländern bestehen privatrechtliche Entsorgungsgesellschaften auf Landesebene; in Bayern ist darüber hinaus ein verbindlicher Abfallentsorgungsplan erlassen worden, der dazu verpflichtet, die Anlagen der Gesellschaft zu benutzen. In solchen Fällen existiert für bestimmte Abfälle sogar eine Andienungspflicht.

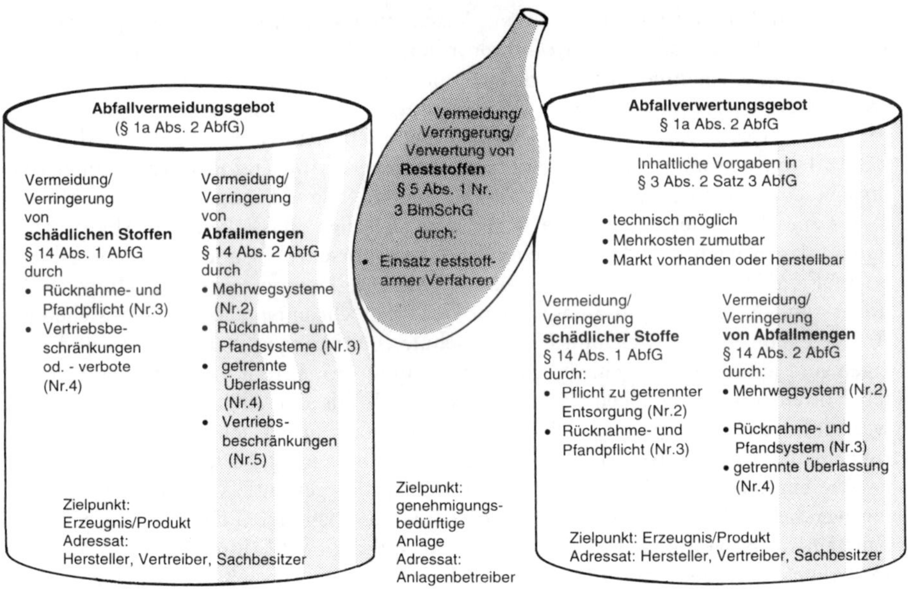

Bild 2.5 Abfallvermeidungs- und Abfallverwertungsgebot

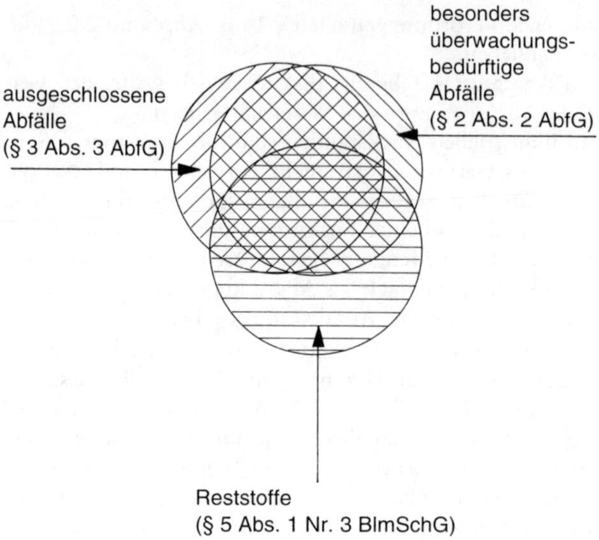

Bild 2.6
Verhältnis der Begriffe Sonderabfall – besonders überwachungsbedürftiger Abfall und Reststoffe zueinander

Besondere Stellung im Abfallrecht haben Massenprodukte mit jeweils ähnlicher Zusammensetzung: § 2 Abs. 3 dehnt den Geltungsbereich des Gesetzes partiell auf solche Reststoffe aus wie: § 5 Autowracks, die in der Regel kein Abfall sind; § 5a und b Altöl, unabhängig davon, ob es Abfall oder Wirtschaftsgut darstellt; § 15 Klärschlamm und Fäkalien.

Das Abfallgesetz fordert, daß Abfälle nur in abfallrechtlich zugelassenen Anlagen (§ 4) behandelt und entsorgt werden. Ausnahmen von dieser Regelung können im Einzelfall (Abs. 2) oder durch Rechtsverordnung (Pflanzen-Abfall-Verordnung) erfolgen. Weitere Ausnahme: Altöl darf auch energetisch in BImSchG-genehmigten Anlagen verwertet werden. Detaillierte Anforderungen an den technischen (und organisatorischen) Ablauf enthält die TA Abfall (Technische Anleitung Abfall, s. Abschnitt 2.3.2). Die Zulassung der Abfallentsorgungsanlagen erfolgt i.d.R. durch Planfeststellungsbeschluß nach § 7 Abs. 1 oder durch Genehmigung (Abs. 2).

Bis zum Erlaß des neuen Gesetzes richtete sich die Zulässigkeit von Abfallentsorgungsanlagen nach den damals geltenden Rechtsvorschriften anderer Rechtsgebiete. So mußten Deponien dem Wasser- und Baurecht, Kompostierungs-, Müllverbrennungs- und Neutralisationsanlagen dem Gewerberecht entsprechen; die bestehenden Anlagen genießen insoweit nun Bestandsschutz (Befristungen, Bedingungen und Auflagen sind jedoch auch nachträglich nach § 9 möglich). Sofern nicht mit den genannten Mitteln erhebliche Beeinträchtigungen des Wohls der Allgemeinheit verhindert werden können, kommen auch Betriebsuntersagungen in Betracht. Sind jedoch Änderungen an der Anlage beabsichtigt, ist eine Zulassung nach § 7 erforderlich.

Wie bereits im EU-Recht gefordert, unterliegt das gesamte Abfallsystem einer intensiven behördlichen Überwachung (sofern sich die Beteiligten daran halten wollen): Zum einen sind von Bedeutung § 11 (Nachweispflicht), § 12 (Einsammlungs- und Beförderungsgenehmigung) und § 13 (Einfuhr- und Ausfuhrgenehmigung). Grenzüberschreitend darf Abfall nur nach dem Grundsatz der schadlosen Entsorgung unter Beachtung des Wohls der Allgemeinheit entsorgt werden (§ 2 Abs. 1).

Schließlich muß noch der Betriebsbeauftragte für Abfall erwähnt werden (s. auch Abschnitt 2.2.4): Er ist zu bestellen (§ 11a) vom Betreiber ortsfester Abfallentsorgungsanlagen oder vom Betreiber von Anlagen, in denen regelmäßig besonders überwachungsbedürftige Abfälle anfallen, oder nach Anordnung der zuständigen Behörde. Seine Rechte und Pflichten sind (§ 11b):

1. den Weg der Abfälle von ihrer Entstehung oder Anlieferung bis zu ihrer Entsorgung zu überwachen,
2. die Einhaltung der für die Entsorgung von Abfällen geltenden Gesetze und Rechtsverordnungen sowie der aufgrund dieser Vorschriften erlassenen Anordnungen, Bedingungen und Auflagen zu überwachen, insbesondere durch Kontrolle der Betriebsstätte in regelmäßigen Abständen, Mitteilung festgestellter Mängel und Vorschläge über Maßnahmen zur Beseitigung dieser Mängel,
3. die Betriebsangehörigen über schädliche Umwelteinwirkungen aufzuklären, die von Abfällen ausgehen können, ..., sowie über Einrichtungen und Maßnahmen zu ihrer Verhinderung unter Berücksichtigung der für die Entsorgung von Abfällen geltenden Gesetze und Rechtsverordnungen,
4. in Betrieben mit besonders überwachungsbedürftigen Abfällen auf die Entwicklung und Einführung umweltfreundlicher Verfahren zur Reduzierung der Abfälle, auf die ordnungsgemäße und schadlose Verwertung der im Betrieb entstehenden Reststoffe oder, soweit dies technisch nicht möglich oder unzumutbar ist, auf die ordnungsgemäße Entsorgung dieser Reststoffe als Abfälle hinzuwirken;
5. bei Abfallentsorgungsanlagen auf Verbesserungen des Verfahrens der Abfallentsorgung einschließlich einer Verwertung von Abfällen hinzuwirken; dazu hat er einen jährlichen Bericht dem Betreiber der Anlage zu erstellen. Weiterhin führt das Gesetz aus, daß der Betriebsbeauftragte
6. zu Investitionsentscheidungen, die für die Abfallentsorgung bedeutsam sein können, seine Stellungnahme abgeben können muß (§ 11d),
7. seine Vorschläge und Bedenken unmittelbar der entscheidenden Stelle des Unternehmens vortragen kann (§ 11e),
8. durch seine Tätigkeit keine Nachteile erleiden darf (§ 11f).

Der Betreiber hat den Betriebsbeauftragten, der Sachkunde haben und zuverlässig sein muß, schriftlich zu bestellen und dies der zuständigen Behörde anzuzeigen. Er hat ihn bei der Erfüllung seiner Aufgaben zu unterstützen (Räume, Einrichtungen, Mittel und Personal).

2.1.3.2 Resümee aus dem aktuellen Abfallgesetz

Abfallentsorgung ist abfallwirtschaftlich geprägt und umfaßt Verwertung und Ablagerung. Stoffliche und thermische Verwertung haben im Gesetz den gleichen Rang, nachgelieferte Interpretationen weichen davon allerdings ab. Die Verwertung zielt darauf ab, Stoffe und Energie dem Wirtschaftskreislauf wieder zuzuführen.

Wie bereits an verschiedenen Stellen angedeutet, kommt in der 4. Novelle des Abfallgesetzes der wirtschaftliche Aspekt zu wenig heraus und insbesondere «schwarze Schafe» der Branche sind nach wie vor in der Lage, am Gesetz vorbei Abfälle quasi zum Nulltarif in andere Länder als Wirtschaftsgut zu verbringen.

2.1.3.3 Kreislaufwirtschaftsgesetz (KrWG 1994)

Ziel der 5. Novelle ist eine ganzheitliche Lösung des Abfallproblems. In mehreren Entwürfen seit Mai 1992 wurde eine 5. Novelle, mit dem Titel Kreislaufwirtschafts- und Abfallgesetz (KWAbfG), diskutiert, das mehr Transparenz durch die Offenlegung von Stoffbilanzen bringen sollte: Ziel der Entwürfe war es, die Abfallvermeidung bereits durch die Produktgestaltung voranzutreiben, die stoffliche vor die thermische Verwertung zu priorisieren, die Grauzonen der Entsorgung zu erhellen und den Produzenten neben den Haftungsanforderungen (und den Qualitätsansprüchen des Marktes) die Verantwortung für die unerwünschten Begleitprodukte bei der Produktion bzw. die Produkte nach ihrer Verwendung mitzugeben. Die Einsprüche der Industrievertreter gegen den Gesetzentwurf waren heftig, weshalb der Entwurf wieder in die Bearbeitung gegangen ist.

Nachdem der Bundestag am 15. April 1994 den Entwurf eines Gesetzes zur Vermeidung von Rückständen, Verwertung von Sekundärrohstoffen und Entsorgung von Abfällen verabschiedet hatte, der durch den Bundesrat am 19. Mai abgelehnt wurde, schaffte der Vermittlungsausschuß noch in der 12. Legislaturperiode einen Vorschlag, dem der Bundesrat am 08. Juli 1994 zustimmen konnte (siehe Eckpfeiler des KrWG).

- □ Gegenüber der Bundestagsfassung wurde das Gesetz dabei noch im Sinne der EG-Rahmenrichtlinie Abfälle verschärft. Die künftige Abfallvermeidung erhält absolute Priorität: Die Industrie muß Kreisläufe einrichten, um beispielsweise Lösemittelabfälle u. dgl. zu vermeiden.
- □ Verschärft wurde auch die abfallrechtliche Behandlung der Abfälle zur Verwertung. Ursprünglich sollte der Zugriff des Gesetzes bei der Verwertung von Reststoffen außerhalb ihres Anfallortes auf Fälle beschränkt werden, in denen eine Rechtsverordnung vorliegt, nun sind alle Abfälle zur Verwertung – außer bei der internen Verwertung, die der Abfallvermeidung zuzurechnen ist – dem Gesetz unterworfen.
- □ Schließlich wurde die Produktverantwortlichkeit der Hersteller festgeschrieben: Erzeugnisse sind so zu gestalten, daß sie umweltverträglich verwertet oder beseitigt werden können.

Die bisher verwendeten Terminologien im Abfallrecht haben ebenfalls neue Inhalte erhalten:

anstelle	**jetzt**
Rückstände	Abfälle (gemäß EU)
Sekundärrohstoffe	Abfälle zur Verwertung
Abfälle nach dem subjektiven Abfallbegriff, sogenannte «gemeine Abfälle»	Abfälle zur Beseitigung

Eckpfeiler

Die wesentlichen Teile des Gesetzes treten am 27.09.1996 in Kraft. Die Vorschriften, die zum Erlaß von Verordnungen ermächtigen oder solche in anderen Gesetzen ändern, treten am Tage nach der Verkündung in Kraft (28.09.1994).

Es geht beim Kreislaufwirtschaftsgesetz in erster Linie um die Umsetzung des Verursacherprinzips: Verantwortlich für die Vermeidung, Verwertung und umweltverträgliche Beseitigung der anfallenden Abfälle ist, wer Güter produziert, vermarktet oder konsumiert.

Wirtschaft und private Verbraucher sollen durch das Gesetz mehr als bisher gezwungen werden, Stoffkreisläufe einzurichten. Das Gesetz schafft einen neuen, vorsorgeorientierten Abfallbegriff. Der Begriff steht nun in Übereinstimmung mit der EG-Richtlinie über die Verbringung von Abfällen.

Abfälle sind nach wie vor bewegliche Sachen, die jedoch unter die in Anhang I (zum Gesetz) aufgeführten Gruppen fallen und deren sich ihr Besitzer entledigt, entledigen will oder entledigen muß. Die Abfälle werden spezifiziert in Abfälle, die verwertet werden (Abfälle zur Verwertung) und Abfälle, die nicht verwertet werden (= Abfälle zur Beseitigung).

Eine **Entledigung** liegt vor, wenn der Besitzer die bewegliche Sache

- □ einer Verwertung im Sinne des Anhanges II B (zum Gesetz),
- □ einer Beseitigung im Sinne des Anhanges II A (zum Gesetz)

zuführt oder

- □ die tatsächliche Sachherrschaft über sie ohne Zweckbestimmung

aufgibt.

Der Wille zur Entledigung wird unterstellt, wenn bewegliche Sachen ohne Absicht anfallen (= Nebenprodukte) oder wenn der ursprüngliche Verwendungszweck entfällt, ohne daß eine neue Verwendung erkennbar ist (Altkleider für die Sammlung sind somit nicht entledigt). Unter Berücksichtigung der Verkehrsanschauung (?) soll die Beurteilung der Zweckbestimmung des Erzeugers bzw. Besitzers beachtet werden.

Abfälle müssen vorrangig vermieden werden – insbesondere durch die Kreislaufführung von Einsatzstoffen bei der Produktion und Entwicklung und Herstellung abfallarmer und langlebiger Produkte.

Zentrales Element der abfallarmen Gestaltung und Herstellung von Produkten ist die Verpflichtung des Produzenten zur Produktverantwortung. Produkte sollen so konstruiert, hergestellt und vertrieben werden, daß

- □ bei ihrer Produktion und
- □ bei ihrem Gebrauch

Abfälle vermieden oder verwertet und daß

- □ nach ihrem Gebrauch

Abfälle verwertet oder umweltverträglich beseitigt werden können.

D.h., die Entwicklung mehrfach verwendbarer, technisch langlebiger und reparaturfreundlicher Produkte unter Verzicht auf kritische Stoffe steht im Vordergrund.

Rechtsverordnungen – wie bereits zum Thema Elektronikschrott, zu Altautos und zu Altpapier vorbereitet – werden die Produktverantwortung dort erzwingen, wo sie nicht auf Basis freiwilliger Vereinbarungen von den Produktverantwortlichen übernommen wird.

Die Produktverantwortung ist aber nicht für alle Produkte pauschal formuliert. Ist die Vermeidung nicht möglich, sind Abfälle stofflich oder energetisch zu verwerten. Die stoffliche und energetische Verwertung sind gleichrangig. Vorrang hat das ökologisch bessere Verfahren. Die Bundesregierung kann die umweltverträgliche Verwertungsart für einzelne Abfallarten durch Rechtsverordnungen bestimmen. Soweit eine Verordnung nicht vorliegt, können Abfälle energetisch oder stofflich verwertet werden.

Die energetische Verwertung ist insbesondere dann zulässig, wenn die Abfälle einen Heizwert über 11 000 kJ/kg haben, die Verwertungsanlage einen Feuerungswirkungsgrad von 75% erzielt und die gewonnene Wärme genutzt wird (d.h. nichts anderes als eine Kraft-Wärme-Kopplung).

Damit kann eine thermische Abfallbehandlungsanlage, die lediglich der Beseitigung von Abfällen oder der Volumenreduzierung dient, nicht zur energetischen Verwertungsanlage umdeklariert werden. Ist auch die Verwertung nicht möglich, sind Abfälle umweltverträglich zu beseitigen.

Durch die Kopplung zur 17. BImSchV und den Verwaltungsvorschriften TA Abfall und Siedlungsabfall will das Gesetz den höchstmöglichen Sicherheitsstandard für die Behandlung und Deponierung sicherstellen.

- □ Zur Förderung der Kreislaufwirtschaft sind Stoffbilanzen und Kreislaufplansysteme aufzustellen, die die Maßnahmen zur Vermeidung und Verwertung von Sekundärrohstoffen enthalten.
- □ Die Zulassung von Sortier- und Verwertungsanlagen für Sekundärrohstoffe erfolgt nach dem BImSchG.
- □ Die Genehmigungsverfahren werden vereinfacht.
- □ Beratungspflichten für Erzeuger von Sekundärrohstoffen werden eingeführt.

Insbesondere der zweite und dritte Teil des Gesetzes ist für die Unternehmen von Belang: Die Grundpflichten zur Vermeidung und Verwertung bleiben nach dem Verursacherprinzip den Erzeugern oder Besitzern zugeordnet, die jedoch ihre Stoffe bilanzieren müssen und sich noch einzurichtender Selbstverwaltungskörperschaften und Verbänden anschließen können, die leistungsfähiger sind, was die Verwertung betrifft. Über die Produktverantwortung (von der Wiege bis zur Bahre) bis hin zu Rücknahme- und Rückgabeverpflichtungen sollen Verbote oder Beschränkungen überflüssig gemacht werden. Der Betriebsbeauftragte wird schließlich dann nicht mehr für Abfall, sondern für Rückstände bestellt.

2.1.3.4 Landesabfallgesetze

Abfallbeseitigung war bis zum Jahr 1972 nahezu ausschließlich Aufgabe der Kommunen. Hierzu gab es kommunale Satzungen (vgl. Abschnitt 2.4) und beispielsweise Polizeiverordnungen (z.B. die Gesundheitsverordnung des Großherzogtums Baden aus dem Jahr 1908 [2.3]).

Einige Bundesländer (Hamburg 1971; Hessen 1971; Baden-Württemberg 1971; Rheinland-Pfalz 1972) haben derartige örtliche Regelungen durch landesweit gültige Gesetze ersetzt. Die Landesabfallgesetze dienten in erster Linie der geordneten Beseitigung von Abfällen, der Zulassung von Abfallbeseitigungsanlagen und der Bestimmung der Träger.

Mit dem 30. Gesetz zur Änderung des Grundgesetzes (vom 12.04.1972, BGBl. I S. 593) wurde Nr. 24 in Artikel 74 eingeführt, die dem Bund die Gesetzgebungskompetenz für den Bereich der Abfallentsorgung verlieh. Hierdurch ist eine konkurrierende Gesetzgebung entstanden. Die Länder behalten die Befugnis zur Gesetzgebung, solange der Bund von seinem Gesetzgebungsrecht keinen Gebrauch macht.

Insofern regeln die Landesabfallgesetze den landesrechtlichen Handlungsspielraum, den das Abfallgesetz offenläßt (Tabelle 2.7). Sie gehen aber auch über das gültige Abfallgesetz hinaus, wenn dem jeweiligen Bundesland verschärfte Regelungen wichtig erscheinen: So regelt beispielsweise das Abfallgesetz in § 1a die Vermeidung und Verwertung unter bestimmten Voraussetzungen, das L-AbfG-Baden-Württemberg verlangt von jedermann, daß er Abfälle zu vermeiden, zu verwerten und den Schadstoffgehalt in Abfällen geringzuhalten hat. Ähnlich verhält es sich mit dem Lizenzmodell zur Regelung und Organisation der Sonderabfallentsorgung im L-AbfG-Nordrhein-Westfalen.

Tabelle 2.7 Bestimmung der Abfallentsorgung

Bestimmung der öffentlich-rechtlichen Gebietskörperschaften, die Träger der Abfallentsorgung sind (§ 3 Abs. 2 AbfG),
Vorgaben für kommunales Satzungsrecht im Hinblick auf Aufgabenübertragung und Gebührenerhebung,
Ausführungsbestimmungen im Hinblick auf Begriff, Organisation und Finanzierung der Sonderabfallentsorgung (§ 3 Abs. 3 und 4 AbfG),
Ausführungsbestimmungen zur Entsorgung von Abfällen außerhalb von Abfallentsorgungsanlagen (§ 4 Abs. 4 AbfG),
Regelung über die Aufstellung, Inhalte und Verbindlichkeit von Abfallentsorgungsplänen (§ 6 AbfG),
Regelungen über das Verwaltungsverfahren der Planfeststellung sowie den Inhalt und Umfang der abfallrechtlichen Genehmigung, ferner die Bestimmung der zuständigen Verwaltungsbehörden (§§ 7, 19 AbfG),
die Überwachung von bestehenden Abfallentsorgungsanlagen und Altanlagen (§ 11 Abs. 1, 2 und 4 AbfG),
Bestimmungen über Fragen des Abfallexports innerhalb der Bundesrepublik Deutschland (§ 13 Abs. 1 AbfG; und beispielsweise 1a des Hessischen Abfallrechts vom 26.02.1991 – GVBl. I S. 106)
Regelungen zum Aufbringen von Abwässern und ähnlichen Stoffen auf landwirtschaftlich genutzten Böden (§ 15 Abs. 3 AbfG),
Formulierung von Fördermaßnahmen (wie z.B. in Art. 23 bis 25 des Bayerischen Abfallrechts vom 27.02.1991 – GVBl. S. 64)

Infolge der oben genannten konkurrierenden Gesetzgebung gibt es also durchaus Unterschiede in den abfallrelevanten Vorschriften in den einzelnen Bundesländern (Tabelle 2.8 faßt die wichtigsten zusammen). Hier bekommt die LAGA (Länderarbeitsgemeinschaft Abfall) Koordinierungsbedeutung: Sie ist seit 1963 zusammengekommen (Vertreter der obersten Landesbehörden) und erarbeitet in verschiedenen Ausschüssen abfallrechtliche und abfalltechnische Fragestellungen.

Tabelle 2.8 Landesabfallgesetze im Überblick (Stand Dez. 1983)

Baden-Württemberg (BW)	Gesetz über die Vermeidung und Entsorgung von Abfällen und die Behandlung von Altlasten in Baden-Württemberg (Landesabfallgesetz LAbfG) vom 08.01.1990 (GBI. S. 1), zuletzt geändert durch Gesetz vom 12.12.1991 (GBI S. 860)
	Landesabfallabgabengesetz (LAbfAG) vom 11.03.1991 (GBI. S. 133)
Bayern (BY)	Gesetz zur Vermeidung, Verwertung und sonstigen Entsorgung von Abfällen und zur Erfassung und Überwachung von Altlasten in Bayern (Bayerisches Abfallwirtschaft- und Altlastengesetz BayAbfAlG) vom 27.02.1991 (GVBI. S. 64)
Berlin (BE)	Gesetz über Stadtreinigung (Stadtreinigungsgesetz StRG) vom 24.06.1969 (GVBI. S. 768), zuletzt geändert durch Gesetz vom 27.09.1990 (GVBI. S. 2114); für ein neues Landesabfallgesetz liegt ein Referentenentwurf vor
Brandenburg (BB)	Ein Landesabfallgesetz ist noch nicht erlassen. Der Landtag hat aber das **Vorschaltgesetz zum Abfallgesetz für das Land Brandenburg** verabschiedet **(Landesabfallvorschaltgesetz LAbfVG vom 20.01.1992, GVBI. S. 16).** Nach Inkrafttreten soll noch in dieser Legislaturperiode ein Entwurf für das vollständige Landesabfallgesetz vorgelegt werden.
Bremen (HB)	Bremisches Ausführungsgesetz zum Gesetz über die Vermeidung und Entsorgung von Abfällen (Brem. AG AbfG) in der Fassung der Bekanntmachung vom 15.09.1988 (Brem. GBI. S. 241)
Hamburg (HH)	Hamburgisches Ausführungsgesetz zum Abfallbeseitigungsgesetz (HA AbfG) vom 06.02.1974 (GVBI. S. 72, 140)
Hessen (HE)	Gesetz über die Vermeidung, Verminderung, Verwertung und Beseitigung von Abfällen und die Sanierung von Altlasten (Hessisches Abfallwirtschafts- und Altlastengesetz HAbfAG) in der Fassung vom 26.02.1991 (GVBI. I S.106), geändert durch Sonderabfallabgabengesetz vom 26.06.1991 (GVBI. I S. 218).
	Hessisches Sonderabfallabgabengesetz (HSondAbfAbgG) vom 26.06.1991 (GVBI. I S. 218, GVBI. II; 89-12)
Mecklenburg-Vorpommern (MV)	Abfallwirtschafts- und Altlastengesetz für Mecklenburg-Vorpommern (ALfAIG M-V) vom 04.08.1992 (GVOBI. S. 450)
Nordrhein-Westfalen (NM)	Abfallgesetz für das Land Nordrhein-Westfalen (Landesabfallgesetz LAbfG) vom 21.06.1988 (GVBI. S. 250), geändert durch Gesetz vom 20.06.1989 (GVBI. S. 366) und Gesetz zur Änderung des Landesabfallgesetzes vom 14.01.1992 (GVBI. S. 32)

Niedersachsen (NI)	Niedersächsisches Abfallgesetz (NAbfG) vom 21.03.1990 (GVBl. S. 91) und Gesetz zur Änderung des Niedersächsischen Abfallgesetzes vom 07.11.1991 (GVBl. S. 295), zuletzt geändert durch das Niedersächsische Abfallabgabengesetz vom 17.12.1991 (GVBl. S. 363)
	Niedersächsisches Abfallabgabengesetz (NAbfAbgG) vom 17.12.1991 (GVBl. S. 273)
Rheinland-Pfalz (RP)	Landesabfallwirtschafts- und Altlastengesetz (LAbfWAG) vom 30.04.1991 (GVBl. S. 251)
Saarland (SL)	Saarländisches Abfallgesetz (SAbfG) vom 03.06.1987 (Amtsbl. S. 849)
Sachsen (SN)	Erstes Gesetz zur Abfallwirtschaft und zum Bodenschutz im Freisaat Sachsen (EGAB) vom 12.08.1991 (GVBl. S. 306)
Sachsen-Anhalt (ST)	Abfallgesetz des Landes Sachsen-Anhalt (AbfGLSA) vom 14.11.1991 (GVBl. S. 422)
Schleswig-Holstein (SH)	Abfallwirtschaftsgesetz für das Land Schleswig-Holstein) Landesabfallwirtschaftsgesetz LAbfWG) vom 06.12.1991 (GOVBl. S. 640)
Thüringen (TH)	Gesetz über die Vermeidung, Verminderung Verwertung und Beseitigung von Abfällen und die Sanierung von Altlasten (Thüringer Abfallwirtschafts- und Altlastengesetz ThAbfAG) vom 31.07.1991 (GVBl. S. 273)

In Tabelle 2.8 fällt auf, daß drei Bundesländer bereits ein Abfallabgabengesetz beschlossen haben. Konkret heißt es in Baden-Württemberg: Die Abgabepflicht entsteht, wenn die besonders überwachungsbedürftigen Abfälle zur Entsorgung abgegeben oder vom Erzeuger in eigenen Anlagen verbrannt oder abgelagert werden. Ausgenommen sind Kleinmengen unter 500 kg/a und Abfälle, die in abfallrechtlich zugelassenen Entsorgungsanlagen entstehen. In § 4 sind die besonders überwachungsbedürftigen Abfälle in 3 Kategorien je nach Vermeidbarkeit, Schwierigkeit, nach umweltverträglicher Entsorgung und Verwertbarkeit eingeteilt. Je angefangene Tonne sind in Kategorie I aktuell 100 DM, in Kategorie II 200 DM und in Kategorie III 300 DM zu bezahlen. In einer Anlage zum Landesabfallgesetz sind gemäß den Schlüsselnummern (s. Abschnitt 2.2) Abgabekategorien aufgelistet.

Ohne auf das Landesrecht im Detail eingehen zu können, sei im folgenden noch kurz der Bereich der Abfallwirtschaft gestreift. Im Niedersächsischen Abfallgesetz heißt es z.B., zur Erreichung der Ziele der Abfallwirtschaft wirkt das Land ... insbesondere hin

1. auf abfallarmes Herstellen, Be- und Verarbeiten und Inverkehrbringen von Erzeugnissen,
2. die Erhöhung der Gebrauchsdauer und Haltbarkeit von Erzeugnissen,
3. die Steigerung der Wiederverwendbarkeit von Erzeugnissen,

4. die Entwicklung und Anwendung von Verfahren zur Verminderung des Schadstoffgehaltes und zur Verwertung der Abfälle.

§ 22 konkretisiert hierzu, daß das Gewerbeaufsichtsamt in Betrieben, die Sonderabfälle erzeugen, die Entstehung, ... überwachen kann. Soweit es die Entstehung ... überwacht, ist es berechtigt, ... geeignete Nachweise über Art, Beschaffenheit, Menge und Herkunft der Einsatzstoffe zu verlangen und sich zur Prüfung vorlegen zu lassen.

Auch im Nordrhein-Westfälischen Landesrecht fordert § 5b von Erzeugern von besonders überwachungsbedürftigen Abfällen über 500 kg/a oder 2000 t/a bei Überschreitung eines in der Anlage wiedergegebenen Abfalls ein betriebliches Abfallwirtschaftskonzept für alle im Betrieb anfallenden Abfallstoffe. Soweit das Unternehmen dieser Aufforderung nicht nachkommt, kann das Land auf Kosten des Unternehmens einen Sachverständigen hierzu einschalten. Die Abfallbilanzen des Unternehmens sind zu veröffentlichen.

Das zu erwartende Kreislaufwirtschafts- und Abfallgesetz des Bundes hat also bereits seine Vorläufer in einigen Bundesländern gefunden. Es ist nur eine Frage der Zeit, wann es bundesweit zur Geltung kommt.

2.1.4 Chemikaliengesetz

Anfang der 80er Jahre sah sich der Gesetzgeber veranlaßt, ein chemikalienkontrollierendes Gesetz zum Schutz des Menschen und der Umwelt zu erlassen, das am 01.01.1982 in Kraft trat (Gesetz zum Schutz vor gefährlichen Stoffen: Chemikaliengesetz – ChemG; zuletzt geändert zum 01.08.1990). Wesentliches Merkmal des Gesetzes ist das Vorsorgeprinzip.

Durch die Verpflichtung zur Prüfung und Anmeldung von Stoffen und zur Einstufung, Kennzeichnung und Verpackung sollten Mensch und Umwelt geschützt werden. So sieht die Anmeldung vor (45 Tage vor In-Verkehr-Bringung eines Stoffes, der nicht im europäischen Altstoffverzeichnis gelistet ist), daß der Hersteller oder Importeur Identitätsmerkmale benennt, Hinweise zur Verwendung abgibt, schädliche Wirkungen aufzeigt, abfallbezogene Daten liefert sowie Prüfnachweise über physikalische, chemische und toxische sowie ökotoxische Eigenschaften vorlegt (§§ 6—12).

Etwa 100 000 alte Stoffe sind davon nicht betroffen; es gibt jedoch ein aus Industrie, Wissenschaft und Verwaltung gebildetes Beratergremium (BUA), das sich mit den Stoffbereichen ausgewählter alter Stoffe beschäftigt.

Gemäß § 17 ChemG kann nach Anhörung beteiligter Kreise und mit Zustimmung des Bundesrates die Bundesregierung durch Rechtsverordnung stoffbezogene Beschränkungen und Verbote des Herstellens, des Verwendens und des In-Verkehr-Bringens verordnen. § 19 ermächtigt die Bundesregierung, eine Gefahrstoffverordnung zu erlassen, um u.a. den Arbeitgeber zur Prüfung und Verwendung von Stoffen oder Verfahren zu veranlassen (s. Abschnitt 1.4).

Für die Abfallproblematik spielt das ChemG also nur insofern eine Rolle als Angaben verlangt werden zur sachgerechten Beseitigung, zur möglichen Wiederverwertung und zur Neutralisierung. Lediglich § 17 ChemG kann zur Vermeidung bestimmter Abfälle herangezogen werden [2.6], um vorzuschreiben, daß

- □ bestimmte gefährliche Stoffe, bestimmte Zubereitungen oder Erzeugnisse, die gefährliche Stoffe freisetzen oder enthalten können
  oder
- □ bestimmte Stoffe, Zubereitungen oder Erzeugnisse, deren Umwandlungsprodukte gefährliche Eigenschaften aufweisen
  1. nicht hergestellt, in den Verkehr gebracht oder verwendet werden dürfen,
  2. nur in bestimmter Beschaffenheit hergestellt, in den Verkehr gebracht oder verwendet werden dürfen,
  3. nur auf bestimmte Art und Weise verwendet werden dürfen

  oder
- □ Herstellung oder Verwendung verboten sind, wodurch bestimmte gefährliche Stoffe entstehen.

Gemäß dem Gesetzestext könnten Stoffe, die als Sonderabfall zu entsorgen sind oder im Laufe ihrer Nutzung Sonderabfall werden, verboten werden. Dies ist bisher aber noch nicht geschehen. Ganz im Gegenteil hat das Verbot von PCB erheblich zum Sonderabfallaufkommen beigetragen, weil PCB-haltige Erzeugnisse (Transformatoren) bis zum Jahr 2000 ausgetauscht sein müssen.

2.1.5 Wasserhaushaltsgesetz

Die Nähe von flüssigem Abfall zu Abwasser ist bereits in der Definition in Abschnitt 1.1 herausgestellt worden. Bild 2.7 zeigt, wie bisher die beiden Bereiche voneinander abgegrenzt wurden. Insbesondere das Wasserhaushaltsgesetz läßt dies über den § 7a künftig nicht mehr zu.

Das die Wasserwirtschaft der Bundesrepublik Deutschland ordnende Gesetz zum Wasserhaushalt (Gesetz zur Ordnung des Wasserhaushalts: WHG vom 25.07.1986; BGBl. I S. 1165) ist 1986 zum fünftenmal novelliert worden. Es regelt die mittelbare oder unmittelbare Nutzung der Gewässer (§ 1a). Danach sind die Gewässer so zu bewirtschaften (Abs. 1), daß sie

- □ dem Wohl der Allgemeinheit und im Einklang mit ihm auch
- □ dem Nutzen einzelner dienen und
- □ jede vermeidbare Beeinträchtigung unterbleibt.

Bei Maßnahmen, mit denen Einwirkungen auf ein Gewässer verbunden sein können, ist nach Abs. 2 jedermann verpflichtet, die nach den Umständen erforderliche Sorgfalt anzuwenden, um eine Verunreinigung des Wassers oder eine nachteilige Veränderung seiner Eigenschaften zu verhüten und Wasser sparsam zu verwenden. Eine Benutzung der Gewässer bedarf in aller Regel der behördlichen Erlaubnis oder Bewilligung (jede Gewässerbenutzung ist also zunächst grundsätzlich verboten; repressives Verbot mit Erlaubnisvorbehalt!).

Die 1987 in Kraft getretene 5. Novelle zum WHG verschärft die Anforderungen an die Produzenten in vielen Punkten (s. Bild 2.8), insbesondere was die Verwendung gefährlicher Stoffe anbelangt, für die nun der Stand der Technik gefordert ist (§ 3 Abs. 6 BImSchG: «Stand der Technik ist der Entwicklungsstand fortschrittlicher Verfahren, Einrichtungen oder Betriebsweisen, der die praktische Eignung ... gesichert erscheinen läßt.»). Für die ungefährlichen Stoffe gelten jedoch nach wie vor die allgemein anerkannten Regeln der Technik (in Anlehnung an die aaRdT der Baukunst: «...auf wissenschaftlicher Grundlage oder fachlichen Erkenntnissen beruhenden Regeln ..., die in der praktischen Anwendung eine (vielfache; Reichsgericht 1891) Erprobung gefunden haben und Gedankengut der auf dem betreffenden Gebiet tätigen Personen geworden sind».

Abfallgesetzgebung für flüssige Abfälle		
Flüssiger Abfall nach einem Transport über eine Straße: bleibt juristisch betrachtet Abfall	Flüssiger Abfall nach einem Transport durch eine Rohrleitung: wird juristisch betrachtet Abwasser	
Die Behandlung dieser Stoffe erfolgt in Abfallbeseitigungsanlagen, die einem Planfeststellungsverfahren und der Abfallgesetzgebung unterliegen	Die Behandlung dieser Stoffe erfolgt in Abwasserbeseitigungsanlagen	
	Direkteinleiter leiten ihre gereinigten flüssigen Reststoffe in Flüsse, Seen und Grundwasser	Indirekteinleiter leiten ihre Abwässer in eine städtische Kanalisation
Abfallgesetz	Einzelgesetze vom Bund: Wasserhaushaltsgesetz Mindestanforderungen nach § 7a WHG Abwassergesetz	Einzelgesetze von Land/Stadt: Landeswassergesetze Rechtsverordnungen der Gemeinden und Städte über die Einleitebedingungen von gewerblichen Einleitern

Bild 2.7 Bisherige Abfallgesetzgebung für flüssige Abfälle

Als gefährlich gelten jene Stoffe, «die wegen der Besorgnis einer Giftigkeit, Langlebigkeit, Anreicherungsfähigkeit oder einer krebserzeugenden, fruchtschädigenden oder erbgutverändernden Wirkung als gefährlich zu bewerten sind» (§ 7a WHG). Zu diesen Stoffen gehören mit Sicherheit die meisten Schwermetalle und halogenorganischen Verbindungen (s. graue und schwarze Liste im Anhang der EG-Gewässerschutz-Richtlinie aus dem Jahr 1976).

Die Verschärfung im einzelnen:

- Bei Einsatz von Stoffen, die im Gewässer schädliche Wirkungen entfalten können, müssen die Rückhalte- und Reinigungstechniken dem Stand der Technik entsprechen. Die Anforderungen nach dem Stand der Technik werden in den Anhängen zur Allgemeinen Abwasserverwaltungsvorschrift festgelegt (Abschnitt 2.3). Geforderte Ablaufkonzentrationen dürfen nicht durch Verdünnung, sondern nur über effektive Reinigungs- und/oder Vermeidungsmaßnahmen erreicht werden.

- □ Wasser ist sparsam zu verwenden, d.h., wassersparende Technologien und Kreislaufführung von Wasser sind Pflicht.
- □ Die Anforderungen an die Abwasserqualität können auch für den Ort des Abwasseranfalls oder für Orte, bevor eine Vermischung mit anderen Abwässern erfolgt, festgelegt werden.
- □ Die Behörden der Länder müssen außerdem sicherstellen, daß auch Indirekteinleiter (Indirekteinleiter sind Abwasserproduzenten, deren Abwasser gemeinsam mit anderen Abwässern in einer öffentlichen Kläranlage behandelt wird; während Direkteinleiter ihre Abwässer – i.d.R. nach einer entsprechenden Reinigung – unmittelbar in ein Gewässer einleiten) die erforderlichen Maßnahmen nach den allgemeinen Verwaltungsvorschriften bei Verwendung gefährlicher Stoffe durchführen.

In einer Abwasserherkunftsverordnung (AbwHerkV) wurden die 27 Herkunftsbereiche von Abwasser mit gefährlichen Stoffen aufgelistet. Es handelt sich dabei vor allem um Unternehmen, die mit Metallen oder/und halogenorganischen Verbindungen arbeiten.

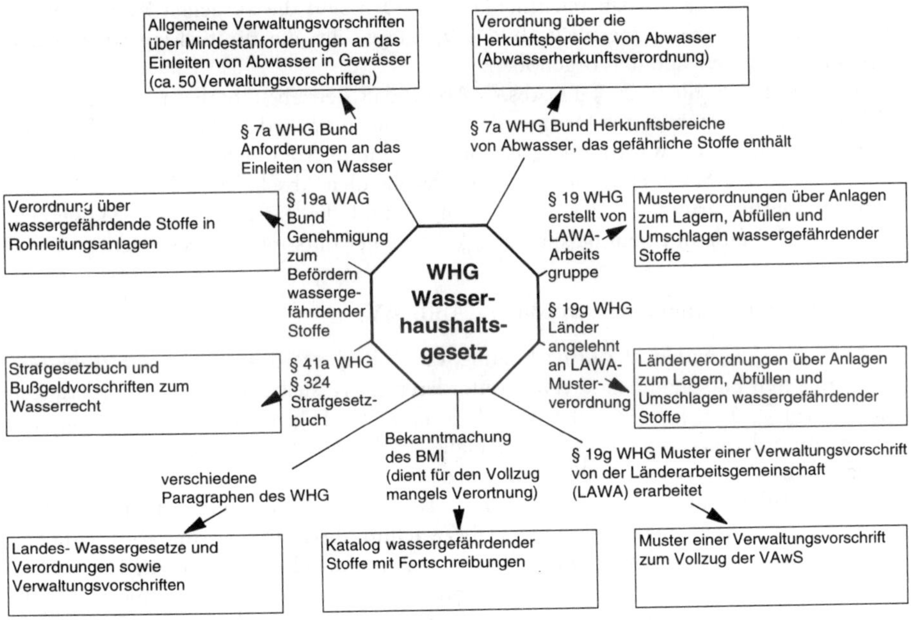

Bild 2.8 Aus dem Wasserhaushaltsgesetz abzuleitende Rechtsverordnungen und Verwaltungsvorschriften im Zusammenhang mit Anlagen und Produkten

Wichtige Neuregelungen hat der Umgang mit wassergefährdenden Stoffen (§ 19g Abs. 1) erfahren, der nun neben Anlagen zum Lagern sowie Abfüllen und zur Verwendung auch die Herstellung und Behandlung wassergefährdender Stoffe einbezieht. Wassergefährdende Stoffe sind feste, flüssige und gasförmige Stoffe, die geeignet sind, nachhaltig die physikalische, chemische oder biologische Beschaffenheit des Wassers nachteilig zu verändern (vgl. Abschnitt 1.4); mit Ausnahme von Abwasser, Jauche und Gülle sowie Stoffen, die dem (noch strengeren) Strahlenschutzrecht unterliegen. Die allgemein gehaltene Definition wurde bereits 1970 durch einen von der LAWA herausgegebenen Katalog wassergefährdender Stoffe ergänzt und erläutert, der inzwischen mehr als 200 Stoffe in vier Wassergefährdungsklassen (WGK) umfaßt.

Nach § 19h ist eine Eignungsfeststellung erforderlich, die bei serienmäßiger Herstellung über eine Bauartzulassung nachgewiesen werden kann. § 19i fordert vom Betreiber, daß er zum Einbau, zur Aufstellung, Instandhaltung oder Reinigung Fachbetriebe (nach § 19l) beauftragt (sofern er nicht selbst ein Fachbetrieb oder eine öffentliche Einrichtung ist), der eine entsprechende Einrichtung, sachkundiges Personal und ein Gütezeichen einer baurechtlich anerkannten Überwachungs- oder Gütegemeinschaft besitzt oder sich einer 2jährigen Überprüfung unterzieht.

2.2 Rechtsverordnungen zum Abfallgesetz des Bundes

Wie bereits oben ausgeführt, finden konkrete Regelungen in speziellen Verordnungen ihren Niederschlag. Aus Übersichtlichkeitsgründen sind die aktuellen Verordnungen nachstehend in einem Überblick (Bild 2.9) dargestellt; die für flüssige Abfälle und Schlämme gültigen sind hervorgehoben.

Grundsätzlich gilt nach § 11 Abs. 3 AbfG, daß Betriebe Abfälle nach § 2 Abs. 2 (besonders überwachungsbedürftige) der zuständigen Behörde anzuzeigen haben (beispielsweise in Baden-Württemberg ist dies die Untere Abfallbehörde beim Landratsamt oder bei der Stadtverwaltung). Die nachstehenden Abschnitte 2.2.1 bis 2.2.3 zeigen die hierfür grundlegenden Verordnungen und die entsprechenden Maßgaben. Abschnitt 2.5 faßt an einem Beispiel den Ablauf einer Entsorgung zusammen.

2.2.1 Abfallbestimmungsverordnung (AbfBestV)

§ 2 Abs. 2 AbfG enthält die Ermächtigung, durch Rechtsverordnung Abfälle zu bestimmen, an deren Entsorgung zusätzliche Anforderungen zu stellen sind (die Anforderungen sind in den §§ 4 (36), 5 (1) und 5 (3), 11 (3) und 11a (1) genannt). Die Aufzählung der diesen Anforderungen unterworfenen Abfälle erfolgt in der Abfallbestimmungsverordnung (AbfBestV vom 03.04.1990; BGBl. I S. 614).

In der Anlage zur AbfBestV (s. Tabelle 2.10) sind die durch einen 5stelligen Abfallschlüssel gekennzeichneten, besonders überwachungsbedürftigen, rund 340 Abfallarten benannt (für die meisten sind in Spalte 3 exemplarische Angaben zur Herkunft – nicht nur Betriebe, sondern auch Anwendungen – gemacht). Der aktuelle Abfallschlüssel hält die Nummern 1, 3, 5 und 9 an erster Stelle für bestimmte Abfallarten vor und untergliedert dann diese an der zweiten Stelle wiederum, usw. (vgl. Tabelle 2.9).

Bild 2.9
Verordnungen zum Abfallgesetz, flüssige Abfälle

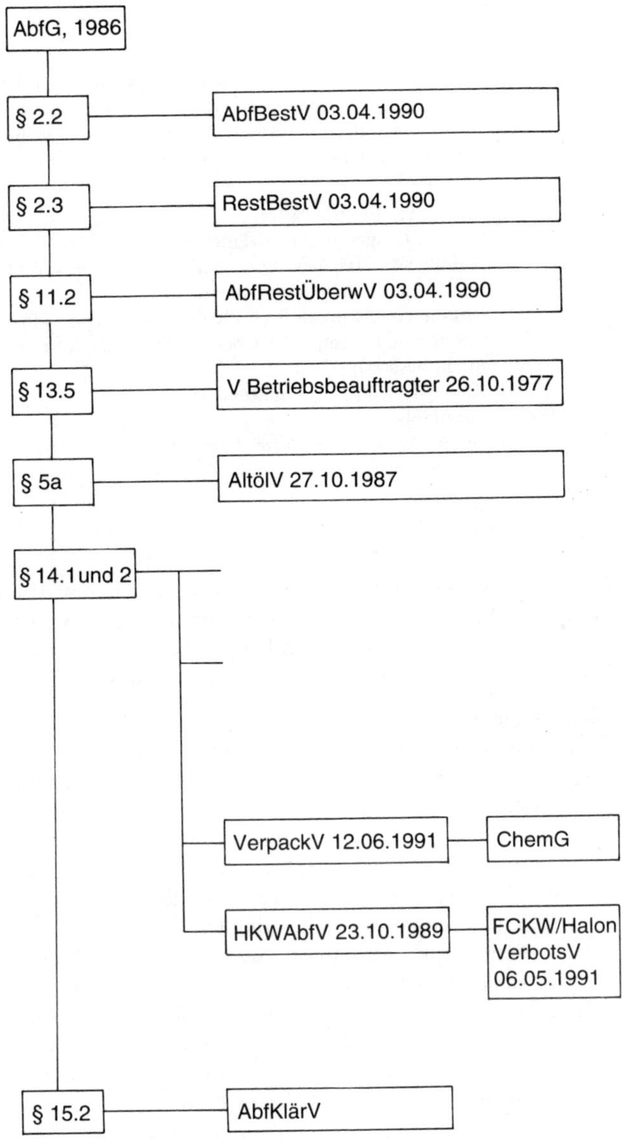

Tabelle 2.9 Untergliederung der Abfallbestimmungsverordnung (AbfBestV, 1990)

1	Abfälle pflanzlichen und tierischen Ursprungs sowie von Veredlungsprodukten,	
3	Abfälle mineralischen Ursprungs sowie von Veredlungsprodukten,	
5	Abfälle aus Umwandlungs- und Syntheseprozessen einschließlich Textilabfällen beispielsweise geben die ersten beiden Ziffern an:	
	51	Oxide, Hydroxide, Salze;
	52	Säuren, Laugen und Konzentrate;
	53	Abfälle von Pflanzenschutz- und Schädlingsbekämpfungsmitteln sowie von
	54	pharmazeutischen Erzeugnissen;
	55	Abfälle von Mineralöl- und Kohleveredlungsprodukten;
	56	organische Lösemittel, Farben, Lacke, Klebstoffe, Kitte und Harze;
		(nicht besetzt);
	57	Kunststoff- und Gummiabfälle;
	58	Textilabfälle;
	59	andere Abfälle chemischer Umwandlungs- und Syntheseprodukte;
9	**Siedlungsabfälle**	

Die in der Abfallbestimmungsverordnung genannten Abfälle finden spezielle Berücksichtigung bei der Anwendung der Abfall- und Reststoff-Überwachungsverordnung (s.u.) und bei der Bestellung von Betriebsbeauftragten (s.o.). Für diese Abfälle sind das Nachweisverfahren und der Entsorgungsnachweis (s.u.) zwingend durchzuführen.

Kleinmengenregelung
Ausnahme davon bildet die Kleinmengenregelung: Sie besagt, daß ein Abfallerzeuger, der im Jahr in der Summe weniger als 500 kg der genannten Abfallarten produziert, einen erleichterten Nachweis zu führen hat. Erst bei Übergabe des Abfalls an einen zur Entsorgung nach dem Gesetz Befugten beginnen die Pflichten, die sich aus dem Umgang mit den besonders überwachungsbedürftigen Abfällen ergeben. Der Befugte wird in aller Regel der Einsammler einer Entsorgungsfirma sein, der verordnungsgemäß wie ein Erzeuger in Erscheinung tritt.

In diesem Zusammenhang ist wichtig, daß der Einsammler alle Vorgaben an besonders überwachungsbedürftige Abfälle zu erfüllen hat (s. TA Abfall, Abschnitt 2.3.2), die z.B. lauten: Vermischungsverbot und damit Getrennthaltung der Abfälle.

Weiterhin erfolgt die Kleinmengenregelung auf Basis einer Selbsteinschätzung des Abfallerzeugers aufgrund von Erfahrungswerten. Sollte er plötzlich im Laufe eines Jahres zeigen, daß er die 500 kg in Summe aller überwachunsgbedürftigen Abfälle überschreitet, muß er u.a. den Entsorgungsnachweis (s.u.) sofort in Angriff nehmen.

Die Behörde kann im übrigen auch für Kleinmengen nach § 11 Abs. 2 AbfG das Unternehmen nachweispflichtig machen. Unabhängig von der Kleinmengenregelung besteht nach § 12 AbfG die gesetzliche Verpflichtung, für den Abfalltransport eine Genehmigung einzuholen, sofern nicht § 12 Abs. 1 Satz 3 AbfG zutrifft oder eine Freistellung nach § 12 Abs. 1 Satz 1 AbfG erfolgt ist. Über den Antrag auf Erteilung einer Transportgenehmigung erhält die Behörde außerdem die Möglichkeit, zusätzliche Vorgaben an die Entsorgung auch in diesem Bereich zu machen (WAGNER, STÖHR 1990).

Tabelle 2.10 Auszug aus der Anlage zur Abfallbestimmungsverordnung (AbfBestV, 1990)

Abfall-schlüssel	**Bezeichnung (Abfallart einschließlich Eigenschaften und Inhaltsstoffe)**	**Herkunft (beispielhaft)**
1	2	3
314 35	Verbrauchte Filter- und Aufsaugemassen mit schädlichen Verunreinigungen (Kieselgur, Aktiverden, Aktivkohle)	Chemische Industrie, Chemische Reinigung, Adsorptive Gas- und Flüssigkeitsreinigung
314 37	Asbeststäube, Spritzasbest	Verarbeitung von Asbest, Herstellung und Verarbeitung von Asbesterzeugnissen, Gebäude und Anlagensanierung
314 39	Mineralische Rückstände mit schädlichen Verunreinigungen	Trockene Gasreinigung
314 40	Strahlmittelrückstände mit schädlichen Verunreinigungen	Mechanische Oberflächenbehandlung
314 41	Bauschutt und Erdaushub mit schädlichen Verunreinigungen	Gebäude- und Anlagenabbruch, Öl- und Chemikalienschadensfälle
314 45	Gipsabfälle mit schädlichen Verunreinigungen	Chemische Industrie, Gewerbliche Wirtschaft
314 46	Kieselsäure- und Quarzabfälle mit schädlichen Verunreinigungen, vorwiegend organisch	Gewerbliche Wirtschaft, Keramikindustrie, Metallurgie, Chemische Industrie
314 47	Kieselsäure- und Quarzabfälle mit schädlichen Verunreinigungen, vorwiegend anorganisch	Gewerbliche Wirtschaft, Keramikindustrie, Chemische Industrie, Metallurgie
316	Mineralische Schlämme	
316 10	Emailleschlamm, Emailleschlicker	Emaillierung
316 19	Gichtgasschlamm	Eisen- und Stahlerzeugung, Eisen-, Stahl- und Tempergießerei
316 20	Gipsschlamm mit schädlichen Verunreinigungen	Chemische Industrie, Neutralisation
316 21	Kalkschlamm mit schädlichen Verunreinigungen	Chemische Industrie, Neutralisation
316 23	Calciumphosphatschlamm	Chemische Industrie
316 24	Eisenoxidschlamm aus Reduktionen	Chemische Industrie
316 26	Schlamm aus NE-Metallurgie	NE-Metallerzeugung, -Gießerei, -Umschmelzwerke
316 28	Härtereischlamm, cyanidhaltig	Härterei
316 29	Härtereischlamm, nitrat-, nitrithaltig	Härterei
316 30	Bariumcarbonatschlamm	Härterei
316 31	Bariumsulfatschlamm	Chemische Industrie, Papier- und Pappeerzeugung
316 32	Bariumsulfatschlamm, quecksilberhaltig	Chemische Industrie, Erzeugung von Chlor
316 33	Glasschleifschlamm mit schädlichen Verunreinigungen	Veredelung von Glas, Glasschleiferei
316 36	Bohrschlamm mit schädlichen Verunreinigungen	Tiefbohrungen, Bohrstellen, Wassererschließung
316 37	Phosphatierschlamm	Oberflächenveredelung, Phosphatierung
316 39	Sonstige Schlämme auf Fäll- und Löseprozessen mit schädlichen Verunreinigungen	Chemische Industrie, Metallurgie, Gewerbliche Wirtschaft
316 40	Füll- und Trennmittelsuspensionen mit mineralischen Feststoffanteilen	Papiererzeugung, Herstellung und Verarbeitung von Gummi
316 41	Calciumfluoridschlamm	Neutralisation von Flußsäure, Abgasreinigung, Aluminiumgewinnung
316 42	Rückstände aus der wasserseitigen Kesselreinigung	Dampferzeugung

Tabelle 2.11 Abfälle, die keine Reststoffe sind (nach AbfBestV und RestBestV)

Abfall-/Reststoffschlüssel	**AbfBestV**	**RestBestV**
351 06	Eisenmetallbehältnisse mit schädlichen Restinhalten	soweit nicht zur Wiederbefüllung vorgesehen
353 02	bleihaltige Abfälle	außer Schrotte
353 07	berylliumhaltige Abfälle	außer Schrotte
353 08	magnesiumhaltige Abfälle	außer Schrotte
353 09	zinkhaltige Abfälle	außer Schrotte
353 15	sonstige NE-metallhaltige Abfälle, ohne Aluminium und Manganabfälle	außer Schrotte
353 27	NE-Metallbehältnisse mit schädlichen Restinhalten	soweit nicht zur Wiederbefüllung vorgesehen
541 04	verunreinigte Kraftstoffe (Benzine)	
541 06	Trafoöle, Wärmeträgeröle und Hydrauliköle, frei von polychlorierten Biphenylen	
541 07	Trafoöle, Wärmeträgeröle und Hydrauliköle, polychlorierte Biphenyle enthaltend	
541 08	verunreingte Heizöle (auch Dieselöl)	
541 09	Bohr-, Schneid- und Schleiföle	
541 12	Verbrennungsmotoren- und Getriebeöle	
541 13	Maschinen- und Turbinenöle	
541 14	Verbennungsmotoren-, Getriebe-, Maschinen- und Turbinenöle. Polychlorierte Biphenyle und halogenhaltige polychlorierte Biphenylersatzprodukte enthaltend, Kältemaschinenöle aus Kühlgeräten, Kälte und Klimaanlagen	
54 401	synthetische Kühl- und Schmiermittel	
544 02	Bohr- und Schleifölemulsionen, Emulsionsgemische	
544 04	Hohnöle	
544 08	sonstige Öl-Wasser-Gemische	
547 01	Sandfangrückstände (Mineralölschlämme)	
547 02	Öl- und Benzinabscheiderinhalte	
547 03	Schlamm aus Öltrennanlagen	

Abfall-/Reststoffschlüssel	AbfBestV	RestBestV
547 04	Schlamm aus Tankreinigung und Faßwäsche	
548 08	wäßrige Rückstände aus der Altölraffination	
553 26	Waschbenzin, Petrolether, Ligroin, Testbenzin	
553 60	Petroleum	
596 03	vorgemischte Abfälle zur Verbrennung	
596 04	vorgemischte Abfälle zum Zweck der Ablagerung	
953 01	Sickerwasser aus Hausmülldeponien	
953 02	Sickerwasser aus Sonderabfalldeponien	
953 03	Sickerwasser aus Schlackedeponien	
953 04	Sedimentationswasser aus Schlammdeponien und Absetzbecken	
971 01	Infektiöse Abfälle	
971 04	Körperteile und Organabfälle	

Selbst wenn der Kleinmengen-Abfallproduzent keinen weiteren Nachweis führen muß, ist er aber gut beraten, sich die Entsorgung durch den Einsammler bestätigen zu lassen.

2.2.2 Reststoffbestimmungsverordnung (RestBestV)

Die Reststoffbestimmungsverordnung (RestBestV vom 03.04.1990, BGBl. I S. 631, 862) definiert in Verbindung mit ihrer Anlage die besonders überwachungsbedürftigen Reststoffe im Sinne von § 2 Abs. 3 AbfG soweit sie keine Abfälle sind im Sinne von § 2 Abs. 2 AbfG analog zur Abfall-Bestimmungsverordnung. Sie ist entsprechend aufgebaut und übernimmt im wesentlichen die Stoffe, die auch in der AbfBestV gelistet sind. Ausgenommen sind lediglich die Stoffe, deren Verwertung als Reststoff von vornherein ausscheidet, bzw. die Stoffe, deren Verwertung grundsätzlich möglich erscheint, die aber bereits durch die Bestimmungen nach § 5a Abs. 2 AbfG (Altölverordnung; s. Abschnitt 2.2.6) überwacht werden.

Im einzelnen handelt es sich um folgende Abfallschlüssel (Tabelle 2.11). Für die genannten Reststoffe gelten die besonderen Überwachungsvorschriften nach § 2 der RestBestV, die lauten: Für die überwachungsbedürftigen Reststoffe findet § 11 Abs. 1 Satz 1, Abs. 2, 4 und 5 des AbfG entsprechende Anwendung.

In den Beratungen zur Verordnung war auch der Bezug zu § 12 (Transportgenehmigungspflicht) und zu den §§ 13 und 13a (grenzüberschreitender Verkehr) diskutiert worden. Aus Gründen des Verwaltungsaufwandes hat der Bundesrat dagegen jedoch Stellung bezogen und darüber hinaus gefordert, daß der Katalog auf wirklich nur überwachungsbedürftige Reststoffe begrenzt und nicht in dem jetzigen Umfang beibehalten wird.

Die RestBestV ermöglicht, daß fast alle der in der AbfBestV aufgeführten Stoffe, wenn sie als Reststoffe verwertet werden, ohne Verwertungsnachweis und ohne Transportgenehmigung für das Unternehmen «entsorgt» werden können. Die entsprechenden Erfordernisse setzen einen Bescheid der zuständigen Behörde voraus. Sie unterliegen aber der behördlichen Überwachung, so daß Auskünfte erteilt werden müssen, Einsicht in die Unterlagen zu gewähren ist, technische Ermittlungen und Prüfungen und Zutritt zu den Grundstücken immer geduldet werden muß.

2.2.3 Abfall- und Reststoffüberwachungsverordnung

Die Verordnung über das Einsammeln und Befördern sowie über die Überwachung von Abfällen und Reststoffen (AbfRestÜberwV vom 03.04.1990, BGBl. I. S. 648) ersetzte die Abfallbeförderungsverordnung aus dem Jahre 1983 und die Abfallnachweisverordnung aus dem Jahr 1978. Gegenstand ist nicht nur die Entsorgung; auch der Nachweis über die Zulässigkeit einer vorgesehenen Verwertung von Reststoffen muß erbracht werden [2.7]. Die AbfRestÜberwV regelt im einzelnen

- □ Art und Umfang der Antragsunterlagen zur Einsammlungs- und Beförderungsgenehmigung, die Form dieser Erlaubnis sowie die Erhebung von Gebühren,
- □ das Verfahren zum Nachweis über die Zulässigkeit der vorgesehenen Abfallentsorgung (Vorherkontrolle) sowie Verwertung von Reststoffen mittels der Entsorgungs-/Verwertungsnachweise,
- □ den Nachweis über entsorgte Abfälle und die durchgeführte Verwertung mit Hilfe des bewährten Begleitscheinverfahrens.

Eine wesentliche Neuerung war die Einführung des Entsorgungsnachweises, dem die Aufgabe zukommt, bereits bevor der Abfall auf die Reise geht, die zulässige Entsorgung in einer entsprechenden Entsorgungsanlage zu überprüfen. Zum Entsorgungsnachweis gibt es noch die beiden Varianten: Sammelentsorgungsnachweis und vereinfachter Entsorgungsnachweis.

Der Entsorgungsnachweis (es handelt sich dabei um ein Vordruckwerk von mindestens 13 Seiten; s. ausführliche Erörterung in Abschnitt 2.5) besteht aus drei Teilen:

1. Die Verantwortliche Erklärung (VE) des Abfallerzeugers enthält eine nach Art, Beschaffenheit, Inhaltsstoffen und Herkunft präzise Abfalldeklaration und vor allem eine Begründung, weshalb der Abfall nicht verwertet werden konnte; die VE ist vom Abfallerzeuger zu unterschreiben!
2. Annahmeerklärung (AE) oder -ablehnung durch den Abfallentsorger (Überprüfung der Übereinstimmung zwischen zu entsorgendem Abfall und Eignung der Entsorgungsanlage; Festlegung der Anlieferungsbedingungen).

3. Entsorgungsbestätigung der für den Entsorger zuständigen Behörde (Verstärkung der Aufsicht, ggf. Zustimmungsvorbehalt vor dem Entsorgungsvorgang, Überprüfung des Verwertungsausschlusses).

In Verbindung mit dem Entsorgungsnachweis ist die TA Abfall (s. Abschnitt 2.3.2) zu sehen: Sie enthält Zuordnungen von Abfällen entsprechend ihrer Abfallschlüssel zu einzelnen Entsorgungswegen für den Fall, daß eine Verwertungsprüfung negativ verlaufen ist.

In Bild 2.10 ist der Versuch unternommen, die Ablaufstruktur der AbfRestÜberwV zu veranschaulichen.

Tabelle 2.12 faßt die wesentlichen Pflichten aus der AbfRestÜberwV zusammen. SANDER (1990, [2.7]) mokiert, daß die AbfRestÜberwV die Bittstellerrolle des Abfallerzeugers dokumentiert, weil erstens über die Annahmeerklärung des Entsorgers/Verwerters eine Ablehnung möglich ist und zweitens eine Bestätigung der für die Entsorgungsanlage zuständigen Behörde vorliegen muß, bevor der Abfall auf die Reise geschickt werden darf. Die endgültige Zuordnung eines nachweislich nicht verwertbaren Abfalls zu einer bestimmten Entsorgungsanlage hat im Entsorgungsnachweis aufgrund von Abfalleigenschaften und der Zulassung der Abfallentsorgungsanlage zu erfolgen (Anhang D, TA Abfall; s. Abschnitt 2.3.2).

Ist ein Abfall nicht nachweispflichtig, genügt der vereinfachte Entsorgungsnachweis (§ 12 AbfRestÜberwV), der aus der verantwortlichen Erklärung verbunden mit der entsprechenden Annahmeerklärung des Entsorgers besteht. Der Beförderer muß eine Kopie mitführen.

Zur Vereinfachung des Verfahrens (s. dazu ausführlich Abschnitt 2.5) kann bei der Entsorgung von Sammelchargen ein Sammelentsorgungsnachweis (§§ 10, 11, 13 und 21 AbfRestÜberwV) verwendet werden. Bild 2.11 faßt die Handhabung mit dem Sammelentsorgungsnachweis in einem Ablaufdiagramm zusammen. Voraussetzungen sind:

- □ gleicher Abfallschlüssel,
- □ gleicher Entsorgungsweg,

Tabelle 2.12 Erforderliche Nachweise nach AbfRestÜberwV (nach KINKELDEI, 1991 [2.8])

Art des Entsorgungs-nachweises	**Nachweis-pflicht kraft Gesetz**	**Nachweis-pflicht durch Verpflichtung**	**Transport-genehmigung**	**Abfallart**
Entsorgungs-nachweis	ja	–	ja	Abfälle der § 2/2 VO
Sammelentsor-gungsnachweis	ja	–	ja	spezielle Abfälle der § 2/2 VO
Vereinfachter Entsorgungs-nachweis	nein	nein	ja	alle Abfälle außer § 2/2 VO
keiner	nein	nein	nein	Straßenaufbruch, Bauschutt, Erdaushub ohne Verunreinigungen; Altreifen

□ Zusammensetzungen entsprechen den im Sammelentsorgungsnachweis genannten Bedingungen für die Charge,

□ die eingesammelte Menge je Erzeuger übersteigt nicht 1,1 m^3, respektive 3 m^3 bei flüssigen Abfällen im Saugdruckwagen.

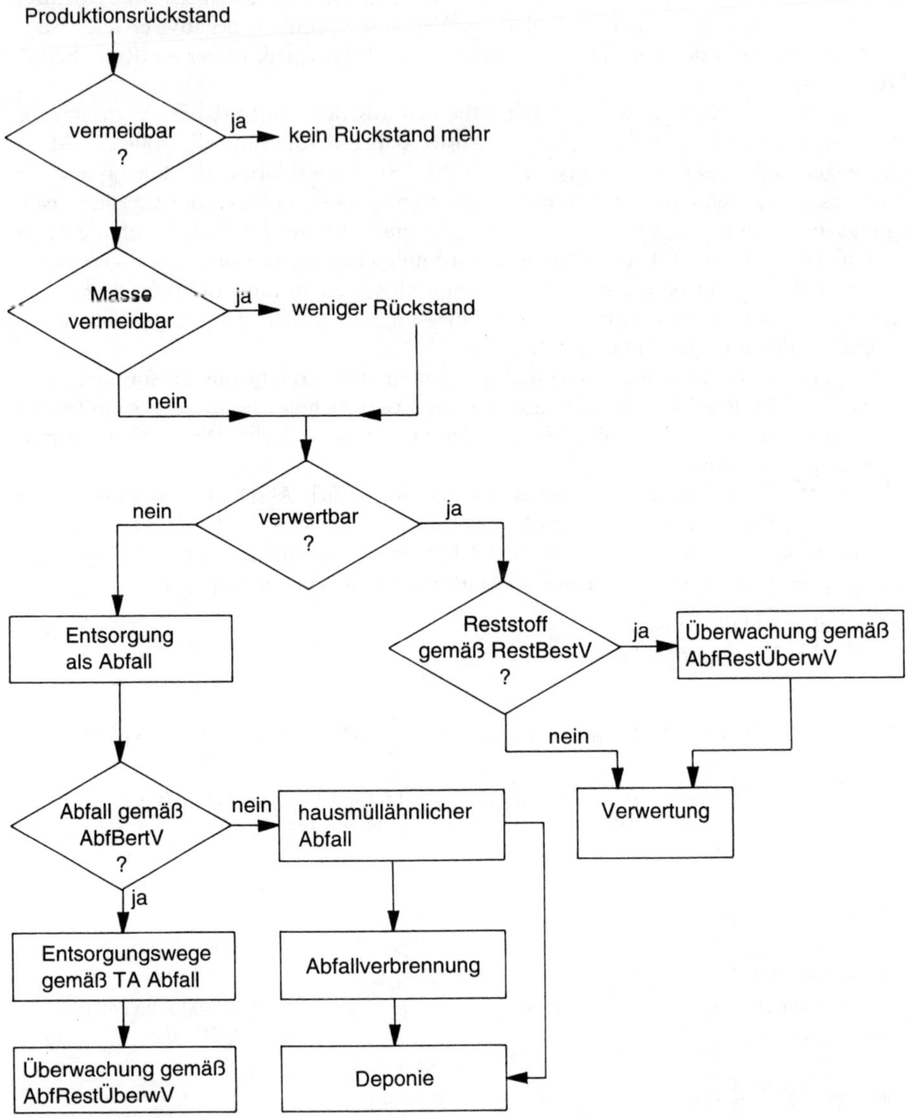

Bild 2.10 Ablaufstruktur zur Erlangung der Entsorgungs-/Verwertungsgenehmigung nach AbfRestÜberwV

Bild 2.11
Handhabung des Sammel-entsorgungsnachweises [2.9]

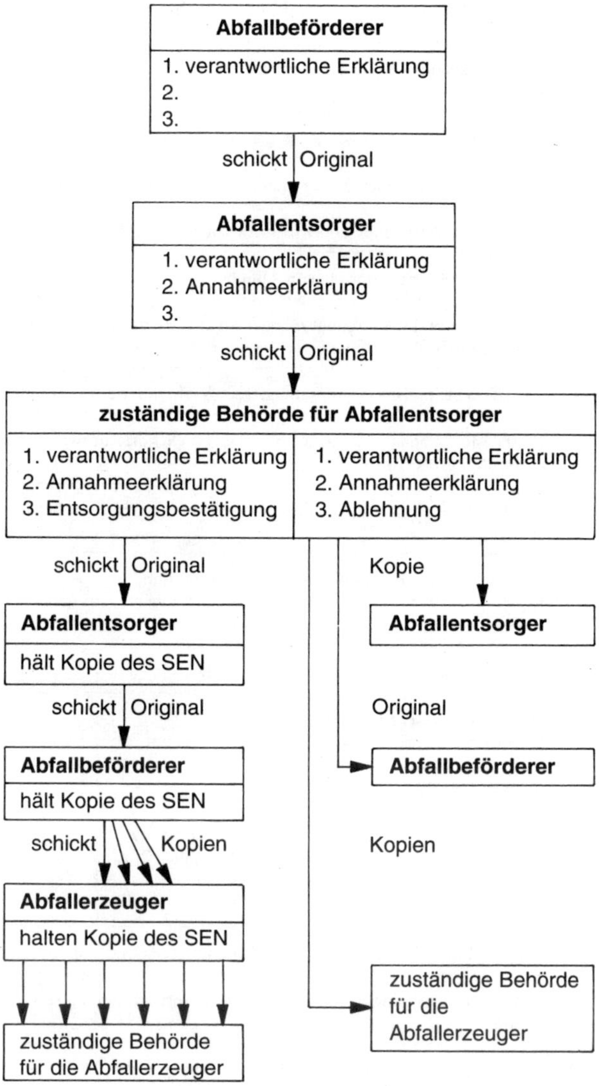

Der Anzeigepflicht nach § 11 Abs. 3 Satz 2 AbfG wird im übrigen durch Vorlegen einer Ablichtung des Entsorgungsnachweises entsprochen; bei Sammelentsorgungsnachweisen erstattet der Abfallerzeuger der zuständigen Behörde formlos Anzeige über Art und Menge.

Tabelle 2.13 Anlagen, die einen Abfallbeauftragten zu bestellen haben (§ 1 der AbfBeauftrV, 1977)

(1) Betreiber folgender Anlagen haben einen betriebsangehörigen Betriebsbeauftragten für Abfall zu bestellen:		
1.	ortsfeste Abfallbeseitigungsanlagen zum Lagern oder Ablagern von Abfällen;	
2.	ortsfeste Abfallbeseitigungsanlagen mit einer Durchsatzleistung von insgesamt mehr als 0,75 t/h,	
	a)	zur Verbrennung oder thermischen Zersetzung (Vergasung, Entgasung) von Abfällen,
	b)	zur Kompostierung von Abfällen;
3.	ortsfeste Abfallbeseitigungsanlagen zur chemischen oder physikalischen Behandlung von Abfällen mit einer Durchsatzleistung von insgesamt mehr als 0,5 t/h;	
4.	ortsfeste Abfallbeseitigungsanlagen zur Verbrennung von Abfällen aus Krankenhäusern;	
5.	ortsfeste Anlagen zum Lagern oder Behandeln von Autowracks mit einem Betriebsgelände von mehr als 4000 m^2.	
(2) Betreiber folgender Anlagen haben einen betriebsangehörigen Betriebsbeauftragten für Abfall zu bestellen:		
1.	Schmelzanlagen für Aluminium und Magnesium;	
2.	Fabriken oder Fabrikationsanlagen, in denen folgende Stoffe hergestellt werden:	
	a)	anorganische Säuren, Laugen, Salze, +
	b)	organische Lösemittel, +
	c)	Farb- und Anstrichmittel, +
	d)	Kältemittel, +
	e)	polychlorierte Biphenyle und Termphenyle, +
	f)	Pharmazeutika, +
	g)	Pflanzenbehandlungs- oder Schädlingsbekämpfungsmittel;
3.	Anlagen zur Verarbeitung von Farb- und Anstrichmitteln, soweit sie mit Naßabscheidern ausgerüstet sind;	
4.	Anlagen zur Destillation oder Raffination von Erdöl, Erdölerzeugnissen, Alt- oder Schmieröl;	
5.	Anlagen zur Veredlung oder Behandlung von Metalloberflächen durch Galvanisieren, Härten, Ätzen oder Beizen;	
6.	Anlagen zur Veredlung oder Behandlung von Kunststoffoberflächen durch Galvanisieren, Ätzen oder Beizen;	
7.	Krankenhäuser und Kliniken	
(Satz (1) gilt nicht für Anlagen, in denen Abfälle des § 2 Abs. 2 des Abfallbeseitigungsgesetzes nicht anfallen).		

2.2.4 Abfallbeauftragtenverordnung

Die Verordnung über Betriebsbeauftragte für Abfall (AbfBeauftrV vom 26.10.1977) konkretisiert die Ausführungen des Abfallgesetzes (AbfG, 1986 § 11a; s. Abschnitt 2.1.3) hinsichtlich der Bestellung eines «betriebsangehörigen» Betriebsbeauftragten für Abfall (s. Tabelle 2.13), da Abs. 1 Satz 3 die Ermächtigung enthält, eine Auswahl unter den in Betracht kommenden Abfallanlagen zu treffen.

Die §§ 2 bis 5 regeln einige Sonderformen der Bestellung; § 6 sieht Befreiungsmöglichkeiten vor.

2.2.5 Abfallverbringungsverordnung

Die grenzüberschreitende Entsorgung von Abfällen hat sich in den letzten Jahren immer stärker ausgeweitet; einzelne Kreise sind gänzlich davon abhängig. Wie erst kürzlich erlebt, drohte für einige davon der Entsorgungsinfarkt, weil das Zielland die Übernahme kurzfristig aussetzte. Die Verordnung über die grenzüberschreitende Verbringung von Abfällen (AbfVerbrV vom 18.11.1988; BGBl. I S. 2126, ber. S. 2418) sollte durch Festlegung von Standards derartige Entwicklungen verhindern.

Grundsätzlich heißt es im Abfallgesetz (1986), daß Abfälle am Ort ihrer Entstehung zu entsorgen sind. Eine Abfallverbringung darf aber erfolgen, wenn im Zielland der gleiche technische Standard bezüglich der Abfallentsorgung gewährleistet ist. Bekanntlich dürfte dies die Ausnahme sein: Viel eher ist zu konstatieren, daß angesichts «billiger» Deponien im Ausland eine Mineralisierung der Abfälle zur endgültigen Schadlosmachung unterlaufen wird. Insbesondere nach Öffnung der Grenzen im europäischen Wirtschaftsraum und nach Wegfall der Kontrollen – abgesehen von den Kontrolldefiziten durch fehlendes Know-how ausländischer Stellen, wird eine saubere Handhabung der Abfallverbringung notwendig.

Hierzu muß man wissen, daß Abfälle keine Handelswaren sind und somit nicht den Regelungen über den freien Warenverkehr unterliegen. Sie besitzen nach BIRN/JUNG (1993. [2.3]) keinen Geldwert, sondern einen «negativen» Wert. Allerdings liegt das besondere Problem des Binnenmarktes nicht in der Ablehnung des Warencharakters von Abfällen, sondern darin, daß die als Wirtschaftsgüter zu behandelnden Reststoffe nach den Grundsätzen des freien Warenverkehrs zu behandeln sind. Die Gefahr liegt also darin, daß Reststoffe mit vor allem flüssigen Abfällen vermischt und als Verbrennungsgut in minderqualitativen Verbrennungsanlagen energetisch verwertet werden. Dem Gesetzgeber bleibt deshalb nichts anderes übrig, als die Kontrollen am Anfallort der Abfälle/ Rückstände zu verstärken (s. Abschnitt 2.1.3, Kreislaufwirtschafts- und Abfallgesetz).

Im einzelnen führt die Verordnung aus (§ 3), daß eine grenzüberschreitende Verbringung nur zulässig ist (§ 2), wenn dem Besitzer der Abfälle eine entsprechende Genehmigung (§ 9) vorliegt. Diese ist bei der zuständigen Behörde nach Anlage 1 (s. Bild 2.12) zu beantragen. Dem Antrag sind beizufügen:

1. die verbindliche Erklärung des Empfängers der Abfälle, daß er zu deren Abnahme bereit ist,
2. bei Verbringung aus dem oder durch (Transit) den Geltungsbereich eine amtliche Erklärung, daß die Anlage zur Entsorgung der Abfälle geeignet ist,
3. der Nachweis ausreichender Haftpflichtversicherungen.

Die Behörde kann weitere Unterlagen und Ergänzungen verlangen:

Angaben über die technische Herkunft und Beschaffenheit der Abfälle, Angaben zum Beförderungsmittel, zur Beförderungsart und zum Beförderungsweg, bei mehrfacher Verbringung Angaben über den zeitlichen Ablauf, jeweilige Abfallmengen und Eigenschaften.

Das in Bild 2.12 gezeigte Blatt 3 des Antrags- und Genehmigungsvordruckes dient als Begleitschein im Sinne der Abfall- und Reststoffüberwachungsverordnung. Der Beförderer übergibt es dem Empfänger der Abfälle (in der EG oder der Zollstelle, an der die Abfälle sie verlassen). Innerhalb von 15 Tagen muß der Empfänger eine Kopie des unterschriebenen Blattes 3 an den Antragsteller und die zuständigen Behörden aller von der Verbringung betroffenen Staaten versenden. Damit wird dem von der EG geforderten Überwachungsgebot (s. Abschnitt 2.1.1) Rechnung getragen.

2.2.6 Altölverordnung

Das Abfallgesetz (1986) hob bis Ende 1989 das Altölgesetz auf und stellte den Umgang mit Altöl auf eine neue Basis (AltölV vom 27.10.1987, BGBl. I S. 2335; s.d.a. Abschnitt 1.4). Für die Entsorgung von Altöl gelten grundsätzlich alle Vorschriften des Abfallgesetzes mit Ausnahme einer Verwertung von BImSchG-genehmigten Anlagen (vgl. Abschnitt 2.1.2). Die energetische, aber auch stoffliche Verwertung regelt also das BImSchG (Zementwerke, Hochöfen usw.; Raffinations- oder Hydrieranlagen), während das Abfallrecht die Erfassung, Einsammlung und Beförderung zu regeln hat, insbesondere, was die Vermischung bzw. eben Nichtvermischung anbelangt.

Grundlage für die Altölverordnung sind das Abfallgesetz (AbfG, 1986: §§ 5a, 5b, 18 und 30), das BImSchG (BImSchG 1990 mit der 4. BImSchV), die in dieser Verordnung miteinander verzahnt sind, und das Wasserhaushaltsgesetz (WHG, 1986: §§ 1, 19a, 19g).

Die wichtigsten Inhalte sind nachstehend kurz wiedergegeben (s.a. Abschnitt 1.4.1):

- Unterscheidung in aufarbeitbare und nichtaufarbeitbare Altöle;
- Zulassung von bestimmten Ölen zur Aufbereitung (nach § 2: Verbrennungsmotoren, Getriebeöle; mineralische Maschinen-, Turbinen- und Hydrauliköle), wenn sie keine Schadstoffe enthalten;
- Begrenzung des Halogengehaltes (2g/kg), insbesondere des PCB-Gehaltes (20 mg/kg; das entspricht 4 mg/kg, bei Anwendung des in Anlage 1 beschriebenen DIN-Verfahrens) für Aufarbeitung;
- Vermischungsverbot (§ 4);
- Verpflichtung zu Rückstellproben über 3 Jahre (§ 5);
- Kennzeichnungspflicht für Altöle (§ 7).

Die AltÖlV enthält zwei Anlagen, die zum einen die Probenahme und Untersuchung von Altöl (auf PCB nach DIN 51 527 und Gesamt-Halogen) regeln, zum anderen ein Formblatt für die Erklärung über die Entsorgung von Altölen enthalten. Letzteres verpflichtet die Verantwortlichen zur Unterschrift, daß das Vermischungsverbot beachtet wurde. Die Verwerter oder Transporteure ins bzw. aus dem Ausland müssen darauf ihre PCB- und Gesamthalogen-Analysenwerte eintragen. Je eine Ausfertigung der Erklärung hat die Anfallstelle, der Altölsammler, der Aufarbeiter oder Verbrenner bzw. der Transporteur drei Jahre lang aufzubewahren. Seit Januar 1990 ist für die Einsammlung und Beförderung von Altöl eine Genehmigung nach § 12 AbfG erforderlich.

Antrag für grenzüberschreitende Abfalltransporte

Zutreffendes bitte ausfüllen bzw. [X] ankreuzen

Grenzüberschreitende Verbringung von ☐ gefährlichem Abfall ☐ sonstigem Abfall

1

Ausfertigung für die Behörde, die die Bestätigung ausfüllt

1 Besitzer des Abfalls

Tel.:
Telex:
Betriebsnummer

2 BEGLEITSCHEIN

Nr. DE/1030 134197

im Rahmen von

☐ Antrag auf Erteilung einer Einzelgenehmigung ☐ Antrag auf Erteilung einer Sammelgenehmigung

4 Empfänger des Abfalls

Tel.:
Telex:
Entsorgernummer

5 Erzeuger des Abfalls

Tel.:
Telex:
Kontaktperson

6 Beförderer des Abfalls

Tel.:
Telex:
Beförderernummer

7 Datum des Vertrages zwischen Besitzer und Empfänger — Jahr Monat Tag

8 Anzahl der beigefügten Anhänge

9 Entstehungsort

10 Beseitigungsort

11 Haftpflichtversicherung

☐ JA ☐ NEIN

Versicherungsunternehmen (sofern erforderlich)

12 Beförderungsmittel

13 Beförderungsart

14 Erste Lieferung am — Jahr Monat Tag

15 Letzte Lieferung am — Jahr Monat Tag

16 Vorgesehene Gesamtzahl der Lieferungen

Versicherungspolice Nr.: — Jahr Monat Tag

18 Vorgesehene Verpackung

19 Abfallschlüsselnummer

20 Bestimmungscode

21 Vorgesehene Menge (kg)

22 Bezeichnung, physikalische Beschreibung und Zusammensetzung des Abfalls

24 UN-Klassifizierungscode

25 Verfahren, bei dem der Abfall anfällt

26 Art der Gefahren des Abfalls

explosiv ☐ brandfördernd ☐ entzündlich ☐ giftig ☐ gesundheitsschädlich ☐ ätzend ☐

27 Äußeres Erscheinungsbild des Abfalles bei einer Temperatur von °C z.Zt. des Versandes

☐ pulver-/staubförmig ☐ fest ☐ pastös/breiig ☐ schlammig ☐ flüssig ☐ gasförmig ☐ sonstiges

Farbe des Abfalls

28 Codenummern der zuständigen Behörden der betreffenden Mitgliedstaaten

29 Methode der Abfallbeseitigung

30 Eingangszollstellen in den Transitmitgliedstaaten und im Bestimmungsmitgliedstaat

AUSZUFÜLLEN VON DER ZUSTÄNDIGEN BEHÖRDE

Aktenzeichen: Datum — Jahr Monat Tag

Die Genehmigung (Empfangsbestätigung) wird erteilt für

☐ eine einzelne Verbringung ☐ mehrere Verbringungen

☐ mit Nebenbestimmungen nach Maßgabe der Anlage ☐ ohne Nebenbestimmungen

Antrag eingegangen am — Jahr Monat Tag

Genehmigung/Empfangsbestätigung verschickt am — Jahr Monat Tag

Verbringung nicht später durchzuführen als am — Jahr Monat Tag

Rechtsbehelfsbelehrung siehe Anlage.
Anschrift der Genehmigungsbehörde:

Unterschrift:

33 Ort

Datum — Jahr Monat Tag

Kontaktperson:

Unterschrift des Besitzers:

Tel.:

Telex:

Best.-Nr. 10-11 Antrag für grenzüberschreitende Abfalltransporte
UB MEDIA Verlag GmbH, Roggfing 1, 8250 Dorfen
Tel. 0 80 81/30 31 Fax: 0 80 81/30 34

Bild 2.12 Antragsformular (Blatt 3) für die Genehmigung grenzüberschreitender Abfalltransporte

2.2.7 Verordnung über die Entsorgung gebrauchter halogenierter Lösungsmittel

Diese Verordnung (HKWAbfV vom 23.10.1989; BGBl. I S. 1918) ist eine der inzwischen recht zahlreichen Verordnungen zum § 14 AbfG, das die Ermächtigung enthält, bestimmte Abfallströme hin zu einer Verwertung zu lenken. Im Falle der HKW war dies deshalb angezeigt, weil durch die schrittweise Einstellung der Hohe-See-Verbrennung Verbrennungskapazitäten fehlten. Die Verordnung stützt sich im übrigen auch auf die §§ 7 und 23 des BImSchG.

Der Anwendungsbereich umfaßt alle nach Gebrauch als Reststoffe verwertete oder als Abfall entsorgte Lösemittel (per Definition in § 1 Abs. 2 sind Lösemittel flüssige Stoffe oder Zubereitungen mit einem Massengehalt von mehr als 5% an HKW mit einem Siedepunkt zwischen 293 K und 423 K bei jeweils 1013 hPa) aus Anlagen, in denen

- die Oberfläche von Gegenständen oder Materialien, insbesondere Metall, Glas, Keramik oder Kunststoff, gereinigt, befettet, entfettet, beschichtet, entschichtet, entwickelt, phosphatiert, getrocknet oder in ähnlicher Weise behandelt wird,
- Behandlungsgut, insbesondere Textilien, Leder, Pelze, Felle, Fasern, Federn oder Wolle, gereinigt, entfettet, ausgerüstet, getrocknet oder in anderer Weise behandelt wird,
- Aromen, Öle, Fette oder andere Stoffe aus Pflanzen, Pflanzenteilen oder aus Tierkörpern oder Tierkörperteilen extrahiert werden oder
- Stoffe, Zubereitungen oder Erzeugnisse mit Hilfe dieser Lösungsmittel gewonnen oder hergestellt werden.

Die Verordnung grenzt also einerseits ein, daß nur HKW über 5 Massen-% zu verwerten sind und nur aus Anlagen, die speziell bezeichnet sind. Dies sind allerdings quasi alle, in denen HKW auch eingesetzt werden (4. BImSchV plus 2. BImSchV).

Auch hier gilt selbstverständlich, weil nur so eine Aufarbeitung wirtschaftlich vertretbar ist, die Getrennthaltung (§ 2) nach Hauptbestandteilen (Di-, Tri- und Tetrachlormethan, 1,2-Di-, 1,1,1-Trichlorethan, Tri- , Tetrachlorethen, Trichlorfluormethan usw.) und die Kennzeichnungspflicht (§ 5).

Der Verteiber von Lösungsmitteln ab 10 l/Monat aufwärts wird verpflichtet, eine entsprechende Art und Menge verbrauchter Lösungsmittel plus einer verfahrensbedingten Zusatzmenge zurückzunehmen oder durch Dritte eine Rücknahme sicherzustellen (§ 3). Hierdurch soll eine entsprechende Entsorgungslogistik aufgebaut werden, sofern der Anwender nicht selbst die Lösungsmittel aufarbeitet (es besteht keine Rückgabepflicht!). Nimmt der Anwender die Rücknahme durch den Vertreiber in Anspruch, muß er eine Erklärung über die Art und Verwendung der Lösungsmittel abgeben. Die Vorschriften der AbfRestÜberwV bzw. nach § 11 AbfG behalten ihre Gültigkeit.

2.2.8 Klärschlammverordnung (AbfKlärV)

Seit 01.07.1992 gilt die AbfKlärV (vom 15.04.1992, BGBl. I S. 912), die zum einen die EU-Richtlinie 86/278 EWG des Rates vom 12.06.1986 über den Schutz der Umwelt insbesondere der Böden bei der Verwendung von Klärschlamm in der Landwirtschaft in Landesrecht umsetzt und zum anderen § 15 Abs. 2 AbfG konkretisiert. Bereits seit 1982 gab es eine Klärschlammverordnung in Deutschland, die nun hinsichtlich der begrenzten Stoffe und Nachweisverfahren verschärft worden ist.

Die Klärschlamm-Mengen in Europa werden auch in der nächsten Zeit noch zunehmen, da die Anforderungen an die Abwasserreinigung steigen (z.B. EG-Richtlinie über die Behandlung von kommunalem Abwasser vom 21.05.1991 (91/271/EWG) bzw. auch in einigen Ländern der EG erst umgesetzt werden. Der Gesetzgeber ist der Auffassung, daß Klärschlamm sich grundsätzlich für die landbauliche Verwertung eignet; schließlich fehlen in Zukunft die Möglichkeiten zur Deponierung bzw. Verbrennung und Deponierung. Da es allerdings auch Staatsaufgabe ist, den Boden vor Schadstoffanreicherungen zu schützen, dürfen dem Boden nur begrenzt Schadstofffrachten zugeführt werden, und außerdem sind Hygieneanforderungen zu berücksichtigen. Diese Aufgabe wird über die Klärschlammverordnung umgesetzt.

Als Anwendungsbereich ist definiert, daß diese Verordnung zu beachten hat, wer Abwasserreinigungsanlagen betreibt und Klärschlamm zum Aufbringen auf landwirtschaftlich oder gärtnerisch genutzte Böden abgeben will oder wer Klärschlamm aufbringt. Klärschlamm ist dabei definiert als Schlamm, der bei der Behandlung von Abwasser in Abwasserbehandlungsanlagen einschließlich zugehöriger Anlagen zur weitergehenden Abwasserreinigung angefallen ist, auch entwässert, getrocknet oder in sonstiger Form behandelt. Da in der Definition Klärschlamm von Rohschlamm (Schlamm, der unbehandelt entnommen ist; eine Entwässerung von Rohschlamm stellt keine Behandlung dar) abgegrenzt ist, darf die obige Definition verstanden werden, als daß der Klärschlamm ein zumindest stabilisierter, hygienisierter Rohschlamm ist (siehe Kapitel 4).

Klärschlamm darf nur aufgebracht werden, wenn

- das Wohl der Allgemeinheit nicht beeinträchtigt wird,
- die Aufbringung nach Art, Menge und Zeit auf den Nährstoffbedarf der Pflanzen unter Berücksichtigung der im Boden verfügbaren Nährstoffe und organischen Substanz sowie der Standort- und Anbaubedingungen ausgerichtet ist und der Boden auf pH-Wert, den Gehalt an pflanzenverfügbarem Phosphat, Kalium und Magnesium untersucht ist,
- die Bestimmungen des Düngemittelrechtes eingehalten sind,
- vor dem erstmaligen Aufbringen der Gehalt an Blei, Cadmium, Chrom, Kupfer, Nickel, Quecksilber und Zink im Boden durch Bodenuntersuchungen einer von der zuständigen Behörde bestimmten Stelle untersucht ist (die Bodenuntersuchungen sind spätestens alle 10 Jahre zu wiederholen),
- in Abständen von längstens 6 (und kürzestens 2) Monaten Proben des Klärschlammes durch eine von der zuständigen Behörde bestimmten Stelle auf die Gehalte an Blei, Cadmium, Chrom, Kupfer, Nickel, Quecksilber und Zink sowie auf die Summe der organisch-gebundenen Halogenverbindungen als adsorbierte organisch-gebundene Halogene (AOX), Gesamt- und ammoniumstickstoff, Phosphat, Kalium, Magnesium sowie den Trockenrückstand, die organische Substanz, die basisch wirksamen Stoffe und den pH-Wert untersucht werden,
- vor dem erstmaligen Aufbringen und danach in Abständen von längstens 2 Jahren Proben des Klärschlammes auf die Gehalte an organisch-persistente Schadstoffe (polychlorierte Biphenyle und polychlorierte Dibenzodioxine und -furane) von einer der zuständigen Behörde bestimmten Stelle untersucht werden.

Das Aufbringen von Rohschlamm oder Schlamm aus anderen Abwasserbehandlungsanlagen als zur Behandlung von Haushaltsabwässern, kommunalen Abwässern oder Abwässern mit ähnlich geringer Schadstoffbelastung auf landwirtschaftlich oder gärtnerisch genutzte Böden ist verboten (§ 4). Weiterhin verboten ist die Aufbringung von Klärschlamm

- □ auf Gemüse- und Obstanbauflächen,
- □ auf Ackerflächen zum Anbau von Feldgemüse für das Jahr der Aufbringung und für ein Jahr danach (auf Ackerflächen für den Feldfutter- und Zuckerrübenanbau (letzteres soweit das Blatt vefüttert wird) ist die Aufbringung nur zulässig vor der Aussaat und bei tiefer Einarbeitung in den Boden),
- □ auf Dauergrünland,
- □ auf forstwirtschaftlich genutzte Böden,
- □ auf Böden in Naturschutzgebieten, Naturdenkmalen, Naturparks, geschützten Landschaftsbestandteilen usw., es sei denn, es liegt eine Ausnahme nach Bundesnaturschutzgesetz § 5 vor,
- □ auf Böden in Zone I und II von Wasserschutzgebieten sowie im Bereich der Uferrandstreifen (10 m),
- □ auf landwirtschaftlich oder gärtnerisch genutzte Böden, wenn mindestens einer der in Tabelle 2.14 genannten Grenzwerte überschritten ist.

Bei einer Herstellung von Gemischen unter Verwendung von Klärschlamm beziehen sich die Angaben auf den Klärschlamm selbst und auf das Gemisch. Klärschlamm darf im übrigen in der Nähe der Aufbereitungsfläche nur gelagert werden, soweit dies für die Aufbringung erforderlich ist. Zur Begrenzung der Schadstofffracht sieht § 6 vor, daß innerhalb von 3 Jahren maximal 5 t Trockenmasse/ha aufgebracht werden dürfen (Klärschlammkomposte und -gemische erfahren ebenfalls eine spezielle Regelung). Hierzu sind entsprechende Nachweise (§ 7) zu erbringen und insbesondere ein Aufbringungsplan (§ 8) zu erstellen. Anhang 1 zur AbfKlärV enthält eine Vorschrift zur Probenahme, Probevorbereitung und Untersuchung von Klärschlamm und Boden, Anhang 2 das Formblatt für einen Lieferschein gemäß § 7 AbfKlärV.

Bewertet man die oben genannten Ziele des Gesetzgebers aus der Sicht der Praxis, muß man zu dem Schluß kommen, daß der Bodenschutz zwar sehr weitgehend vorangetrieben, die Klärschlammverwertung in der Landwirtschaft aber zum Erliegen kommen wird. Der Trend zu umfangreichen Grenzwertkatalogen und der damit verbundenen Ausweitung des analytischen Aufwandes trägt nicht dazu bei, die zunehmende Besorgnis der Bevölkerung vor Schadstoffen zu entkräften (denn Dioxine, gleich in welcher Konzentration gemessen, sind eben «Gifte»!). Auch erhöht er die Kosten der Verwertung ganz erheblich und begrenzt für keinen der Beteiligten das Risiko eines späteren Verlustes eines Nutzungsverbotes.

Ganz abgesehen davon ist die Beschränkung auf häusliche Abwässer wenig sinnvoll, weil alle vom Menschen genutzten und produzierten Stoffe irgendwie im häuslichen Bereich auftauchen und sich im Abwasser wiederfinden (vgl. [1.19]), wohingegen industrielle Abwasseranlagen (z.B. aus der chlorfreien Zellstoffproduktion oder der Pharmaindustrie) eher geringere Schadstoffgehalte aufweisen. Schließlich aber sollte man auch nicht vergessen, daß es sich bis auf die Verwertung von Phosphat und Nitrat im Klärschlamm um eine Entsorgung des Klärschlammes handelt, da der organische Anteil im Klärschlamm den Pflanzen nichts bringt: Pflanzen sind autotroph! Die Eigenschaft als Bodenverbesserungsmittel wird dabei kontrovers diskutiert [2.10].

Tabelle 2.14 Bodengrenzwerte und Bestimmungsverfahren der Klärschlammverordnung

Boden:			
Schwermetall	Bodengrenzwert (mg/kg Trockenmasse)		Bestimmungsverfahren
	übrige Böden	leichte Böden	
pH	5	–	DIN 19 684 Teil 1
Aufschluß (Königswasser)	–	–	DIN 38 414 Teil 7
Blei	100	100	DIN 38 406 Teil 22
Cadmium	1,5	1	DIN 38 406 Teil 22
Chrom	100	100	DIN 38 406 Teil 22
Kupfer	60	60	DIN 38 406 Teil 22
Nickel	50	50	DIN 38 406 Teil 22
Quecksilber	1	1	DIN 38 406 Teil 12
Zink	200	150	DIN 38 406 Teil 22

Klärschlamm:		
Parameter	Klärschlamm-Grenzwert (mg/kg Trockenmasse)	Bestimmungsverfahren
Schwermetalle:		
Blei	900	DIN 38 406 Teil 6/Teil 22
Cadmium	10 (5)	DIN 38 406 Teil19/Teil 22
Chrom	900	DIN 38 406 Teil10/Teil22
Kupfer	800	DIN 38 406 Teil 22
Nickel	200	DIN 38 406 Teil22
Quecksilber	8	DIN 38 406 Teil 12
Zink	2 500 (2 000)	DIN 38 406 Teil 8/Teil 22
organische Schadstoffe:		
AOX	500	DIN 38 414 Teil 18
PCB (Nr. 28, 52, 101, 138, 153, 180)	jeweils 0,2	Anhang 1, Abs. 1.3.3.1
Dioxine/Furane	100 ng TE/kg Trockenmasse	Anhang 1, Abs. 1.3.3.2
Schlammparameter und Nährstoffe:		
pH		DIN 38 414 Teil 5
Trockenmasse (m_T)		DIN 38 414 Teil 2
Glühverlust		DIN 38 414 Teil 3
basisch wirksame Stoffe		Anhang 1, Abs. 1.3.2
Gesamtstickstoff		DIN 38 406 Teil 4
Ammoniumstickstoff		DIN 38 406 Teil 5
Calcium		DIN 38 406 Teil 22
Kalium		DIN 38 406 Teil 22
Magnesium		DIN 38 406 Teil 3/Teil 22
Phosphor		DIN 38 406 Teil 22

() Aufbringung auf leichten Boden

2.3 Verwaltungsvorschriften zu § 4 Abfallgesetz des Bundes

Im Gegensatz zu Verordnungen richten sich Verwaltungsvorschriften, wie der Name besagt, nur an die Verwaltungen. Jeder Betroffene tut jedoch gut daran zu wissen, welche Richtlinien die Genehmigungsbehörde zu befolgen hat.

2.3.1 Schutz des Grundwassers bei der Lagerung und Ablagerung von Abfällen

Bei dieser Verwaltungsvorschrift handelt es sich um die Umsetzung einer entsprechenden EG-Richtlinie aus dem Jahr 1979, die infolge der Anrufung des europäischen Gerichtshofes durch die EG wegen fehlender Umsetzung erlassen wurde, die aber nach Verabschiedung der TA Abfall (s.u.) wieder aufgehoben werden soll. Dies auch schon deshalb, weil der Gesetzgeber die Richtlinie in Teilen bereits über das Wasserhaushalts- und Abfallgesetz bereits umgesetzt hat.

Sie hat insofern Bedeutung, als sie die 1. Verwaltungsvorschrift zu § 4 ist, wohingegen die wesentlich bedeutsameren Technischen Anleitungen die Folgenummern tragen.

2.3.2 Technische Anleitung Abfall (Sonderabfall)

Mit der 4. Novelle des AbfG ist als wesentliche Neuerung zur Ordnung der Entsorgung bestimmt worden, daß die Bundesregierung nach Anhörung der beteiligten Kreise (Experten der Wirtschaft) mit Zustimmung des Bundesrates allgemeine Verwaltungsvorschriften über Anforderungen an die Entsorgung von Abfällen erläßt (gemäß § 4 Abs. 5 AbfG), sogenannte Technische Anleitungen zur Lagerung, chemisch-physikalischen, biologischen Behandlung, Verbrennung und Ablagerung von besonders überwachungsbedürftigen Abfällen (TA Abfall vom 12.03.1991, GMBl. S. 138). Maßstab für die TA Abfall sind nicht die allgemein anerkannten Regeln der Technik (aaRdT), sondern der Stand der Technik (vgl. dazu Abschnitt 2.1.5).
Stand der Technik im Sinne der Anleitung ist der Entwicklungsstand fortschrittlicher Verfahren, Einrichtungen oder Betriebsweisen, der die praktische Eignung einer Maßnahme für eine umweltverträgliche Abfallentsorgung gesichert erscheinen läßt. Bei der Bestimmung des Standes der Technik sind insbesondere vergleichbare geeignete Verfahren, Einrichtungen oder Betriebsweisen heranzuziehen, die mit Erfolg im Betrieb erprobt sind.

Ziele der TA Abfall sind:

- □ einheitliche Entsorgungsstandards (Definition von Abfallwegen),
- □ Steigerung der Abfallverwertung,
- □ größere Sicherheiten – insbesondere bei Deponien,
- □ größere Akzeptanz bei Entsorgungsanlagen,
- □ Erweiterung der knappen Entsorgungskapazitäten.

Die TA Sonderabfall enthält die in Tabelle 2.15 gezeigten Inhalte, die zum Teil sehr ausführlich dargelegt sind.

Tabelle 2.15 Gesamtgliederung TA Sonderabfall

	Abschnitte	Gliederungspunkte
I	Anwendungsbereich	
II	Allgemeine Vorschriften	Stand der Technik Begriffsbestimmungen und Einheiten im Meßwesen Probenahme, Meß- und Analysenverfahren Ausnahmeregelungen
III	Zulassung von Abfallentsorgungsanlagen	Sicherheitsleistung
IV	Zuordnung von Abfällen zu Entsorgungswegen und -verfahren	Grundsatz Änderungs- und Vermischungsverbot Verwertung Kriterien für die Zuordnung
V	Organisatorische Regelungen für den Betrieb von Abfallentsorgungsanlagen	Aufbau und Ablauforganisation Personalanforderungen Information und Dokumentation
VI	Übergreifende Anforderungen an Sammelstellen, Lager und Abfallbehandlungsanlagen	Allgemeines zu Anlagenbereichen Abfallanlieferung Anlagenbereiche
VII	Anforderungen an Zwischenlager	Allgemeine Anforderungen Unterscheidungsmerkmale Vorbereitende Behandlung Lagern und Entwässern Zusammenstellen zu größeren Einheiten Lagern von Kleinmengen
VIII	Anforderungen an Behandlungsanlagen	Chemisch-/physikalische Behandlung Verbrennung Rückstände und Abwasser Meß-, Steuer- und Regeleinrichtungen
IX	Oberirdische Ablagerung	Standort, Errichtung und Betrieb Stabilität des Deponiekörpers Sickerwasser- und Abwasserbehandlung Stillegung und Nachsorge
X	Untertägige Ablagerung	Standort und standortsbezogene Sicherheitsbeurteilung Errichtung und Betrieb Stillegung und Nachsorge
XI	Anforderungen an Altanlagen	
XII	Übergangsvorschriften	

Die TA Abfall erfaßt generell alle Abfallarten und das gesamte Entsorgungssystem (nach seiner Fertigstellung). Punkt 4.4 der TA Abfall gibt vor, daß Abfälle, die nachweislich nicht verwertet werden können, einer Anlage zur Behandlung oder Ablagerung zuzuordnen sind, für die ein Katalog im Anhang C zur TA Abfall eine Orientierungshilfe gibt (s. Tabelle 2.16). In Erweiterung zur AbfBestV sind in den entsprechenden Spalten durch die Ziffern 1 und 2 vor- und nachrangige Entsorgungshinweise gegeben bzw. wird auf spezielle Regelungen hingewiesen.

Die endgültige Zuordnung eines Abfalls zu einer Abfallentsorgungsanlage hat im Entsorgungsnachweis (vgl. Abschnitte 2.2.3 und 2.5) aufgrund der Abfalleigenschaften und der Zulassung der Abfallentsorgungsanlage zu erfolgen. Bei der Beurteilung der Abfalleigenschaften sind insbesondere die Angaben zu den Parametern Konsistenz, Aussehen und Farbe, Geruch, Brennverhalten unter üblichen Bedingungen und Reaktionen mit Wasser bzw. anderen Stoffen heranzuziehen (aus Nr. 4 des Entsorgungsnachweises sowie die Angaben in den Anhängen 1a bis 1f des Entsorgungsnachweises; s. Abschnitt 2.5). Dabei kann im Einzelfall auch eine umweltverträgliche Entsorgung in einer Hausmülldeponie (HMD) oder -verbennung (HMV) erfolgen.

Abschnitt 4.4.2 legt als Zuordnungskriterium für eine chemisch-pysikalische und biologische Behandlung fest, daß ein Abfall vorzugsweise ihr zuzuordnen ist, wenn er in mehr als unerheblicher Menge umweltgefährdende Stoffe oder Stoffgemische enthält, die zur Verwertung oder sonstigen Entsorgung abgetrennt, umgewandelt oder immobilisiert werden können und dadurch in ihrer Schädlichkeit vermindert werden. Einer Verbrennung ist er vorzugsweise zuzuordnen, wenn er organische Stoffe enthält, die

- □ die Zuordnungswerte D2 (soweit organisch Kohlenstoff), D3, D4.04 oder D4.19 aus Anhang D zur TA Abfall (vgl. Tabelle 2.17) überschreiten,
- □ bei denen aufgrund der im Entsorgungsnachweis beschriebenen Herkunft oder Beschaffenheit bei einer Ablagerung wegen ihres signifikanten Gehaltes an toxischen, langlebigen und bioakkumulativen organischen Stoffen (z.B. organische Halogenverbindungen, organische Phosphorverbindungen) eine Beeinträchtigung des Wohls der Allgemeinheit zu besorgen ist.

Die Zuordnungskriterien für die oberirdische Ablagerung sehen im wesentlichen vor, daß Abfall selbst eine Barriere gegen den Untergrund darstellen muß und von daher inert zu sein hat. Im einzelnen sehen die Anforderungen so aus:

- □ Abfälle können der oberirdischen Deponie zugeordnet werden, wenn sie die Zuordnungswerte nach Tabelle 2.17 einhalten (bei nicht ausreichender Festigkeit ist eine Verfestigung zulässig).

Sie dürfen nur abgelagert werden, wenn

- □ von ihnen keine erheblichen Geruchsbelästigungen für die Nachbarschaft ausgehen;
- □ eine Beeinträchtigung des Wohls der Allgemeinheit wegen ihres signifikanten Gehaltes an toxischen, langlebigen und bioakkumulativen organischen Stoffen nicht zu erwarten ist;
- □ in Verbindung mit den Nrn. 1 bis 7 des Entsorgungsnachweises der Nachweis erbracht wird, daß bei Überschreitung des Glühverlustes (D 2, Tabelle 2.17) unter Ablagerungsbedingungen zu keinen unzulässigen Reaktionen führt, durch die Schadstoffe in hohem Maße freigesetzt werden können;

Abfälle, die die Parameter D 1, D 3, D 4.08, D 4.16, D 4.18, D 4.19 oder D 4.20 nach Tabelle 2.16 nicht einhalten, sollen der chemisch-physikalischen oder biologischen Behandlung zugeordnet werden. Wenn die Parameter D 4.08, D 4.16, D 4.18 oder D 4.20 nicht eingehalten werden, ist alternativ die Zuordnung zu einer Untertagedeponie zu prüfen.

An eine untertägige Ablagerung werden die Forderungen gestellt, daß sie

- □ keine Erreger übertragbarer Krankheiten enthalten oder hervorbringen,
- □ über ausreichende Festigkeiten zur Ablagerung verfügen bzw. diese im Endzustand erreichen,
- □ unter Ablagerungsbedingungen (Temperatur, Feuchtigkeit) nicht selbstentzündlich oder selbstgängig brennbar oder explosibel sind,
- □ unter Ablagerungsbedingungen nicht zu Volumenvergrößerungen, Bildung selbstentzündlicher, toxischer oder explosibler Gase oder anderen gefährlichen Reaktionen untereinander oder mit dem Salzgestein führen,
- □ nicht penetrant riechen,
- □ aufgrund der Partialdrücke ihrer Bestandteile keine toxischen Gaskonzentrationen verursachen oder im Sättigungszustand im geschlossenen Behältnis Konzentrationen bilden, die höher sind als eine Zehnerpotenz unterhalb der Zündfähigkeitsgrenze.

Für Monoablagerungen gelten schließlich dieselben Anforderungen. Allerdings ist eine Monodeponie mit Überschreitungen der Parameter von Tabelle 2.17 dann noch zulässig, wenn deren Sickerwässer nach Art und Menge abschätzbar sind.

2.4 Örtliche Regelungen der Abfallentsorgung

Als weitere Rechtsquelle sind die kommunalen Satzungen zu beachten. Diese enthalten im wesentlichen Ausführungen über die Abfallentsorgung in der öffentlichen Einrichtung, den Ausschluß- und Benutzungszwang dieser Einrichtungen bzw. die Überlassungspflicht der Abfälle, den Ausschluß von der Entsorgungspflicht, die Sammlung von Abfällen und Wertstoffen, das Getrenntsammelgebot für Schadstoffe und Organisatorisches im Umgang mit der Abfallentsorgung der Haushalte. Eine meist separate Abfallgebührensatzung regelt die Bemessungsgrundlagen.

Die Satzung der Stadt Karlsruhe vom 09.05.1989 enthielt folgende Paragraphen über die Entsorgung von Abfällen:

§ 1 Abfallentsorgung als öffentliche Einrichtung;
§ 2 Anschluß- und Benutzungszwang, Überlassungspflicht;
§ 3 Ausschluß von der Entsorgungspflicht;
§ 4 Sammlung der Abfälle;
§ 5 Getrennte Sammlung von Wertstoffen;
§ 6 Getrennte Sammlung von Schadstoffen;
§ 7 Getrennte Sammlung anderer Abfälle;
§ 8 Zahl und Größe der Müll- und Wertstoffbehälter, Recheneinheiten bei Benutzung einer Abfallsauganlage;

Tabelle 2.16 Auszug aus Anhang C TA Abfall (CPB: chem.-, phys. Behandlung, HMV: Hausmüllverbrennung, SAV: Sonderabfallverbrennung, HMD: Hausmülldeponie, SAD: Sonderabfalldeponie, UTD: Untertagedeponie)

Abfall-schlüssel	Bezeichnung	Herkunft	Massen-abfall	Entsorgungshinweise, sofern Verwertungsprüfung nach Nr. 4.3 negativ						
				CPB	HMV	SAV	HMD	SAD	UTD	Sonstiges
541 07	Trafoöle, Wärmeträgeröle und Hydrauliköle, polychlorierte Biphenyle enthaltend	Trasformatoren, Umspannwerke, Bergbau, Chemische Industrie, Gewerbliche Wirtschaft, Öffentliche Einrichtungen				1				Spezial-regelung nach §§ 5a, 5b AbfG
541 08	Verunreinigte Heizöle (auch Dieselöl)	Tanklager		2		1				Spezial-regelung nach §§ 5a, 5b AbfG
541 09	Bohr-, Schneid- und Schleiföle	Spanabhebende Metallbearbeitung, Oberflächenbehandlung, Industrie, Gewerbliche Wirtschaft		1		1				Spezial-regelung nach §§ 5a, 5b AbfG
541 10	PCB-haltige Erzeugnisse und Betriebsmittel	Herstellung, Anwendung und Entsorgung von Transformatoren, Kondensatoren und hydraulischen Betriebsmitteln				2			1	
541 11	Sonstige PCB-haltige Abfälle	Gewerbliche Wirtschaft		2		1			1	
541 12	Verbrennungsmotoren- und Getriebeöle	Kaufhäuser, Großmärkte, Einzelhandel, Kommunale Sammelstellen, Tankstellen, Kfz-Werkstätten		2		1				Spezial-regelung nach §§ 5a, 5b AbfG
541 13	Maschinen- und Turbinenöle	Gewerbliche Wirtschaft, Industrie, Elektrizitätswirtschaft, öffentliche Einrichtungen		2		1				Spezial-regelung nach §§ 5a, 5b AbfG
541 14	Verbrennungsmotoren-, Getriebe-, Maschinen- und Turbinenöle, polychlorierte Biphenyle oder halogenhaltige polychlorierte Biphenyl-Ersatzprodukte enthaltend, Kältemaschinenöle aus Kühlgeräten, Kälte- und Klimaanlagen	Bergbau, Schrottwirtschaft, Elektrizitätswirtschaft, öffentliche Einrichtungen, Industrie, Gewerbliche Wirtschaft				1				Spezial-regelung nach §§ 5a, 5b AbfG
542	Fette und Wachse aus Mineralöl									
542 01	Ölgatsch	Petrochemie, Paraffinoxidation				1				
542 02	Fettabfälle	Kfz-Werkstätten, Gewerbliche Wirtschaft				1				
542 04	Fettsäurerückstände	Chemische Industrie, Herstellung von Kerzen und Seifen				1				
542 06	Metallseifen	Chemische Industrie, Petrochemie				1		2	2	
542 08	Fettsäurederivate	Chemische Industrie				1				
542 09	Feste fett- und ölverschmutzte Betriebsmittel	Tankstellen, Werkstätten, Gewerbliche Wirtschaft			2	1				

Tabelle 2.17 Zuordnungskriterien zur oberirdischen Deponie nach Anhang D TA Abfall

Nr.	Parameter	Zuordnungswert
D 1	Festigkeit	
D 1.01	Flügelscherfestigkeit	≥ 25 kN/m^2
D 1.02	axiale Verformung	≤ 20%
D 1.03	einaxiale Druckfestigkeit (Fließwert)	≥ 50 kN/m^2
D 2	Glühverlust des Trockenrückstandes der Originalsubstanz	≤ 10 Gew.-%
D 3	extrahierbare lipophile Stoffe	≤ 4 Gew.-%
D 4	Eluatkriterien	
D 4.01	pH-Wert	4 bis 13
D 4.02	Leitfähigkeit	≤ 100 000 µS/cm
D 4.03	TOC	≤ 200 mg/l
D 4.04	Phenole	≤ 100 mg/l
D 4.05	Arsen	≤ 1 mg/l
D 4.06	Blei	≤ 2 mg/l
D 4.07	Cadmium	≤ 0,5 mg/l
D 4.08	Chrom-VI	≤ 0,5 mg/l
D 4.09	Kupfer	≤ 10 mg/l
D 4.10	Nickel	≤ 2 mg/l
D 4.11	Quecksilber	≤ 0,1 mg/l
D 4.12	Zink	≤ 10 mg/l
D 4.13	Fluorid	≤ 50 mg/l
D 4.14	Ammonium	≤ 1 000 mg/l
D 4.15	Chlorid	≤ 10 000 mg/l
D 4.16	Cyanide, leicht freisetzbar	≤ 1 mg/l
D 4.17	Sulfat	≤ 5 000 mg/l
D 4.18	Nitrit	≤ 30 mg/l
D 4.19	AOX	≤ 3 mg/l
D 4.20	wasserlöslicher Anteil	≤ 10 Gew.-%

§ 9 Standplätze von Müll- und Wertstoffbehältern;
§ 10 Bereitstellung der Abfälle zur Abholung;
§ 11 Abholung der Abfälle;
§ 12 Eigentumsübergang;
§ 13 Auskunftspflicht und Nachschaurecht;
§ 14 Erhebung von Gebühren;
§ 15 Ordnungswidrigkeiten;
§ 16 Übergangs- und Schlußbestimmungen;
§ 17 Inkrafttreten.

Diese Satzung trat am 1. Januar 1990 in Kraft und löste die Abfallbeseitigungssatzung vom 23. Juli 1988 ab.

2.5 Fallbeispiel zum Umgang mit dem Entsorgungsnachweis und den Begleitscheinen bei der Entsorgung von Emulsionen

Im folgenden wird am Beispiel von Bohr-, Schleifölemulsionen und Emulsionsgemischen das Procedere der Entsorgung nach dem Abfallrecht behandelt.

Die Entsorgung beginnt im Augenblick der Entstehung des Abfalls. Schließlich muß der Produzent schon vor Aufnahme der Produktion wissen, ob die unerwünschten Produkte verwertet werden können oder einer Entsorgung zugeführt werden müssen (siehe vor allem die Abschnitte 1.3, 2.1.2 und 2.1.3). Zunächst gilt als allererstes das Vermischungsverbot nach § 3 Abs. 2 Satz 4 AbfG (1986).

Für die Sammlung und Lagerung von Emulsionen gelten die in Abschnitt 1.4.1 aufgezeigten Merkmale; es handelt sich bei den genannten Emulsionen um wassergefährdende Stoffe (Mineralölbestandteile).

Für die Entsorgung ist nun zunächst dic genaue Bezeichnung des Abfalles festzulegen (sie muß so spezifisch, wie irgendmöglich sein) und die entsprechende Abfallschlüsselnummer zu ermitteln (AbfBestV, wenn es sich um einen besonders überwachungsbedürftigen Abfall handelt). In diesem Fall ermittelt man die Nummer 544 02. Die gesetzlichen Bestimmungen für die Entsorgung dieses Abfalles erfordern die folgenden drei «Papiere»:

1. Entsorgungsnachweis (nach § 11 AbfG gemäß §§ 8, 9 AbfRestÜberwV);
2. Transportgenehmigung (nach § 12 AbfG gemäß §§ 4, 5 AbfRestÜberwV);
3. Begleitschein (nach § 14 AbfG).

Der Entsorgungsnachweis gliedert sich in 3 Teile (Bild 2.13 zeigt hierzu, wie die einzelnen Teile des Entsorgungsnachweises zwischen den drei genannten Beteiligten hin- und herwandern):

1. Verantwortliche Erklärung des Abfallerzeugers.
2. Annahmeerklärung des Entsorgers.
3. Bestätigung der Behörde, die für den Entsorger zuständig ist.

Die Transportgenehmigung gliedert sich in 2 Teile:

1. Antrag auf Erteilung einer Genehmigung zum Einsammeln oder Befördern von Abfällen nach § 12 AbfG durch den Transporteur oder Abfallerzeuger.
2. Genehmigungsbescheid durch die zuständige Behörde des Antragsstellers.

Der Begleitschein setzt sich aus 6 Durchschlägen zusammen, die, wie in Bild 1.27 gezeigt, zu hinterlegen sind.

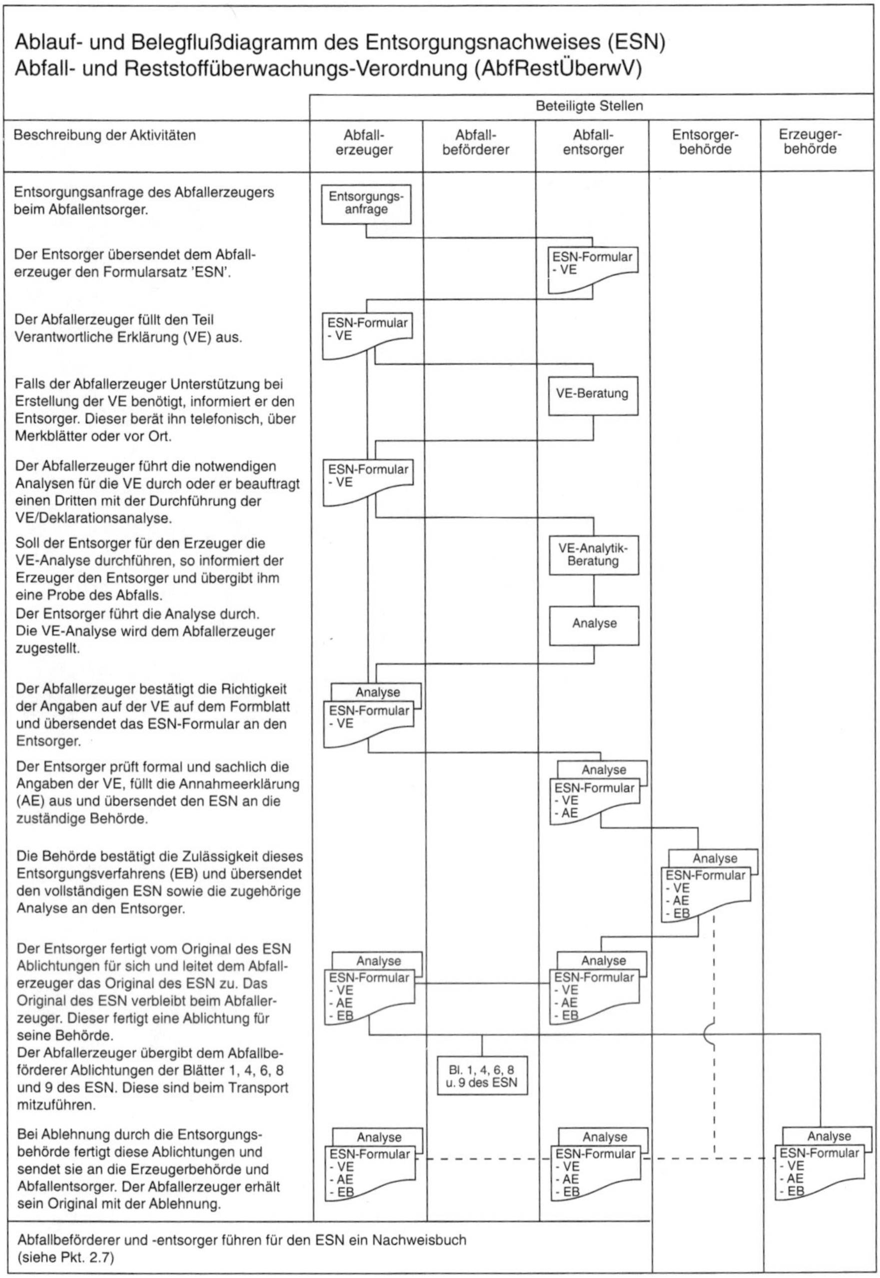

Bild 2.13 Ablauf- und Belegflußdiagramm des Entsorgungsnachweises

3 Behandlung flüssiger Rückstände mit dem Ziel der Rückgewinnung oder zur Vorbereitung der Entsorgung

Nach den jüngsten administrativen Vorgaben handelt es sich bei allen gewerblichen und industriellen Abfällen primär zunächst um Rückstände (KrWAbfG, 1994), die zunächst auf ihre Verwertbarkeit hin zu überprüfen sind und dementsprechend behandelt werden müssen. Es ist im Sinne jedes Unternehmers, flüssige Abfälle

1. mengenbezogen und
2. stoffbezogen

zu behandeln, um sie günstiger (d.h. nicht nur mit geringeren Kosten, sondern auch sicherer und zuverlässiger) entsorgen bzw. einer Verwertung zuführen zu können.

Häufig entstehen flüssige Abfälle (vgl. Definitionen in Abschnitt 1.1) als Folge einer nach dem Wasserrecht geforderten Abwasserreinigungsmaßnahme (vgl. KUNZ, 1992 [1.1]). Abwasserreinigung heißt im wesentlichen Phasenumwandlung, Phasenseparation und Aufkonzentrierung der abzuscheidenden Stoffe. Die Phasenumwandlung in feste Fällungsprodukte oder Biomasse in Form von Schlamm ist die am häufigsten anzutreffende Form der Abwasserreinigung. Die Transformation gelöster Schadstoffe aus dem Abwasser in Gase, wie das NH_3, sind immer noch die Ausnahme.

Im folgenden interessieren lediglich die flüssigen Formen der Rückstände/Abfälle, die noch einer Weiterbehandlung bedürfen. Der Prozeß der Phasenumwandlung wird hier auch nur noch am Rande betrachtet: Er stellt in der konventionellen Betrachtung des nachsorgenden Umweltschutzes den Output dar, der zum Input für die Behandlung flüssiger Abfälle wird. Nach Auffassung des Verfassers verhält es sich jedoch gerade umgekehrt: Er ist ein Folgeschritt. Angesichts der großen Entsorgungsengpässe in Deutschland braucht ein produzierendes Unternehmen sowohl einen Markt für die eigentlichen Produkte als auch einen für die bei der Produktion anfallenden Nebenprodukte. Das heißt aber nichts anderes, als daß zur Erlangung des Produkts auch die Nebenprodukte produziert werden müssen. Deshalb muß vom Verkaufs- oder zumindest sicher entsorgbaren Nebenprodukt die Kette rückwärts bis zur Quelle (in diesem Fall der dann zu wählende Phasenumwandlungsprozeß bei der Abwasserreinigung) verfolgt werden.

Bild 3.1 zeigt symbolisch an zwei Pfeilen die wesentlichen Merkmale der Abfallbehandlungsmaßnahmen, die in diesem Kapitel angesprochen werden: Ein flüssiger Rückstand wird verfestigt (Abschnitt 3.4), indem ihm die flüssige Phase immer weiter entzogen wird (über beispielsweise Eindickung, Entwässerung, Trocknung bis hin zur Verbrennung, deren erste Stufe die Verdunstung/Verdampfung des Wassers darstellt). Handelt es sich um einen organischen flüssigen Rückstand, muß er künftig weitestgehend entgiftet (Abschnitt 3.2), mineralisiert (Abschnitt 3.3) und weiter aufkonzentriert (Abschnitt 3.4) werden, um als Abfall deponiert werden zu können.

Unter dem Stichwort «Entgiftung» – das eigentlich besser als Aufhebung der Toxizität eines Stoffes oder Stoffgemisches bezeichnet werden sollte, im folgenden aber angesichts des Sprachgebrauchs im Abfallbereich weiterverwendet wird – werden alle Maßnahmen zusammengefaßt, die sich mit der Verminderung einer toxischen Wirkung durch Oxidation/Reduktion oder Maskierung einer Verbindung, einer Separation von Inhaltsstoffen und/oder ihrer Inaktivierung beschäftigen. Neben toxischen Verbindungen des Kohlenstoffs (z.B. Cyanid) gehören dazu vor allem die Schwermetalle. Deshalb werden auch Prozesse zur Metallabreicherung in Abschnitt 3.2.4 behandelt. Unter die Abreicherung fällt auch das Thema Emulsionsspaltung.

Angesichts des nicht unproblematischen Umgangs mit «giftigen» Abfällen bzw. der häufig manuellen Bedienungen von nachstehend beschrieben Anlagen werden Sicherheitsmaßnahmen (Abschnitt 3.1) vorab kurz gestreift.

Im Anschluß an die «schadlose Beseitigung» wird die Massen- und Volumenreduktion diskutiert: Mineralisieren heißt, die Masse an organischen Verbindungen in anorganische umzuwandeln. Dabei kann der organische Kohlenstoff («C») mikrobiell oder thermisch zu CO_2 oxidiert oder über Redox-Prozesse zu CH_4 (Methan) und CO_2 in die Gasphase überführt werden. Metabolite (Stoffwechselzwischenprodukte) entstehen bei unvollständigen Reaktionen (s. Abschnitt 3.2.3 photochemischer Angriff), sie können auch erwünscht sein. Rückstände werden z.B. pyrolytisch zu neuen Verbin-

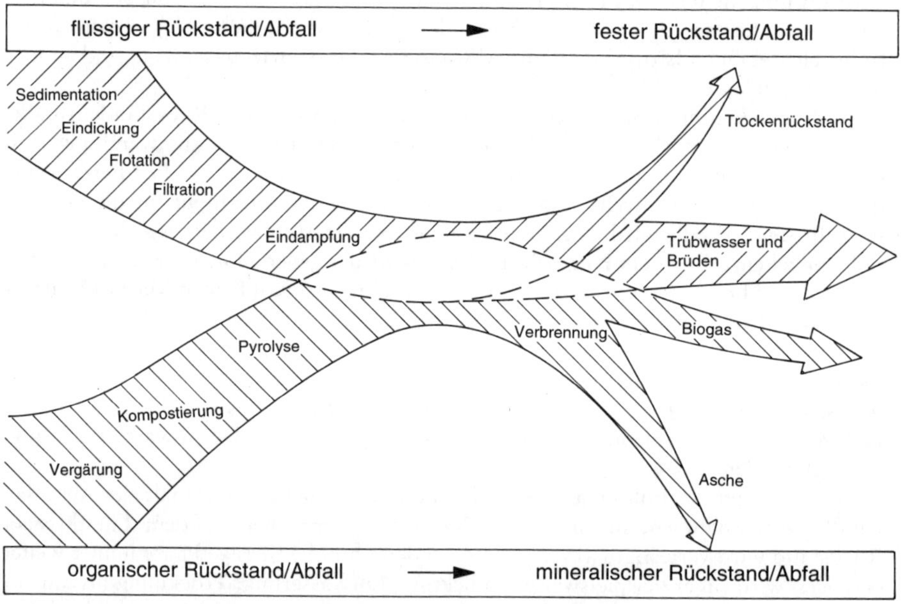

Bild 3.1 Beispielhafte Merkmale der Behandlung flüssiger/organischer Abfälle

dungen gecrackt (s. Abschnitt 3.3.3 Pyrolyse). Letztere stellen aber nur teilweise eine Massenverminderung dar.

Die umfangreichste Massenverminderung geht mit der weitgehenden Abtrennung der flüssigen Phase einher (Abschnitt 3.4). Bei verschiedenen Verfahren werden praktisch mehrere verfahrenstechnische Vorgehensweisen kombiniert, weshalb nachstehende Ausführungen nach dem eigentlichen Ziel der Behandlungsmaßnahme gegliedert sind.

3.1 Maßnahmen zum Schutz der Mitarbeiter

Der Umgang mit «Giften» – Gift ist eine Frage der Konzentration (!) einer akut oder chronisch toxisch wirkenden Substanz (vgl. KUNZ/FRIETSCH, 1986 [1.19]) – und gefährlichen Arbeitsstoffen (neben der toxischen Wirkung meist Brand- und Explosionsgefahr) wird bereits seit ca. 100 Jahren in Regelwerken behandelt. Seit 1986 existiert in Deutschland die Gefahrstoff-Verordnung (GefStoffV, 1991), die im 3. Abschnitt allgemein den Umgang mit derartigen Stoffen regelt. Eine Vielzahl von Nachschlagewerken und Loseblattsammlungen der Berufsgenossenschaften und der Bundesanstalt für Arbeitsschutz, entsprechenden Institutionen und Verlagen stehen dem Interessenten diesbezüglich zur Verfügung, so daß im folgenden nur einige wesentlichen Gesichtspunkte zusammengefaßt werden.

Wesentlich in diesem Zusammenhang ist § 20 GefStoffV, der den Arbeitgeber eines betreffenden Betriebes verpflichtet, eine Betriebsanweisung zu erstellen, in der der Umgang sowie die erforderlichen Schutzmaßnahmen und Verhaltensregeln festzulegen und auf eine sachgerechte Entsorgung entstehender gefährlicher Abfälle hinzuweisen ist. Die Betriebsanweisung muß in der Sprache der Beschäftigten abgefaßt und mit einer Unterweisung verbunden sein. Tafel 3.1 zeigt ein Beispiel einer Betriebsanweisung für den Umgang mit Säuren und Laugen, die in vielen Industriebetrieben anzutreffen sind. Neben den Gefahrensymbolen «reizend» und «ätzend» werden weitere in Bild 3.2 gezeigt.

Im Zusammenhang mit flüssigen Abfällen ist der Schutz der Mitarbeiter vor allem vor verspritzenden Flüssigkeiten und austretenden Gasen immer zu gewährleisten: Dazu sind vermeidende (s. Abschnitt 1.4), aber auch vom Mitarbeiter aktiv zu betreibende Schutzmaßnahmen erforderlich, die potentielle Gefahren in ihrer Wirkung von vornherein grundsätzlich herabsetzen; neben den passiven, die einen einmal eingetretenen Schaden eingrenzen helfen.

Hierzu gehört, daß die Arbeitskleidung entsprechende Gefahren berücksichtigt (z.B. bei Brandgefahr hochgeschlossen und nichtentzündlich), daß Augenschutz und Handschuhe getragen und nicht nur mitgeführt werden, aber auch daß geschlossene Lagerräume mit Gefahrgut vor dem Betreten oder dauernd durchlüftet werden (je nach möglichen Temperaturschwankungen «atmen» z.B. Fässer ganz gewaltig). In Tabelle 3.1 sind einige wesentlichen Merksätze zusammengefaßt; Tabelle 3.2 stellt wichtige Gesichtspunkte zum Augen- und Körperschutz heraus.

Neben Säuren und Laugen (letztere sind bei Einwirkung auf die menschliche Haut gefährlicher, weil problematischer zu behandeln) sind Chlorgase, Blausäure- und Lösungsmitteldämpfe, Ammoniak, Methan und Schwefelwasserstoff die häufigsten Substanzen, die (abgesehen von Betriebsstörungen) zu Verletzungen bei Mitarbeitern führen.

Tafel 3.1 Beispiel einer Betriebsanweisung

BETRIEBSANWEISUNG

GEM. § 20 GEFSTOFFV
und TRGS 555

GEFAHRENSTOFFBEZEICHNUNG

Reizend

Ätzend

Säuren und Laugen

GEFAHREN FÜR MENSCH UND UMWELT

Verursacht Reizungen und Verätzungen.
Vergiftungsgefahr beim Einatmen der Dämpfe,
Verschlucken der Flüssigkeiten, Berührung mit der Haut.
Heftige Reaktion möglich.

SCHUTZMASSNAHMEN UND VERHALTENSREGELN

Arbeitsplatz sauber halten. Dämpfe nicht einatmen.
Behälter dicht geschlossen halten. Zum entleeren oder Umfüllen Ballon-Kipper, Pumpe oder Heber verwenden.
Auf keinen Fall mit dem Mund ansaugen.
In diesem Raum nicht essen oder trinken. Hautschutzmittel verwenden.
Nur vorgesehene säure- oder laugenfeste Geräte und Behälter benutzen.
Unnötiges Verdunsten beim Um- und Abfüllen vermeiden.
Benetzte Kleidung sofort Wechseln.
Rauchverbot!
Schutzstiefel tragen (keine Lederschuhe!)
Vollschutzbrille oder Gesichtsschutzhelm tragen.
Schutzhandschuhe mit langen Stulpen tragen.
Atemschutzmaske mit richtigem Filter tragen.
Nach dem Abfüllen Gefäße mit entsprechenden Gefahrstoff-Etiketten versehen.

VERHALTEN IM GEFAHRENFALL

Notfall-Telefon:
Nach Auslaufen mit viel Wasser verdünnen oder mit geeignetem Bindemittel aufnehmen. Bereich schnellstens verlassen.

ERSTE HILFE

Not-Arzt-Telefon:	
Nach Einatmen:	Frische Luft – Arzt verständigen
Verschlucken:	Viel Wasser trinken, Erbrechen vermeiden, Arzt verständigen
Augenkontakt:	Mehrere Minuten mit viel Wasser spülen, Lidspalt offen halten, Augenarzt aufsuchen

SACHGERECHTE ENTSORGUNG

Nicht in die Kanalisation einleiten.
Geeigneter Deponie zuführen.

Bild 3.2
Gefahrensymbole nach der GefStoffV

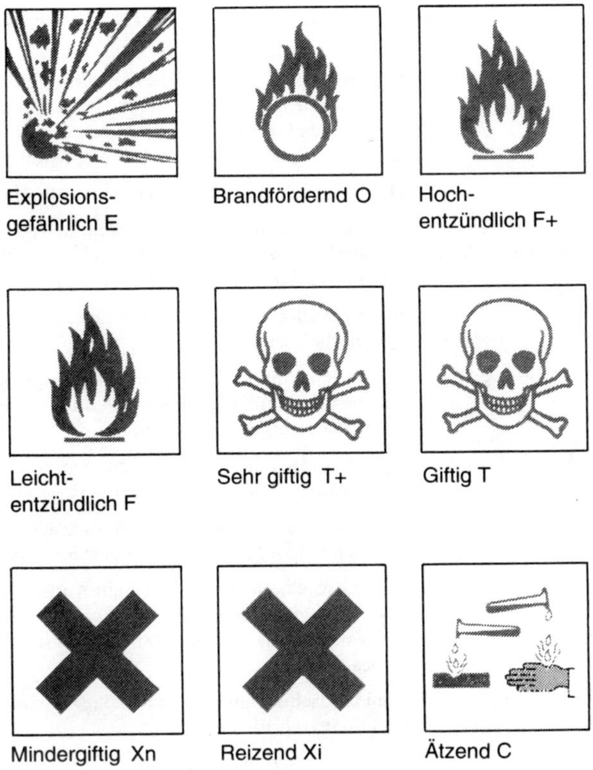

Tabelle 3.1 Wichtige Sicherheitsregeln im Umgang mit gefährlichen Abfällen

1.	Am Arbeitsplatz nicht essen, trinken oder rauchen.
2.	Bei allen Arbeiten Schutzbrille und Schutzhandschuhe, aber auch gutes Schuhwerk und schwer entzündliche Kleidung tragen.
3.	Alle Arbeiten weitgehend in gut belüfteten Räumen durchführen. Unter Umständen Atemschutzgerät einsetzen.
4.	Bei der Befüllung von Fässern und Lagertanks auf den Füllstand achten und Inhalte jeweils vorher kontrollieren.
5.	Kontakt mit Haut, Augen und Schleimhäuten auf jeden Fall vermeiden.
6.	Spritzer auf der Haut ausgiebig mit kaltem Wasser – nicht mit organischem Lösungsmittel – abspülen.
7.	Verätzte Augen mit weichem Wasser (Spezial-Augendusche) ausgiebig spülen. Sofort in augenärztliche Behandlung begeben.
8.	Mit Chemikalien durchsetzte Kleidung sofort ablegen.
9.	Bei Unfällen und Unwohlsein immer einen Arzt zu Rate ziehen.

Tabelle 3.2 Wichtige Anweisungen für den aktiven Mitarbeitschutz

Augenschutz	Grundsätzlich müssen im Laboratorium *alle* Personen *ständig* eine Gestellbrille mit *ausreichendem Seitenschutz* tragen. Bei Arbeiten, die mit besonderen Gefahren für die Augen verbunden sind, müssen darüber hinaus geeignete Augenschutzgeräte bereitgestellt werden.
	Diese Geräte sind beschrieben im Augenschutz-Merkblatt. (Gesichtsschutz)
Arbeits- und Schutzkleidung	Beim Umgang mit besonders gesundheitsgefährlichen Stoffen müssen *geeignete Laborkittel* oder vergleichbare Arbeitsanzüge getragen werden. *Die Ärmel dürfen nicht hochgekrempelt werden.*
	In Einzelfällen kann das Tragen eines hochgeschlossenen Laborkittels erforderlich sein.
	Zusätzlich kann bei bestimmten Tätigkeiten, z.B. bei Reinigungsarbeiten, ergänzende Schutzkleidung notwendig werden, z.B. Gummischürze, Gummistiefel, Vollschutzanzug.
Handschutz	Schutzhandschuhe sind dem *Verwendungszweck* entsprechend auszuwählen. Bei der Verwendung ist besonders zu beachten:
	Das Material der Handschuhe muß gegen die verwendeten Stoffe ausreichend *undurchlässig und beständig* sein.
	In der Regel besitzen Gummi- und Kunststoffhandschuhe keine Dauerbeständigkeit gegen organische Stoffe sowie Säuren und Laugen. Bei der Auswahl von Handschuhen sind die Beständigkeitstabellen der Hersteller zu beachten.
	Die Handschuhe müssen *unbeschädigt* sein, sie sind vor Gebrauch auf Dichtheit zu prüfen.
	Einmalhandschuhe nur einmal benutzen.
	Einmalhandschuhe sollen nach einmaligem Gebrauch und nach Kontamination entsorgt werden.
	Mit möglicherweise kontaminierten Handschuhen nichts anderes berühren.
	Ausziehen der Handschuhe: Angezogene Handschuhe vorreinigen. Danach einen Handschuh durch Ziehen an den Fingern von der Hand entfernen. Den zweiten mit der ungeschützten Hand innen an der Stulpe fassen und, mit der Innenseite nach außen, über die Hand abziehen.
	Fingernägel kurz halten.
	Hautschutz beachten.

3.2 Entgiftung, Ab- und Anreicherung sowie Inaktivierung problematischer Inhaltsstoffe

Unter Entgiftung wird i.a. die Inaktivierung, ggf. auch nur die Herabsetzung einer toxischen Wirkung von Inhaltsstoffen eines in diesem Falle flüssigen Stoffgemisches durch

- □ quantitative Zerstörung der relevanten Verbindungen oder
- □ Maskierung der toxischen Wirkungen

verstanden.

Bei der Abreicherung handelt es sich um die Herauslösung oder den selektiven Entzug von problematischen Inhaltsstoffen, bei der Inaktivierung um die Herabsetzung der Aktivität. Die Maskierung toxischer Wirkungen ist also auch eine Form der Inaktivierung.

Randbedingungen für im Grunde alle Behandlungsmaßnahmen

Für alle Stoffumsatzprozesse gilt das Massenwirkungsgesetz, das besagt, daß chemische Reaktionen in Lösungen nie restlos in eine Richtung laufen. Im wesentlichen heißt das, daß 1. ein Stoff nie zu 100% umgesetzt werden kann, und 2., daß auch wieder Rückreaktionen erfolgen können. Man muß also auch nach Durchführung einer Entgiftungsreaktion im Endeffekt mit einem – wenn auch vielleicht nur geringen Anteil – an Ausgangsstoffen und Entgiftungsmitteln rechnen.

Schließlich können auch die eingesetzten Entgiftungschemikalien toxisch sein oder zu gefährlichen Produkten führen. Chlor, Sulfit und Ozon gehören zu der ersten Gruppe, AOX (adsorbierbares organisches Halogen) gilt als gefährlich nach dem Wasserhaushaltsgesetz (WHG, 1986). Um immer kleinere Grenzwerte einhalten zu können, müssen überstöchiometrisch Entgiftungschemikalien dosiert werden (die Reaktion hängt davon ab, daß die Reaktanden miteinander in einer endlichen Zeit in Kontakt kommen können), weshalb sich die Entgiftungschemikalie schließlich im «Produkt» in größeren Konzentrationen wiederfindet. Sehr kritisch wird es, wenn der zu entgiftende Stoff nicht in ionischer Form, sondern komplexgebunden vorliegt. In jedem Fall wichtig ist es, eine ausreichende Reaktionsdauer abhängig auch von der Vermischungsintensität im Reaktionsbecken abzuwarten, bevor die Entgiftung abgeschlossen wird.

Problematisch, wenn auch weitgehend im Griff, ist der analytische und meßtechnische Nachweis, daß ein flüssiger Abfall «entgiftet» ist. Beim absatzweisen Betrieb (Chargenverfahren) analysiert man während der Zudosierung des Entgiftungsmittels – vergleichsweise der Titration im Labor – die Konzentration des Ausgangsstoffes oder des Entgiftungsmittels, wobei der Absolutwert nachrangig, die Empfindlichkeit und Selektivität des Analysenverfahrens aber ausschlaggebend sind, um sicher zu gehen, daß die Charge entgiftet ist. In manchen Fällen können spezielle Indikatorpapiere durchaus ausreichend sein (z.B. von Firma Merck, Darmstadt) oder photometrische Verfahren mit Hilfe von Küvettentesten (z.B. von Firma Dr. Lange, Düsseldorf).

Bei den kontinuierlichen Entgiftungsverfahren hat sich die Dosierung der Entgiftungsmittel auf Basis des Redoxpotentials als einfach und erfolgreich durchgesetzt. In Bild 3.3 sind Beispiele für die Cyanid- und Nitrit-, in Bild 3.4 für die Chromatentgiftung bei verschiedenen pH-Werten gezeigt. Die eingezeichneten Wendepunkte sind dabei charakteristisch, so daß auch bei unterschiedlichen Neutralsalz-Konzentrationen ein Potentialsprung detektiert werden kann.

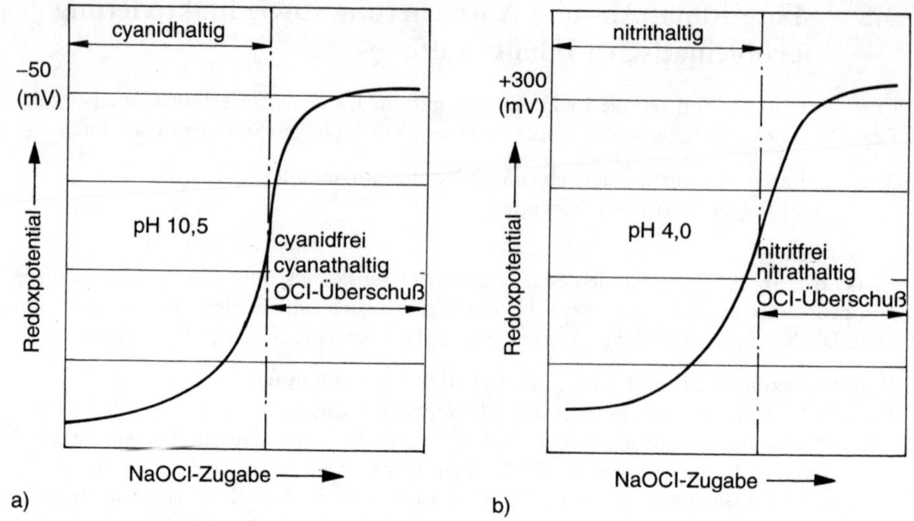

Bild 3.3 Änderungen des Redoxpotentials bei der Cyanid- und Nitrit-Entgiftung (nach EISENMANN, 1990 [3.1])

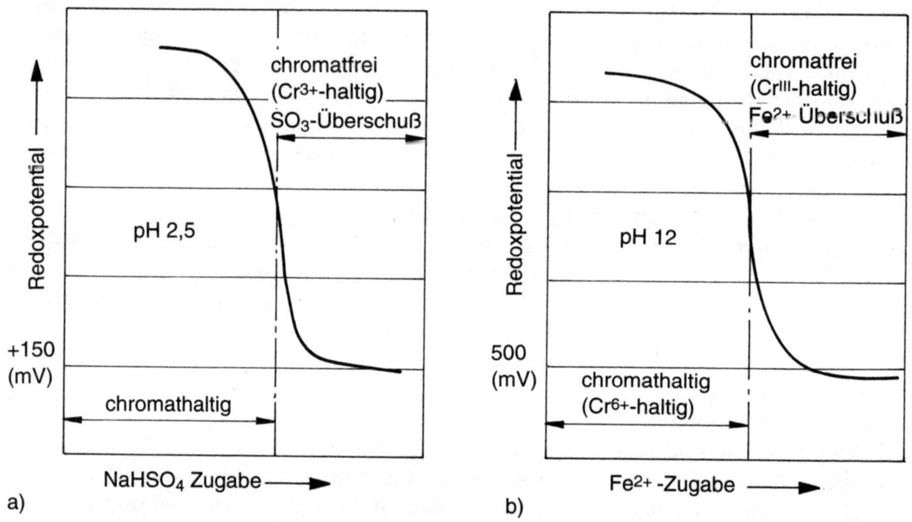

Bild 3.4 Änderungen des Redoxpotentials bei der Chromat-Entgiftung (nach EISENMANN, 1990 [3.1])

Da für eine chemikaliensparende Entgiftung der optimale pH-Werte-Bereich einzustellen ist, muß zunächst dieser eingestellt werden. In der Praxis verwendet man dazu die relativ einfache Auf-Zu-Regelung, die im Vergleich zur Impuls- und Proportionalregelung in Bild 3.5 erläutert ist. Erst wenn der gewünschte pH-Bereich erreicht ist, soll das Entgiftungsmittel zudosiert werden.

Durch die in den letzten Jahren permanent gesenkten Grenzwerte kommen in den meisten Fällen künftig nur noch Chargenbehandlungsverfahren in Betracht (vgl. Bild 3.6). Die Begründung hierfür ist, daß

- □ aus der Anforderung (§ 7 WHG, 1986) für Produktionsanlagen, in denen gefährliche Stoffe eingesetzt werden oder entstehen, eine Teilstrom-Abwasserbehandlungsanlage eingerichtet werden muß, die spezifisch zu behandelnden stündlichen Wassermengen klein sind und
- □ aus zum Teil sehr niedrigen gesetzlichen Grenzwerten (s. Anhang 40 zur Abwasserverwaltungsvorschrift nach § 7a WHG) in den Phasentrennern, in denen hochkonzentrierte Schlämme neben gereinigtem Wasser über längere Zeit in Kontakt stehen, Rücklösungen eintreten, die das im Reaktionsgefäß erzielte Reinigungsergebnis mit den erlaubten Konzentrationen zumindest zeitweise wieder verschlechtern.

3.2.1 Oxidative und reduktive Zerstörung giftiger Abfallkomponenten

Unter der Entgiftung durch Oxidation und Reduktion wird in der Abfallbehandlung im wesentlichen die Cyanid-, Nitrit- und Chromatentgiftung verstanden. Am Beispiel der Cyanidentgiftung werden die wesentlichen Entgiftungsverfahren, wie die oxidative Zerstörung des Cyanids, die Maskierung (s. Abschnitt 3.2.2) und die katalytische Metabolisierung (s. Abschnitt 3.2.3), diskutiert. Am Beispiel der Chromatentgiftung soll kurz auch die reduktive Behandlung vorgestellt werden. Da Cyanid- und Nitritentgiftung ähnlich sind, wird letztere nicht explizit erwähnt.

Der Begriff der Entgiftung wird hauptsächlich in den Metallbetrieben, grafischen und Druckbetrieben, Gerbereien sowie in Fotolaboratorien für die oxidative oder reduktive Behandlung von Abfällen verwendet. Sie unterscheidet sich eigentlich lediglich in anlagentechnischen Belangen von den aufwendigeren Naßoxidationsverfahren (vgl. Abschnitt 3.3.2).

3.2.1.1 Cyanid-Entgiftung

Neben der elektrolytischen Cyanid-Entgiftung durch Oxidation des Cyanids an unlöslichen Anoden (s. zum Verfahren Abschnitt 3.2.4), der katalytischen Oxidation (s. Abschnitte 3.2.3 und 3.3.2) und den Fällungsverfahren (s. Abschnitt 3.2.2) werden Cyanide heute zumeist noch durch Oxidation mit Chlor, Chlordioxid oder Natriumhypochlorit (im Handel als Chlorbleichlauge bezeichnet) entgiftet [3.3]. Tafel 3.2a stellt die Reaktionsgleichungen für die Behandlung mit Chlor, Natriumhypochlorit und Wasserstoffperoxid zusammen. Die Entgiftung mit Wasserstoffperoxid steht an der Schwelle zur allgemeinen praktischen Einführung. Eine biologische Cyanid-Entgiftung ist möglich, aber derzeit erst in der Erprobung [3.4].

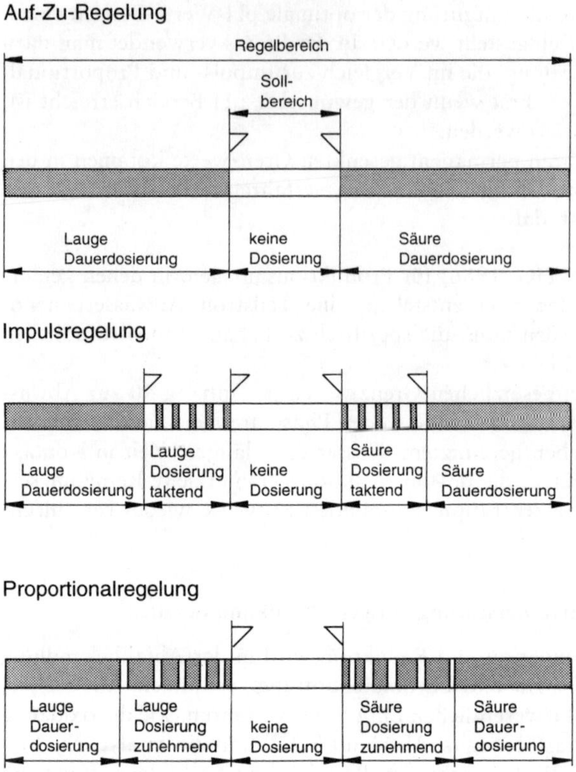

Bild 3.5
Reglercharakteristik verschiedener pH-Meß- und Regelkreise (nach EISENMANN, 1990 [3.1])

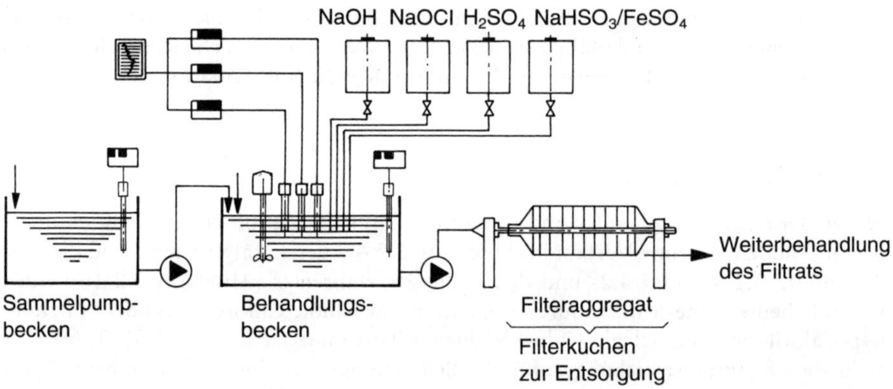

Bild 3.6 Schema einer Chargen-Entgiftungsanlage (nach DITTMANN, Karlsruhe)

Tafel 3.2a Reaktionsgleichungen für die Oxidative Entgiftung des Cyanids mit Hilfe von Chlor, Natriumhypochlorit und Wasserstoffperoxid

	Reaktionsgleichung			
Natriumhypochlorit	$NaCN + NaOCl + H_2O$	pH ≈ 12 ⟶ $t \to 0$ min	$CNCl + 2\ NaOH$	I
	$CNCl + 2\ NaOH$	pH ≈ 12 ⟶ $t = 15$ min	$NaCNO + NaCl + H_2O$	II
	$NaCN + NaOCl$	pH ≥ 10,5 ⟶ $t \leq 15$ min	$NaCNO + NaCl$	I + II
Chlorgas	$Cl_2 + 2\ NaOH$	pH ≈ 12 ⟶	$NaOCl + NaCl + H_2O$	III
	$NaCN + NaOCl + NaCl + H_2O$	pH ≈ 12 ⟶	$CNCl + 2\ NaOH + NaCl$	IV
	$CNCl + 2\ NaOH + NaCl$	pH ≈ 12 ⟶	$NaCNO + 2\ NaCl + H_2O$	V
	$NaCN + 2\ NaOH + Cl_2$	pH ≈ 12 ⟶	$NaCNO + 2\ NaCl + H_2O$	III + IV + V
	$2\ NaCNO + 3\ NaOCl + H_2O$	pH ≈ 5 – 7 ⟶ $t \approx 30$ min	$N_2 + 2\ CO_2 + 3\ NaCl + 2\ NaOH$	VI
*	$NaCN + H_2O_2$	pH ≥ 10 ⟶ $t = 30$ bis 120 min	$NaCNO + H_2O$	VII

* Wasserstoff-Peroxid

Tafel 3.2b Reaktionsgleichungen für eine Cyanid-Entgiftung durch Fällung

Reaktionsgleichung		
$Na_2Cr_2O_7 + 3\ NaHSO_3 + 4\ H_2SO_4$	$\xrightarrow[t\,=\,2\ min]{pH\,\leq\,2{,}5}$	$Cr_2(SO_4)_3 + 3\ NaHSO_4 + Na_2SO_4 + 4\ H_2O$
$Na_2Cr_2O_7 + 3\ SO_2 + H_2SO_4$	$\xrightarrow[t\,=\,4\ min]{pH\,\leq\,2{,}5}$	$Cr_2(SO_4)_3 + Na_2SO_4 + 9\ H_2O + 3\ CO_2$
$Na_2Cr_2O_7 + 6\ FeSO_4 + 7\ H_2SO_4$	$\xrightarrow{pH\,\leq\,2{,}4}$	$Cr_2(SO_4)_3 + 3\ Fe_2(SO_4)_3 + Na_2SO_4 + 7\ H_2O$
$Na_2Cr_2O_7 + Na_2S_2O_4 + 3\ H_2SO_4$	$\xrightarrow{pH\,\leq\,7}$	$Cr_2(SO_4)_3 + 2\ Na_2SO_4 + 3\ H_2O$
$Na_2Cr_2O_7 + H_2O_2 + 4\ H_2SO_4$	$\xrightarrow[t\,=\,5-10\ min]{pH\,\leq\,2{,}5}$	$Cr_2(SO_4)_3 + Na_2SO_4 + 7\ H_2O + 3\ O_2$
$Na_2CrO_4 + 3\ FeSO_4 + 4\ NaOH + 4\ H_2O$	$\xrightarrow{pH\,=\,8{,}5-12}$	$Cr(OH)_3 + 3\ Fe(OH)_3 + 3\ Na_2SO_4$
$2\ Na_2CrO_4 + Na_2S_2O_4 + 4\ H_2SO_4$	$\xrightarrow[t\,=\,5-10\ min]{pH\,\geq\,7}$	$Cr_2(SO_4)_3 + 3\ Na_2SO_4 + H_2O$
$4\ CrO_3 + 6\ NaHSO_3 + 3\ H_2SO_4$	$\xrightarrow{pH\,\leq\,2}$	$2\ Cr_2(SO_4)_3 + 3\ Na_2SO_4 + 6\ H_2O$
$2\ CrO_3 + 3\ Na_2SO_3 + 3\ H_2SO_4$	$\xrightarrow{pH\,\leq\,2}$	$Cr_2(SO_4)_3 + 3\ Na_2SO_4 + 3\ H_2O$
$4\ CrO_3 + 3\ Na_2S_2O_5 + 3\ H_2SO_4$	$\xrightarrow{pH\,\leq\,2{,}5}$	$2\ Cr_2(SO_4)_3 + 3\ Na_2SO_4 + 3\ H_2O$
$2\ CrO_3 + 2\ Fe + 6\ H_2SO_4$	$\xrightarrow{pH\,\leq\,2}$	$2\ Cr_2(SO_4)_3 + Fe_2(SO_4)_3 + 6\ H_2O$
$2\ CrO_3 + 6\ FeSO_4 + 6\ H_2SO_4$	$\xrightarrow{pH\,\leq\,2}$	$2\ Cr_2(SO_4)_3 + Fe_2(SO_4)_3 + 6\ H_2O$

Die Cyanid-Entgiftung wird heute im allgemeinen als Chargenbehandlung – meist im Wechsel mit anderen Entgiftungsmaßnahmen – in ein und demselben Behältnis durchgeführt. Die Chargenbehandlung bietet den Vorteil, daß so lange entgiftet werden kann, bis die Anforderungen erfüllt sind. Bei hochkonzentrierten Lösungen verläuft die Reaktion heftig, sie ist exotherm. Dabei kann Chlorcyan (CNCl) austreten; auch Clor selbst kann bei Einatmung zu Salzsäureverätzungen in den Atemwegen führen. Natriumhypochlorit ist zwar weniger gefährlich (es sei denn man verwechselt die Anschlüsse und füllt Säure dazu), erfordert aber den Umgang mit größeren Flüssigkeitsmengen (handelsüblich sind 15%) und führt zu einer größeren Aufsalzung.

Allen Verfahren, bei denen Chlor eingesetzt wird, haftet der Nachteil der AOX-Bildung an, weshalb die Entwicklung hin zu katalytischen Verfahren (s. Abschnitt 3.2.3) unter Verwendung von Wasserstoffperoxid oder anderen Oxidationsmitteln (Ozon) geht. Die Oxidation mit Hilfe von Wasserstoffperoxid erfordert jedoch eine größere Sorgfalt als die konventionelle Vorgehensweise, unter anderem weil in der Abfallösung weitere Katalysatoren vorhanden sein können, die zur Reaktionsbeschleunigung der Oxidationsreaktion und damit zum Überschäumen führen können.

Problematisch bleibt die Entgiftung der Metallkomplexe: Kupfer, Zink, und Cadmium können mit Cyaniden stabile, Nickel sehr stabile Komplexverbindungen eingehen (s. [3.5]). Eisencyanidkomplexe sind nicht oxidierbar. Die konventionelle Entgiftung der Komplexe erfordert zumindest lange Reaktionszeiten. Günstig ist es, wenn die Komplexe oxidativ, wie beispielsweise bei elektrolytischen Verfahren (Abschnitt 3.2.4), zerstört werden.

Die vollständige Oxidation des Cyanids über das Cyanat (CNO-) zu Kohlendioxid und Stickstoff ist bei Einsatz großer Oxidationsmittelmengen möglich, so daß die Entgiftung dann vollständig gegeben ist. Bleibt es bei der Reaktionsstufe des Cyanates, kann unter reduktiven Bedingungen wieder CN entstehen. Eine Hydrolyse zu Ammoniak ist ebenfalls möglich.

3.2.1.2 Chromat-Entgiftung

Bei der reduktiven Chromat-Entgiftung handelt es sich um die Überführung des giftigen 6wertigen in das weniger giftige 3wertige Chrom (s. Bild 3.4) durch Zusatz von Natriumsulfit, -bisulfit oder Schwefeldioxid (Tafel 3.3). Es können auch 2wertige Eisensalze zur Anwendung kommen. Allerdings empfiehlt sich letzteres nur, wenn einerseits eisenhaltige Abfallösungen ohnehin im Betrieb anfallen und andererseits diese im Vergleich zu einer Entsorgung eines eisen- oder chromhaltigen Rückstandes nicht einfacher zu entsorgen sind. Das 3wertige Chrom muß anschließend – bspw. als Hydroxid – ausgefällt werden (s. den folgenden Abschnitt).

3.2.2 Maskierung giftiger Abfallkomponenten durch Fällung (Neutralisation)

Am Beispiel der Entgiftung der Cyanverbindungen lassen sich einige wesentliche eingangs erwähnte Merkmale diskutieren. Zum einen sind viele Prozesse erst bei Konzentraten sinnvoll durchzuführen (hier die Fällung mit Eisensalzen), zum anderen entstehen «unlösliche» Reaktionsprodukte, die erstens aber keinen vollständigen Stoffumsatz darstellen und zweitens nicht vollständig unlöslich, sondern nur schwerlöslich sind und sich bei veränderten Randbedingungen wieder zurücklösen können, so daß die Giftwirkung wieder eintreten kann. Schließlich kann es notwendig werden, daß das Fällungs-/Maskierungsmittel soweit im Überschuß dosiert werden muß, daß es sogar selbst vorgegebene Grenzwerte übersteigt und nun in einem weiteren Prozeßschritt ebenfalls wieder eliminiert werden muß.

Unter Fällung versteht man die Überführung von Ionen durch chemische Reaktion in eine ungelöste Phase. Je nach Fällungsmittel entstehen schwerlösliche Hydroxide und/oder basische Salze. Bereits bei Veränderung des pH-Wertes durch Vermischung von sauren und basischen Abfällen (respektive umgekehrt) fallen ungelöste Verbindungen aus, weshalb die Neutralisation zu den Fällungsverfahren zählt. Mit der Maskierung verspricht man sich eine Herabsetzung der ursprünglichen Wirkung eines Stoffes oder Stoffgemisches.

3.2.2.1 Fällung/Maskierung

Im Falle der Eisen(II)fällung des Cyanids entsteht zunächst der Natriumcyanoferrat(II)-Komplex, der auch als Blutlaugensalz bezeichnet wird. Wird ausschließlich 2wertiges Eisen eingesetzt, entsteht das sogenannte Berliner Weiß (vgl. Tafel 3.2b), das im Gegensatz zum nachstehend beschriebenen Berliner Blau sich gut sedimentieren läßt.

Bei Anwesenheit von 3wertigem Eisen entsteht das «unlösliche» Berliner Blau (vgl. Tafel 3.3), das das Cyanid ebenfalls unschädlich macht. Allerdings weist Berliner Blau infolge seines kolloidalen Charakters schlechte Sedimentations- und Filtrationseigenschaften auf. Gelangen Kolloide davon in ein Gewässer, steht zu befürchten, daß durch die Anregung des Sonnenlichtes Blausäure bzw. wieder freies Cyanid in nicht unerheblichen Mengen abgespalten wird.

Die Verfahren mit ausschließlich 2wertigem Eisen arbeiten nach WINKEL (1992 [3.6]) erfolgreich bei der Konzentratentgiftung freier Cyanide sowie bei cyanidischen Zink- und Cadmiumkomplexen. Gemäß Tafel 3.3 werden zur Entgiftung von 1 kg CN stöchiometrisch 5,5 kg kristallisiertes Eisen(II)sulfat ($FeSO_4 \cdot 7\ H_2O$) benötigt. In der Praxis wird davon ein Vielfaches eingesetzt. Das Maskierungsverfahren ist in der Regel weniger exotherm, so daß die Gefahr des Entweichens von Chlorcyan geringer ist.

Aus diesen Betrachtungen folgt auch für die Entgiftung von Rückständen, die Schwermetalle enthalten, daß für komplexierte Schwermetallverbindungen die genannten Fällungsmerkmale nicht gelten, weil die Metallionen eben «maskiert» sind.

Komplexverbindungen entstehen durch stöchiometrische Reaktion selbständig und unabhängig voneinander existenzfähiger Ionen und Moleküle, wie z.B. $Fe^{2+} + 6\ CN^- \Leftrightarrow [Fe(CN)_6]^{4-}$. Die komplexierten Ionen dissoziieren nur geringfügig in die sie aufbauenden Ionen und Moleküle; sie sind also auch in Lösungen beständig. Charakteristisch für sie ist die Herabsetzung der Leitfähigkeit. Neben den einzähnigen Liganden (d.h., nur eine Koordinationsstelle des Zentralions des Komplexbildners ist belegt), gibt es auch Chelate, bei denen zwei oder mehr zur Komplexbildung befähigte funktionelle Gruppen in günstiger räumlicher Anordnung vorhanden sind. Die Stabilität dieser Chelate ist wesentlich größer.

Nur wenige Metallkomplexe können bei hohen pH-Werten (Überalkalisierung) als Hydroxide gefällt werden. Starke Komplexe müssen sulfidisch gefällt werden. Die Stabilität einer Metallkomplexverbindung wird wie das Löslichkeitsprodukt durch das Gleichgewicht der Dissoziation in ihre Bestandteile beschrieben.

Tafel 3.3 Reaktionsgleichungen für die Reduktive Entgiftung des Chromats mit Hilfe von Schwefelverbindungen

a)	$6\ NaCN + FeSO_4$	$\xrightarrow{pH \approx 11}$	$Na_4[Fe(CN)_6] + Na_2SO_4$	I
	$Na_4[Fe(CN)_6] + 2\ FeSO_4$ (gelbes Blutlaugensalz)	$\xrightarrow{pH \approx 7}$	$Fe_2[Fe(CN)_6] + 2\ Na_2SO_4$ (Berliner Weiß)	II
	$6\ NaCN + 3\ FeSO_4$	$\xrightarrow{pH = 7}$	$Fe_2[Fe(CN)_6] + 3\ Na_2SO_4$	I + II
b)	$36\ NaCN + 3\ Fe_2(SO_4)_3$	$\longrightarrow$	$6\ Na_3[Fe(CN)_6] + 9\ Na_2SO_4$	III
	$6\ Na_3[Fe(CN)_6] + 8\ FeSO_4 + H_2SO_4 + {}^1/_2\ O_2$	$\longrightarrow$	$2\ Fe_4[Fe(CN)_6]_3 + 9\ Na_2SO_4 + H_2O$	IV
	$36\ NaCN + 3\ Fe_2(SO_4)_3 + 8\ FeSO_4 + H_2SO_4 + {}^1/_2\ O_2$	$\xrightarrow{pH = 3 - 5}$	$2\ Fe_4[Fe(CN)_6]_3 + 18\ Na_2SO_4 + H_2O$	III + IV

a) Berliner Weiß b) Berliner Blau

3.2.2.2 Neutralisation

Wie erwähnt laufen mit der Neutralisation bereits Fällungsreaktionen ab, wenn die Metallionen nicht komplexiert sind. Im Neutralbereich sind nur Fe^{3+}, Al^{3+} und Cr^{3+} weitgehend ausfällbar, während Pb^{2+} und Cd^{2+} erst oberhalb pH 9 quantitativ ausfallen, wenn mit Natronlauge oder Kalkmilch neutralisiert wird; bei Soda (Natriumkarbonat) läßt sich z.B. Cadmium auch im Neutralbereich quantitativ ausfällen. Dabei entstehen aber basische Karbonate, deren Löslichkeit erheblich von der der Hydroxide abweichen kann. Wesentlich ist auch, daß die Anwesenheit anderer Ionen (Schwermetall- aber auch Härtebildner) den pH-Bereich, bei dem eine weitgehende Ausfällung von allen nicht komplexierten Ionen erreichbar ist, stark beeinflußt; meist werden erfreulicherweise die Verhältnisse dadurch günstiger (s. Bild 3.7).

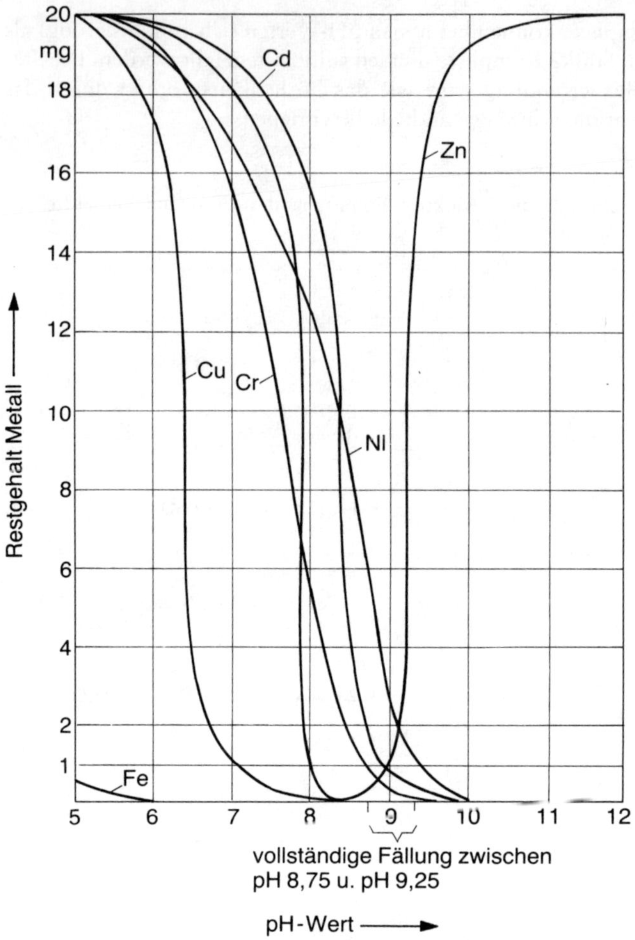

Bild 3.7 Gegenseitige Beeinflussung optimaler Neutralisations-/Fällungs-pH-Bereiche bei Anwesenheit mehrerer Ionen (nach SCHLEGEL, 1963 [3.7])

Metallhydroxide haben endliche, durch die Löslichkeitsprodukte beschriebene Löslichkeiten (s. Bild 3.8). Problematisch ist, daß bei Verwendung von Natronlauge Aluminium, Zink und Chrom amphotere Hydroxide bilden, die bei überschüssigem Alkali – also in Fällungs-pH-Bereichen, die für andere Metalle optimal sind – wieder in Lösung gehen. Hier muß dann mit Kalkmilch neutralisiert werden.

Bei einer Chargen-Behandlung ist darauf zu achten, daß nach erfolgter Fällung der Schwermetallhydroxide eine rasche und vollständige Dekantierung der gebildeten Fällungsprodukte erfolgt, da durch Gleichgewichtsverschiebungen und Adsorptionseffekte eine Absenkung des pH-Wertes um bis zu 1,5 beim Stehenlassen der Lösung eintreten kann, Rücklösungen sind die Folge.

Bild 3.8
Löslichkeitsprodukte von hydroxidisch und sulfidisch gefällten Schwermetallen

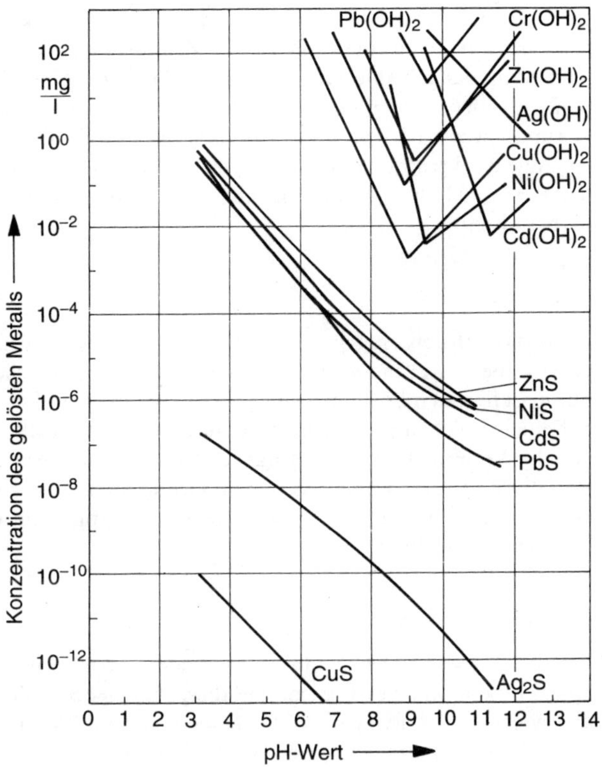

3.2.2.3 Sulfidfällung

Durch Umstellung der Neutralisationsanlage auf Natrium- ($Na_2S \cdot H_2O$) oder Organosulfidfällung bedarf es keines großen Aufwandes. Der Sulfid-Überschuß muß allerdings anschließend mit Eisensalzen gebunden werden, was auch aus einem anderen Grund angezeigt ist: Die Sulfidflocken sind häufig feindispers, weshalb eine aufwendige Phasenseparation erforderlich ist. Von daher empfiehlt sich immer die Chargen-Behandlung für die Sulfidfällung. Wie Bild 3.8 zeigt, unterscheiden sich die Löslichkeitsprodukte zwischen den Werten für die Hydroxide und Sulfide um Zehnerpotenzen (Hg > Ag > Cu > Pb > Cd > Zn > Ni > Co > Fe).

3.2.3 Katalytischer bzw. photochemischer Angriff giftiger oder schwer zerstörbarer Abfallkomponenten

Angesichts der Notwendigkeit der weitgehenden Mineralisierung auch schwerer abbaubarer Stoffe, die häufig vor Einführung des Chemikaliengesetzes [1.32] noch ohne Nachweis ihrer Abbaubarkeit produziert wurden und heute, z.B. in Form von Altlasten und in Deponiesickerwässern, ein Entsorgungsproblem darstellen, aber auch beispielsweise zur Entgiftung insbesondere von Cyanidkomplexen wurden neuerdings Prozesse entwickelt, die zunächst die Zerstörung spezifischer Verbindungen zum Ziel haben, um danach eine einfachere und schnellere Mineralisierung zu erreichen.

Zum einen werden hierzu Katalysatoren eingesetzt, die eine Erniedrigung der Aktivierungsenergie herbeiführen, zum anderen UV-Strahler, die entsprechend ihres Wellenlängenspektrums Moleküle in der Abfallösung anregen und vor allem über die Bildung von Hydroxyradikalen einen massiven Angriff auf die Molekülstruktur herbeiführen.

3.2.3.1 Katalyse

Da Katalysatoren entgegen ihrer Definition (sie nehmen an der Reaktion teil, gehen daraus aber unverändert hervor) einer Umsetzung unterliegen, werden sie in der Regel nur in definierten Lösungen eingesetzt, dann meist in Form eines Trägermaterials oder auf einem solchen [3.8], damit sie im System festgehalten werden können und lediglich der Verbrauch (Katalysatorgifte, Ablagerungen) ersetzt werden muß. Katalytische Verfahren werden häufig aus diesem Grund auch in Verbindung mit einer Strippstufe betrieben und in der Strippluft betrieben – häufig dann in Zusammenhang mit einer Verbrennung [3.9].

3.2.3.2 Photolyse

Bei der Ultravioletten Strahlung werden Elektronen soweit beschleunigt und auf Quecksilberatome geschossen, daß diese zu einer Strahlung angeregt werden, die zum überwiegenden Anteil eine Wellenlänge von rund 253 nm aufweist. In diesem Wellenlängenbereich weist beispielsweise die DNS (Desoxyribonucleinsäure) ein Maximum auf, weshalb man die UV-Strahlung zur Abtötung/Hemmung von Keimen im Trinkwasser schon sehr lange einsetzt [3.10]. Die Abwasserdesinfektion mittels UV-Strahlung gehört ebenfalls bereits zum Stand der Technik [3.11]. Neuerdings werden auch Online-CSB-Meßgeräte angeboten, die auf Basis einer photometrischen Detektion bei 254 nm arbeiten [3.12] und in weiten Bereichen eine sehr gute Korrelation zum DIN-CSB aufweisen [3.13]. In der Praxis der UV-Bestrahlung werden nun Niederdruck- und Hochdruckstrahler eingesetzt, die entweder eine chromatische Strahlung oder ein eher breites Linienspektrum emittieren.

Neben den eigentlich zu behandelnden Abfallkomponenten absorbieren alle Inhaltsstoffe die abgegebene Strahlung (Eigenabsorption), wodurch die Wirkung des UV-Strahlers nur in einer dünnen Grenzschicht in der Nähe der Strahlungsquelle (meist ein Quarzschutzrohr) meßbar ist. Deshalb bieten einige Firmen (z.B. DST, Kiel) Dünnfilmreaktoren an. Dazu muß natürlich der zu behandelnde Stoffstrom noch dünnflüssig sein.

Da nicht auszuschließen ist, daß das Medium sich auch auf dem Strahler niederschlägt, verschlechtert sich mit der Lebensdauer die UV-Ausbeute. Angesichts der kurzen Lebensdauer von OH-Radikalen (wenige Millisekunden) muß also abhängig von der Eigenabsorption des Mediums die Kontaktzeit zwischen Medium und Strahler ausreichend verlängert werden. Dies gilt insbesondere auch für die Fälle, wo in den UV-Reaktor Katalysatoren und Oxidationsmittel, wie Wasserstoffperoxid oder Ozon, eingebracht werden, da auch sie erheblich Strahlung absorbieren. Die Kombination

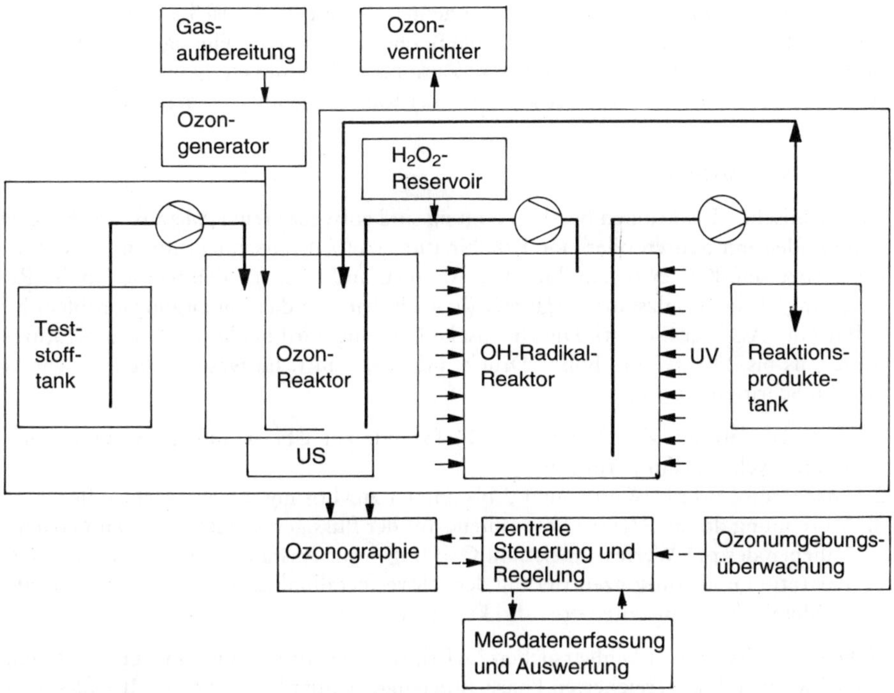

Bild 3.9 Verfahrensfließbild einer kombinierten Ozon/UV-Behandlungsanlage (nach SORBIOS, Berlin [3.15])

UV/Ozon und UV/H_2O_2 werden im Zusammenhang mit der Naßoxidation (s. Abschnitt 3.3.2) nochmals diskutiert. Anbieter von Anlagen zur Cyanid-Entgiftung sind die Firmen Goezelmann (Vaihingen), Hager + Elsässer (Stuttgart), Sorbios (Berlin) und Ultra-Systems (Heidelberg). Bild 3.9 zeigt das Fließschema der Simex-Versuchsanlage [3.14].

3.2.4 Leaching, Extraktion und Elektrolyse von Schwermetallen

Laugung oder Leaching sind Begriffe aus der technischen Chemie. Sie bezeichnen einen Prozeß, bei dem zunächst gebundene Bestandteile aus einer Matrix durch ein chemisches Agens herausgelöst, d.h. gelaugt (nicht im Sinne einer Lauge) und in die lösliche Phase überführt werden. Technisch werden derzeit im Rahmen der Erzaufbereitung (Kupfer- und Uran) und Sonderabfallbehandlung [3.16] bzw. zur Baggergut- und Klärschlammbehandlung [3.17] zur Metallseparierung und Aufkonzentrierung Leachingprozesse durchgeführt. Der Leaching-Prozeß wird auch als Fest-Flüssig-Extraktion bezeichnet. Bei der eigentlichen Extraktion wird ein selektiv wirkendes, nicht mit dem übrigen Stoffgemisch mischbares Lösungsmittel zur

Abtrennung einer oder mehrerer Komponenten eingesetzt. Meist handelt es sich um flüssige Stoffgemische, von daher auch die Bezeichnung Flüssig-Flüssig-Extraktion. Bei der Elektrolyse handelt es sich in diesem Zusammenhang um ein galvanisches Verfahren, Kationen aufgrund ihrer Ladung auf einer Katode metallisch abzuscheiden.

3.2.4.1 Chemisches Leaching

Die chemischen Reaktionen bei der Laugung sind entweder reine Austauschreaktionen von Oxiden mit Säuren oder eine Kombination von Austauschreaktionen mit Oxidationsprozessen. Bei der Behandlung von Abfällen und Rückständen werden in der Regel Schwefel- oder Salzsäure eingesetzt (je nach dem, ob das Entsorgungsproblem bei Sulfat oder AOX größer ist). Die chemische Laugung wird bei höheren Temperaturen (durchaus bis 240 °C) und hohen Drücken durchgeführt. Im wesentlichen besteht sie aus den Schritten:

1. Auflösen und ggf. Zerkleinern der Rückstände zur Überwindung von Diffusions- und Konvektionslimitierungen.
2. Ansäuerung auf pH-Werte unter 2 bis unter 1 zur Lösung der Schwermetalle.
3. Abtrennung der ungelösten Bestandteile aus der flüssigen Phase im sauren Bereich.
4. Anheben des pH-Wertes – meist mit $Ca(OH)_2$ – zur Ausfällung der Schwermetalle.
5. Separation und Aufkonzentrierung der schwermetallhaltigen Feststoffe zur Abgabe an Metallscheideanstalten oder direkt zur Verhüttung.

Neben einer Reihe von Fehlversuchen [3.18], was die Abtrennung und Entwässerung der schwermetall-angereicherten Phase anbelangt, zeigten Versuche von JENKINS et al. (1981) [3.19] für Eisen, Zink, Nickel und Chrom innerhalb von 24 Stunden gute Leachingergebnisse über 75%; allerdings waren Blei und Cadmium nur zwischen 30 und 70% und Kupfer fast gar nicht laugbar. Bemerkenswert ist, daß die Versuche mit Komplexbildnern (= Extraktionsverfahren) gerade bei diesen Metallen zu besseren Ergebnissen führte, die oben genannten guten Werte der anderen Metalle wurden hiermit jedoch nicht erreicht.

3.2.4.2 Mikrobielle Laugung

Angesichts einiger Erfahrungen aus dem Hüttenwesen [3.20] war es naheliegend zu untersuchen, ob mittels mikrobiellen Leachings über die Tätigkeit von schwefelsäureproduzierenden Thiobazilen Sonderabfälle, vorwiegend hydroxidisch/sulfidisch gefällte Schlämme, von Schwermetallen quantitativ befreit werden können. SCHÖNBORN und HARTMANN (1981 [3.21]) hatten bereits einige Erfolge mit Klärschlämmen erzielt. GENSICKE (1988 [3.22]) erreichte jedoch nur rund 40% Ausbeute aus einem Bleisulfidschlamm. CALMANO und AHLF (1988 [3.23]) hatten mehr Erfolg mit der Laugung von Hamburger Hafenschlick, der bereits mit Laugungsbakterien besiedelt ist. Nach Zugabe von Schwefel konnte 100% Cadmium, bis zu 87% Zink und bis zu 81% Kupfer gelöst werden. Bemerkenswert ist, daß z.B. Blei nicht mehr gelöst wird, wenn der Suspension Eisensulfat und Schwefel zugegeben werden. Der mikrobielle Laugungsprozeß kann derzeit technisch noch nicht mit der chemischen Laugung (mit Hilfe von Schwefelsäure bei erhöhten Drücken und Temperaturen) konkurrieren.

3.2.4.3 Trockene Laugung

Darunter ist eine Verfahrensweise zu verstehen, bei der durch Energiezufuhr z.B.

- thermisch bei einer Verbrennung,
- möglicherweise aber auch nach Trocknung des Rückstandes durch Ionisierung [3,24]

Metalle entsprechend ihrer Flüchtigkeit in die Gasphase übergehen und auf diese Weise der Rückstand abgereichert werden kann. Erfahrungen hierzu liegen allerdings noch nicht vor, da diesem Prozeß bisher kein Augenmerk geschenkt wurde.

3.2.4.4 Extraktion

Die Extraktion beruht auf dem Übergang der leichter löslichen Komponente in eine zweite flüssige Phase. Ein bereits sehr lange angewandtes Verfahren ist die Gewinnung der Phenole aus Schwelwasser, jüngere Arbeiten zur Extraktion schwermetallhaltiger Gemische belegen die Zukunft des Verfahrens [3.25].

Die Flüssig-Flüssig-Extraktion gründet sich auf folgende Schritte:

1. Zunächst wird das zu behandelnde Stoffgemisch aufbereitet und weitestgehend homogenisiert, um gleiche Verteilungen zu erreichen.
2. Innige Durchmischung der zu extrahierenden Flüssigkeit mit dem Extraktionsmittel bis zur Einstellung eines Verteilungsgleichgewichtes zwischen Extrakt- und Raffinatphase.
3. Trennung der beiden Phasen in einem Abscheider in eine Extrakt- und Raffinatschicht.
4. Aufarbeitung der Extraktphase mit Isolierung der extrahierten Stoffe und Rückgewinnung des extraktiv wirkenden Lösungsmittels (z.B. durch Destillation).
5. Aufarbeitung der Raffinatphase durch Entfernung der Lösungsmittelreste.

An das Lösungsmittel werden Anforderungen hinsichtlich der Ausbildung klarer Phasengrenzflächen zwischen Stoffgemisch und Extrakt/Lösungsmittel-Gemisch sowie eine hohe Selektivität bezüglich der zu extrahierenden Stoffe gestellt (beides gilt im Grunde nicht für das Leaching, weshalb es hier nicht unter die Extraktion gefaßt wurde).

Für die Schwermetall-Extraktion kommen Komplexbildner (vor allem EDTA und NTA; [3,26]) bzw. Tenside [3.27] in Betracht. Angesichts der beschriebenen Verfahrensweise ist klar, daß das Lösungsmittel nur begrenzt mit der zu extrahierenden Flüssigkeit mischbar sein darf, weil sonst keine rasche Phasentrennung erfolgt, die durch einen Dichteunterschied und mit Hilfe von Trennungshilfsmitteln jedoch begünstigt werden kann. Komplexbildungen, Additionsverbindungen oder Assoziationen im Lösungsmittel sind durchaus erwünschte Reaktionen; irreversible Veränderungen sollten allerdings nicht eintreten. Neben einer hohen Selektivität soll das Lösunsgmittel auch noch ein gutes Lösevermögen für die zu extrahierenden Stoffe besitzen.

Bei der Gegenstromextraktion wird die zu extrahierende Füssigkeit und das Extraktionsmittel von den entgegengesetzten Enden der Anlage zueinander geführt, wobei Raffinat und Extrakt kontinuierlich abgenommen werden. Bild 3.10 zeigt das Fließbild einer Mixer-Settler-Extraktion. Heute kann als Stand der Technik das Flüssig-Membran-Permeationsverfahren (Bild 3.11) für die Nickelabtrennung aus Prozeßflüssigkeiten der Viskosefaserindustrie bezeichnet werden, bei dem in einer Emulgierstufe eine stabile Wasser(Phase I)-in-Öl(Phase II)-Emulsion hergestellt wird. Phase II besteht aus einem Diluenten, wie Paraffin oder Kerosin, einem Tensid zur Emulsionsstabilisierung und einem Carrier. Die Emulsion wird in dem zu behandelnden Gemisch (Phase III) dispergiert. Der Carrier hat die Aufgabe, das Metallion aus der äußeren wäßrigen Phase III durch die organische Membranphase II in die innere wäßrige Phase I zu transportieren. Nach Ablauf der Reaktion müssen die Emulsionstropfen koaleszieren und anschließend gespalten werden, um die innere Phase I freizusetzen. Die Emulsionsspaltung erfolgt entweder elektrisch, chemisch oder in einer Zentrifuge.

3.2.4.5 Elektrolyse

Aufgrund der schwierigen Entsorgbarkeit von Schlämmen bekommen alle Verfahren ohne Chemikalieneinsatz zukünftig größere Bedeutung. Insbesondere elektrochemische Verfahren bekommen im Bereich der Metallbearbeitung (metallhaltige – vor allem auch komplexierte – Abfallkomponenten; s. auch Emulsionen in Abschnitt 3.2.5) zunehmend Bedeutung, weil sie die Umkehrung der bekannten Galvanisierverfahren darstellen und das gesamte notwendige Anlagenequipment (vor allem die Gleichrichter, aber auch die Ausbildung der Mitarbeiter) bereits vorhanden ist.

Unter elektrochemischen Verfahren sind alle diejenigen zu verstehen, die durch Anlegen eines elektrischen Feldes eine selektive Aufkonzentrierung bestimmter Ionen hervorrufen und aufgrund der elektrolytischen Erzeugung von Wasserstoff und Sauer-

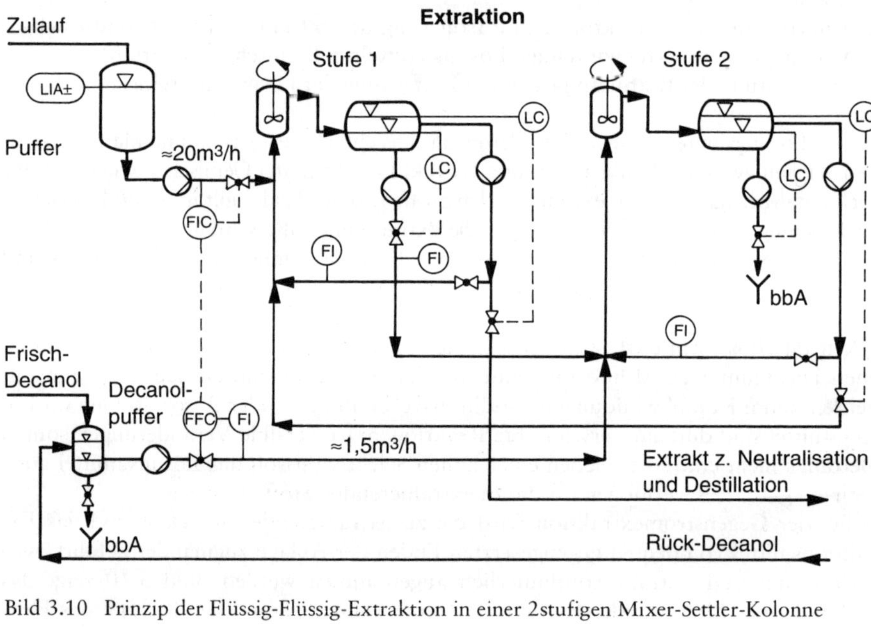

Bild 3.10 Prinzip der Flüssig-Flüssig-Extraktion in einer 2stufigen Mixer-Settler-Kolonne

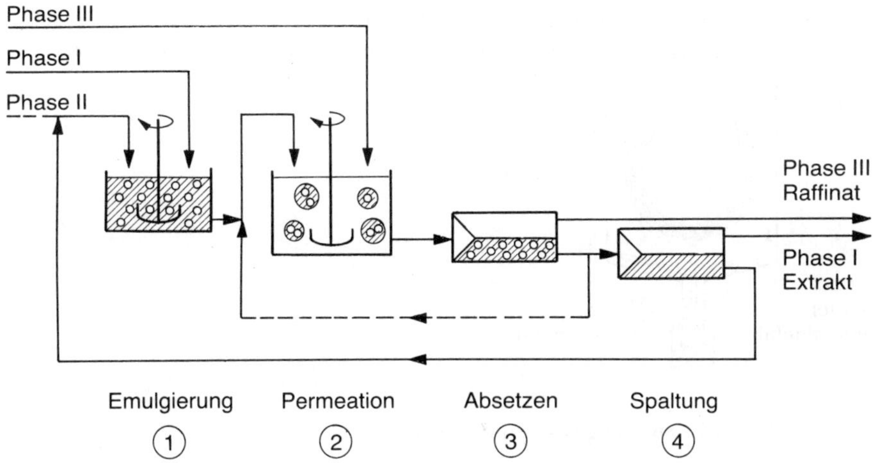

Bild 3.11 Prinzip der Flüssig-Membran-Permeation in einer Rührkessel-Separator-Kaskade

stoff Oxidations- bzw. Reduktionsreaktionen mit Abfallinhaltsstoffen eintreten. Hierzu gehören die Elektrolyse, aber auch die Elektrodialyse [1.1]. Primär ist es ein interessantes Rückgewinnungs- und Aufkonzentrierungsverfahren für Metalle, weil die in der Lösung (im Elektrolyten) befindlichen Metallionen metallisch auf dem Anodenmaterial (Graphit, Stahl, Edelstahl, Blei oder platiniertes Titan) abgeschieden und im Idealfall unmittelbar im Prozeß wieder eingesetzt werden können. Hierbei darf zwar nicht vergessen werden, daß über die Anwesenheit organischer Inhaltsstoffe unerwünschte Nebenreaktionen eintreten können, die sich negativ auf den Einsatz in einem Aktivbad auswirken können, aber auch der Weg über eine Scheideanstalt ist noch ein interessanter Aspekt.

Bei Verwendung unlöslicher Anoden können unerwünschte Reaktionen eintreten, wie z.B. Chlorentwicklung bei chloridhaltigen und NO_x-Entwicklung bei nitrathaltigen Lösungen. Durch Schutz der Anode mittels einer Kationenaustauschermembran, die Anionen nicht durchläßt, können diese Reaktionen eingegrenzt werden, allerdings nur so lange wie die Lösung geringer konzentriert ist als der Austauscher gebundene Ionen enthält. Alkalische, cyanidhaltige und schwefelsaure Lösungen machen diesbezüglich keine Probleme. Cyanidhaltige oder komplexhaltige Elektrolyte werden an den Anoden oxidiert; Chloride fördern diese Reaktion.

Für die Elimination von Metallionen gibt es verschiedene Zellenkonzepte: Neben Konzentratorzellen, bei denen noch ein Regenerationsschritt erforderlich ist, stellen die Metallgewinnungszellen mit rotierenden Katoden und Fließbetten kompakte Reaktoreinheiten dar (s. Bild 3.12). Beim Wälzrohrreaktor befinden sich in einer Walze, deren Mantel aus Anodenmaterial besteht, Katodenschüttungen, die ständig mechanisch umgewälzt werden, wodurch eine hohe Relativgeschwindigkeit im Elektrolyten erzeugt wird. Die Abscheidungsbedingungen lassen sich einstellen: Entweder haften die Niederschläge fest oder sie blättern ab und werden aufgefangen (weitere Ausführungen, [1.1]).

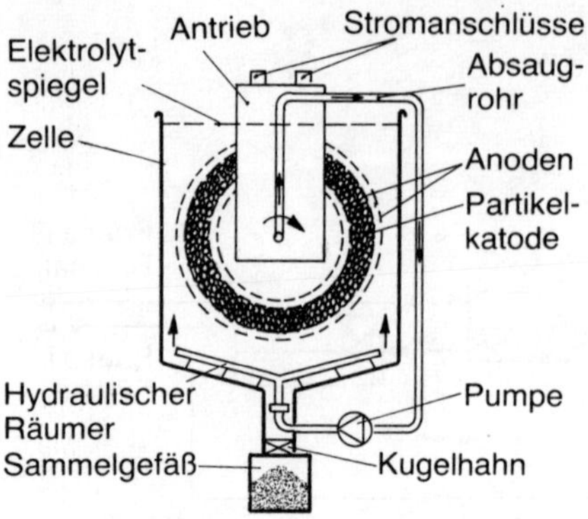

Bild 3.12
Prinzipschaubild einer Elektrolysezelle zur Metallgewinnung

3.2.5 Chemische Spaltung von Emulsionen

Bei den abfallrelevanten Emulsionen handelt es sich in der Regel um Öl-in-Wasser-Gemische (s. Definition in Abschnitt 1.4), aus denen die ölhaltige Phase von der Wasserphase abgespalten, d.h. abgetrennt, werden sollen. Deshalb wird der Begriff der Spaltung in der Fachliteratur auch sehr breit verwendet, weshalb bei der Diskussion um Verfahren der Öl-Wasser-Trennung viele Mißverständnisse entstehen: So werden die physikalisch wirksamen Membranverfahren genauso unter die Spaltverfahren gezählt wie die chemische Spaltung mit Hilfe von Säuren und Salzen.

Faßt man die Spaltung als Trennschritt von Wasser aus einem Öl-Wasser-Gemisch auf, kommen alle physikalischen Verfahren der

- Abschöpfung mit Hilfe von Skimmern,
- Leichtstoffabscheidung aufgrund des Dichteunterschiedes,
- Leichtstoffabscheidung mit Unterstützung durch Flotation und
- eben die ultrafeinen Filtrationsverfahren (Membrantrennverfahren) sowie
- der Verdunstung des Wassers

in Betracht.

Bereits die

- Aufkonzentrierung durch Coaleszenzeffekte (Zusammenlaufen der Ölphase zu größeren Tropfen infolge unterschiedlicher Oberflächenspannungen und Wechselwirkungseffekten mit Coaleszermaterialien),

mit Sicherheit aber die

- Deemulgierung durch Zugabe von Säuren oder Salzen oder die
- Elektrokoagulation

stellen reaktive chemische Verfahren der Spaltung einer Öl-Wasser-Phase dar. Im Kontext dieses Abschnittes sollen jedoch lediglich die beiden letztgenannten Emulsionsspaltverfahren diskutiert werden. Da die übrigen sich alle unter die Aufkonzentrierungsverfahren subsumieren lassen, sind diese dort (s. Abschnitt 3.4) behandelt.

3.2.5.1 Erweiterte Definition einer Emulsion

Eine Emulsion besteht aus zwei ineinander nicht löslichen Flüssigkeiten, wobei die eine in Form kleiner Tröpfchen in der anderen dispers verteilt ist. Man unterscheidet deshalb eine kontinuierliche und eine diskontinuierliche Phase. Die Tröpfchen können Durchmesser zwischen 0,01 und 100 µm aufweisen; technische Emulsionen haben i.a. eine polydisperse Tröpfchengrößenverteilung um 1 µm.

Da die Grenzflächenspannung zwischen zwei nicht ineinander mischbaren Flüssigkeiten positiv ist, führt die Dispersion einer kontinuierlichen Phase in einer diskontinuierlichen mit zunehmender Vergrößerung der Grenzfläche zwischen beiden Phasen zu einer Erhöhung der freien Energie des Gemisches (die Energie stammt aus der Dispergierung). Thermodynamisch bedeutet dies, daß die Emulsion instabil ist, was anders ausgedrückt heißt: Die beiden Flüssigkeiten sind bestrebt, sich wieder zu trennen. Zur Erhaltung einer Emulsion über einige Zeit muß demzufolge verhindert werden, daß die Öltröpfchen wieder zusammenfließen können. Dies wird über den Aufbau einer Schutzhülle erreicht, die zum einen die Grenzflächenspannung zwischen den beiden Flüssigkeiten herabsetzt und zum anderen mechanische, sterische und/oder elektrische Barrieren gegen eine Vereinigung der Öltröpfchen bewirkt (Tafel 3.4 zeigt hierzu verschiedene Emulgatortypen). Als Emulgatoren werden in den meisten Fällen Tenside eingesetzt, die ein hydrophobes und ein hydrophiles Ende aufweisen und jeweils in die entsprechende Flüssigkeit an der Grenzfläche hineinragen.

Tafel 3.4 Schematische Einteilung der Emulgatoren (nach LOHMEYER, 1980 [3.28])

Emulgatortyp	Beispiel	Verhalten in Lösung
anionaktiv	Natriumalkylsulfonat $R–C_6H_4–SO_3Na$	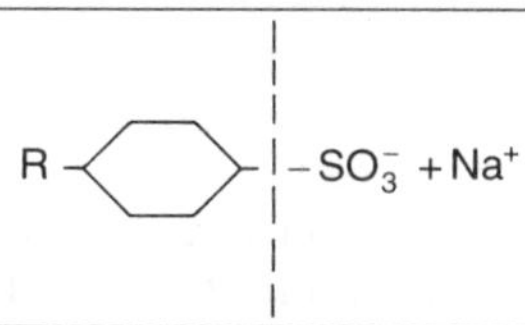
kationaktiv	Alkylpyridiniumchlorid $R–C_5H_5N–Cl$	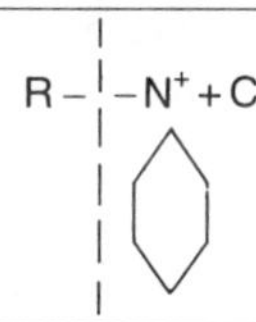
nichtionogen	Fettsäureethylester $R–CO–OC_2H_5$	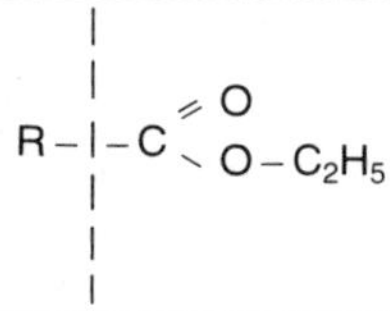
		eher öllöslich | eher wasserlöslich

Hydraulikwässer, Kühlschmierstoffe und Korrosionsschutzemulsionen werden i.a. mit Emulgatoren stabilisiert, Reinigungs- sowie Entfettungsbäder aber auch Kompressorenkondensate emulgieren sich selbst durch die Begleitumstände.

3.2.5.2 Deemulgierung durch chemische Entstabilisierung

Die chemische Spaltung ist also nur bei Emulsionen durchführbar, deren Emulgatoren ionisch sind bzw. deren disperse Phase eine elektrische Ladung trägt. Durch die Zugabe von

- □ starken Elektrolyten (Säuren oder stark dissoziierende Salze),
- □ Metallsalze oder
- □ organischen Spaltprodukten

werden die gleichsinniggeladenen Phasengrenzschichten der – meist zuvor mit Hilfe von Emulgatoren (Tenside) besonders stabilisierten – Emulsionen verändert: Zum einen werden die Ladungen kompensiert, zum anderen die Grenzschichten komprimiert. Eine Temperaturerhöhung (bspw. aus der Reaktionswärme) steigert die Kollisionshäufigkeit der Reaktanden und führt damit zur Beschleunigung der Spaltvorgänge.

Die Säurespaltung ist neben der Salzspaltung das bislang mit Abstand am meisten verwendete Verfahren. Die Tafeln 3.5 und 3.6 spezifizieren die beiden Prinzipien. Neben der Neutralisation der Oberflächenladung (z.B. mittels NaCl) werden überwiegend 3wertige Kationen (Eisen- und Aluminiumsalze) verwendet, die teils unerwünscht, teils erwünscht über die Hydroxidbildung zur Flockung führen. Dies ist im Hinblick auf die Separation der gebildeten Spaltprodukte durch Sedimentation oder Flotation wichtig.

Nachteilig bei den genannten Verfahren ist die Bildung von zusätzlichen Schlämmen und die Aufsalzung der kontinuierlichen Phase, ggf. ein saures Altölkonzentrat, was einer Verwertung abtraglich sein kann. Deshalb haben sich zwei Wege in der jüngsten Vergangenheit abgezeichnet: Zum einen wird versucht, ohne Spaltchemikalien auszukommen (abgesehen von Kohlensäure, die wieder gestrippt werden kann), zum anderen mit Hilfe von Polyelektrolyten. Bei der Polyelektrolyt-Spaltung führen Unterdosierungen zu ungenügenden Spaltergebnissen, Überdosierungen zu Reemulgierungen. Deshalb sind aufwendigere Meß- und Regeltechniken erforderlich, die es jedoch heute für den praktischen Einsatz gibt [3.80].

3.2.5.3 Emulsionsspaltung auf Basis der Elektrokoagulation

Dieses Verfahren basiert auf der Abfuhr der elektrischen Oberflächenladungen über Elektroden, so daß die Ladungen der Tröpfchen bzw. suspendierten Teilchen kompensiert werden. Sobald die elektrischen Abstoßungskräfte kleiner als die van-der-Waals-schen-Anziehungskräfte sind, koalisieren die feindispersen Öltröpfchen zu größeren, separierbaren Einheiten.

Tafel 3.5 Emulsionsspaltung mit Säure (nach BRUCKNER, 1989 [3.29])

Trennsystem: Spalten mit Säure	
Einsatz: Öl-Wasser-Gemisch	**Prinzip:** Chemische Spaltung
Ölphase: Als flüssige Ölphase, Wassergehalt vom Ölabtrennverfahren abhängig	
Aufbau und Funktionsweise: Die Neutralisation der Oberflächenladung erfolgt durch Protonierung der anionenaktiven Gruppen des Emulgators, der nach außen hin seine Wirkung verliert. Die Öltröpfchen können sich einander nähern und ineinander überfließen. Die Emulsion wird durch Zugabe der benötigten Menge Schwefelsäure oder Abfallsäuren bei gleichzeitigem Erhitzen auf 80 °C zur Reaktionsbeschleunigung nach vier bis fünf Stunden gespalten. Das abgespaltene Öl kann von der Oberfläche abgezogen werden. Das noch saure Spaltwasser muß neutralisiert werden.	**Bemerkungen:** Freie Öle und Feststoffe sollten durch eine Vorreinigung abgetrennt werden (s. Abschnitt 4.1) Der Grenzwert von 20 mg Öl/l wird bei der einfachen Säurespaltung nicht erreicht.

Schema
1. Sammelbehälter
2. Pumpe
3. Erhitzer
4. Säurevorratsbehälter
5. Säurepumpe
6. Spaltgefäß mit Füllkörpern
7. Neutralisationsgefäß
8. Laugenvorratsbehälter
9. Filteranlage

10 Pumpe (Runge, 1974)

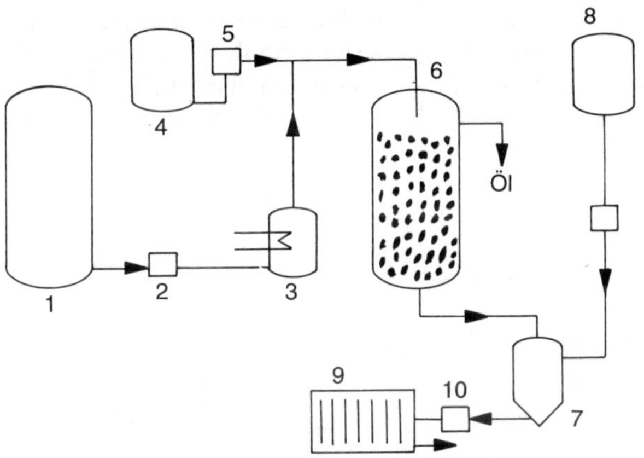

Tafel 3.6 Emulsionsspaltung mit Salzen (nach BRUCKNER, 1989 [3.29])

Einsatz: Öl-Wasser-Gemische	**Prinzip:** Chemische Spaltung
Ölphase: als flüssige Ölphase, Wassergehalt vom Ölabtrennverfahren	
Aufbau und Funktionsweise: Der Emulgator wird durch Anlagerung von Metallkationen an seine anionenaktiven Gruppen inaktiv, und somit ist ein Zusammenfließen der Öltröpfchen möglich. Der Emulsion wird bei Temperaturen bis 80 °C eine Salzlösung zugegeben. Die aufschwimmende Ölphase kann direkt abgezogen werden. Zur Trennung werden vorzugsweise Eisen(III-), Kalzium- und Magnesiumchlorid eingesetzt.	**Bemerkungen:** Bei der Verwendung von mehrwertigen Kationen müssen wesentlich geringere Mengen zugesetzt werden, als bei der Verwendung von einwertigen. Außerdem tritt neben der Elektroneutralisation durch die Metallionen zusätzlich deren Hydrolyse und die Adsorption der Ölphase an den Hydrolysaten ein.

Im einfachsten Fall besteht eine Elektrokoagulationsanlage aus einer Zelle, in die zwei Elektroden eintauchen (vgl. Bild 3.13). An ihnen muß eine ausreichend große Spannung angelegt werden, so daß der zur Koagulation erforderliche Strom durch die Emulsion fließen kann. Technisch werden die Elektroden durch ein Diaphragma oder eine Ionenaustauschermembran getrennt und nur der Raum um die Arbeitselektrode von der Emulsion durchströmt. Ähnlich wie bei der Elektrolyse (vgl. Abschnitt 3.2.4) wird die Elektrode möglichst großflächig ausgeführt (Graphit-/Nickel-/Titan- oder platinierte Tantal-Schüttungen). Die Öltropfen schwimmen im Arbeitsbehälter an die Oberfläche auf, von wo sie über einen Skimmer abgenommen werden können.

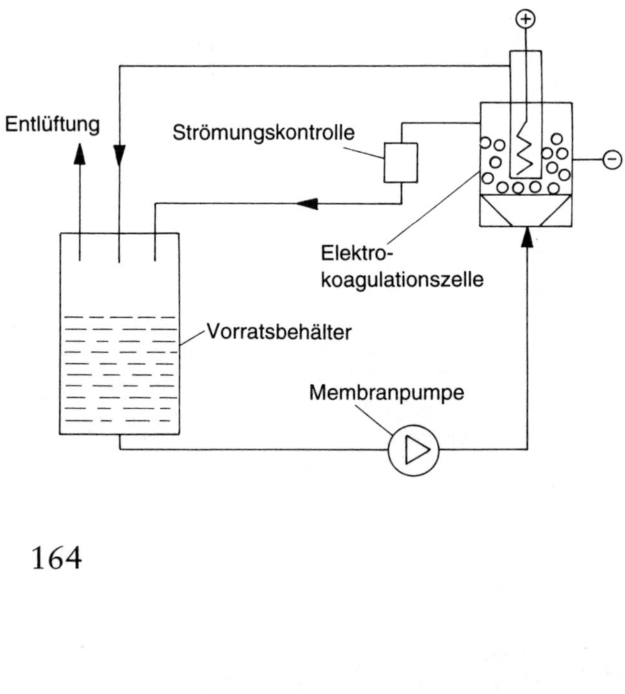

Bild 3.13
Prinzipschaubild einer Elektrokoagulationsanlage für Emulsionen (nach THOMANETZ, 1990 [3.30])

3.2.6 Phlegmatisierung explosibler Inhaltsstoffe

Neben einer Giftwirkung oder einer schlechten Abbaubarkeit komplexer Inhaltsstoffe kann auch die unkontrollierte Selbstentzündung ein vom Abfallgemisch ausgehendes Gefahrenpotential darstellen, dem entgegengewirkt werden muß. Deshalb müssen geeignete Maßnahmen ergriffen werden, um derartigen Reaktionen vorzubeugen. Unter Phlegmatisierung versteht man die Unterbindung exothermer Reaktionen.

Als Lösungen bieten sich deshalb alle Verfahren an, die mögliche Reaktionen zwischen Abfallkomponenten (Reaktivität) in ihrer Häufigkeit herabsetzen. Hierzu zählen:

- Kühlung,
- Verdünnung (Vorsicht! häufig nicht erlaubt),
- Zugabe von Reduktionsmitteln,
- Entzug von Feuchtigkeit,
- Luftabschluß.

3.3 Mineralisierung und Metabolisierung organischer Verbindungen in Rückständen und Abfällen

Neben der Schadstoffentfrachtung von Rückständen und Abfällen ist die Mineralisierung organischer Verbindungen eine wichtige Voraussetzung für die weitere Entsorgung. Hintergrund der Mineralisierungsanforderung ist, daß organische Verbindungen über die ubiquitäre Anwesenheit von Mikroorganismen einer Stoff-Wechselreaktion unterliegen, die zu unerwünschten Veränderungen des Stoffgemisches (beispielsweise einer Laugung) und zu Ausgasungen (Methan, Schwefelwasserstoff usw.) führen.

Unter Mineralisierung versteht man die Überführung organischer Verbindungen in ein C-Atom, Wasser und Mineralstoffe, wobei die Emission von CO_2 aus dem Stoffgemisch als wünschenswertes Produkt angesehen wird. Der Begriff stammt eigentlich aus der Mikrobiologie, ebenso wie der Begriff der Metabolisierung (Bildung von unterschiedlichen Stoffwechselprodukten).

Vielleicht werden deshalb den biologischen Verfahren der Abfallbehandlung im Rahmen der kommunalen Entsorgung derart große Perspektiven eingeräumt. Von der Sache her muß man bei den konventionellen Verfahren eher skeptisch sein, da sie nur in begrenztem Umfang die geforderte Mineralisierung herbeiführen können. Grund dafür ist (s.u.), daß aus der umzusetzenden organischen Masse immer wieder organische Masse in Form von Biomasse entsteht und diese sich nicht einfach «in Luft auflöst» (s. Abschnitt 3.3.1). Wahrscheinlich liegt aber ein interessanter Ansatz in der wiederholten aerob-anaeroben Umsetzung, wie sie uns die Natur eigentlich vormacht [3.31].

Ganz andere Perspektiven haben bislang dagegen – insbesondere im industriellen Bereich – immer noch die chemischen und physikalischen (thermischen) Verfahren, bei denen masseunschädliche Oxidationsmittel eingesetzt werden, wie Ozon bei der Naßoxidation (Abschnitt 3.3.2) oder eben Wärme bei der thermischen Oxidation (Abschnitt 3.3.4). Ziel dieser Verfahren ist die vollständige Zerstörung organischer

Verbindungen bis hin zur vollständigen Mineralisierung. Die Pyrolyse hingegen (Abschnitt 3.3.3) führt nach dem Bindungsaufbruch zu neuen organischen Produkten.

Grundsätzliches Ziel der Mineralisierungsverfahren ist allein die Kohlenstoffumsetzung. Trotzdem müssen natürlich alle Prozeßparameter in ihrer Wirkung auf (ziemlich) alle Komponenten des Stoffgemisches überprüft werden, um sicherzustellen, daß nicht beispielsweise durch Alkalisierung Ammoniak in die Abluft gestrippt wird oder durch Wärmezufuhr Metalle verdampfen. Zur Vermeidung von derartigen Fehlern hat sich die detaillierte stoffliche Input-Output-Analyse über jeden einzelnen Verfahrensschritt als vorteilhaft erwiesen.

3.3.1 Biologischer Stoffumsatz

Da die Natur seit Jahrtausenden gezeigt hat, daß sie in der Lage ist, keine Abfallberge anzuhäufen, liegt es nahe, auch diese Verfahrenstechnik im Rahmen der Abfallbehandlung einzusetzen. Sie weist interessante Vorzüge auf, hat aber auch gravierende Einschränkungen, weshalb man im Vorfeld genauestens prüfen muß, ob und mit welchem biologischen Verfahren das angestrebte Ziel oder Teilziel überhaupt erreicht werden kann (ausführliche Würdigung dieser Thematik [1.1]).

Zu beachten ist grundsätzlich, daß wir bei allen biologischen Verfahren die Natur ausschnittsweise zu kopieren versuchen. Dies ist in vielen Fällen auch erfolgreich. Gerade bei der biologischen Abfallbehandlung scheint dieser Ausschnitt aber noch zu klein gewählt. Verständlicherweise will man die Verfahren nicht so aufwendig machen wie die chemischen oder physikalischen. Die Gefahr besteht dann aber darin, daß man verfehlte Ziele der «Biologie» anlastet und nicht an den selbstgewählten Systemgrenzen des Verfahrens sucht.

Unter einem biologischen Stoffumsatz hat man Stoffwechselvorgänge zu verstehen, die im wesentlichen Mikroorganismen durchführen (höhere Organismen spielen eine untergeordnete Rolle). Meist spricht man im Zusammenhang mit der Abfallbehandlung von einem biologischen Abbau und vergißt dabei, daß ein mikrobieller Abbau auch ein Aufbau ist:

Mikroorganismen bauen die hier interessierenden höhermolekularen organischen Verbindungen im Rahmen ihres Energiestoffwechsels ab und im Rahmen ihres Baustoffwechsels auch wieder zu neuen organischen Verbindungen auf.

Für den auf die Entsorgung schauenden Ingenieur sind die katabolischen Prozesse interessant, der Aufbau neuer Biomasse ist ihm aber sehr ungelegen, weil er dem Ziel der Mineralisierung entgegenläuft. Aus diesem Grund sind biologische Verfahren mit geringer Biomasseproduktion erwünscht. Allerdings sind diese nicht unkritisch: Es gibt zwei biologische Wege zur Biomassebegrenzung, zum einen kann ein Verfahren gewählt werden, bei dem die verfahrenstechnischen Randbedingungen nur die Produktion geringer Biomasse zulassen (anaerobe Verfahren), zum anderen kann die gebildete Biomasse (aerobe Verfahren) durch den Aufbau einer Nahrungskette wieder dezimiert werden.

Da es hier um den Abbau von organischen Verbindungen (Substrat, Nährstoffe) geht, sollen im folgenden lediglich die hierbei überwiegend beteiligten, sogenannten heterotrophen Mikroorganismen (Bakterien, Pilze, Hefen) insgesamt diskutiert werden; die autotrophen, die in der Lage sind, aus CO_2 Biomasse aufzubauen, interessieren in diesem Zusammenhang nicht. Heterotrophe (eigentlich chemoorganoheterotrophe) Mikroorganismen verwenden die chemisch gebundene Energie (chemo-) für ihren Energiestoffwechsel und bauen aus organischen Verbindungen (-organo-) Biomasse auf. Unter optimalen Bedingungen können Mikroorganismen etwa 50% des verwertbaren Kohlenstoffs in die Biomasse transferieren (Mikroorganismen sind die besten Futterverwerter, die es gibt). Für den Mikroorganismus steht die Arterhaltung im Vordergrund. Für den Abfalltechniker ist das alles andere als optimal; für ihn wird zuviel Biomasse produziert und nur etwa 50% des Kohlenstoffs entweichen in Form von CO_2 in die Athmosphäre.

Die Investititon in Nachkommenschaft und Biomasse hat aber auch ihre prozeßtechnischen Vorteile, die die biologischen Behandlungsprozesse bei richtiger Anwendung und Einbindung in den Prozeß zu einem wichtigen Element machen: Viele Mikroorganismen im System

- □ bedeutet auch viele Reaktionspartner (Enzyme und ggf. breites enzymatisches Stoffspektrum) und damit eine hohe Stoffumsatzgeschwindigkeit und große Stoffwechselbreite,
- □ bedeutet auch eine große Oberfläche zur Sorption von abbaubaren (aber auch nicht abbaubaren) Verbindungen und damit deren Elimination aus der flüssigen Phase,
- □ bedeutet auch eine rasche Wiederherstellung guter Stoffumsatzleistungen nach einer Störung in der Anlagentechnik oder infolge toxischer Komponenten im flüssigen Abfallgemisch (vgl. [1.19]).

Neben der Trophie – ganz wesentlich ist ein ausreichendes Angebot an essentiellen Mineralstoffen (Stickstoff, Phosphor) und an Spurenelementen (Eisen, Zink, Chrom) für den Aufbau von Biomasse – spielen der Bezug zum Sauerstoff (aerob – anaerob) und die Temperaturzuordnung (es gibt psychro-, meso- und thermophile Mikroorganismen, die entsprechend kälte- oder wärmeliebend sind) wichtige verfahrenstechnische Merkmale zur Prozeßgestaltung. In der Regel betreibt man aerobe Prozesse im Temperaturbereich psychrophiler Organismen, deren Temperaturoptimum bei 15 bis 20 °C liegt (Hintergrund ist die bessere Sauerstofflöslichkeit bei niedrigen Temperaturen), während man anaerobe Prozesse eher bei Temperaturen um 35 °C betreibt (mesophile Organismen), weil mit zunehmender Temperatur sich die Kinetik verbessert. Bei ausreichender Abwärme oder in tropischen Gebieten kann auch die Temperatur in den Bereich um 55 °C gehoben werden, um den thermophilen Organismen optimale Bedingungen zu verschaffen.

Wenngleich also Mikroorganismen in Rubriken eingeteilt werden, verfügen die meisten von ihnen über breite Toleranzbereiche. Wenn also bestimmte Zuordnungen getroffen werden, stellen diese nur vorwiegende Merkmale heraus. In manchen Fällen drückt sich dies aber bereits durch die Begriffe fakultativ und obligat aus: So gibt es obligate Anaerobier, für die Sauerstoff ein Gift ist; die fakultativen Anaerobier können sowohl mit als auch ohne Sauerstoff wachsen.

3.3.1.1 Aerobe Behandlung

Unter der aeroben biologischen Behandlung wird die Versorgung der abbauenden Mikroorganismen mit gelöstem Sauerstoff verstanden. Der Sauerstoff kann dabei in

Form von Druckluft, Reinsauerstoff bis hin zu Wasserstoffperoxid oder Ozon angeboten werden. Die Tatsache, daß in ein Medium Sauerstoff eingetragen wird, heißt aber nicht, daß alle Mikroorganismen ausreichend mit Sauerstoff versorgt sind: Gerade in flüssigen Abfällen bleiben viele Bereiche anaerob (sauerstofflos), weil die Konvektionsvorgänge langsamer sind als die Zehrungsrate oder die Diffusion in eine Flocke von Mikroorganismen zu gering ist.

In Form einer Input-Output-Bilanz bezogen auf den Kohlenstoff verdeutlicht Tafel 3.7, daß aerobe Verfahren sich dadurch auszeichnen, daß etwa die Hälfte des verwertbaren Kohlenstoffs in die Biomasse gelangen, wohingegen es unter anaeroben Bedingungen nur rund 5 bis 10% sind. Je nach dem Verhältnis Substrat/Biomasse geht aber die Biomasseausbeute zurück (Bild 3.14), weil in Ermangelung externer Kohlenstoffquellen die in «guten Zeiten» angelegten Reserven angegriffen werden. Da allerdings flüssige Abfälle zu den hochkonzentrierten gezählt werden (CSB > 10 000 mg/l), läßt sich aus wirtschaftlichen Gründen auch nur ein hohes spezifisches Schlammbelastungsverhältnis einstellen (sogenannte Stabilisierungssysteme mit geringen Verhältnisgraden stellen mit Sicherheit die Ausnahme dar).

Die aeroben Verfahren werden – genauso wie die anaeroben – in Submers- oder Festbettverfahren eingeteilt, wobei sich für das Submersverfahren die Bezeichnung Belebungsverfahren eingebürgert hat (aus dem Englischen: activated sludge). Da ein ho-

Tafel 3.7 Input-Output-Bilanzen für den aeroben und anaeroben Kohlenstoff-Stoffwechsel

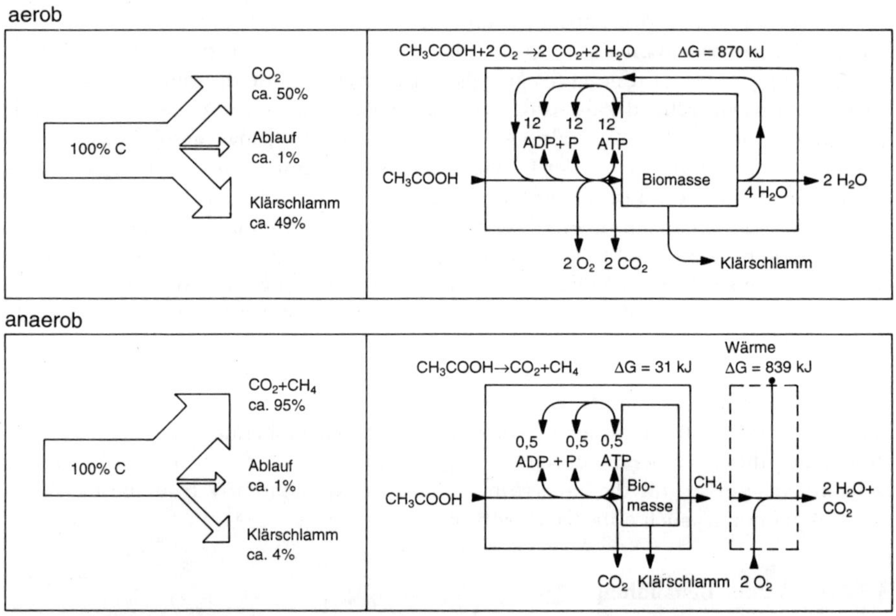

Kohlenstoff-Bilanz bei aerober und anaerober Abwasserreinigung

Energiebilanz des aeroben und des anaeroben Abbaus von Essigsäure

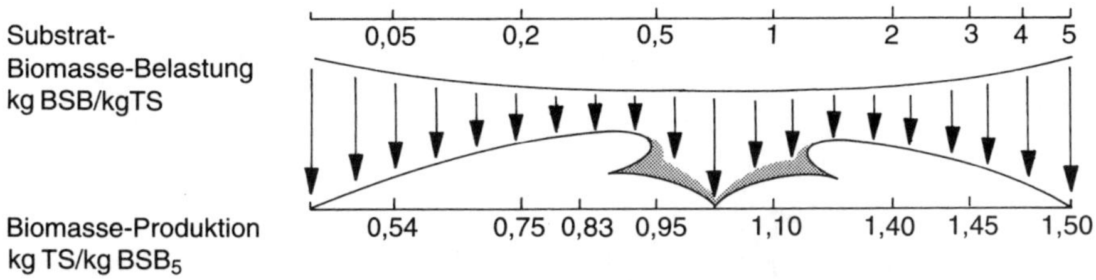

Bild 3.14 Biomasseproduktion in Abhängigkeit von der Substrat-Biomasse-Belastung

her CSB im flüssigen Abfall auch auf ein hohes Zehrungspotential schließen läßt, ist die Sauerstoffversorgung ein Flaschenhals des biologischen Verfahrens. In den letzten Jahren wurde dieser Engpaß erfolgreich beseitigt. So wurde die Sauerstoffeintragsleistung durch beispielsweise Injektorsysteme vergrößert, die Sauerstoffausnutzung durch Verlängerung des Fließweges verbessert und die Stoffwechselleistung über Scherfelder zur Oberflächenvergrößerung erhöht. Trotzdem finden sich in der Praxis erst vereinzelt derartige Hochleistungssysteme zur biologischen Abfallbehandlung (Bild 3.15 zeigt zwei Beispiele, von denen bekannt ist, daß mindestens eine Anlage in Betrieb ist).

Ein Merkmal der Belebungsverfahren ist die Notwendigkeit der Biomasserückführung, wenn die Verweilzeit des zu behandelnden Stoffgemisches im Reaktor kürzer ist als die Generationszeit der am Stoffwechsel beteiligten Mikroorganismen. Dies ist die Regel, weshalb den Reaktoren Phasentrenneinrichtungen nachgeschaltet sind (Sedimenter, Flotationsanlagen, neuerdings auch schon Membrantrenneinrichtungen, s. Abschnitt 3.4). Da die Technik der aeroben biologischen Behandlung von Abfällen nahezu identisch ist mit der Abwasserreinigung, wird an dieser Stelle auf die ausführlichen Erörterungen im Buch «Behandlung von Abwasser» hingewiesen [1.1], das ebenfalls im Vogel Buchverlag erschienen ist.

Den «Nachteil Biomasserückführung» weisen Festbettreaktoren nicht auf. Dort sind die Mikroorganismen zumindest teilweise auf festen Flächen immobilisiert und vom Fließprozeß abgekoppelt, so daß eine Art Gedächtniseffekt für den Abbau von Substraten erzielt wird, die nicht permanent in der Abfall-Lösung vorhanden sind.

3.3.1.2 Anaerobe Behandlung (Faulung/Gärung)

Vor allem bei der Behandlung flüssiger Abfälle unter Sauerstoffabschluß sind Systeme mit Festbetten interessant, weil immobilisierte Mikroorganismen besser zu handhaben sind, wenn Probleme auftreten; abgesehen davon, daß sie meist höhere Störstoff-Toleranzen aufweisen. Das Verstopfungsproblem wird teilweise dadurch gelöst, daß die Festbetten nicht starr eingebaut werden, sondern in Form von Schüttungen, die über eine Gas- oder Flüssigkeitsumwälzung in Schwebe gehalten werden können (Wirbelschichtreaktor). Bild 3.16 zeigt die drei wesentlichen Typen der anaeroben Reaktortechniken und Größenordnungen ihrer Einsetzbarkeit hinsichtlich Kohlenstoff und Feststoffbelastung.

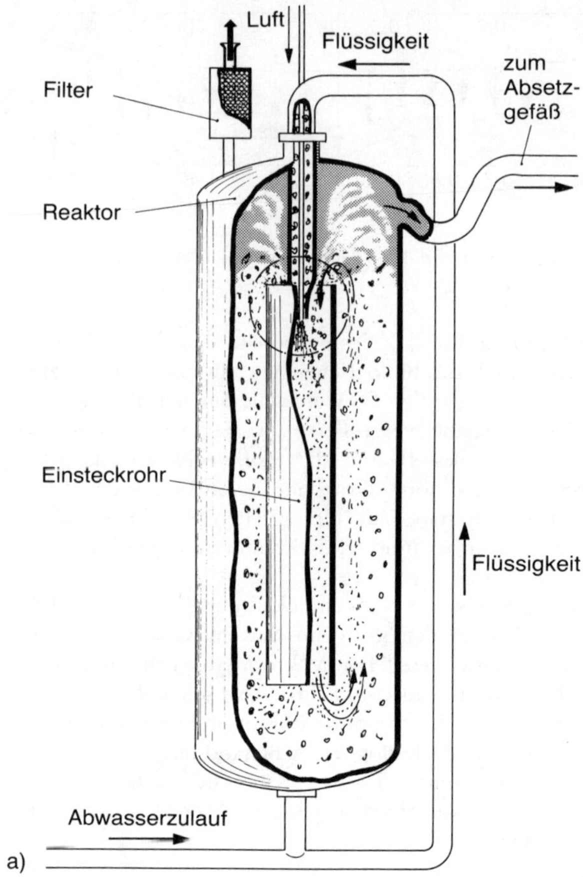

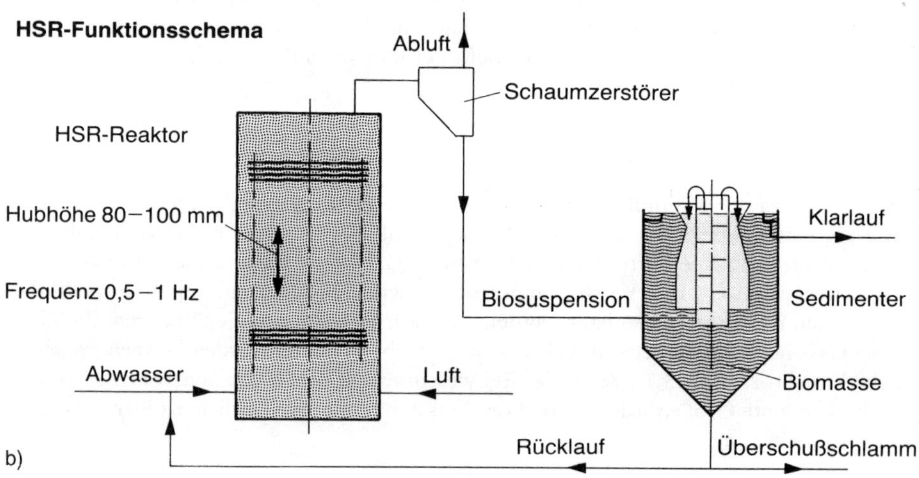

Bild 3.15
Fließbilder zweier aerober biologischer Verfahren zur Behandlung von flüssigen Abfällen

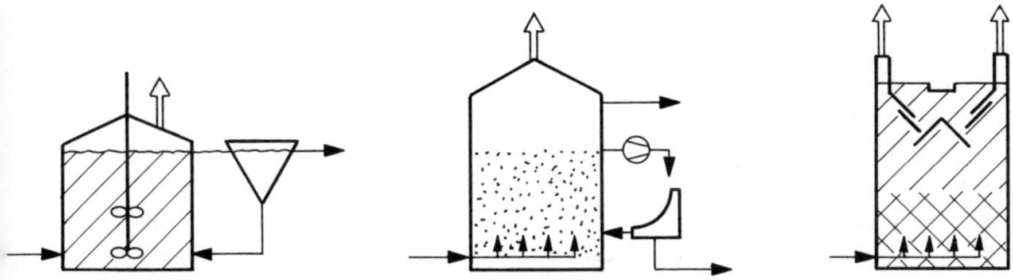

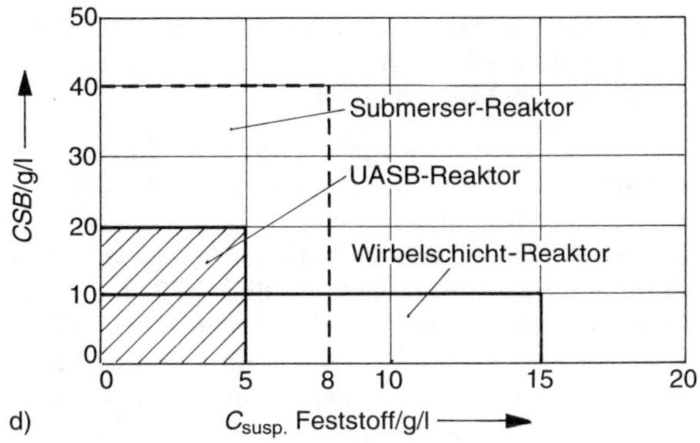

Bild 3.16
Prinzipschaubild anaeroben Reaktortechniken
(a: Mischungsreaktor mit separater Biomassenabtrennung;
b: Wirbelschichtreaktor und
c: Aufstrom-Schlammbett-Reaktor UASB sowie
d: Einsatzbereiche der drei Verfahrensprinzipien)

Wie oben dargestellt, reizen am anaeroben Verfahren der geringe Biomasse-Anfall und die verwertbare Gasfraktion (s. Tafel 3.7) mit rund 70% Methangehalt. Das entstehende Biogas (Faulgas oder Deponiegas) ist allerdings ein Gasgemisch, das neben Methan vorwiegend CO_2 und in der Summe von etwa 1% H_2 und H_2S enthält. Allerdings macht der Vorteil des «geschlossenen Systems» zur Gaserfassung (was auch Vorteile hinsichtlich der Einengung von Geruchsquellen bringt) nicht unerhebliche Sicherheitsmaßnahmen (Ex-Schutz) erforderlich [1.40].

Zur Konkretisierung der Abbauvorgänge bei anaeroben Prozessen (s. Tafel 3.7) veranschaulicht Tafel 3.8 die Abbauschritte von Kohlenhydraten, Fetten und Eiweißen. Im Gegensatz zur aeroben Behandlung, bei der durchaus ein Mikroorganismus die einfachen organischen Verbindungen oxidieren kann, arbeiten hier verschiedene Mikroorganismengattungen (im folgenden allein anhand verschiedener Bakterienstämme erläutert, s. Bild 3.17) zusammen:

- □ Hydrolytische, fermentative Bakterien, die sowohl fakultative als auch obligate Anaerobier sein können, spalten bzw. verflüssigen die komplexen Grundbausteine Eiweiß, Fett und Kohlenhydrat durch Exoenzyme (außerhalb der Zellen ins Medium abgegeben oder an der Zelloberfläche haftend) zu einfachen Mono- und Dimeren (Zellulose wird in Zellobiose und Glucose, Stärke in Amltose und Glucose gespalten).
- □ Acidogene Bakterien bauen Mono- und Dimere zu Carboxylsäuren, Acetat (Essigsäure), Propionat und Butyrat sowie zu Milchsäure, Ethanol, Wasserstoff und

Kohlenstoffdioxid ab. Inzwischen weiß man, daß die Konzentration des intermediär gebildeten Wasserstoffs die Art der Gärungsprodukte determiniert: je höher der Wasserstoffpartialdruck, desto weniger Essigsäure und Wasserstoff.

- Acetogene Bakterien bauen die Carboxylsäuren Butter- und Propionsäure zu Essigsäure, Wasserstoff und Kohlenstoffdioxid um, wobei auch hier der Wasserstoffpartialdruck determiniert: Der Propionsäureabbau ist erst unter 10 bis 5 bar exergon und damit erst möglich. Deshalb müssen wasserstoffverwertende Mikroorganismen unbedingt vorhanden sein, wenn ein weitgehender Abbau erfolgen soll.
- Methanogene Bakterien (neben den sulfatreduzierenden Desulfurikanten) verwerten im wesentlichen Wasserstoff und Kohlenstoffdioxid bzw. Essigsäure und setzen diese zu Methan und Kohlenstoffdioxid um. Sinkt der Wasserstoffpartialdruck zu stark ab, wird die Methanbildung aus Wasserstoff endergon, was den anaeroben Abbau zum Erliegen bringt.

Angesichts der großen praktischen Erfahrungen bei der anaeroben Klärschlammbehandlung (s. Abschnitt 4.3) wurden in jüngster Zeit viele Versuche mit der anaeroben Abfallbehandlung durchgeführt. Um größere Stoffumsatzleistungen zu erzielen, wurde dabei meist die Versäuerung aus dem Gesamtprozeß herausgelöst und in Form einer Reaktorkaskade (s. Bild 3.18) hintereinander angeordnet (man spricht häufig von einem 2stufigen Verfahren; jedoch sollte man Vorgänge als Stufe nur bezeichnen, wenn ein Stoffwechselschritt eindeutig abgeschlossen ist; z.B. eine biologische und eine chemische Behandlungsstufe, bei denen jeweils die Konzentrate getrennt abgezogen werden).

Dadurch können die Prozeßparameter besser an die Erfordernisse der jeweiligen Mikroorganismen angepaßt werden. Eine weitere Trennung der anaeroben Stoffwechselschritte ist aber aus den oben genannten Gründen der Wasserstoffpartialdruck-Abhängigkeit nicht sinnvoll, wenn man nicht eine Wasserstoffpartialdruck-Regelstrecke aufbauen will.

Hinsichtlich des Betriebes von Anaerobanlagen gibt es in der Literatur eine Vielzahl von Optimierungshinweisen hinsichtlich pH-Wert, Temperatur, Durchmischung bis hin zur Dosierung von Spurenelementen, aber auch deutliche Warnungen vor allzu sorglosem Einsatz. Eingedenk der oben kurz skizzierten Zusammenhänge ist der optimierte anaerobe Prozeß wesentlich störanfälliger und angesichts der geringen Wachstumsraten der Anaerobier auch nach einer Störung wesentlich länger im Ungleichgewicht.

Wenn immer wieder die kommunale Klärschlammfaulung als ideales Beispiel angeführt wird, muß man deren Verhältnisse auch übertragen können: Zum einen weist Klärschlamm fast das gesamte Periodensystem auf, so daß in der Regel für die Mikroorganismen alle für den Stoffwechsel notwendigen Komponenten vorhanden sind, zum anderen wird täglich selten mehr als $^{1}/_{20}$ des Reaktorvolumens ausgetauscht, so daß Zuflüsse nur begrenzt Auswirkungen auf den gesamten Reaktionsraum haben können. Je weiter das Substratspektrum von der Vollversorgung entfernt ist (bspw. infolge Brauchwasseraufbereitung) und je kleiner die Anlage werden soll, desto mehr Equipment wird erforderlich.

Tafel 3.8 Abbau von Kohlenhydraten, Fetten und Eiweißverbindungen (nach KALTWASSER, 1980 [3.32])

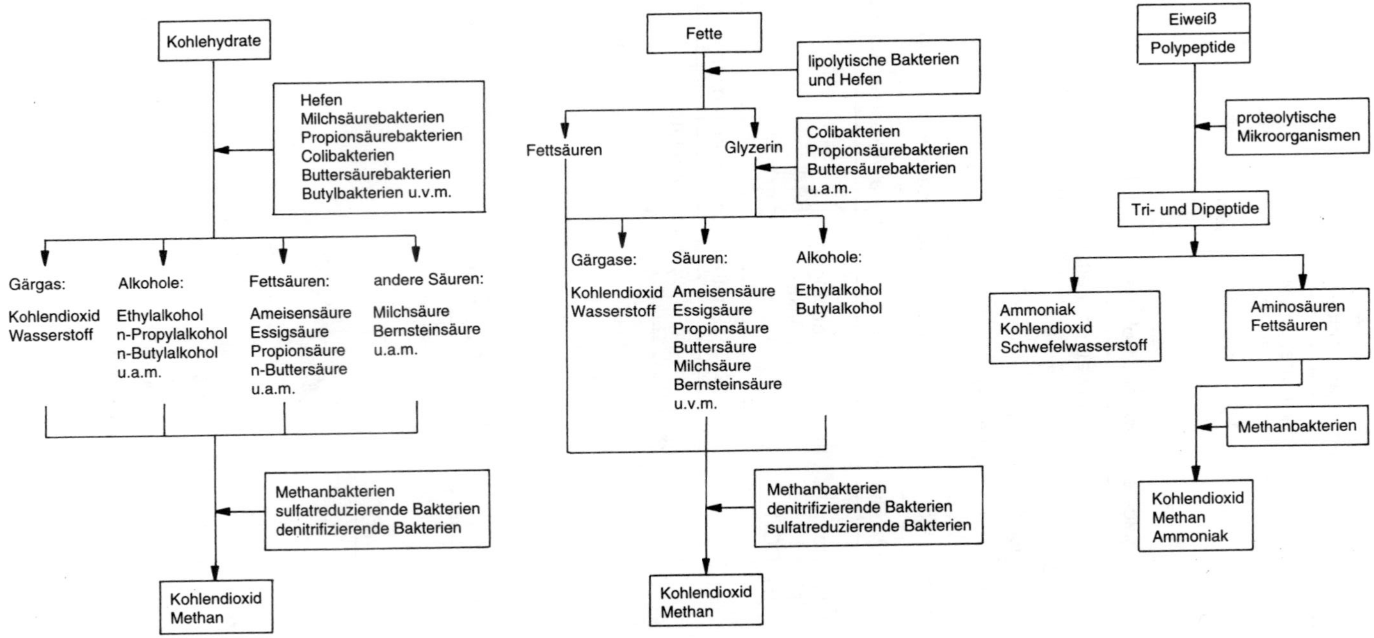

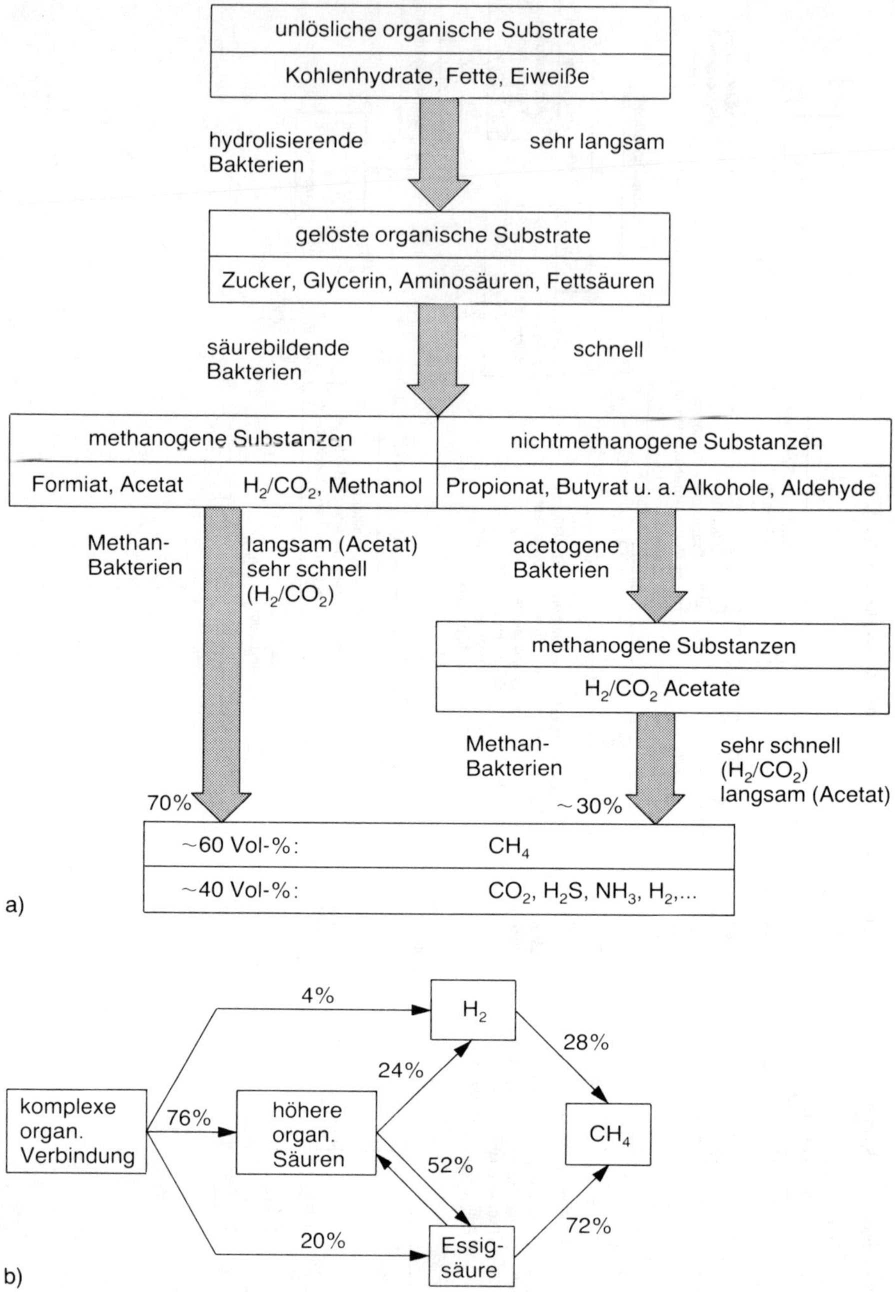

Bild 3.17 Anaerobe Stoffwechselschritte im einzelnen

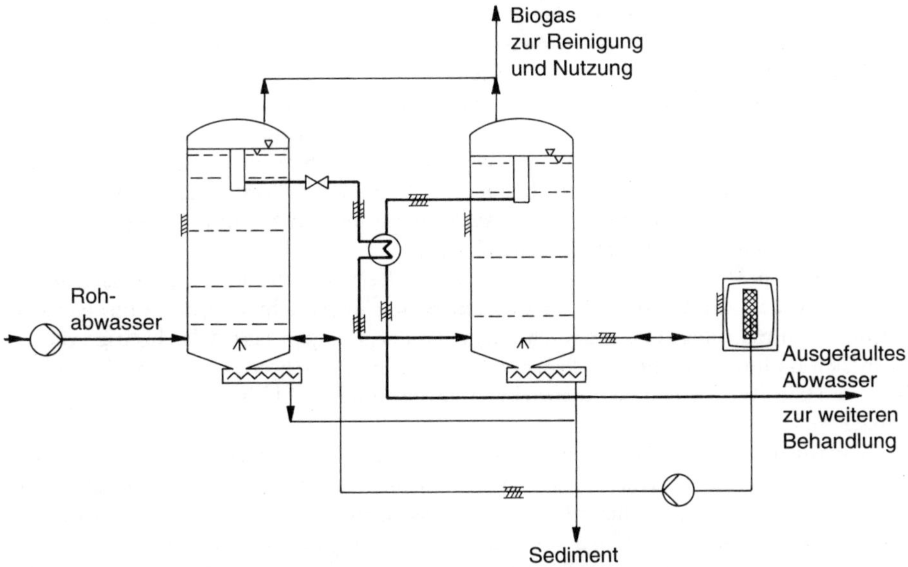

Bild 3.18 Anaerobe Kaskadenbehandlung zur Versäuerung und Stabilisierung pastöser Rückstände und Schlämme (nach UHDE/SCHWARTING, Dortmund [3.33])

3.3.1.3 Differenzierung biologischer Behandlungsverfahren nach den unterschiedlichen Feststoffgehalten in den flüssigen Rückständen

Flüssige Rückstände und Abfälle können einer newtonschen Flüssigkeit voll entsprechen, sie können aber auch zähflüssig bis pastös sein. Liegt der Wassergehalt in der Größenordnung unter 70% wird der Stofftransport über die Wasserphase limitiert. In derartigen Fällen wird es bereits interessant, Kompostierungsverfahren [3.34] einzusetzen. Sie beruhen auf den gleichen Merkmalen, wie die oben kurz skizzierte aerobe Behandlung.

Vorteil ist, daß der zur Mineralisierung benötigte Sauerstoff nicht erst technisch in das Stoffgemisch eingetragen werden und von dort hin zu den Mikroorganismen diffundieren muß. In jedem Fall setzt aber auch die Kompostierung ausreichenden Wassergehalt (ohne Feuchtigkeit keine Mikroorganismen), ausreichende Porosität und die Anwesenheit von wichtigen Wachstumsstoffen voraus. Da die Mikroorganismen nur begrenzt beweglich sind, muß der Kompost ab und zu umgewälzt werden – dies auch, weil mit der Zeit anaerobe Zonen entstehen, die zu Geruchsbelästigungen führen können (eine Abluftbehandlung ist meist erforderlich).

Die Kompostierung ist ein exotherm verlaufender biologischer Oxidationsprozeß. Der Temperaturverlauf – es werden Temperaturen von 70 bis 75 °C erreicht – gibt einen guten Maßstab für die Intensität seines Ablaufs. Ebenso kann man den CO_2-Gehalt in der Abluft messen. Für den Abbau von 1 g organischer Substanz sind etwa 0,9 g O_2 erforderlich, je kg müssen also 40 bis 60 l O_2 zugeführt werden. Ist das Gut zu feucht, kann kein Sauerstoff herantreten, der Prozeß dauert entsprechend länger. Für die Verarbeitung von größeren Mengen sind belüftete Kompostierungsflächen mit integriertem Entwässerungssystem einzusetzen.

Bei der Mietenkompostierung kann man sich den häuslichen Komposthaufen vorstellen; Voraussetzung zur Kompostierung ist eine ausreichende Substratmenge und eine ausreichende Volumenausdehnung, weil nur im «Haufen» ein Milieu erreicht wird, das eine Massenentwicklung der abbauenden Organismen fördert und das Oberflächen-Volumen-Verhältnis hinsichtlich Auskühlung und Entfeuchtung bei gleichzeitig noch ausreichendem Luftwechsel günstig ist.

Der Kompostierung in dynamischen Rottezellen liegt die Überlegung zugrunde, daß der in der Zeit ablaufende Prozeß am besten überwacht und beeinfluß werden kann, wenn man ihn auch räumlich nacheinander ablaufen läßt. Gleichzeitig erhofft man sich dadurch eine bessere Prozeßführung (bspw. durch Nachlieferung von Wasser), um die Rotte vor dem Austrocknen zu bewahren und eine bessere O_2-Versorgung.

Mit zunehmendem Wassergehalt wird es zunehmend interessanter, flüssige Abfälle anaerob zu behandeln. Allerdings darf man grundsätzlich nie das resultierende Endprodukt aus dem Auge verlieren: Wenn z.B. anschließend der Rückstand nur noch getrocknet werden kann, um ihn als Abfall direkt auf Deponie oder in eine Verbrennung geben zu können, sollte jede Wasserbeimengung unterbleiben. Falls ausreichende Wassergehalte bereits vorhanden sind, sollte zumindest eine Vergärung in Betracht gezogen werden.

Bevor ein Industriebetrieb allerdings selbst in Anlagen investiert, ist zu überprüfen, ob nicht im Rahmen einer Schlammfaulung in einer industriellen oder kommunalen Kläranlage eine Mitbehandlung erfolgen kann (s. zur Vergärung/Faulung Abschnitt 4.3). Eine Vermischung flüssiger Rückstände mit festen organischen Abfällen zwecks Vergärung sollte hinsichtlich der gesetzlichen Vorgaben aber auch aus technisch-wirtschaftlicher Sicht überprüft werden. Die häufig in den Vordergrund gestellten Energiegutschriften (bis hin zur Energieautarkie) werden selten erreicht, da zumindest im Augenblick noch Stromlieferverträge existieren, die beispielsweise über den Leistungspreis die Energiekosten determinieren und ein einmaliger Ausfall der Biomethanisierungsanlage, wie die Vergärung auch genannt wird, die Arbeitspreiseinsparungen durch die gesamten eigenerzeugten Kilowattstunden übersteigen können.

In jüngster Zeit sind zwei Firmen (BTA, München und DEUTSCHE BABCOCK, Krefeld) aktiv bei der Implementation von Vergärungsanlagen organischer Abfallstoffe, die dann Bioabfall heißen, wobei der Schwerpunkt der Aktivitäten bei den kommunalen Einrichtungen und der Mitbehandlung gewerblicher und industrieller Abfälle liegt. Bild 3.19 zeigt ein Fließbild und eine Massenbilanzierung des WABIO-Verfahrens [3.35] für einen Durchsatz von jährlich 20 000 t.

Abschließend sei an dieser Stelle noch auf die Anwendung der anaeroben Behandlung von Rückständen aus der Verarbeitung von zucker-, fett- und eiweiß- sowie pflanzenölhaltigen Schlempen aus der Landwirtschaft bzw. Nahrungs- und Genußmittelproduktion hingewiesen, für die WEILAND und AHLGRIMM (1988 [3.36]) eine angepaßte Verfahrenstechnik entwickelt haben (s. Abschnitt 3.5).

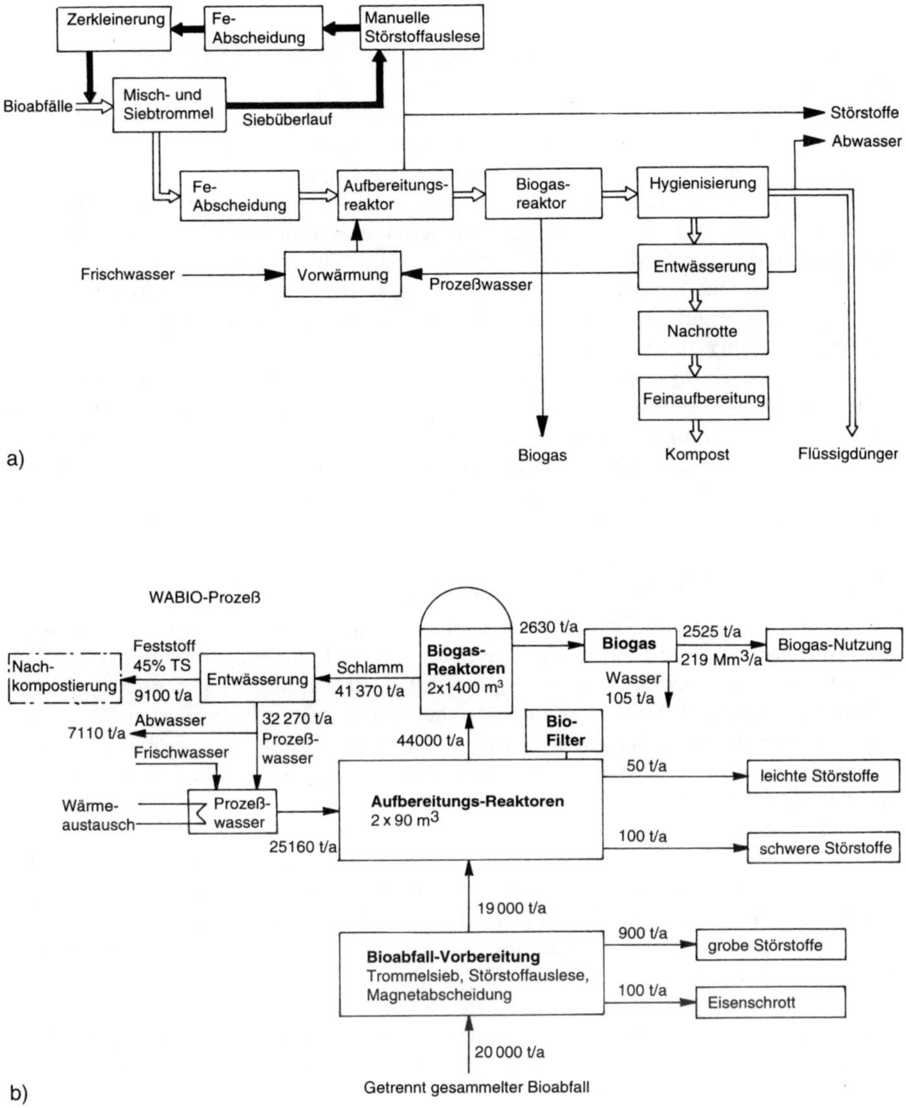

Bild 3.19 Fließschema a) und Bilanzierung b) der Massen beim WABIO-Verfahren (nach SCHNEIDER [3.35], 1992)

3.3.1.4 Ergebnisse biologischer Prozesse

Grundsätzlich gilt, daß gemäß einer Aufgabenstellung und Zielvorgabe alle Outputs aus dem Verfahren zu bilanzieren sind: Bei einer aeroben Behandlung flüssiger Abfälle kann eine Wasser- und eine Schlammphase erreicht werden, die es ohne weitere Behandlung erlauben, das Wasser in die Kanalisation oder ein Gewässer zu geben, während der Schlamm weiterbehandelt werden muß (s. Kapitel 4).

Bei anaeroben Verfahren weist die Wasserphase allerdings immer noch hohe CSB-Konzentrationen auf, so daß hier eine Wassernachbehandlung neben einer Schlammweiterbehandlung erforderlich ist, wenn nicht die Wasserphase anderweitig genutzt werden kann. Die Nutzung der anaerob produzierten Gase in Blockheizkraftwerken darf heute als Stand der Technik bezeichnet werden, der interne Wärmebedarf wird jedoch selten abgedeckt.

Bei auch noch so guter Ausstattung der Anlagentechnik lassen sich – zumindest zeitweise – Geruchsemissionen nicht vermeiden. Je nach dem gewählten Verfahren ist eine mehr oder weniger weitgehende Kapselung der Anlage erforderlich, eine meist biologische Abfallbehandlung unerläßlich. Bei aeroben Verfahren kann man die Abluft auch als Zuluft verwenden, wenn die Korrosivität bei der Wahl der Aggregate berücksichtigt wurde.

3.3.2 Naßoxidation

Naßoxidation heißt im Grunde nichts anderes als die Mineralisierung organischer Verbindungen in wäßrigen Phasen. Hierunter fallen z.B. auch die biolgischen aeroben Verfahren. Allerdings hat sich in jüngster Zeit in Fachkreisen eingebürgert, darunter allein den oxidativen Stoffumsatz organischer Verbindungen in wäßrigen Phasen unter erhöhtem Druck und erhöhter Temperatur zu verstehen. Als Oxidationsmittel werden Luft- und Reinsauerstoff, aber auch Wasserstoffperoxid und Ozon eingesetzt. THOMÉ-KOZMIENSKY (1987 [3.37]) zählt auch die drucklose Oxidation mit Hilfe von Chemikalien unter die Naßoxidation.

Die Mineralisierung organischer Verbindungen ist ein exothermer Prozeß, der bei biologischen Behandlungsverfahren aufgrund der meist geringen Stoffumsatzgeschwindigkeiten unmerklich bleibt (etwa 1 J/mg CSB). Bei hochkonzentrierten Stoffgemischen, bei denen die Naßoxidation nur wirtschaftlich interessant ist, resultieren durchaus erhebliche Temperaturerhöhungen, die im Rahmen des Prozesses genutzt werden (ab ca. 30 g CSB/l kann der Betrieb wärmeautark gefahren werden). Erhöhter Druck ist notwendig (über dem Dampfdruck des zu behandelnden Stoffgemisches), damit die Stoffumwandlung bei den erforderlichen Reaktionstemperaturen noch in der Flüssigphase erfolgen kann.

Man unterscheidet Niederdrucknaßoxidation (30 bis 60 bar; BAYER, Leverkusen) und Hochdrucknaßoxidation (60 bis 200 bar, CIBA-GEIGY, Grenzach; s. Bild 3.20) sowie saure und alkalische Fahrweisen. Die Temperaturen liegen bei 200 bis 250 respektive bei Hochdruckanlagen bei 250 bis 310 °C. Bei Anwesenheit von Katalysatoren können Druck und Temperatur abgesenkt werden.

Bei der Niederdrucknaßoxidation von Klärschlämmen (bekannter unter dem Begriff der thermischen Schlammkonditionierung) konnten vielfältige Erfahrungen gesammelt werden; allerdings mit dem Ergebnis, daß die Anlagen bis auf zwei in

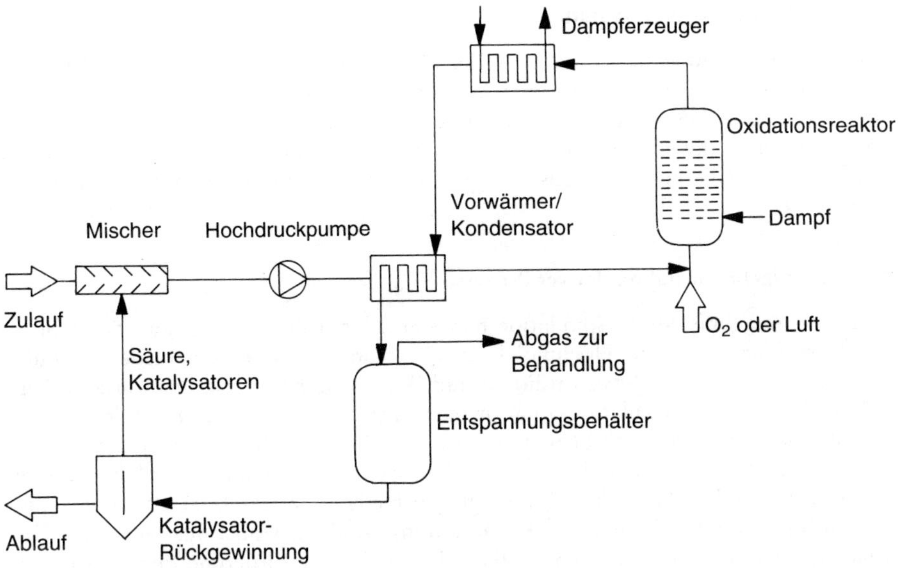

Bild 3.20 Fließschema einer Hochdruck-Naßoxidationsanlage

Deutschland wieder stillgelegt wurden. Gründe dafür waren, die Abbauprodukte, die über den Trübwasserrückfluß den biologischen Abwasserreinigungsanlagen zugeführt wurden, dort aber nur unwesentlich abgebaut werden konnten und im Verlauf der Schlammbehandlung zu enormen Geruchsproblemen geführt haben. Eine Niederdruck-Naßoxidationsanlage bei Firma Bayer zur Behandlung von flüssigen Industrierückständen arbeitet hingegen voll zufriedenstellend, was auf den gut abgestimmten und geführten Betrieb zurückzuführen sein dürfte. Die Niederdrucknaßoxidation für Klärschlamm erlebt inzwischen eine Renaissence im Deep-Shaft-Reactor, bei dem in Bohrlöcher (über 2000 m abgeteuft) Klärschlamm verpreßt und mit Sauerstoff versorgt wird (s. Abschnitt 4.3).

Insbesondere bei den Hochdruck-Naßoxidationsanlagen spielt die Werkstofffrage für flüssige Abfälle der chemischen Industrie eine entscheidende Rolle: Abhängig vom Salzgehalt werden austhenitische Stähle, mit Palladium legiertes Titan und Tantal eingesetzt, was die Kosten des Verfahrens natürlich in die Höhe treibt.

Da die Reaktionsdauer den Stoffumsatz determiniert, verkürzt man in der Praxis die Verweilzeit (ergibt eine Verkleinerung des Reaktorvolumens) und nimmt höhere organische Ablaufkonzentrationen in Kauf, die in einer Folgestufe in der Regel weiter abgesenkt werden muß. Durch Aufkonzentrierungsverfahren (s. Abschnitt 3.4) können andererseits die organischen Verbindungen sinnvollerweise angereichert und dadurch die Raum-Zeit-Ausbeute wieder gesteigert werden.

3.3.2.1 Drucklose Naßoxidation

Bereits in Abschnitt 3.2.3 ist auf diese Form der Oxidation von organischen Komponenten in flüssigen Abfällen hingewiesen worden. Sie dient meist ebenso, wie die zuvor erwähnten Naßoxidationsverfahren, der Vorbehandlung von biologisch nicht oder nur sehr schwer abbaubaren organischen Verbindungen. Bild 3.21 zeigt ein Fließbild eines Chargenverfahrens zur Oxidation von Nitrochlorbenzol bis zur Nachweisgrenze.

3.3.2.2 Ergebnisse naßoxidativer Prozesse

Das Prozeßergebnis der Naßoxidation hängt in jedem Fall von abzubauenden Stoffen und Prozeßparametern ab: Hochmolekulare Verbindungen werden in niedermolekulare zerlegt, bis hin zu Kohlenstoffdioxid und Wasser. Der CSB-Eliminationsgrad liegt bei Niederdruck-Naßoxidationsanlagen meist erheblich unter, bei Hochdruck-Naßoxidationsanlagen erheblich über 90% (was allerdings bei 30 g CSB/l immer noch 3 g/l bzw. bei 95% 1,5 g/l sind, die nicht ohne weitere Behandlung abgeleitet werden dürfen). Aber selbst bei hohen Temperaturen bleiben die stabilsten Hydrolyse- und Oxidationsprodukte (Essigsäure, Aminosäuren) erhalten, wobei aus technisch-wirtschaftlichen Gründen trotz einer weiteren Behandlungsanforderung dies in Kauf genommen wird. Das Prozeßabgas der druckbehafteten Anlagen enthält Kohlenstoffmonoxid, das – z.B. katalytisch – oxidiert werden muß.

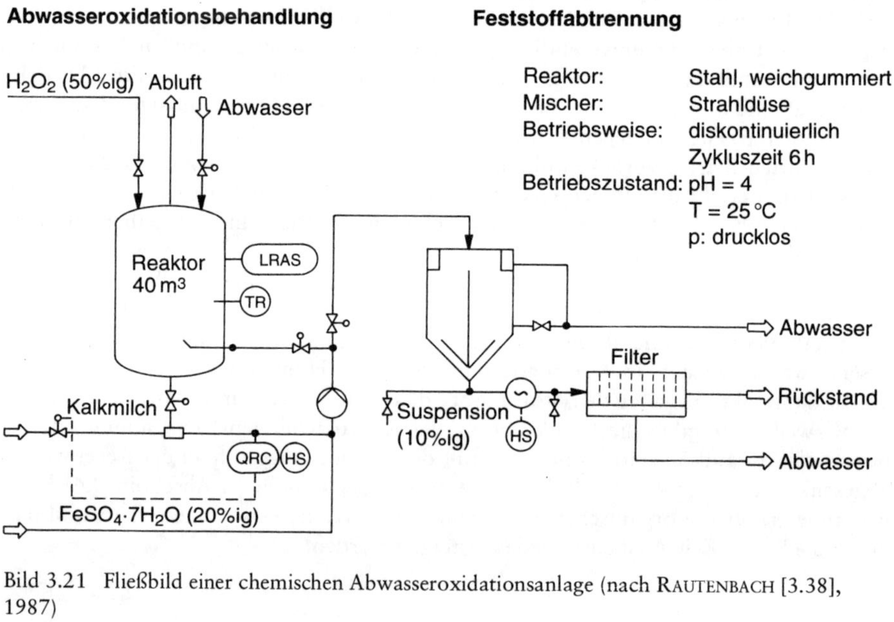

Bild 3.21 Fließbild einer chemischen Abwasseroxidationsanlage (nach RAUTENBACH [3.38], 1987)

Tabelle 3.3 Verfahrensschritte bei der Pyrolyse

Temperaturbereich	Verfahrensschritt
bis 120 °C	Trocknung, physikalische Wasserabspaltung
um 200 °C	Desoxidation, Desulfurierung, Depolymerisation H_2S-Abspaltung
um 340 °C	Aufbruch aliphatischer Bindungen, CH_4-Abspaltung
um 380 °C	Kohlenstoffanreicherung im Schwelgut
um 400 °C	Aufbruch der C-O- und C-S-Bindungen
zwischen 400 und 600 °C	Umwandlung des Bitumenstoffes in Schwelöl bzw. Schwelteer
um 600 °C	Crackung von Bitumenstoff zu gasförmigen kurzkettigen Kohlenwasserstoffen
über 600 °C	Aromatisierung zu höher siedenden Kohlenwasserstoffen

3.3.3 Pyrolyse

Pyrolyse ist die Zersetzung (Entgasung) kohlenstoffhaltiger Stoffgemische durch Einwirkung von Hitze jedoch unter Ausschluß von Sauerstoff. Am Beispiel eines Kaminfeuers läßt sich recht pragmatisch der Pyrolyseprozeß erklären: Damit eine Flamme brennt, ist Pyrolysegas erforderlich, das durch die Hitze der Flamme immer wieder neu aus dem Verbrennungsgut entsteht, bis dieses als glühender Koks ausgebrannt verbleibt. Ein frisches Stück Holz auf eine Glut gelegt, fängt erst an zu qualmen (Wasser verdampft), danach schwelt es, die Oberfläche wird schwarz, dahinter entstehen Zonen ohne Sauerstoffzutritt; nun entgast es, dieses Gas beginnt zu brennen, die Hitze des Verbrennungsvorganges erzeugt neues Gas, usw.

Bei der technischen Pyrolyse durchläuft das Pyrolysegut genauso unterschiedliche Temperaturstufen (s. Tabelle 3.3), wobei das Gas in der Regel nicht verbrannt, sondern abgetrennt wird. Deshalb nennt man die Pyrolyse auch Entgasung oder trockene Destillation. Die Gasabgabe hört erst bei über 1000 °C auf. Die Zusammensetzung und die Menge der gasförmigen Produkte hängen selbstverständlich vom Stoffgemisch, aber auch von der Erhitzungsgeschwindigkeit, der Temperatur und der Entgasungszeit ab. Als fester Rückstand fällt Koks unterschiedlicher Beschaffenheit an. Des weiteren sind Pyrolyseöle und Schwelgase zu gewinnen.

Grundlagen des Verfahrens sind, daß organische Verbindungen beim Erhitzen instabil werden und sich in einfache flüchtige Zersetzungsprodukte und Koks zersetzen. Die Pyrolyse von Polymerverbindungen verläuft in zwei ineinandergreifenden Schritten ab:

- □ Primäre Zersetzung geprägt durch die Struktur der Polymeren und die gewählten Reaktionsbedingungen (Abspaltung von Seitenketten, Monomerisierung, Fragmentierung in Kohlenstoffbruchstücke unterschiedlicher Länge).
- □ Sekundäre Folgereaktionen, wie Polymerisation der primären Produkte zu Teeren.

Die Pyrolyse ist ein endothermer Prozeß. Die Wärme wird indirekt oder direkt durch zirkulierende Wärmeträger (Heißsand, glühende Kohlenstoffteilchen, heiße Rauchgase, geschmolzene Salze oder Metalle) oder intern durch partielle Verbrennung von Kohlenstoff, Produktgasen oder Stützbrennstoffen erreicht.

Bei niedrigen Temperaturen bilden die primären Zersetzungsprodukte teerige Rückstände; ein Teil des Teers wird umgewandelt in Koks und Gase. Bei höheren Temperaturen verläuft die Spaltung intensiver in Richtung auf einen höheren Anteil stabil bleibender primärer Zersetzungsprodukte.

Neben der Holzschwelung bei Temperaturen bis 380 °C, die hier nicht interessiert, kennt man die Tieftemperaturpyrolyse bei 550 °C, die den höchsten Anteil an flüssigen Zersetzungsprodukten liefert. Die bis 800 °C ablaufende Mitteltemperaturpyrolyse liefert hauptsächlich heizwertreiche Gase, bei der Hochtemperaturpyrolyse bis 1100 °C fallen hauptsächlich heizwertarme Gase an. Der Verfahrensablauf ist in Bild 3.22 wiedergegeben.

Das große Interesse an Pyrolyseanlagen zur Behandlung von Rückständen findet seinen Hintergrund in der Möglichkeit der Rückgewinnung von Rohstoffen und Energie aus Stoffgemischen. Aus einer Vielzahl von Verfahrensvarianten haben sich jedoch in der Vergangenheit nur die indirekt beheizte Wirbelschicht und das indirekt beheizte Drehrohr bislang als großtechnisch einsetzbar erwiesen [3.40], wobei man aus heutiger Sicht anmerken muß, daß die Zukunft des Verfahrens bei Monokonzentraten liegt. Wenn man allerdings bereits derartige Konzentrate besitzt, stellt sich die Frage, warum man dann nicht direkt eine stoffliche Rückgewinnung betreibt. Das Prinzip der Pyrolyse ist einfach, die Verfahrenstechnik weist aber ein hohes Anforderungsniveau auf. Da auch energetisch der Nutzen nur etwa bei 70% im Vergleich zu einer Verbrennung liegt [3.41], ist das Segment der Einsatzbereiche der Pyrolyse relativ klein. Die Klärschlammpyrolyse (vgl. [3.42]) könnte ein interessanter Einsatzbereich werden.

Ergebnisse im Bereich flüssiger Abfälle

In der Praxis liegen noch keine Ergebnisse aus Pyrolyseanlagen vor, die allein mit flüssigen Abfällen beschickt wurden. Im allgemeinen kann man bei der Pyrolyse mit einem kleineren Abgasvolumen rechnen als bei einer Verbrennung; praktisch wird man – vielleicht von Ausnahmen abgesehen – das Abgas nicht kondensieren, sondern in einer 2. Stufe verbrennen.

Die festen Rückstände (Kokse) werden wohl einer Einschmelzung zugeführt werden müssen, nachdem Glas, Keramik und Metalle ausgesondert wurden. Offen bleibt die Emission der Schwermetalle über das Abgas.

3.3.4 Thermische Oxidation

In der Abfallwirtschaft wird heute heftig diskutiert (vgl. Kapitel 2), ob es sich bei einer Verbrennung um eine Verwertung (Wärmeenergie, die genutzt werden kann) oder um eine Beseitigung handelt. Dieser vermeintliche Streit um des «Kaisers Bart» hat eine erhebliche abfallwirtschaftliche Bedeutung [3.43], weil

1. Abfallabgaben auf der zu beseitigenden Menge, nicht aber auf der zu verwertenden Energielasten,
2. Andienungspflichten ebenfalls nur für zu beseitigende Mengen gelten,
3. Transportgenehmigungen unterschiedlich zu erlangen sind

   und vor allen Dingen

4. im Rahmen der Betreiberpflichten vor einer Beseitigung die Verwertung eines Rückstandes und seine Vermeidung überprüft sein müssen, wohingegen sich dieses Thema erledigt hat, wenn es sich bei der Verbrennung um eine Verwertung handelt.

Die Verbrennung ist verfahrenstechnisch die Oxidation der organischen Komponenten eines Stoffgemisches mit Luftsauerstoff unter hohen Temperaturen. Tabelle 3.4 faßt die – ineinander übergreifenden – Schritte der Kohlenstoff-Stoffumsetzung in der Weise zusammen, wie sie das Abfallstoffgemisch grundsätzlich erfährt: unabhängig von der Reaktorgestaltung.

Tabelle 3.4 Verfahrensschritte bei der Verbrennung (SATTLER/EMBERGER, 1992 [1.7])

Temperaturbereich	Verfahrensschritt
bis 120 °C	Trocknung durch Srahlungswärme und Verbrennungsluft, Abfuhr der Trocknungsbrüden mit den Rauchgasen
von etwa 250 bis 600 °C	Durchwärmung, Wandlung und Entgasung (vgl. Pyrolyse)
um 500 °C	Zündung und Verbrennung flüchtiger Anteile
zwischen 500 und 800 °C	Durchwärmung des Brennstoffbettes mit Schwelgasaustrieb und Aufkohlung sowie teilweise Gasverbrennung
um 1000 °C	Abbrand, Vergasen und Verbrennen der Aufkohlungsprodukte und des Kokses
um 1100 °C	Ausbrand des Restkohlenstoffes in der Asche bei hohem Luftüberschuß

Voraussetzung für die Verbrennung sind

- ausreichende Sauerstoffzufuhr,
- ausreichende Zündtemperatur (ggf. Zusatzbrennstoff erforderlich),
- ausreichender Kontakt von Brenngut und Sauerstoff,
- stetige Abfuhr der Produkte (Rauchgas und Schlacke).

Verbrennung bedeutet die vollständige Oxidation des Brenngutes zu Kohlenstoffdioxid, Wasser, Schwefeldioxid und Stickoxiden. Für die Dimensionierung von Öfen wird häufig eine stöchiometrische Beziehung zwischen oxidierbaren Komponenten im Brenngut und dem für eine vollständige Reaktion benötigten Sauerstoff angestellt (s. Tafel 3.9). Praktisch muß aber mit Luftüberschuß (folglich bringt das natürlich auch eine größere Abgasmenge) gefahren werden, der jedoch auch nur bei weitgehender Brenngutaufbereitung zu einer vollständigen (ungleich 100%!; man spricht von vollständig, wenn sich keine brennbaren Gase mehr im Rauchgas befinden) Oxidation führt. Ein wichtiger Grund dafür ist die Verweilzeit des Brenngutes im Ofenbereich. Bei unvollständiger Verbrennung verbleiben Ruß (C), Teere, Wasserstoff (H_2) und Kohlenstoffmonoxid (CO) in Rauchgas und festem Rückstand. Wichtig ist, daß der größte Teil des Stickstoffs, der bei der Rauchgasreinigung wieder entfernt werden muß, aus der Verbrennungsluft (79 Vol.-% N_2) stammt.

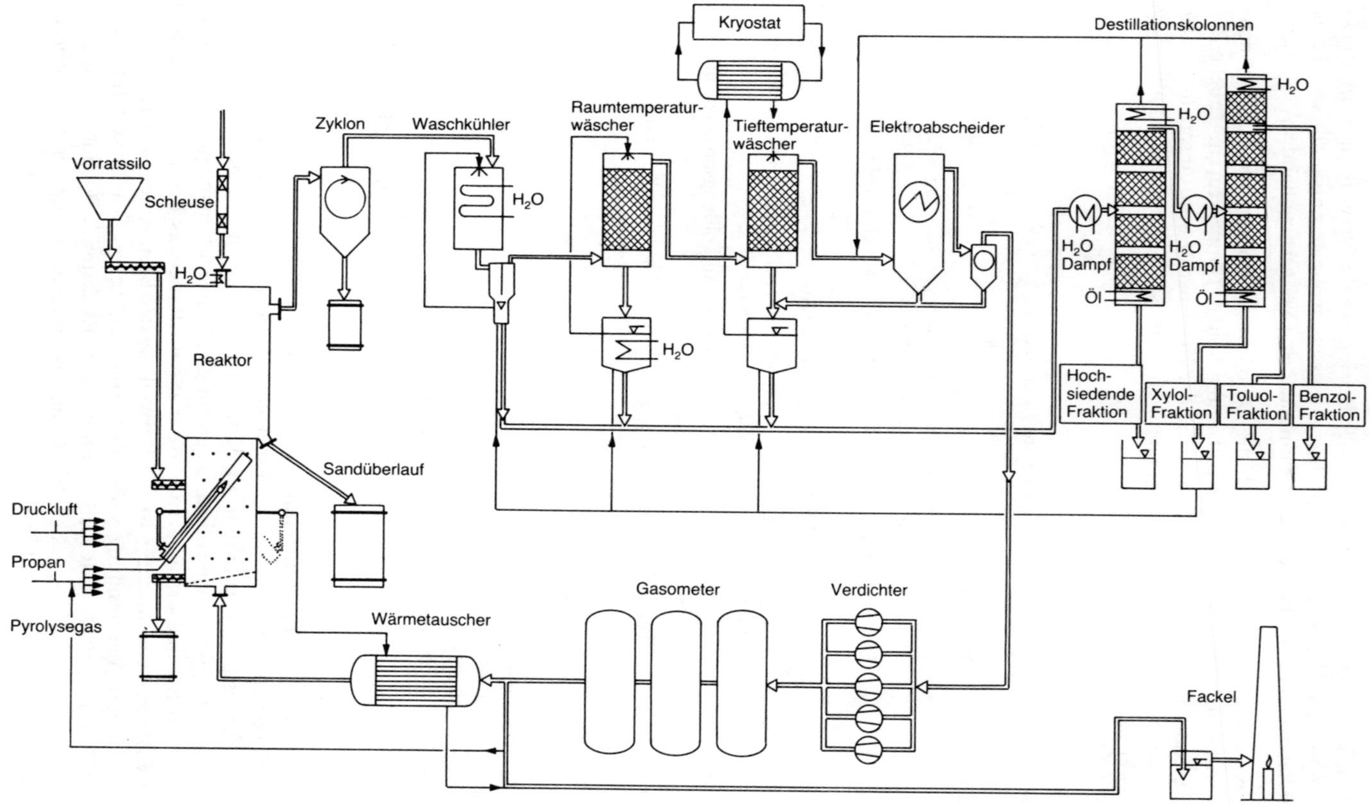

Bild 3.22 Fließbild einer pyrolytischen Abfallbehandlungsanlage (nach KAMINSKY, 1989 [1.7])

Tafel 3.9
Reaktionsgleichungen bei vollständiger bzw. unvollständiger Verbrennung

a) vollständiger Verbrennung:				
$C + O_2$	$\longrightarrow$	CO_2	+	33 830 kJ/kg
$H_2 + {}^1/_2\, O_2$	$\longrightarrow$	H_2O	+	119 620 kJ/kg
$S + {}^1/_2\, O_2$	$\longrightarrow$	SO_2	+	9 250 kJ/kg
b) unvollständiger Verbrennung:				
$C + {}^1/_2\, O_2$	$\longrightarrow$	CO	+	10 130 kJ/kg
$CO + {}^1/_2\, O_2$	$\longrightarrow$	CO_2	+	10 130 kJ/kg

Da die Verbrennung ein exothermer Prozeß ist, also Wärmeenergie frei wird (sofern nicht zur Verdampfung des Wassers benötigt), scheiden sich heute die Geister am Heizwert, ob es sich nun um eine Verwertung handelt oder eine Abfallbehandlung. JOSCHEK et al. (1993 [3.44]) kommen zu dem Schluß, daß bereits ab 700 bis 900 kJ/kg ein Benefit aus der Verbrennung (Differenz freigesetzte Energie zu Verlusten) entsteht. Die EG-Richtlinie über Verpackungsabfälle (Entwurf 1992) nennt 13 000 kJ/kg als Heizwertgrenze für eine thermische Verwertung. Da sich flüssige Abfälle erheblich in ihren Heizwerten unterscheiden, sei auf Abschnitt 1.2 verwiesen, in dem empirische Beziehungen für die Berechnung des Heizwertes von Rückständen und Abfällen (nach SATTLER/EMBERGER, 1992 [1.7]) wiedergegeben sind.

Bild 3.23 schlüsselt das Prinzip der Verbrennung reaktionstechnisch auf, wie es insbesondere bei der Verbrennung im Drehrohrofen realisiert ist. Neben dem Drehrohr kommen für die thermische Behandlung flüssiger Abfälle noch der Wirbelschichtofen (beide sind aufgrund ihrer Bedeutung nachstehend ausführlicher dargestellt, grundsätzlichere Ausführungen im Buch «Behandlung fester Abfälle» von SATTLER/EMBERGER 1992 [1.7], das ebenfalls im Vogel Buchverlag erschienen ist), der Etagenwirbler und der Etagenofen in Betracht (Tabelle 3.5 ordnet hier einige Abfallarten den jeweiligen Verfahren zu). Für zerstäubbare aber auch pastöse Abfälle werden daneben noch spezielle Brennkammern (Incineratoren, Turbulatoren bzw. Flammenverdampfungsbrenner) verwendet.

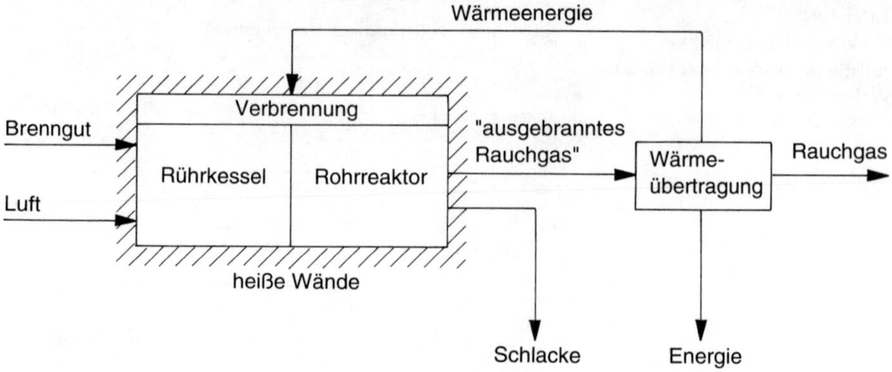

Bild 3.23 Reaktionsstechnisches Prinzip der Verbrennung

Tabelle 3.5 Verbrennungssysteme für flüssige Abfälle (nach LURGI, Frankfurt/Main und anderen [3.45])

	Ofentyp	Etagenofen ohne Abgas-nachverbrennung	Etagenofen mit Abgas-nachverbrennung	Etagen-wirbler	Wirbel-schicht-ofen	Dreh-rohr-ofen
Primär- und biologische Schlämme aus Chemie-abwasser und Kommunal-abwasser	Asche + Kalk + Fe	+	+	+	–	(+)
	Kalk + Fe	–	–	+	–	(+)
	Polymer	–	–	+	+ Δ	(+)
Rechengut und Sandfanggut	–	+	+	+	+ Δ	–
ölhaltige Schlämme aus Raffinierieabwasser	–	–	–	–	+	+
	Polymer	–	–	–	+	+
Schlämme aus Papier- und Zellstoffabwasser	Polymer	+	+	+	–	+
öl- und salzhaltige Schlämme, Laugen und Abfallsäuren	–	–	–	–	+	(–)
Altöle, Abfall-Lösemittel, Ölemulsionen	–	–	–	+	+	+

Δ nur bei geringer spezifischer Leistung einsetzbar

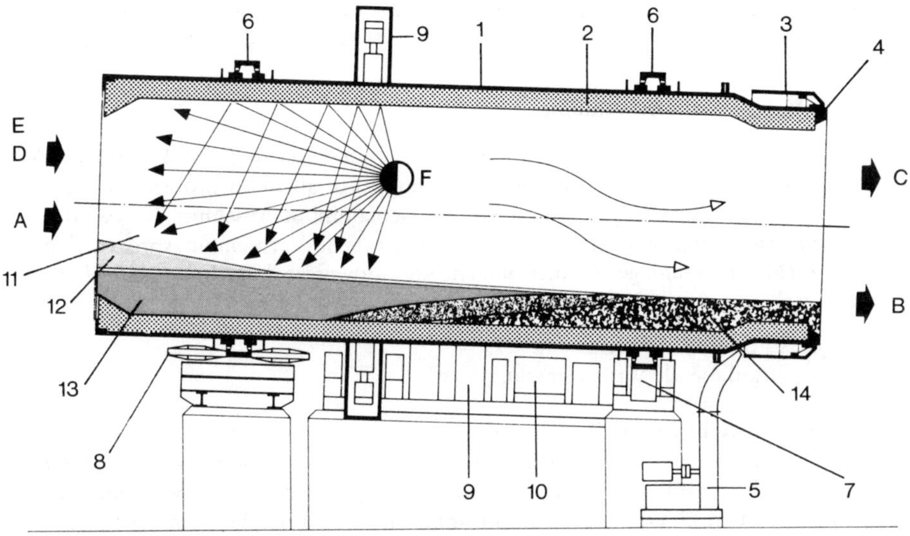

Schema eines Drehrohrofens[1]
A Abfälle/Aufgabe
B Asche/Schlacke/Austrag
C Rauchgase
D Zusatzbrennstoff
E Verbrennungsluft
F Wärmestrahlung

1 Drehrohrmantel
2 Feuerfeste Auskleidung
3 Auslaufschuß
4 Abschlußsegmente
5 Kühlluftventilator
6 Laufringe
7 Laufrolle

8 Ofenlängsführung
9 Zahnkreuz
10 Regelbarer Antrieb
11 Wasserdampfzone
12 Abfälle
13 Brennbares
14 Asche/Schlacke

Bild 3.24 Schema eines Drehrohrofens (nach SATTLER/EMBERGER, 1992 [1.7])

3.3.4.1 Verbrennung im Drehrohrofen

Dem Drehrohr können sowohl feste als auch flüssige Abfälle zugeführt werden (Bild 3.24). Das Drehrohr selbst ist ein mit Feuerfestmaterial ausgemauertes Stahlrohr (Beispiel Fa. BAYER, Leverkusen: Länge 13 m, Durchmesser 3,5 m; [3.46]), das in seiner Neigung und Drehgeschwindigkeit zur Veränderung der Verweilzeit variiert werden kann. Die mittlere Verweilzeit – insbesondere bei Faßaufgabe, wenn die Fässer nicht geöffnet werden – liegt heute bei etwa einer Stunde. Flüssige Abfälle können auch direkt in den Ofen verdüst werden.

Während der Passage durch das Drehrohr verbrennen die organischen Komponenten quantitativ. Oberhalb von 1000 °C bildet sich aus den anorganischen Rückständen, aus dem Faßeisen und aus abgetragenem Ausmauerungsmaterial eine flüssige Schmelze, die am unteren Ende des Drehrohres in einem wassergefüllten Entascher erstarrt. Das abgeschreckte glasartige Material gilt als nichtauslaugbar und erfüllt damit die Anforderungen für eine schadlose Deponierung.

Die Rauchgase werden aus dem Drehrohr über einen Ventilator abgezogen und einer Nachbrennkammer zugeführt, in der bei Temperaturen über 1200 °C Dioxine und andere Schadgas-Komponenten unter Sauerstoffüberschuß oxidiert werden. Ab Verweilzeiten über fünf Sekunden wird PCB zu 99,9999 % zerstört [3.47].

3.3.4.2 Wirbelschichtverbrennung

Die Technik der Wirbelschichtfeuerung ist aus der chemischen Technik seit über 50 Jahren bekannt (z.B. auch aus der Kohlevergasung). Vor allem für problematische pastöse und flüssige Rückstände (also auch Klärschlamm; s. Abschnitt 4.3) wird die Wirbelschichtfeuerung bereits eingesetzt. Der eigentliche Verbrennungsprozeß findet bei der Wirbelschichtanlage in einer Schicht von aufgewirbeltem Inertmaterial statt; man unterscheidet die

1. stationäre Wirbelschicht,
2. zirkulierende Wirbelschicht.

Stationäre Wirbelschichttechnik
Die das Verbrennungsgut durchströmende Luft weist eine so hohe Geschwindigkeit auf, daß die Schwerkraft überwunden und die Schüttung in den Schwebezustand übergeht. In diesem Bereich ergibt sich ein konstanter Druckverlust, bei dem die Tragkraft der Wirbelluft gleich der Schwerkraft der Teilchen ist. Hieraus resultieren ungerichtete Bewegungen der Partikel, wobei gleichzeitig Blasen aus der oberflächennahen Schicht aufsteigen (wie beim Sieden einer Flüssigkeit).

Die Konstruktion des Verbrennungsteiles besteht aus einem zylindrischen Reaktor, der nach unten durch einen Düsenboden und eine darunterliegende Primärluftkammer abgeschlossen ist. Bei heizwertreichen Fraktionen ist die Wirbelschichtfeuerung in den Abhitzekessel integriert. Durch die Begrenzungswände strömt die Kühlflüssigkeit.

Die Verbrennungsluft wird in zwei Luftströme aufgeteilt: Als Primärluft dient sie gleichzeitig als Wirbelluft und trägt das Wirbelbett, als Sekundärluft wird sie in den oberen Teil oberhalb des Wirbelbettes (Freeboard) eingeleitet, um eine Nachverbrennung in diesem Bereich zu unterstützen. Das Verhältnis der beiden Luftströme ist brennstoffunabhängig. Aufgrund der angestrebten niedrigen Temperaturen von ca. 800 °C muß bei heizwertreichen Brennstoffen die Bettemperatur z.B. über abgekühlte Rauchgase gekühlt werden.

Zum Anfahren wird die Wirbelschicht mit einem Brenner auf die erforderliche Zündtemperatur gebracht. Anschließend wird der Brennstoff in die Wirbelschicht eingeleitet, dort getrocknet, entgast und gezündet. Mit fortschreitendem Ausbrand nimmt die Stückgröße der Partikel soweit ab, bis die verbleibenden Ascheteilchen vom aufsteigenden Gasstrom erfaßt und mitgenommen werden. Das Bettmaterial muß nach bestimmten Zeiten sukzessive erneuert werden [3.47].

Zirkulierende Wirbelschichttechnik
Bei der zirkulierenden Wirbelschicht ist gegenüber der stationären die Luftgeschwindigkeit über den Schwebezustand der Partikel hinaus vergrößert, so daß die Partikel ausgetragen werden; jedoch nicht alle gleichzeitig: Aufgrund ihrer unterschiedlichen Trägheit wird das Bett auseinandergerissen und allmählich ausgetragen. Das ausgetragene Material wird über einen Zyklon der Wirbelschicht wieder zugeführt, wo-

durch sich die Verweilzeit der Partikel im Reaktor verlängern läßt. Folge davon ist, daß der Ausbrand verbessert und längere Reaktionszeiten für Additive (z.B. Kalk) zur Einbindung des SO_2, HCl und HF geschaffen werden. Der Eigenenergiebedarf ist allerdings höher.

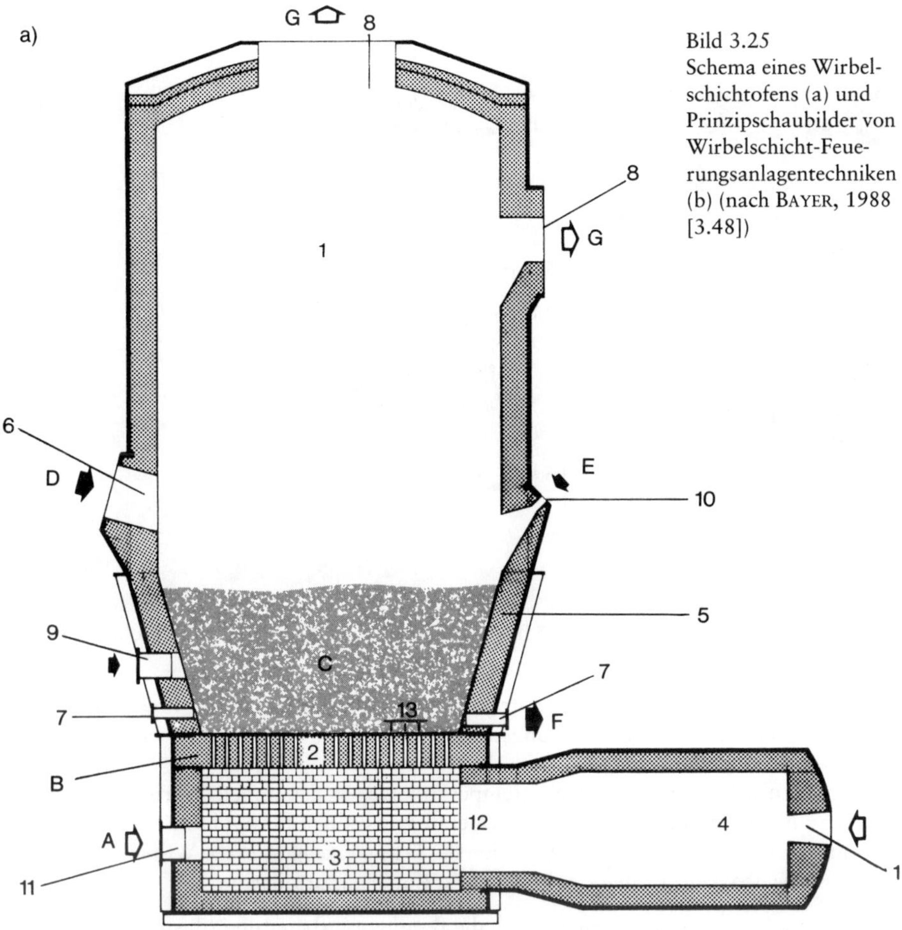

Bild 3.25
Schema eines Wirbelschichtofens (a) und Prinzipschaubilder von Wirbelschicht-Feuerungsanlagentechniken (b) (nach BAYER, 1988 [3.48])

Schema eines Wirbelschichtofens

A Verbrennungsluft
B Düsen
C Wirbelschicht
D Abfälle/Verbrennungsgut
E Zusatzbrennstoff
F Asche
G Rauchgase

1 Ofenschacht
2 Rost/Anströmboden
3 Windkasten
4 Feuerungseinrichtung
5 Feuerfeste Auskleidung
6 Verbrennungsgut-/Sandbett-Einfüllstutzen
7 Ascheaustrag

8 Abgasstutzen
9 Eintragsvorrichtung für Zusatzbrennstoff
10 Stützbrenner
11 Verbrennungsluft-eintritt
12 Heißgaseintritt
13 Luftdüsen

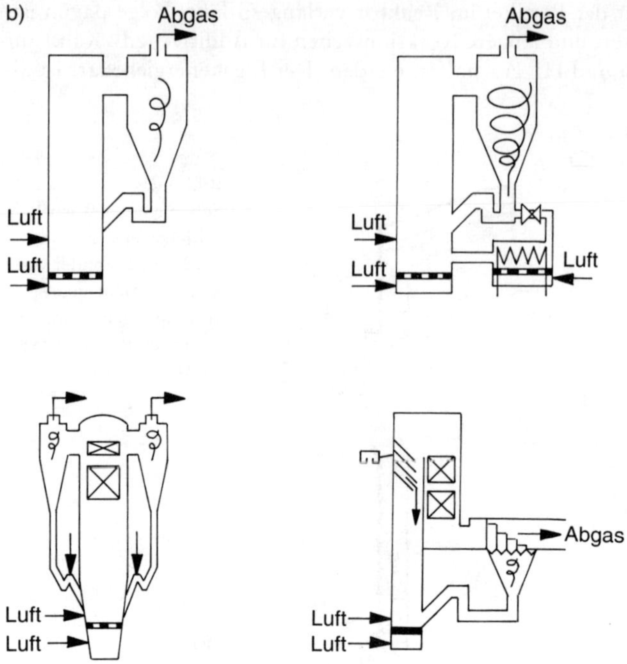

Bild 3.25 zeigt das Schema eines Wirbelschichtofens und einzelne Bauformen der erwähnten Varianten in schematischer Ansicht. Vorteile der Wirbelschichtfeuerung werden in der

- Art des Brennstoffspektrums (breites Spektrum, da der Gehalt an Brennbarem reduziert werden kann: Schwankungen im Aschegehalt, Wassergehalt und Heizwert werden verkraftet),
- möglichen niedrigeren Feuerraumtemperatur wegen des hohen Wärmeübergangs, was zu niedrigeren NOx- und Schwermetall-Emissionen führen müßte,
- kompakteren Bauweise durch Integration des Dampferzeugers in die Wirbelschicht,
- guten Regelbarkeit (Primär-, Sekundärluft, Rauchgaszirkulation)

gesehen. Auch hier wie sonst muß durch die Brenngutaufbereitung (das Brenngut muß gut dosierbar und schüttfähig sein) sichergestellt werden, daß eine reduzierende Atmosphäre (Schwelzustände, Zündnester, CO-Strähnen) über eine intensive Vermischung von Brennstoff und Bettmaterial vermieden wird.

3.3.4.3 Spezielle Brennkammern

Bei den Turbulatoren, Incineratoren oder unter ähnlichen Bezeichnungen geführte Brennerausführungen (s. Bild 3.26) werden flüssige oder gasförmige Stoffgemische in einer metallisch oder keramisch ausgekleideten Brennkammer zerstäubt. Neben einem

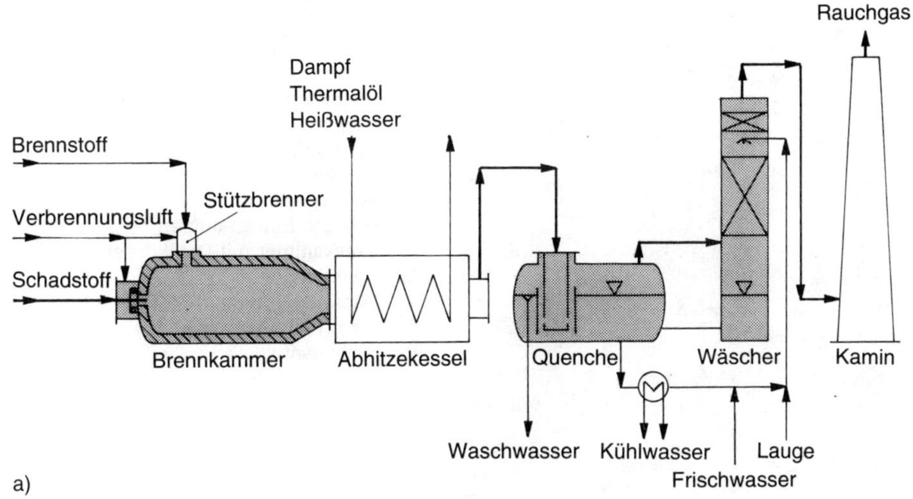

Bild 3.26 Schema eines (a) Incineratoren (nach Caloric, Gräfelfing [3.50] ines (b) Turbulators (nach Imperial-Kraus-Maffei, München [3.51]) bzw. eines (c) Flammenverdampfungsbrenners (nach Steinmüller, Mönchengladbach [3.52])

optimierten Strömungsverlauf in der Brennkammer kommt es dabei entscheidend darauf an, daß die Stoffgemische feinstzerstäubt werden, damit diese nicht teilverbrannt den Brennbereich verlassen oder sich auf der Wandung niederschlagen und dort crakken. Deshalb sind die Viskosität sowie der Gehalt und die Art an Festkörpern und korrosionsfördernden Inhaltsstoffen zu berücksichtigen. Speziell entwickelte Düsen erlauben mittlerweile eine drucklose Zuführung der Stoffgemische in die Düsen durch weite Bohrungen ohne Umlenkungen, so daß Verstopfungen vermieden werden [3.49]. Die eigentliche Zerstäubung findet außerhalb der Düse in einem Knoten hochfrequenter Schwingungen statt, die durch Dampf oder Druckluft erzeugt werden. Die Verweildauer des Brenngutes in der Kammer nimmt mit dem Molekulargewicht der Inhaltsstoffe zu. Für hochchlorierte Kohlenstoff-Wasserstoff-Verbindungen sind Brennraumtemperaturen von 1200 °C über einige Sekunden einzuhalten. Aufgrund der geringen Tröpfchengrößen kann auch der Luftüberschuß klein bleiben.

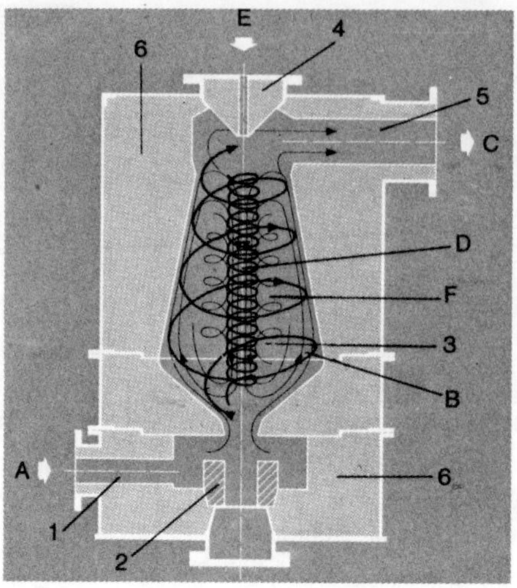

Turbulator : Hochleistungsbrennkammer für zerstäubbare Abfälle
A Heißgase
B Spiralförmige Hauptströmung
C Abgase
D Rückströmung
E Abfälle
F Turbulenzzone
1 Heißgas-Eintrittstutzen
2 Drallkammer mit Drallkörper
3 Reaktionsraum
4 Gasaustrittstutzen
5 Feuerfeste Ausmauerung
6 Stahlmantel

b)

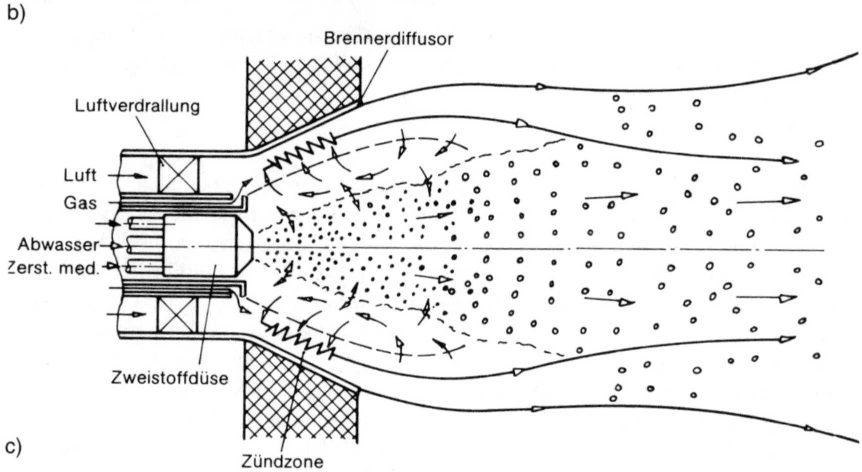

c)

3.3.4.4 Ergebnisse aus der Verbrennung

Bild 3.27c zeigt das Fließbild einer Verbrennungsanlage nach heutigen Anforderungen zur Einhaltung des TA-Luft-Grenzwertes (der Stoffweg ist in Bild 3.27a skizziert). Schematisch ist deutlich gemacht, daß heute die eigentliche Aufgabe «Mineralisierung» optisch nur noch einen Bruchteil der Anlage ausmacht, wohingegen das Handling der Produkte aus dieser Aufgabenlösung – insbesondere im Bereich der Abgase – ein Vielfaches an Bauvolumen benötigt. Hierbei unterscheiden sich Hausmüllverbrennung und Sonderabfallverbrennung nur noch graduell: Im einen Fall hat man es mit einem – trotz Sortierung – undefinierten Gemisch unterschiedlich problematischer Verbindungen zu tun, im anderen um eher unvermischte oder gezielt miteinander vermischte problematische Komponenten.

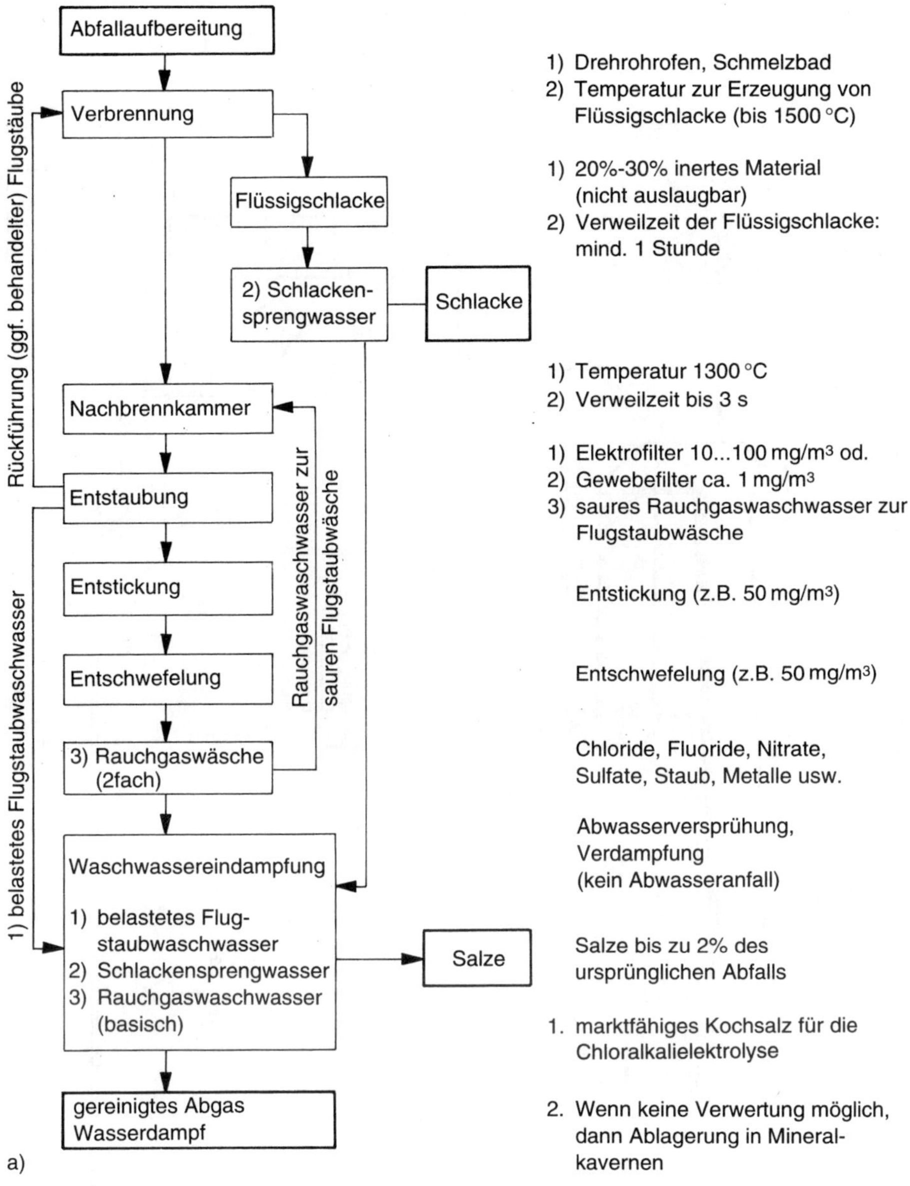

Bild 3.27 Fließbild einer (a) Hochtemperaturbehandlung von Rückständen und Abfällen (nach HAHN, 1990 [3.54]), Schema einer (b) speziellen Industrieanlage (nach KETTENBAUER, Murg [3.55]) und Schnittbild einer (c) Sonderabfall-Verbrennungsanlage

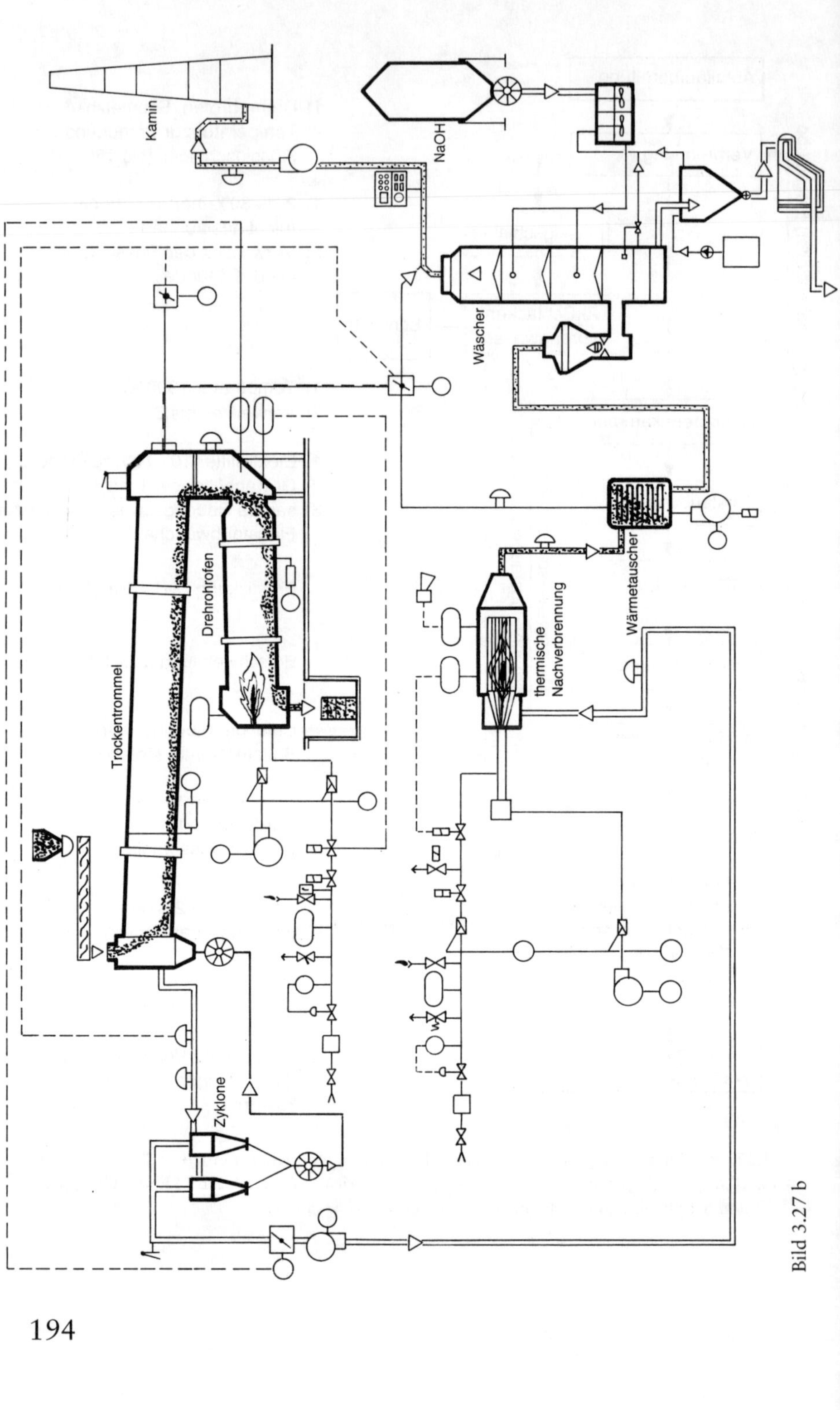
Kamin
NaOH
Wäscher
Wärmetauscher
thermische Nachverbrennung
Drehrohrofen
Trockentrommel
Zyklone

Bild 3.27 b

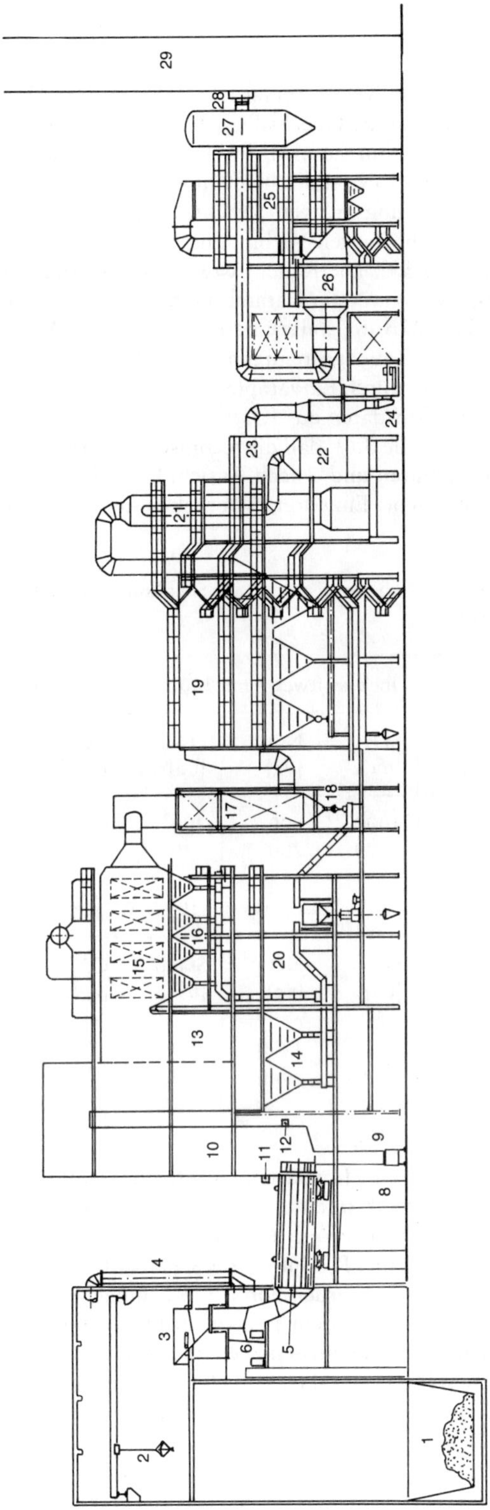

Bild 3.27c

Kennzeichnend für die Abfallverbrennungsflugasche ist deren hoher, auslaugbarer Schadstoffanteil – Chlorid, Sulfat, Quecksilber, Cadmium, Blei, weshalb sie künftig wohl verglast werden wird, wenn sie nicht in Untertagedeponien kommt (s. Kapitel 5). Die Flugascheabscheidung sowie Entschwefelung und Entstickung ist für alle Verbrennungsanlagen (Großfeuerungsanlagen) Pflicht, die Zerstörung und/oder Sorption von Dioxinen und anderen chlorierten Verbindungen bei der Rückstandsverbrennung nicht mehr wegzudenken [3.53]. Die Rauchgasreinigung heutiger Prägung ist besonders wegen der Dioxinproblematik ein Kapitel für sich, die thermische Nachverbrennung der Abgase (s. Bild 3.27b) teilweise unerläßlich. Bei der Verbrennung flüssiger Abfälle entstehen neben den Rauchgasreinigungsprodukten auch Abwässer, die noch gereinigt werden müssen (z.B. durch Eindampfen).

Ein Vergleich von Emissionsdaten aus Kraftwerks- und Abfallheizkraftwerks-Verbrennungsanlagen zeigt (Tabelle 3.6), daß die technischen Entwicklungen der jüngsten Vergangenheit erfolgreich waren und – nach Ansicht des Verfassers – ein vertretbares Ergebnis erreicht ist (s. Stichwort Emissionshypothek in der Einleitung).

Tabelle 3.6 Vergleiche zwischen Abgasemissionen aus Steinkohlen- und Abfallverbrennungsanlagen (VOGG, 1990 [3.56])

Schadstoff-Emissionen eines Müllheizkraftwerks mit 100 MW_{th} Leistung.							
	HCl [t/a]	SO_2 [t/a]	NO_x [t/a]	Staub [t/a]	Cd [kg/a]	As [kg/a]	Hg [kg/a]
70er Jahre 90er Jahre	2000 10	1000 100	600 200	200 20	400 50	20 5	1000 100
Schadstoff-Emissionen eines Steinkohlekraftwerks mit 100 MW_{th} Leistung.							
	HCl [t/a]	SO_2 [t/a]	NO_x [t/a]	Staub [t/a]	Cd [kg/a]	As [kg/a]	Hg [kg/a]
70er Jahre 90er Jahre	200 50	2500 500	1200 300	300 50	100 2	150 20	40 40

Angesichts der Notwendigkeit «Junglasten» künftig zu vermeiden und in endlicher Zeit die erforderlichen Stoffumsatzraten zu erreichen, wird man unter Beachtung aller Emissionspfade eine weitestgehende Verbrennung realisieren müssen. Dies enthebt jedoch niemanden von der Aufgabe, Produkte von Schadstoffen oder Stoffen, die in einer Verbrennung zu Schadstoffen werden können, freizumachen (die Sortierbarkeit ist keine durchgängige Lösung!). Trotzdem müssen Produkte und Produktbestandteile sortierbar gemacht werden; und sie müssen eben auch von allen Beteiligten (im Haushalt angefangen) sortiert werden, um die stoffliche Verwertung, wo sie sinnvoll ist zu ermöglichen, aber auch um Feuerungsanlagen gezielter betreiben zu können.

3.4 Aufkonzentrierung ungelöster Feststoffe und weitergehende Flüssigkeitsabtrennung

Konsequenterweise schließt sich nach der Zerstörung bzw. Elimination problematischer Komponenten (Abschnitt 3.2) und dem Abbau der Kohlenstoffverbindungen zur Verminderung der Reaktivität bzw. des Wasserbindungsvermögens (Abschnitt 3.3) nun in den meisten Fällen die Einengung der Masse durch Abtrennung des Lösungsmittels bei der Rückstands- und Abfallbehandlung an.

Da wiederum viele Konzentrierungsverfahren (Sedimentation, Zentrifugation, Flotation, Filtration, Adsorption) Gegenstand vor allem der Abwasserreinigung sind, werden sie im folgenden nur gestreift, um die Ausführungen auf die eher abfalltechnischen Belange zu konzentrieren und die Übersichtlichkeit dieses Buches zu erhalten. Neben den Ausführungen im Parallelband [1.1] wird auf die Fallbeispiele in Abschnitt 3.5 hingewiesen.

Schwerpunkt dieses Kapitels sind die Fest-Flüssig-Trennverfahren, die im wesentlichen den mechanischen und thermischen Verfahren zuzurechnen sind, wobei die Kristallisation in Lehrbüchern zu den thermischen Verfahren gerechnet wird. Angesichts des zugrundezulegenden chemischen Gleichgewichtes ist der Verfasser jedoch der Meinung, daß man sie auch zu den chemischen Verfahren zählen kann, die eine gewisse Wirkung hinsichtlich einer Aufkonzentrierung mitbringen. Ähnlich verhält es sich mit der Zementation.

In diesem Abschnitt wird die Grenze zwischen flüssigem Abfall und den Begriffen Konzentrat bzw. Schlamm mehrfach überschritten, weil es keine eindeutige Definition gibt, die sich beispielsweise an einem bestimmten Feststoffgehalt orientieren könnte. Aufgrund hoher Schadstoffgehalte wird manchmal flüssiger Abfall über eine Umkehrosmosemembran (s. Abschnitt 3.4.4) aufkonzentriert, die als geschlossen gilt und Ionen zurückhält; flüssiger Abfall, dann meist als Schlamm bezeichnet, wird aber auch bei hohen Feststoffgehalten mittels Membranfiltration entwässert. Um eine überschaubare Struktur in das komplexe Gebiet der Behandlung flüssiger Rückstände und Abfälle zu bekommen, orientiert sich dieses Kapitel deshalb an den geringeren Feststoffgehalten, das Folgekapitel ist dann den Konzentraten aus einer zuvor bereits durchgeführten Feststoffabtrennung vorbehalten. Dessen ungeachtet sollen aber nachstehend die Grundlagen der thermischen Einengung hier mitbetrachtet werden.

3.4.1 Kristallisation

Kristallisieren ist das Überführen eines oder mehrerer Stoffe aus dem flüssigen (aber auch aus dem amorph-festen bzw. gasförmigen) Zustand in den kristallinen Zustand, meist aus Lösungen und Schmelzen. Damit Kristalle entstehen, muß die Lösung durch beispielsweise Abkühlung der Lösung oder Verdampfung des Lösungsmittels – in Verbindung auch durch Anlegen eines Vakuums – übersättigt werden. Man kann aber auch ein Verdrängungsmittel zugeben, das die Löslichkeit des Stoffes vermindert; z.B. durch Zugabe von Aceton oder Methanol läßt sich die Löslichkeit wäßriger Lösungen anorganischer Salze herabsetzen [3.57].

Die Kristallisation stellt eines der wirksamsten Trenn- und Konzentrierungsverfahren in der chemischen Industrie dar, das darüber hinaus in der Lage ist, hohe Reinheiten zu erzielen. Angesichts der vielen und auch differenzierten dortigen Trennaufgaben wurden in der Vergangenheit eine Vielzahl von Kristallisatortypen entwickelt. Deren Auswahl hängt im wesentlichen von den Parametern des Stoffgemisches, insbesondere von der zum Mischen und Suspendieren notwendigen Strömung ab. Grundsätzlich wird zwischen Lösungs- und Schmelzkristallisation unterschieden, wobei die Schmelzkristallisation noch in 2 Gruppen unterteilt wird [3.58]:

1. Verfahren zur Abscheidung zusammenhängender Kristallschichten aus einer Schmelze an gekühlten Oberflächen.
2. Verfahren zur Kristallisierung der gesamten Schmelze verbunden mit einer separaten Flüssigkeitsabtrennung.

Bild 3.28 zeigt einige typische industrielle Lösungskristallisatoren, Bild 3.29 Schmelzkristallisatoren. Im Zusammenhang mit der Vermeidung von Abfällen gibt es einige interessante Ansatzpunkte: z.B. wird in einer Metallbaufirma Natronlauge aus einer Natriumaluminatlösung zu 90% auskristallisiert und wiederverwendet sowie Tonerde gewonnen; auch Beizlaugen können nach diesem Prinzip aufgearbeitet werden [3.59]. SCHMOK (1993 [3.60]) konnte zeigen, daß mit Methoden der Fällungskristallisation größere Korndurchmesser erreicht und damit bessere Abscheideergebnisse erwartet werden dürfen.

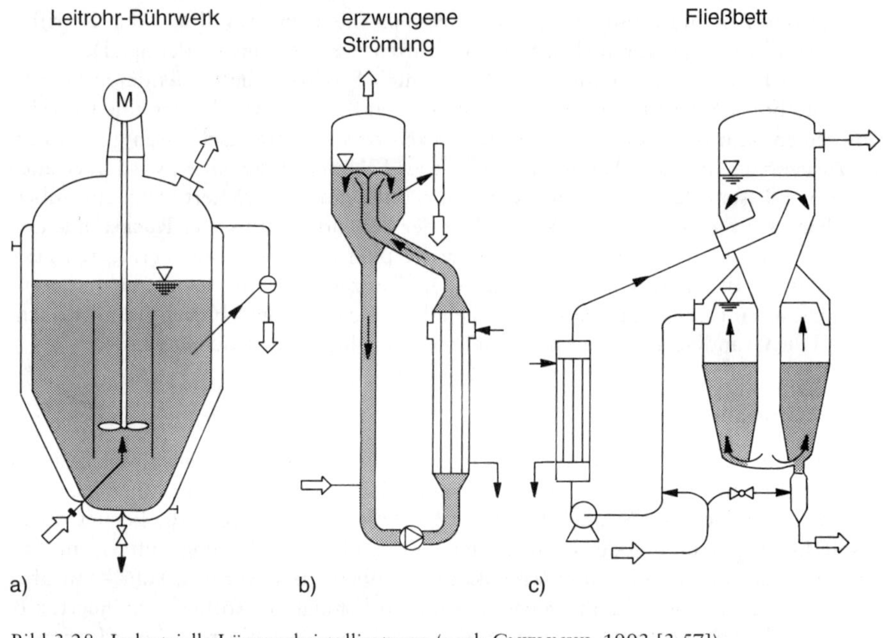

Bild 3.28 Industrielle Lösungskristallisatoren (nach GNIELINSKI, 1993 [3.57])

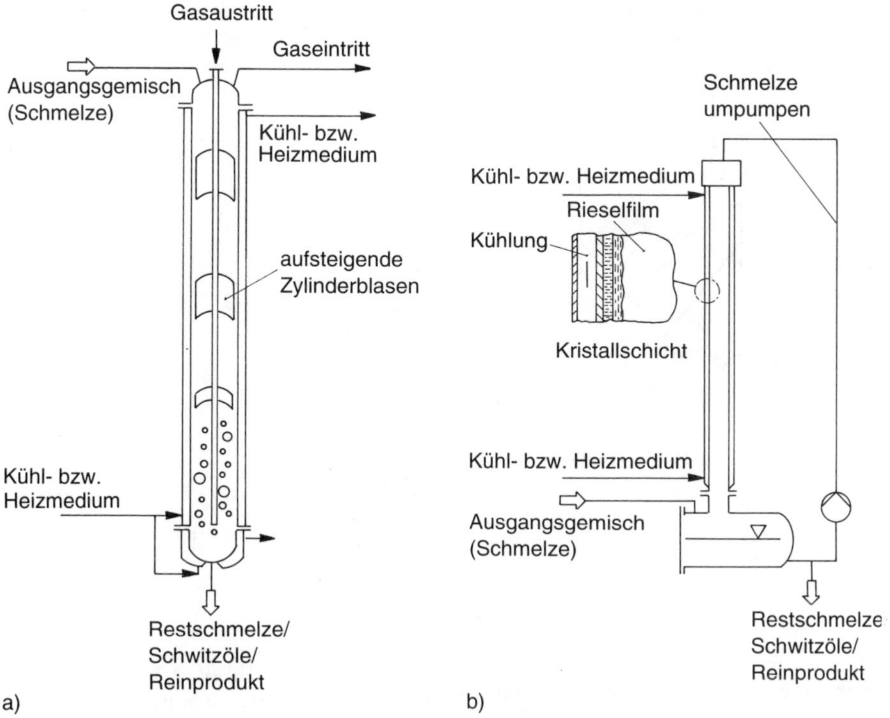

Bild 3.29 Industrielle Schmelzekristallisatoren (nach GNIELINSKI, 1993 [3.57])

3.4.2 Zementation

Das Verfahren beruht auf der Reduktion von gelösten Ionen durch ein in Feststoff-Form vorliegendes unedleres Metall (meistens Eisen). Vergleichbar dem Ionenaustausch (s. im Detail [3.5] oder [1.1]) gehen Metallionen aus dem unedleren Metall in Lösung über während das edlere sich als Belag auf dem unedleren niederschlägt. Die Reduktion läuft in Richtung des chemischen Gleichgewichtes, weshalb keine Energiezufuhr (beispielsweise Strom) erforderlich ist.

Die Zementation wird bei hochkonzentrierten Teilströmen im Bereich fotografischer Betriebe (Entwickler-, Fixierbäder), in Galvaniken (ammoniakalische Kupferätzlösungen) und bei Leachingprozessen zur Edelmetallrückgewinnung eingesetzt. Organische Inhaltsstoffe behindern den Ionenaustausch. Das prinzipielle Verfahrensschema ist in Bild 3.30 skizziert. Wichtig für den technischen Bereich ist (immerhin werden Durchsätze zwischen 10 und 100 m^3/h gefahren), daß die Oberflächen für den Ionenaustausch groß sind. Deshalb werden zum einen Späne, Stahlwolle oder Pulver eingesetzt, zum anderen Trommeln, Wirbelzellen oder Schwingreaktoren. Im allgemeinen wird Eisen als unedleres Metall eingesetzt, obwohl Aluminium und Zink günstigere Standardpotentiale aufweisen (Tabelle 3.7). Der Grund dafür ist, daß Eisenabfälle verwendbar sind.

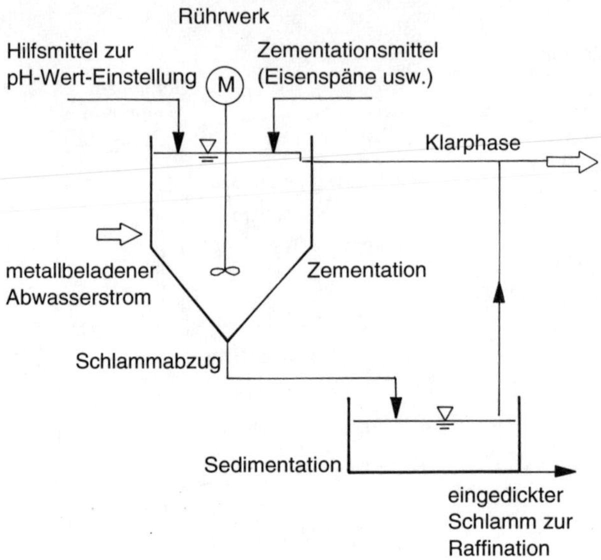

Bild 3.30
Fließbild einer Zementationsanlage

Tabelle 3.7
Standardpotentiale von Metallen

Standardpotential	Zementationsmittel	Edelmetall
– 1,66	Aluminium	
– 0,76	Zink	
– 0,44	Eisen	
+ 0,34		Kupfer
+ 0,80		Silber
+ 1,42		Gold

Das aufkonzentrierte Edelmetall kann anschließend durch eine Raffination weiter aufkonzentriert werden, die Lösung muß enteisent werden, wenn sie als Abwasser abgeleitet werden soll.

3.4.3 Flotation in Verbindung mit mechanischen Abscheidern

Bei der Flotation beruht die Phasentrennung wie bei der Sedimentation auf dem Prinzip der Schwerkraft: Stoffe, die eine geringere Dichte als das Fluid oder Stoffgemisch aufweisen, steigen nach oben (Tabelle 3.8), schwerere sinken ab. Öle und Fette sowie Benzine steigen auf, mineralische Stoffe eher ab. Damit Feststoffe aus einem Stoffgemisch aufkonzentriert werden können, müssen sie demgegenüber spezifisch leichter oder schwerer gemacht werden: Bei der Fällungsflockung versucht man das Dichte-Volumen-Verhältnis zu vergrößern, bei der Flotation durch Anlagerung von Gasbläschen zu erniedrigen.

Tabelle 3.8 Dichte und Abscheidbarkeit verschiedener Stoffe

Bezeichnung		Dichte g/cm³	Abscheidbarkeit	Bemerkung
Ethylalkohol (Spititus 96% m. Toluol)		0,806	❍	wasserlöslich
Amylalkohol techn.		0,8 – 0,83	●	–
Butylalkohol		0,814 – 0,817	❍	wasserlöslich 9%
Butylacetat		0,88	●	–
Benzine	Markenkraftstoff	0,68 – 0,75	●	–
Entkonservierungsmittel		0,8 – 0,85	❂	bei Petroleumbasis
Getriebeöl		0,91 – 0,936	●	–
Glycerin		1,26	❍	wasserlöslich
Heizöle	leicht	0,87	●	–
	schwer	0,94 – 0,99	❂	nur bis 0,95 g/cm³
Heptan		0,68	●	–
Hexan		0,66	●	–
Hydraulikflüssigkeiten auf der Basis von:	Mineralöl	0,86 – 0,9	●	–
	Glykol	über 1	❍	wasserlöslich/ emulsionsbildend
Nitro-Verdünnung		0,85 — 0,9	❂	Prüfung erforderlich
Praffinöle		0,88 – 0,9	❂	Prüfung erforderlich
		0,91 – 0,94	❂	Prüfung erforderlich
Perchlorethylen		1,62	❍	Dichte zu hoch
Schwerbenzin		0,7 – 0,75	●	–
Schmieröl		0,85 – 0,9	●	–
Trichlorethylen		1,47	❍	Dichte zu hoch

● = abscheidbar
❂ = bedingt abscheidbar
❍ = nicht abscheidbar (Sonderrmaßnahmen erforderlich)

Obwohl spezifisch leichtere Stoffe als Wasser von allein aufschwimmen, weshalb das Verfahren eigentlich als Aufschwimmverfahren bezeichnet werden müßte, ist das Abscheidungs- und Aufkonzentrierungsprinzip mit dem Flotationsverfahren vergleichbar, weshalb nachfolgend dieses Segment des Aufkonzentrierens kurz behandelt wird.

3.4.3.1 Fett- und Ölabscheider

Abscheideranlagen für Fette werden in DIN 4040 nach Volumen und Art des Schmutzwassers bemessen (s. Bild 3.31; [1.1]). Die Inhalte von insbesondere kleineren Anlagen werden derzeit noch komplett – also flottierte Ölschicht und sedimentierter Schlamm plus die darüber bzw. darunter befindliche Flüssigkeit – mittels Saugwagen in regelmäßigen Abständen durch Fremdfirmen abgepumpt und separat in einer Abfallbehandlungsanlage getrennt. Im Lebensmittelbereich (aber auch Hotels usw.)

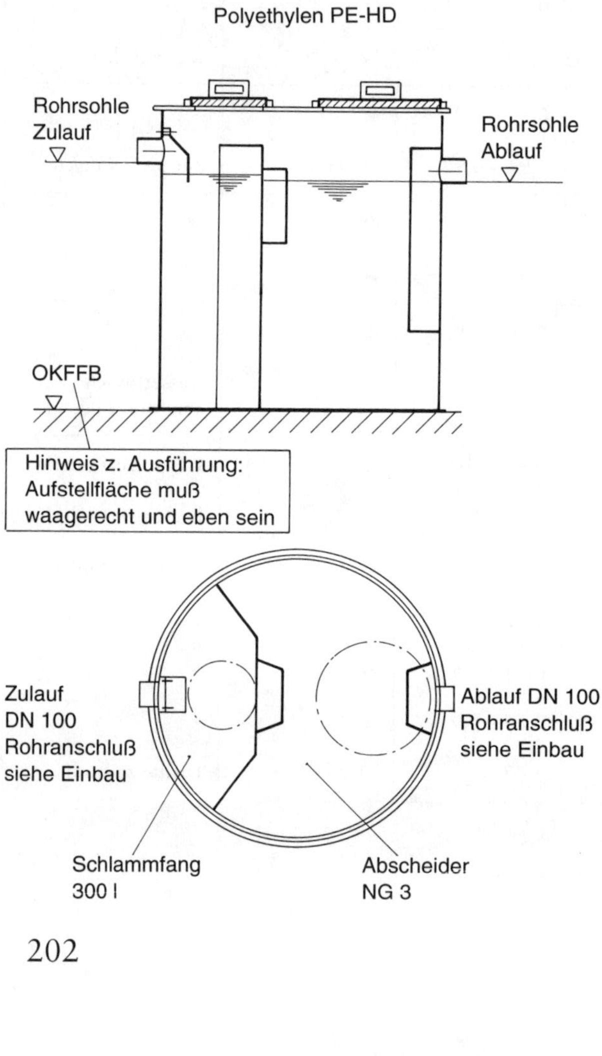

Bild 3.31
Prinzipschaubild eines konventionellen Fettabscheiders (nach SIGNUM, Dresden [3.61])

kommt es dabei zu enormen Geruchsbelästigungen, die die Geschäftsführer, abgesehen von der unnötigen Massenbewegung, künftig nicht mehr tolerieren werden.

Mit Hilfe von mechanischen Abscheidern kann das Problem bereits recht gut eingegrenzt und angegangen werden. Beispielsweise bieten einige Firmen inzwischen Skimmer an (rotierende Scheiben oder Schläuche, die mit Hilfe von Wischern oder Abstreifern vom anhaftenden Öl befreit werden, s. Bild 3.32) oder Zentrifugalabscheider (durch Aufprägung eines rotierenden Strömungsprofiles bis hin zu Dreistoffzentrifugen, s. Bild 3.33).

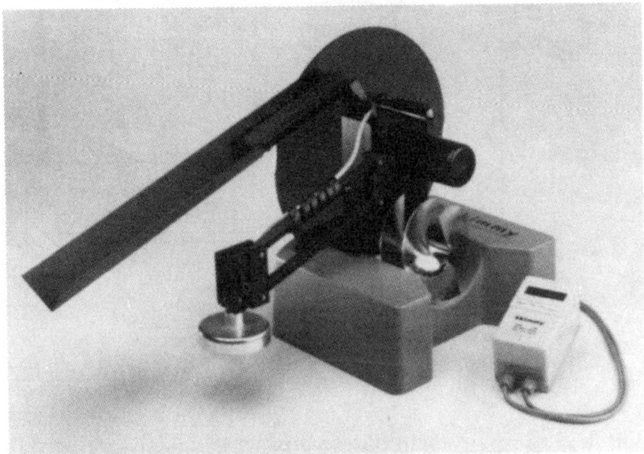

a)

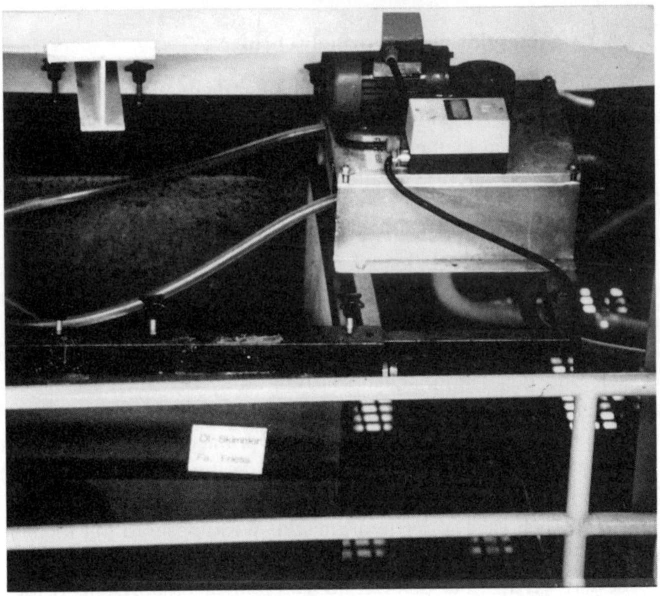

b)

Bild 3.32
Prinzipschaubilder von Skimmern (a: nach BLASER, Hasle-Rüegsau-Schweiz; b: nach FRIESS, Hilden)

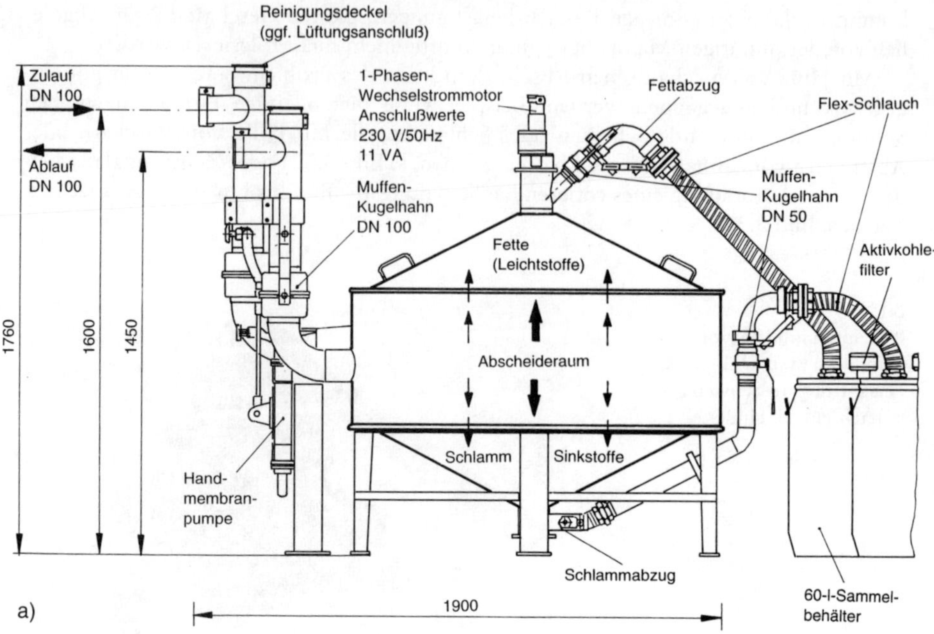

Bild 3.33 Prinzipschaubilder von Zentrifugalabscheidern (a: Lipator, nach PASSAVANT, Aarbergen; b: nach WESTFALIA SEPARATOR, Oelde)

3.4.3.2 Mineralöl- und Benzinabscheider

Mineralölabscheider werden meist als Parallelplattenabscheider (Coaleszer, s. Bild 3.34) ausgeführt, weil sie dadurch sehr kompakt werden. Unter Coaleszenz versteht man das Zusammenfließen kleiner Öltröpfchen aufgrund ihrer Oberflächenspannung zu größeren Tropfen, die dadurch erst zum Aufschwimmen kommen (s. auch Abschnitt 3.2.5). Die Coaleszenz kann auch durch Wirrfaserfließe herbeigeführt werden. Der hydromechanische Druck unterschiedlicher Flüssigkeitsspiegel reicht i.a. für den Transport des Öl-Wasser-Gemisches durch coaleszierendes Material aus. Bei Verstopfungen steigt er jedoch vor dem Hindernis an, so daß über einen Niveauschalter Alarm ausgelöst oder eine entsprechende Reinigungsmaßnahme eingeleitet werden kann.

Der Trennvorgang in Lamellenklärern hängt in erster Linie von der Sink-/Steig-Geschwindigkeit und der Trennflächenbelastung ab. Aber auch die Stabilität der Strömung darf nicht vergessen werden. Durch den Einbau von Lamellen, also einer Veränderung des Seiten-Tiefen-Verhältnisses, läßt sich eine Optimierung des Aufschwimmvorganges erreichen. Bereits 1936 wies CAMP darauf hin, daß der hydraulische Wirkungsgrad von Klärern eine Funktion der Froude-Zahl und somit der Bemessungsansatz über die theoretische Verweilzeit untauglich ist. Da der hydraulische Wirkungsgrad mit kleiner werdenden Abmessungen des Klärers bei sonst gleichen Geometrien steigt, können Absetzer durch Unterteilung verbessert werden. Für den Einsatz von Lamellenklärsystemen spricht:

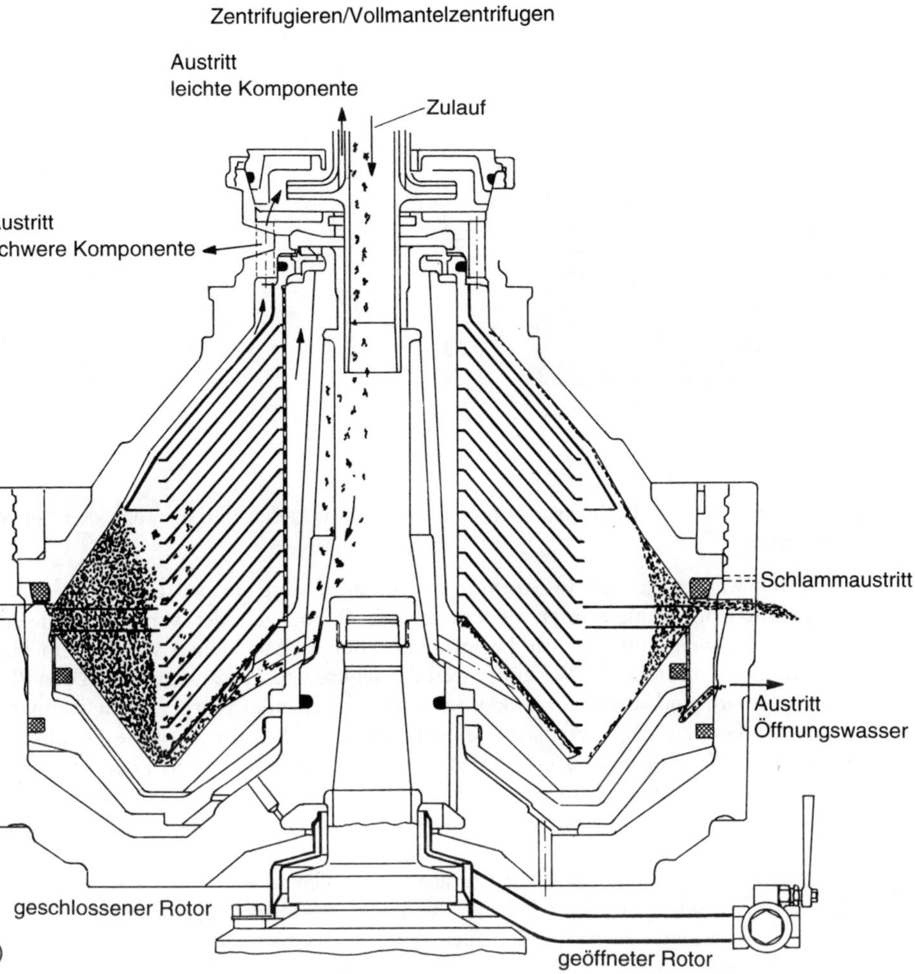

b)

- □ Verkürzung der Klärzeit, d.h. kleines Volumen,
- □ hohe Packungsdichte, d.h. große Trennfläche je Volumeneinheit,
- □ kleine Reynolds-Zahlen (laminares Strömungsprofil mit kleinen Geschwindigkeiten an den Plattengrenzschichten),
- □ hohe Froude-Zahlen, d.h. stabile gleichgerichtete Strömung mit hohem hydraulischen Wirkungsgrad.

Aber:

- □ der Plattenabstand ist nicht beliebig wählbar (nicht unter 10 mm); d.h., die Pakkungsdichte ist nicht beliebig steigerbar;
- □ der für das Abrutschen des Sedimentes erforderliche Anstellwinkel sollte mindestens 60° betragen;

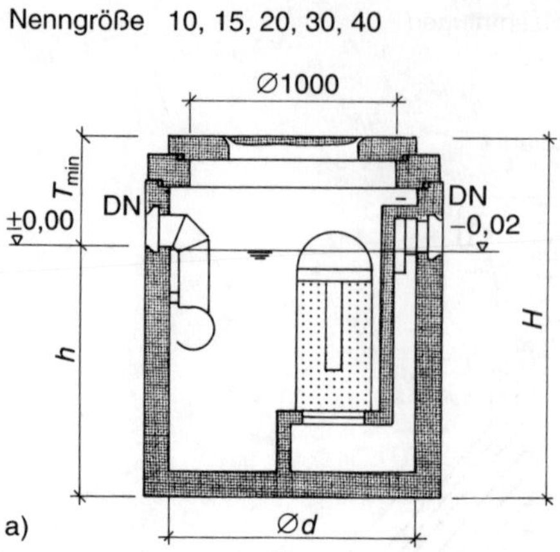

Bild 3.34
Prinzipschaubilder von Coaleszern
(a: nach DYWIDAG, München;
b: nach RHODIUS, Weißenburg)

- Lamellenklärer sind sehr arbeitsintensiv, sowohl was den Bau als auch den Betrieb anbelangt.

Die Platten werden günstig in Strömungsrichtung geneigt, da bei dieser Anordnung die geringste Umlenkung erfolgt, also nur geringe Wirbel gebildet werden, die die Absetzung/Aufschwemmung negativ beeinflussen können. Mit kleiner werdendem Platteneigungswinkel steigt die Wirkung, weil der senkrechte Abstand zwischen den Platten kleiner wird und damit ein sinkender oder schwebender Körper schneller in den Bereich der Grenzschicht der Platte gelangt, allerdings besteht dann die Gefahr von Ablagerungen. In Fällen, in denen Anbackungen auf den Oberflächen entstehen können, wären automatische Reinigungsvorgänge wünschenswert; auf dem Markt gibt es allerdings bislang keine geeignete Vorrichtung (eine diesbezügliche Entwicklung zeigt jedoch Bild 3.35).

Schrägplattenklärer und Fliehkraftseparatoren sind sich außerordentlich ähnlich. In der Dimensionierungsgleichung muß lediglich die konstante Erdbeschleunigung g durch die (nicht mehr konstante) Zentrifugalbeschleunigung a_z ersetzt werden. a_z nimmt mit dem Abstand des Teilchens von der Drehachse des Gefäßes und mit der Winkelgeschwindigkeit zu. Benzinabscheider (s. Bild 3.36) sind in der DIN 1999 beschrieben.

3.4.3.3 Flotationszellen

Eine Flotation suspendierter Feststoffe mit Hilfe von Luft kann dadurch erfolgen, daß Gasblasen über

1. feinverteilte Druckluftsysteme oder
2. Dispergierung angesaugter Luft über Rotoren

eingetragen bzw. durch

3. elektrochemische Zerlegung von Wasser oder
4. Entspannung einer vorher mit Luft gesättigten Lösung

erzeugt wird (Bild 3.37).

Version 1:
Horizontale Anströmung von vertikal stehenden Drahtgestrickelementen

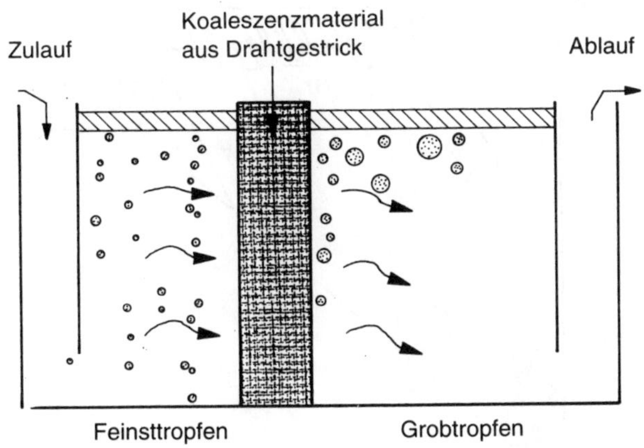

Version 2:
Vertikale Anströmung von horizontal liegenden Drahtgestrickelementen

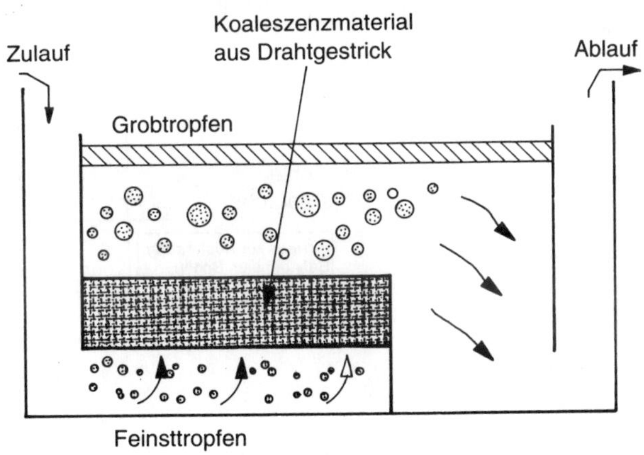

b)

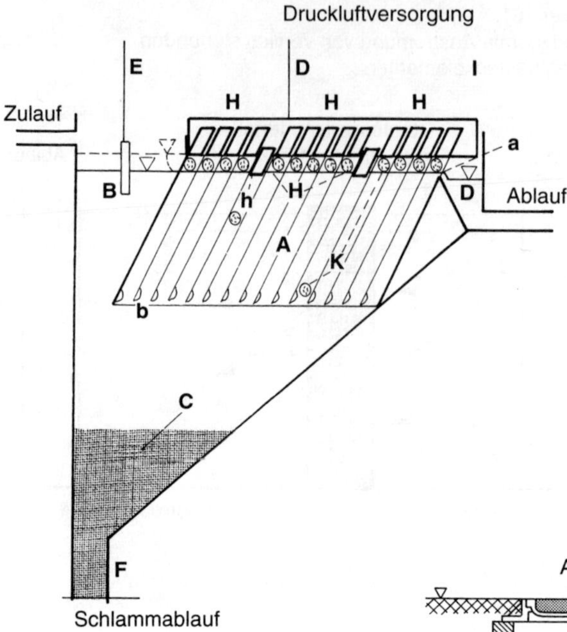

Bild 3.35
Prinzipschaubild eines selbstreinigenden Parallelplattenabscheiders (nach KUNZ, 1992 [1.1])

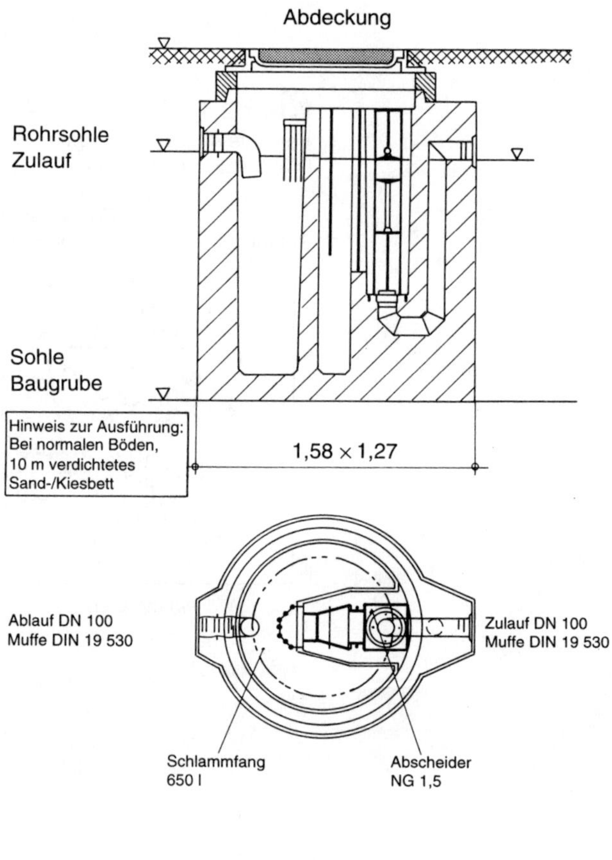

Bild 3.36
Querschnitt eines konventionellen Benzinabscheiders (nach SIGNUM, Dresden [3.61])

Bild 3.37
Prinzip-Schaubilder der Flotation
(a: Druckluft; b: Turbo nach UWT-YSTRAL, Ballrechten-Dottingen; c: nach Elektro-Dr.-BÄR-VERFAHRENSTECHNIK, Frankfurt/Main;
d: Druck-Entspannungs-Verfahren nach dem Recycle-Verfahren)

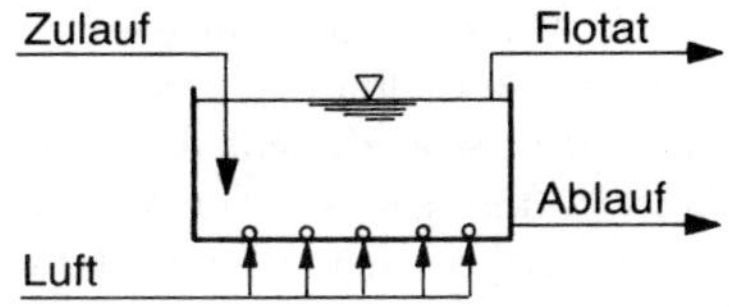

a)

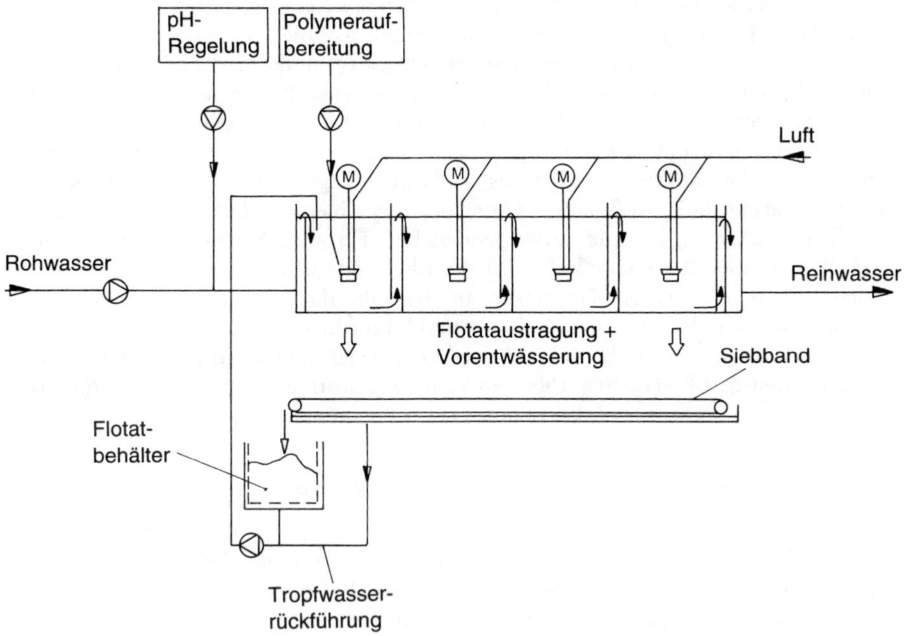

b)

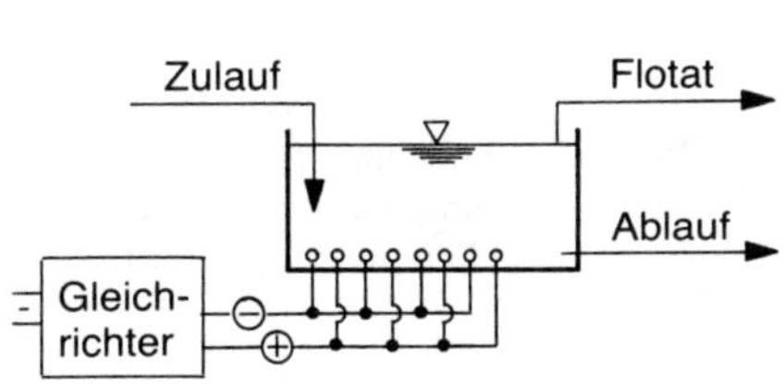

c)

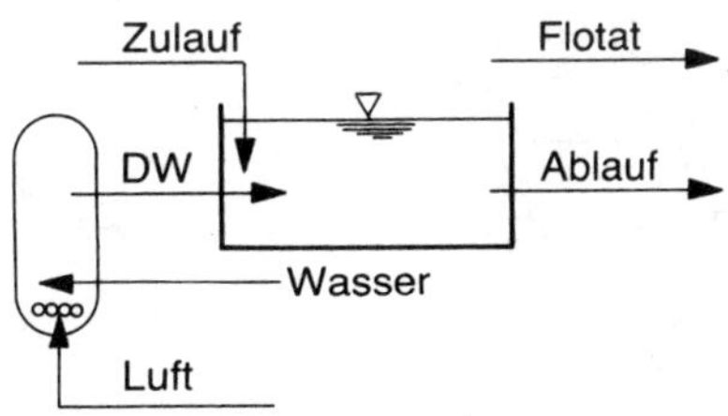

d)

Die Verfahren des Sauerstoffeintrages über Druckluft oder Dispergierung angesaugter Luft sind verhältnismäßig wenig aufwendig, sie waren allerdings in der Vergangenheit auch nicht sehr effizient. Dies hat sich in jüngerer Zeit durch Weiterentwicklungen im Werkstoffbereich bzw. durch den Einsatz von polymeren Hilfsmitteln verändert.

Das elektrochemische Verfahren (s. Elektrolyse in Abschnitt 3.2.4) beruht darauf, daß an der Anode in einem Elektrolyten Wasserstoff verbraucht und Sauerstoff frei wird. Da aber die Katode keine vergleichbare Strömung erfährt, sedimentierten in der Vergangenheit Feststoffe im Katodenbereich. Dem wirkt man heute durch Wechselelektroden entgegen. Hochwertige Legierungen haben die Haltbarkeit erheblich verlängert.

Das Verfahren der Entspannungsflotation (Bild 3.37d) ist demgegenüber in der Praxis bereits sehr viel länger erprobt, wobei sich das Recycleverfahren aus wirtschaftlichen Gründen duchgesetzt hat. Es beruht darauf, daß die Menge der in einer Flüssigkeit lösbaren Gase direkt proportional dem Druck ist, unter dem die Flüssigkeit steht. Durch die Entspannung treten Gase in Form kleinster Bläschen aus der Flüssigkeit aus. Nach dem Recyclingverfahren wird ein Teil des weitgehend feststofffreien Ablaufs unter Druck mit Luft gesättigt und unmittelbar vor dem Flotationsbecken entspannt. Der besondere Vorteil dieses Verfahrens liegt darin, daß auch ohne Flokkungsmittel eine hohe Aufkonzentrierung des abgeschiedenen Feststoffes eintritt.

Grund dafür ist, daß die aufsteigenden Luft-Feststoff-Flockenschwärme auf ihrem Weg an die Oberfläche kolloidale Partikel und Suspensa, wie ein schwebendes Filter, einfangen. Da die Gasblasen an der Oberfläche nicht sofort entweichen können, wenn sich dort eine geschlossene Flotatschicht ausgebildet hat, heben die Gasblasen diese Decke über den Flüssigkeitsspiegel hinaus, so daß das freie Wasser zwischen den Feststoffen ablaufen kann. Feststoffgehalte zwischen 6 und 16% sind realisiert. Im Vergleich dazu liegen sie bei Sedimentern unter 1%.

3.4.4 Filtration, insbesondere mit Hilfe von Membranen

Unter Filtrieren flüssiger Stoffgemische versteht man i.a. die Rückhaltung von Feststoffen über ein für das Fluid durchlässiges Filtermittel, das den Feststoffdurchtritt sperrt. Im Rahmen der Behandlung flüssiger Abfälle spielen eigentlich nur Gewebefilter (s. Bild 3.38), angefangen bei der Mikrosiebung bis hin zu «geschlossenen» Diffusionsmembranen (s. Bild 3.39), eine Rolle. Bei der Filtration steht die Separierung vorrangig vor der Konzentrierung.

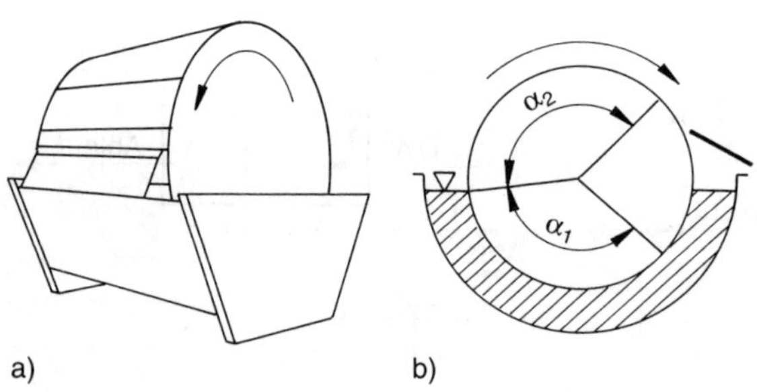

Bild 3.38
Beispiel für ein Gewebefilter; Trommelfilter (a: Prinzip; b: Zonen der Kuchenbildung und Entfeuchtung)

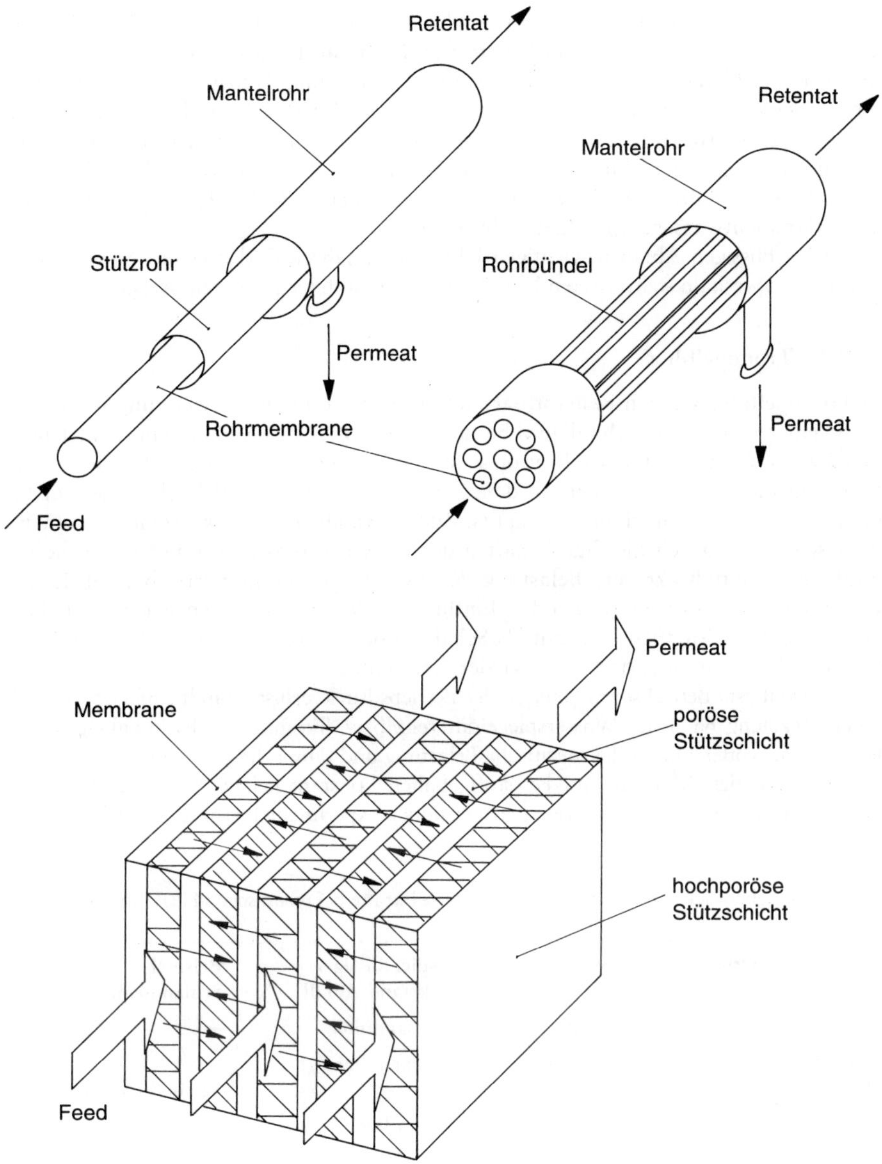

Bild 3.39 Membran-Filtermodule

Im Gegensatz zu den Schwerkraftverfahren ist bei der Filtration kein Dichteunterschied zwischen abzutrennendem Feststoff und dem Stoffgemisch erforderlich. Bei der Filtration wird lediglich ein dem Widerstand des Filtermittels bzw. des auf dem Filtermittel abgeschiedenen Feststoffkuchens entsprechendes Druckgefälle benötigt (s. Tabelle 3.9). Die Druckdifferenz kann durch Gasunter- oder -überdruck (bei maschinellen Filtrationen) oder durch einen hydrostatischen Flüssigkeitsdruck (überstaute, kuchenbildende Filtration) bzw. durch Pumpendruck (z.B. bei Kammerfilterpressen zur Schlammentwässerung) aufgebracht werden.

Die bei flüssigen Abfällen wichtigen Filtrationsverfahren sind eher den Siebverfahren zuzuordnen, weshalb stellvertretend das Trommelmodulfilter vorgestellt werden soll.

3.4.4.1 Trommelfilter

Im Trommelfilter werden Feststoffpartikel mechanisch unter Verwendung mikroskopisch feiner Stoff- oder Metallgewebe aus dem Stoffgemisch abgetrennt. Im Unterschied zur kuchenbildenden Filtration zählt das Trommelfilter zu den Flächenfiltern. Allerdings bildet sich auch hier auf dem Filtergewebe ein Feststoffkuchen, der zur Erhöhung des Feststoffrückhalts beiträgt (s. Bild 3.38). Die Feststoffkonzentrierung wird im wesentlichen durch die Eigenschaften des Filtermediums bestimmt, wobei die hydraulischen Einflußfaktoren (Belastung, Rückspülung) und die Filtrierbarkeit der zufließenden Suspension maßgebenden Einfluß auf den quantitativen Rückhalt haben. Die Reinigung erfolgt sinnvoll mittels Schabern oder durch Absaugen; beim Abspritzen wird das bereits separierte Gut wieder verdünnt.

Der wichtigste Betriebsparameter ist der Betriebsdruckverlust. Durch einfache Kontrolle und Regelung nach der Wasserspiegeldifferenz bzw. Trommelgeschwindigkeit (sofern die Trommel rotiert) kann die spezifische Belastung und damit die Entnahmeleistung auch bei schwankenden Mengen und Feststoffgehalten konstant gehalten werden. Die Sieb- oder Filterfläche muß bei schwierigen Suspensionen experimentell ermittelt werden.

Tabelle 3.9 Überblick über die verschiedenen Druckkräfte bei technischen Filtrationsanlagen

Maßgebliche Druckkraft	**Betriebsweise**	**Beispiel flüssiger Rückstand/Abfall**	**Beispiel Schlammentwässerung**
hydrostatisch	kontin.	Tuchbandfilter	–
Gasdifferenz (Vakuum)	diskontin. kontin.	Nutschenfilter –	– Vakuumbandfilter
Gasdifferenz (Überdruck)	diskontin. kontin.	Kerzenfilter Druckscheibenfilter	– –
Flüssigkeit	diskontin. kontin.	– Cross-Flow-Filter	Filterpresse –
mechanisch	diskontin. kontin.	– –	Röhrenpreßfilter Schneckenpresse
Zentrifugaldruck	diskontin. kontin.	Schälzentrifuge Schubzentrifuge	– Dekanter

3.4.4.2 Membrantrenntechnik

In der Literatur und von Herstellern werden Membrantechniken nach dem Cross-Flow-Filtrationsprinzip in blumigen Farben dargestellt. Die Zahl der Anwendungsfälle nimmt täglich zu. Potentielle Anwender und Behördenvertreter werden dadurch ermutigt, Membrankonzepte auszuprobieren und zu fordern. Wie bei allen faszinierenden Techniken werden aber Möglichkeiten leicht überschätzt und Grenzen übersehen. Deshalb wird diese wichtige Technik im folgenden ausführlicher vorgestellt.

Die Membrantrennverfahren sind grundsätzlich dazu geeignet, Stoffe nach Größe oder Diffusivität selektiv aus verschiedenen Medien zurückzuhalten und dafür zu sorgen, daß die Filtrate/Permeate im Kreis gefahren und mehrfach genutzt werden können. Die selektive Stofftrennung ist ein Schlüssel für die Anwendung von Membrantechniken. Allerdings spielt die quantitative Stoffrückhaltung und der Konzentrierungsfaktor eine enorme wirtschaftliche Rolle. Wenn das Konzentrat nicht ausreichend aufkonzentriert ist und das Permeat nicht ausreichend gereinigt, so daß beide Stoffströme nachbehandelt werden müssen, dürften alternative Verfahren wirtschaftlich interessanter sein.

Membranfilter können in weitaus geringeren Partikelgrößenbereichen noch filtrierend wirken, bis hin zur Trennung von Ionen bei Diffusionsmembranen (Nanofiltration und Umkehrosmose), die keine «Poren» mehr aufweisen. Neben der Druckdifferenz können bei Membrantechniken auch andere treibende Kräfte wirksam werden (Tabelle 3.10a stellt in einer Übersicht die Membranverfahren als Funktion der Kräfte dar, die auf das zu trennende Stoffgemisch wirken.

Tabelle 3.10a Membranverfahren - eingeteilt nach den treibenden Kräften

Membran-Trennverfahren	**treibende Kräfte durch die Membran**
Osmose	Konzentrationsdifferenz
Dialyse	Konzentrationsdifferenz
Pervaporation	Partialdruckdifferenz
Membran-Destillation	Partialdruckdifferenz
Mikro-Filtration	hydrostatische Druckdifferenz (0,5/5 bar)
Ultra-Filtration	hydrostatische Druckdifferenz (1/10 bar)
Nano-Filtration	hydrostatische Druckdifferenz (5/80 bar)
Umkehrosmose	hydrostatische Druckdifferenz (10/100 bar)
Elektrodialyse	elektrische Potentialdifferenz
Flüssigmembrantechnik	chemisches Potential in Verbindung mit Konzentrationsdifferenz

Im folgenden werden nur die Mikro- und Ultrafiltrationsverfahren weiter betrachtet. Die jeweiligen Einsatzbereiche der Membranverfahren sind in Tafel 3.10 zusammengestellt.

Tafel 3.10 Einsatzbereiche der Membrantrennverfahren

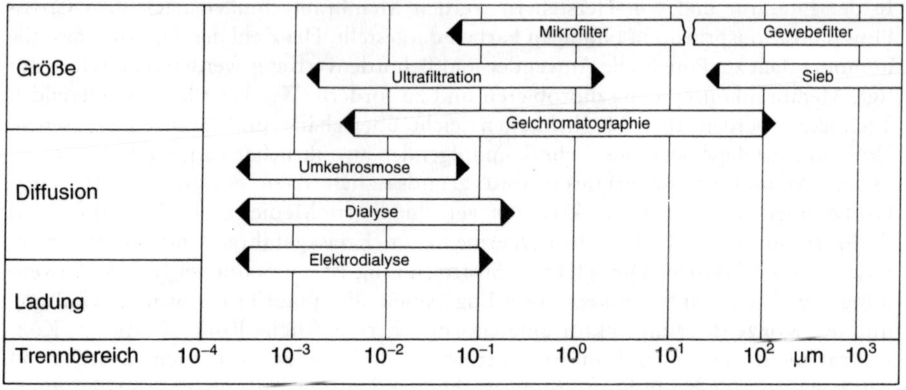

Mit der Membrantechnik können somit Stoffe aufkonzentriert werden, die die Poren des Membranmaterials nicht durchdringen können (Retentat). Stoffe, die die Membranen passieren, gelangen in das Permeat. Der Unterschied zu konventionellen Filtern liegt nun bei den meisten Anwendungen der Membrantechnik darin, daß die Trennung selektiv erfolgen soll: Quasi alle Partikel, die größer sind als die Poren, sollen zurückgehalten werden, während quasi alle kleineren in das Permeat gelangen sollen.

Der Schlüssel dafür liegt in der Vermeidung des Kuchenaufbaus durch eine Strömung des Fluids quer zum Filtermittel (vgl. Bild 3.40). Man bezeichnet diese Form deshalb auch als Querstrom-, Crossflow- oder Tangentialflußfiltration oder auch insgesamt als dynamische Filtration im Gegensatz zur kuchenbildenden statischen. Allerdings ist bei jeder Strömung in Wandnähe die Strömungsgeschwindigkeit gleich 0, so daß eine Deckschicht kaum zu vermeiden ist.

Die Membranverfahren sind allerdings nur in den seltensten Fällen losgelöst von anderen Trenn- und Konzentrierungsverfahren einsetzbar: Man bezeichnet sie deshalb auch als Hybridverfahren. Z.B. müssen bei kleinen Porendurchmessern durch Vorfiltration gröbere Partikel vorher abgetrennt werden, ggf. müssen chemische Reaktionen vorher ablaufen, um überhaupt filtrieren zu können; schließlich darf das Retentat nicht über bestimmte Konzentrationen hinaus aufkonzentriert werden, weil es sonst zu Verblockungen der Membran, zur Kristallisation (s. Abschnitt 3.4.1) u.ä. kommen kann. Aber auch das Permeat ist nie gänzlich frei von Stoffen, die eigentlich zurückgehalten werden sollen. Meist muß auch das Permeat einer weiteren Behandlung unterzogen werden. Die Vorteile der Membrantrenntechnik faßt Tabelle 3.10b zusammen.

Der Fluß oder Flux durch die Membrane stellt das Resultat aus Konvektion und Diffusion (im wesentlichen) dar. Erhöht man den Druck im Konzentratkreislauf, wird der Fluß jedoch nicht unbedingt größer, weil dadurch die Deckschicht komprimiert wird, ggf. treten auch chemische Reaktionen wie Fällungsreaktionen auf. Verwendet man unterschiedliche Membranen, können sich zwar die Flüsse unterscheiden: am Prinzip ändert dies jedoch nichts.

Bild 3.40
Transportphänomene bei der Cross-Flow-Filtration

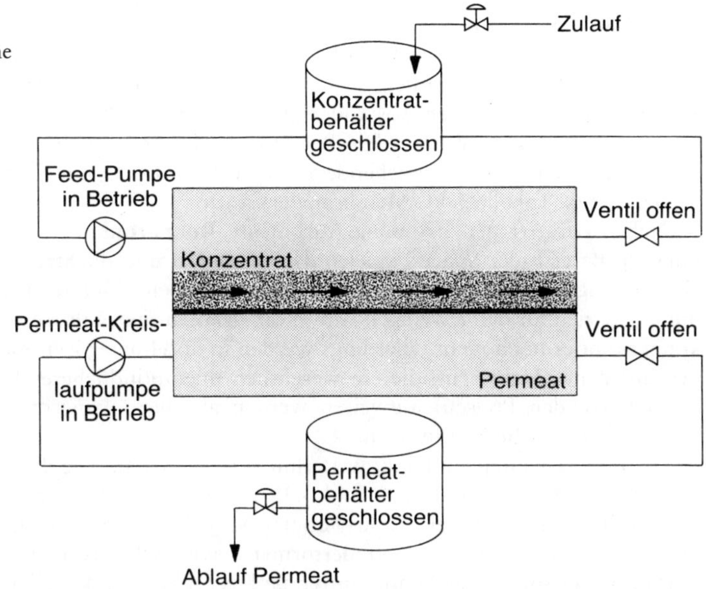

Tabelle 3.10b Vor- und Nachteile von Membran-Trennverfahren

Vorteile	**Nachteile**
physikalische Trennung ohne Veränderung der Ausgangsstoffe	Hybridverfahren (d.h., nicht allein einsetzbar) – Aufarbeitung/ Aufkonzentrierung des Retentates erforderlich – evtl. auch des Permeates
selektive Stofftrennung ohne Zusatzstoffe möglich	niedrige spezifische Permeat-Flächenleistung
standardisierte Permeatqualität – kein Durchbrechen des Filters möglich – geringe Produktverluste	hoher Betriebsaufwand (Druckerzeugung, Kreislaufmassenstrom) und -kosten eingeschränkte thermische, chemische und mechanische Stabilität der Membranen und Module
einfacher Aufbau – wenige Bauteile – Module möglich	Empfindlichkeit gegenüber Verschmutzungen – chemische Reinigung der Membranen meist erforderlich
Automatisierbarkeit	–
geschlossenes System (keine Emissionen in die Luft)	–
geringer Platzbedarf	–

Technisch betrachtet setzt sich die Membrantechnik aus einem Vorlage- und einem Permeatbehälter, einer Druckerhöhungspumpe und dem eigentlichen Trenn-Modul zusammen. Das Modul besteht aus einem oder mehreren Strömungskanälen, die als Rohre geformt oder durch Abstandshalter (Spacer) bei Platten oder Wickelelementen offengehalten halten werden. Die Begrenzung der Strömungskanäle stellt die Membran dar, die entweder ausreichende Stabilität besitzt oder auf einer Stützstruktur aufgezogen ist (s. Tabelle 3.11: Membranwerkstoffe).

Neben der Art der Strömung (turbulente Rohrströmung versus Mikrowirbelbildung im Bereich der Spacer) spielen der Werkstoff und die Struktur der Membranen eine wichtige Rolle. Ein Anforderungsprofil in Tabelle 3.12 zeigt, daß eine Membran immer speziell für den jeweiligen Anwendungsfall ausgewählt werden muß. Den Alleskönner gibt es noch nicht, allerdings werden in absehbarer Zeit metallische Membranen auf dem Markt sein, die ein wesentlich unempfindlicheres Handling (bei allerdings horrenden Preisen) aufweisen werden als die Polymermembranen und wohl auch als keramische Membranen.

Die Leistungsfähigkeit hängt weiterhin von der Art ab, wie die Membranen in Module zusammengepackt sind (s. Bild 3.39): Es gibt spiralförmig gewickelte Membranen, Hohlfasermembranen, Rohr-Tubular-Membranen, Schlauchmodule, Plattenmodule und einige weitere Sonderformen, wie z.B. rotierende Zylinder. Das Verfahrensfließbild einer Membrantrennanlage, bei der rückspülbare Membranen eingesetzt werden, ist beispielhaft in Bild 3.41 gezeigt.

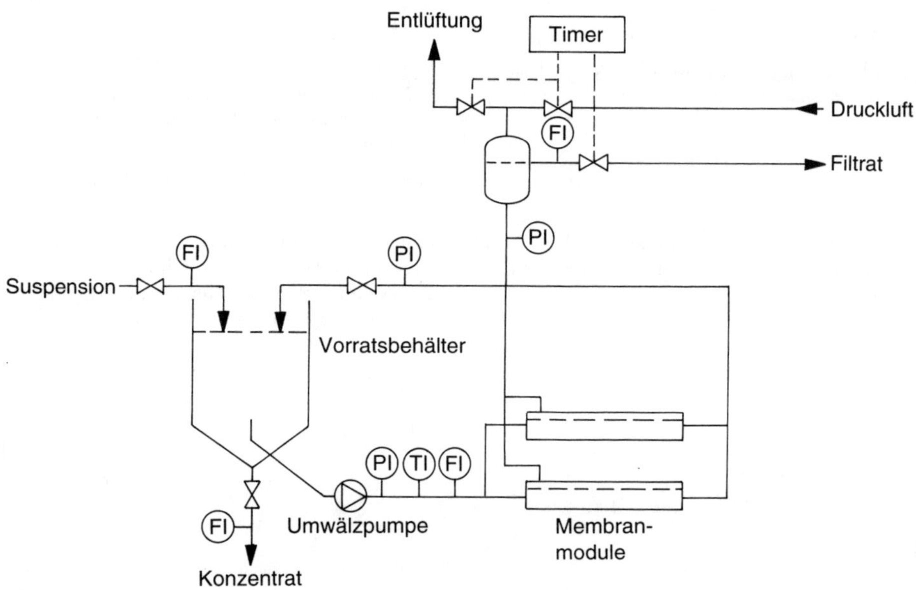

Bild 3.41 Verfahrensfließbild einer Membrananlage (nach RIPPERGER, 1988 [3.63])

Tabelle 3.11 Übersicht über Membranwerkstoffe (zusammengestellt von VESER, 1992 [3.62])

Membran	Ausgangsmaterial	Herstellung	Struktur	Anwendung
Keramik-membran	Ton, Silikate, Aluminiumoxid, Graphit, Metall-pulver	Pressen und Sintern von feinkörnigem Pulver	Poren von 0,1 bis 10 μm ∅	Filtrieren von suspendiven Lösungen, Gastrennung, Isotopentrennung
Polymersinter-membran	Polytetrafluor-ethylen, Polyethylen, Polpropylen	Pressen und Sintern von feinkörnigem Polymer-pulver	Poren von 0,1 bis 50 μm ∅	Grobfiltration von aggressiven Medien, Gaseinleitung, Luftreinigung
gereckte Membran	Polytetrafluor-ethylen, Polyethylen, Polypropylen	Verstrecken einer teilkristallinen Folie senkrecht zur Kristallrichtung	Poren von 0,1 bis 1 μm ∅	Filtration aggressiver Medien, Luft-reinhaltung Steril-filtration, Medizin-technik
geätzter Polymerfilm	Polycarbonat	Bestrahlung einer Folie und nachfolgende Säureätzung	Poren von 0,5 bis 1 mm ∅	analytische und medizinische Chemie, Sterilfiltration
Homogene Membran	Silikonkautschuk hydrophobe Flüssigkeiten	Extrudieren homogener Folien, Erstellung von Flüssigkeitsfilmen	homogene Phase eventuell mit Träger	Gastrennung, trägergebundener Transport
symmetrische mikroporöse Membran	Cellulosederivate, Polyamid, Polypropylen	Phaseninversions-reaktion	Poren mit 50 bis 5000 nm ∅	Sterilfiltration, Dialyse, Membran-destillation
Integral-asymmetrische Membran	Cellulosederivate, Polyamid, Polypropylen	Phaseninversions-reaktion	homogenes Polymer oder Poren von 1 bis 10 nm ∅	Ultrafiltration, Hyperfiltration, Gastrennung Pervaporation
Zusammen-gesetzte asym-metrische Membran	Cellulosederivate, Polyamid, Poly-sulfon, Poly-dimethylsiloxan	Beschickung einer mikroporösen Membran mit einem Film	homogenes Polymer oder Poren von 1 bis 5 nm ∅	Ultrafiltration, Hyperfiltration, Gastrennung Pervaporation
Ionenaus tauscher-Membran	Polyethylen, Polysulfon, Polyvinylchlorid	Folien aus Inonen-tascherharz oder Sulfonierung homogener Polymere	Matrix mit positiver oder negativer Ladung	Elektrodialyse, Elektrolyse

Tabelle 3.12 Anforderungen an Membranmaterialien

1.	hohe spezifische Permeat-Filterflächenleistungen
2.	hohe Selektivität
3.	hohe mechanische Festigkeit
4.	hohe chemische Beständigkeit
5.	hohe Temperaturbeständigkeit
6.	geringe Kosten
7.	einfache Austauschbarkeit
8.	breite Einsetzbarkeit

Die Trenngrenze für gesperrte und nicht zurückgehaltene Stoffe – insbesondere im Bereich der Ultrafiltration – ist nur ungefähr anzugeben, da sich gelöste Makromoleküle verformen können, die Struktur der Deckschicht zu Reaktionen der Moleküle untereinander führen und keine 100%ig gleichen Porenweiten bei der Membranherstellung erreicht werden können. Man definiert deshalb die Membran über die potentielle Rückhaltung bestimmter bekannter Moleküle über deren Molekulargewicht in Dalton bzw. gibt die nominelle Molekulargewichtsgrenze (NMGG) bzw. den Nominal Molekular Weight Cut Off (NMWCO) an.

Aus den vorangestellten – sehr knappen – Ausführungen sollte deutlich geworden sein, daß die Anwendung von Membrantechniken aus technisch-wirtschaftlichen Gründen im wesentlichen von Vorteil ist, wenn aus geringen Fluidmengen bestimmte Stoffe – durchaus in Verbindung mit dem Lösungsmittel – zurückgewonnen werden sollen, um sie im Prozeß wieder einsetzen zu können.

Bei der Öl-Wasser-Trennung gilt die Membrantrenntechnik heute als Stand der Technik, wobei unter den oben genannten Gesichtspunkten bewertet, die Kriterien bei der standardmäßig eingesetzten Ultrafiltrationsmembran nicht einzuhalten sind: Das Konzentrat enthält bei rund 30% Ölanteil noch 70% Wasser, das Permeat enthält alle niedermolekularen Verbindungen, die durchaus CSB-Konzentrationen zwischen 10 und 30 g/l erreichen können und einer Nachbehandlung bedürfen (s. Tabelle 3.22).

3.4.5 Eindampfung und Destillation von Rückstands- und Abfall-Lösungen

Die Eindampfung ist ein thermisches Verfahren zur Aufkonzentrierung von Lösungen durch Überführen des am leichtesten flüchtigen Lösungsmittels aus einem Stoffgemisch. In der Regel handelt es sich dabei um Wasser. Wenn es sich bei den gelösten Stoffen um Salze oder höhermolekulare Verbindungen handelt, besteht der Brüden (dampfförmiges Lösungsmittel) nur aus dem flüchtigen Lösungsmittel. In flüssigen Rückständen sind meist jedoch auch viele niedermolekulare Verbindungen enthalten, so daß die Dampfphase auch diese enthält, was eine Brüdenbehandlung erforderlich macht.

Der Grad der Aufkonzentrierung der schwerflüchtigen Bestandteile im Sumpf (Eindampfrückstand) hängt von der weiteren Verwendung ab, er wird natürlich determiniert durch die Stoffeigenschaften: Viskosität, Verkrustungsneigung, chemische Stabilität. In Tabelle 3.13 sind einzelne Stoffgruppen aufgelistet, die das Ergebnis der thermischen Einengung beeinflussen.

Die physikalischen Grundlagen der Trennung einer Lösung durch Eindampfung beruhen auf der Ungleichverteilung in der flüssigen, respektive Gasphase von Lösungsmitteln und darin gelösten Stoffen. Ein direktes Maß für die Neigung eines Flüssigkeitsgemisches, sich thermisch trennen zu lassen, ist die relative Flüchtigkeit, die sich aus dem Mol-Verhältnis der Komponenten im Gemischdampf und der dazu im Phasengleichgewicht stehenden Lösung ergibt (s. im Detail [3.57]). Im allgemeinen verändert sich die relative Flüchtigkeit mit dem Siededruck (Dampfdruckkurve!) und damit der Siedetemperatur.

Die Eindampfung ist eine vereinfachte Form der Destillation. Letztere nutzt die unterschiedlichen Siedepunkte von Flüssigkeiten in flüssigen Stoffgemischen aus, um sie voneinander zu trennen. Bei der Eindampfung sollen die nichtflüchtigen Verbindungen abgetrennt werden, bei der Destillation die flüchtigen. Die Apparaturen sind für beide Verfahren sehr ähnlich; vor allem werden Umlauf- bzw. Dünnschicht- und Vakuumverdampfer eingesetzt.

Umlaufverdampfer (Bild 3.42a) werden als Rohrbündelapparate mit vertikalen, horizontalen oder schrägen Röhren mit Natur- oder Zwangsumlauf der Lösung gebaut. Die Heizrohrbündel liegen meist aus Reinigungsgründen außen. Die zu behandelnden Stoffgemische werden durch Kontakt mit dem Brüden zunächst vorgewärmt und in den Rohren zum Sieden gebracht.Wie in einer Mammutpumpe wird dabei die Lösung infolge der Dampfbasenbildung aufwärts gefördert. Dieser als Naturumlauf bezeichnete Vorgang wird meist zum Zwangsumlauf durch Zwischenschaltung einer Umlaufpumpe (Bild 3.42b).

Die flüssige Phase wird so lange im Kreis geführt, bis die gewünschte Einengung stattgefunden hat. Der Brüden wird im Vorwärmer kondensiert und ggf. weiterbehandelt. Der Umlaufverdampfer zeichnet sich durch eine große Lösungsmittelbelastung bei immer noch gutem Wärmeübergang und günstiger mittlerer Verweilzeit aus. Er wird auch eingesetzt bei Gemischen, die zur Verkrustung neigen.

Beim Dünnschichteindampfer (Bild 3.42c) wird das Stoffgemisch nach der Vorwärmung auf einer Heizfläche (vertikales, beheizbares Rohr mit großem Durchmesser)

Tabelle 3.13 Problemstoffgruppen bei der Eindampfung/Destillation von Rückständen

Stoffgruppe	**Auswirkung**
Tenside, oberflächenaktive Substanzen	führen zu Schaumbildung
ungelöste oder schwerlösliche Feststoffe	Ausfällung führt zu Inkrustationen, Erosion
extrem gutlösliche Salze bzw. nichtkristallisierbare Substanzen	Siedepunktsverschiebung verschlechtert den Wärmeübergang
Laugen, Säuren und Salze	führen zu Korrosion metallischer Werkstoffe
polymerisierende Stoffe	führen zu Verkrustungen, Verharzungen

verrieselt und dabei auf Siedetemperatur erhitzt. Die Verteilung des Gemisches erfolgt durch einen sich drehenden Rotor mit Wischerblättern, so daß dünne Schichten aufgezogen und Verkrustungen vermieden werden. Der Dünnschichtverdampfer ist für schäumende und harzende Gemische geeignet. Es kann bis zur vollständigen Trocknung des Gutes eingesetzt werden.

Der Vakuumeindampfer (Bild 3.42d) ist sowohl bei verkrustendem als auch schäumendem oder harzendem Stoffgemisch einsetzbar, weil er nur geringe Temperaturunterschiede zwischen Heiz- und Siederaum aufweist. Auch er kann bis zur vollständigen Trocknung arbeiten. Dann wird er jedoch nur diskontinuierlich betrieben, was die Durchsatzleistung herabsetzt. Das Prinzip des Vakuumverdampfers beruht auf der physikalischen Gesetzmäßigkeit, daß bei Unterdruck Lösungsmittel früher sieden. Deshalb können vor allem jene Stoffkomponenten aufkonzentriert werden, die sonst thermisch eher zersetzt werden. Der Eindampferraum ist meist ein horizontal liegender Zylinder, in dem je nach Bauart Umwälzeinrichtungen eingebaut sind.

Der Ursprung der Eindampfung liegt in der Wertstoffgewinnung respektive -rückgwinnung: Die Art des Lösungsmittels und die enthaltenen Stoffkomponenten determinieren die Eindampferkonstruktion, beispielsweise hinsichtlich kurzer Aufenthaltszeiten oder verringerter Temperatur. Korrosive Eigenschaften des Mediums verdienen besondere Berücksichtigung bei der Materialauswahl. ALLGAIER (1992 [3.64]) hat in Tabelle 3.14 entsprechend einer Stoffdifferenzierung praktische Hinweise für Bauart und Betrieb von Eindampfanlagen zusammengestellt.

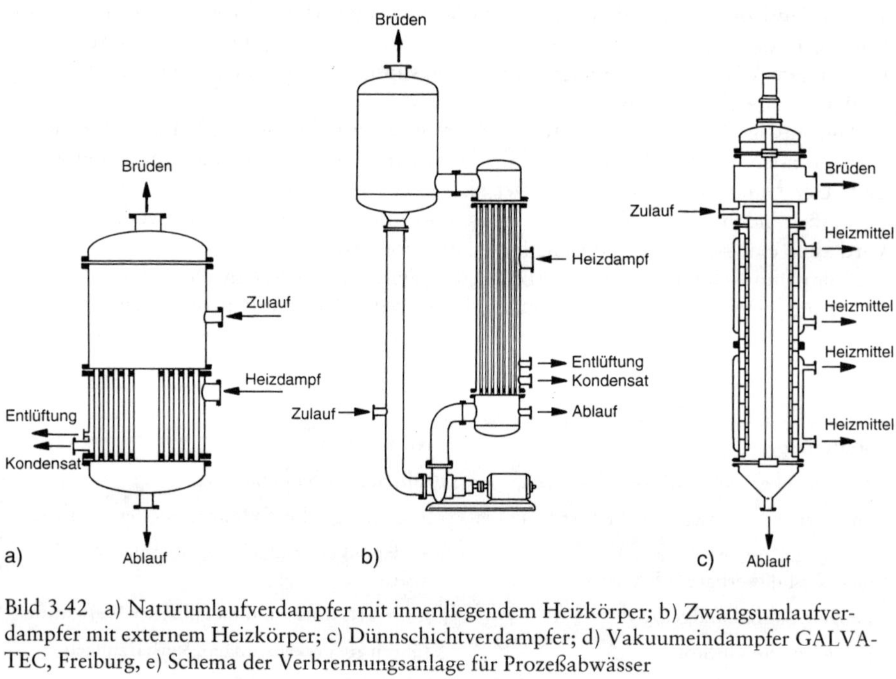

Bild 3.42 a) Naturumlaufverdampfer mit innenliegendem Heizkörper; b) Zwangsumlaufverdampfer mit externem Heizkörper; c) Dünnschichtverdampfer; d) Vakuumeindampfer GALVATEC, Freiburg, e) Schema der Verbrennungsanlage für Prozeßabwässer

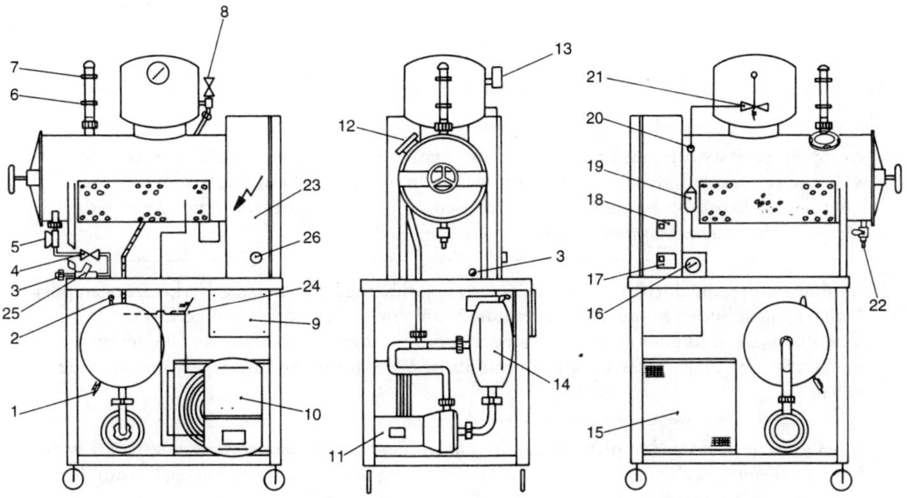

d)

1 Befüllen – Entleeren H_2O
2 Destillatausgang DN 15
3 Produkteingang DN 15
4 MV Produkteingang
5 Handventil DN 15
6 Arbeitsniveau
7 Max. Niveau
8 MV Vakuumhalte
9 Abzweigkasten
10 Kompressor
11 Vakuumpumpe
12 Schauglas
13 Vakuummesser
14 Destillatsammelbehälter
15 Ventilator
16 Manometer Druckausgang
17 Pressostat Freonkreis
18 Pressostat Ventilator
19 Filter Freonkreis
20 Durchflußanzeiger
21 Expansionsventil
22 Entlagerungsstutzen
23 Schaltschrank
24 Temperaturfühler
25 Schmutzfänger DN 15
26 Sicherheitsthermostat Destillator

1 Lagertank
2 Verdampfer
3 Verbrennungsofen
4 Wärmerückgewinnung
5 Dampferzeuger
6 Rauchgaswäsche
7 Kamin

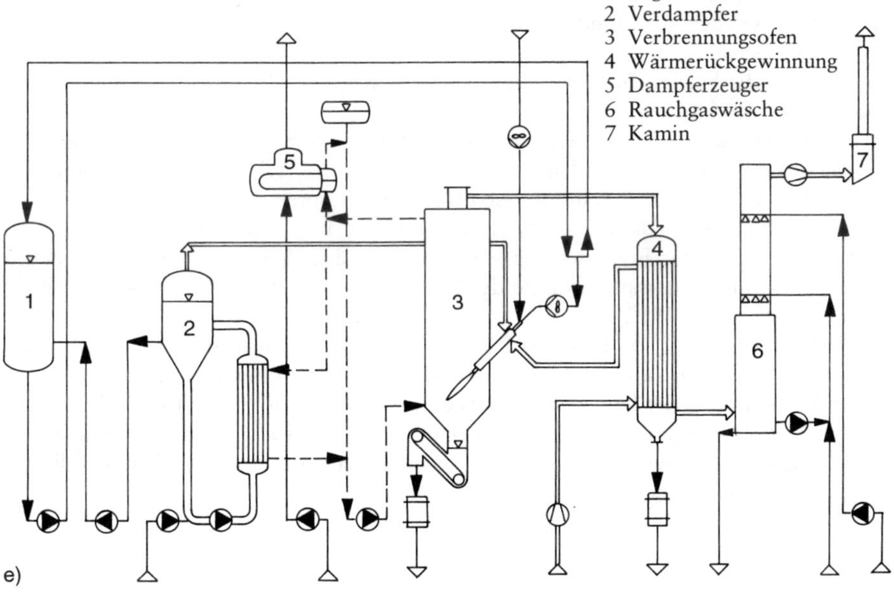

e)

Tabelle 3.14
Determinanten für die Auswahl von Eindampfanlagen (nach ALLGAIER, 1992 [3.64])

1. Ungelöste Feststoffe, die im Einsatzprodukt enthalten sind oder auch durch Ausfällungen während des Eindampfens entstehen, erfordern die Wahl von Verdampfern mit geringer Neigung zur Verkrustungsbildung, mit mechanischer Einrichtung zur Entfernung von Krusten oder mit Abzugsmöglichkeiten für Feststoffe.
2. Inhaltsstoffe, die durch thermische Zersetzung flüchtige Substanzen, Verkrustungen oder Verharzungen bilden können, erfordern die Wahl von Verdampfern mit geringer Aufenthaltszeit und/oder geringer Temperaturdifferenz zwischen Heiz- und Siederaum. Solchen Stoffen gleichzusetzen sind empfindliche Wertstoffe, die zurückgewonnen werden sollen.
3. Bei merklich wasserdampfflüchtigen Inhaltsstoffen tritt mit steigender Konzentration der Ausgangslösung auch eine zunehmende Anreicherung der Brüden ein. Dieser Umstand ist schon bei der Konzeption der Eindampfanlage einzubeziehen.
4. Grenzflächenaktive Stoffe, die zum Schäumen der verdampfenden Flüssigkeit Anlaß geben können, erfordern besondere Abscheiderkonstuktionen und/oder den Zusatz von Entschäumern.

Die Eindampfung zählt zu den teuersten Verfahren der Behandlung der flüssigen Abfälle, zum einen wegen der hohen Werkstoffanforderungen, zum anderen wegen der hohen Kosten für die Eindampfung des Wassers (s. Tafel 3.11 und Bild 3.43). Interessant ist dieses Verfahren jedoch allemal dann, wenn größere Probleme dadurch umgangen werden (die Eindampfung kann eine Abwasserbehandlung in einem Betriebsteil überflüssig machen, so daß in der Anwendung der sogenannten gefährlichen Stoffe kein diesbezüglicher Handlungsbedarf besteht) oder dabei anfallende Energien genutzt werden können.

Außer Frage steht, wenn dadurch teuere Einsatzstoffe oder teuer zu entsorgende Stoffe zurückgewonnen werden können. Aufkonzentrierte Lösungen und brennbare Inhaltsstoffe (Öle aus der Emulsionsspaltung oder Lösungsmittel), die unmittelbar zur Wärmeerzeugung wieder eingesetzt werden können, begünstigen das Verfahren. In eigenen Versuchen zur Eindampfung von Reinigungslösungen aus einem Druckbetrieb mittels Vakuumverdampfer konnte der Energiebedarf zu 0,8 kWh/l Lösung ermittelt werden (ALLGAIER, 1992).

Die Eindampfung von flüssigen Rückständen und Abfällen ist nur selten als eigenständiges Verfahren zu betrachten; meist wird es in der Industrie in Kombination mit einer Verbrennung der Konzentrate in der Gasphase (s. Bild 3.42e; [3.66]) kombiniert oder zur Übersättigung einer Lösung mit dem Ziel der Kristallisierung eingesetzt. In der Behandlungskette von Deponiesickerwasseranlagen findet sich ebenfalls die Eindampfung sehr häufig.

Tafel 3.11 Wärmestrom und Wärmeaustauschfläche einer Eindampfanlage

Wärmestrom:		
$Q = m \cdot c_p \cdot (T_S - T_0) + m \cdot h_S$ [kJ/h]		
mit	Q	Wärmestrom
	c_p	spez. Wärmekapazität der Lösung
	$(T_S - T_0)$	Temperaturdifferenz zwischen Ausgangs- und Siedetemperatur
	h_S	Verdampfungsenthalpie am Siedepunkt
Wärmeaustauschfläche:		
$A = \frac{Q}{k \cdot T_m}$ [m²]		
mit	k	Wärmedurchgangszahl
	T_m	mittlere logarithmische Temperaturdifferenz im Verdampfer

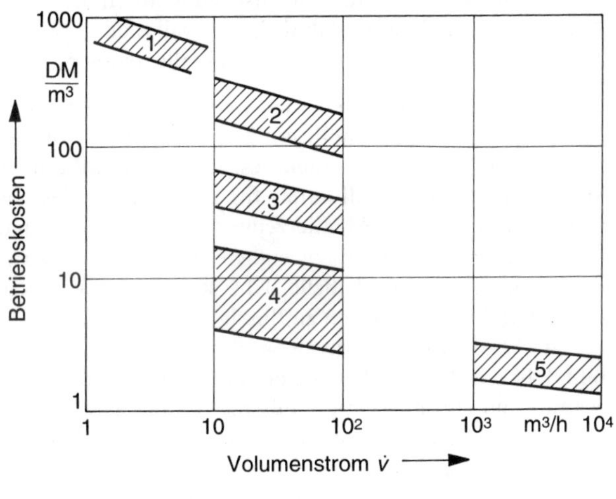

Bild 3.43
Betriebskosten verschiedener Behandlungsverfahren (nach BUEB et al., 1990 [3.65])

1 Verbrennung
2 Eindampfung und Verbrennen
3 Naßoxidation 140 °C
4 Adsorption
5 biologische Kläranlage

Die Brüden einer Eindampfung flüssiger Abfälle müssen in jedem Fall einer Behandlung unterzogen werden. Durch vorhergehende Strippung lassen sich fallweise Probleme entschärfen. Die festen Rückstände sind meist pastös bis rieselfähig, je nach Vorbehandlung sind sie auslaugbar, so daß sie inertisiert werden müssen oder in den meisten Fällen, in denen eingedampft wird, in einer Untertagedeponie eingelagert werden.

3.5 Fallbeispiele

Die Behandlung flüssiger Rückstände und Abfälle setzt sich in aller Regel aus Kombinationen der oben genannten Verfahrenselemente zusammen, wobei das eine oder andere Prinzip auch mehrfach Anwendung finden kann.
Für den verantwortlichen Ingenieur stellt sich in der Praxis heute (zukünftig wird sich ihm auch die Frage stellen, ob er nicht eher über eine rückstandsarme Produktionsanlage nachdenken sollte) zunächst die Frage, ob er den angefallenen Rückstand

- ohne oder
- nach

einer Aufbereitung

- im eigenen oder
- in einem fremden Betrieb

verwerten kann oder ihn als Abfall entsorgen muß (s. Tafel 3.12). Wenn er ihn entsorgen muß, stellt sich ihm weiterhin die Frage, ob er sich von ihm

- auf dem Weg der Hausmüllentsorgung durch die Gebietskörperschaft oder
- in Form eines hausmüllähnlichen Abfalles oder
- Sonderabfalles über einen Sonderabfallentsorger

entsorgen kann. In allen Fällen existieren – über kurz oder lang – Anforderungsprofile (beispielsweise stellt ein genehmigter Entsorgungsnachweis für 5 Jahre den Entsorgungsrahmen für einen bestimmten Abfall dar, wenn der Abfallerzeuger ihn nicht ändern lassen will/kann) für die Qualität des Rückstandes/Abfalles, die seitens des Rückstands-/Abfallerzeugers auf Dauer einzuhalten ist. Auf Basis dieses Anforderungsprofiles gilt es, geeignete Verfahren auszuwählen, meistens auszutesten und zu kombinieren. Tabelle 3.15 stellt einen Versuch der wertenden Zuordnung von Behandlungsverfahren zu flüssigen Abfällen dar.

Zur Verdeutlichung der Komplexität derartiger Verfahrenskombinationen ist in Bild 3.44 das Ablaufschema einer kompletten konventionellen Behandlungsanlage für cyanid- und chromathaltige, flüssige Abfälle dargestellt. Diese zwar aus dem Abwasserbereich entlehnte Darstellung soll die Notwendigkeit einer stofflichen Betrachtung nochmals hervorheben.

Nahezu jeder Umgang mit einem Stoffgemisch führt zu einer Veränderung: Selbst ein Wasserentzug durch mechanische Abtrennung verschiebt das chemische Gleichgewicht, und gelöste Phasen können als Feststoffe auskristallisieren und die Anlagenfunktion beeinträchtigen. Deshalb müssen alle Behandlungsschritte im Rahmen einer Kombinationslösung nur auf Basis einer Input-Output-Darstellung diskutiert, beurteilt

Tafel 3.12 Gedanken-Fließschema für die optimale Behandlung von Abfällen mit dem Ziel der Entsorgung

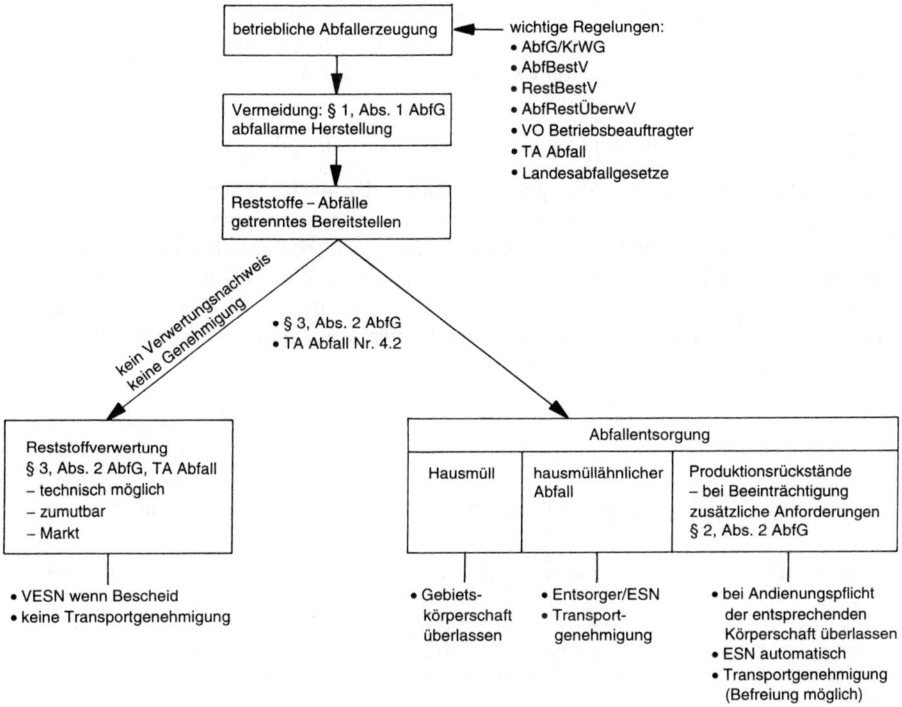

und das Gesamtkonzept bewertet werden. Schließlich führen teilweise nur suboptimale Detaillösungen zu einem optimalen Ganzen.

Aus der Vielzahl zu behandelnder flüssiger Rückstände sollen im folgenden einige ausgewählte etwas ausführlicher vorgestellt werden. Unbefriedigend dabei ist, daß die bisher dokumentierten Beispiele im Vergleich zu ähnlichen Problemen in der Abluft- und Abwasserbehandlung spärlich, selten repräsentativ und meist noch schlecht dokumentiert sind. Ein wesentlicher Grund dafür ist, daß zuerst die Abluft-, danach die Abwasserbehandlung und dann erst die Abfallbehandlung administrativ angestoßen wurden und die Entwicklung von Behandlungsprozessen induzieren, die in dieser Reihenfolge auch meist die Probleme verlagert haben. Die Rückstands- oder Abfallbehandlung war das letzte Glied in dieser Kette, um das man sich erst in der jüngsten Zeit gekümmert hat.

Hinzu kommt, daß entsprechend der administrativen Forderungen auch in der Hochschulforschung eher der Quellentyp «Luft» oder «Wasser» untersucht wurde und Kapazitäten gebunden hat als der Senkentyp «Rückstand». Schließlich ist der Rückstand auch erst das zweite Glied in der Kette. Abgesehen davon ist er im Forschungsbereich kaum repräsentativ selbst herzustellen. Angesichts der wesentlich komplexeren Beschreibung der Rückstände haben sich auch die Betroffenen bislang wenig publizistisch geäußert, so daß meist lediglich die Anbieter von Anlagen zitiert werden können. Nicht zuletzt dürfen auch seitens des Verfassers aus der Vielzahl eigener Untersuchungen nur einige wenige aus Gründen der Vertraulichkeit der Fachöffentlichkeit zum jetzigen Zeitpunkt zugänglich gemacht werden.

3.5.1 Rückgewinnung und Entsorgung von Laborchemikalien

Laborchemikalien sind nach ihrem Gebrauch oder nach Ablauf von Verfallsdaten Sonderabfall (s. Tabelle 3.16). In einigen Fällen dürfte die sogenannte Kleinmengenregelung der TA Sonderabfall (s. Abschnitt 2.3.2) den Laborbetreiber von größeren administrativen Anforderungen entbinden; sie besagt, daß unter 500 kg/a Sonderabfall im Bereich eines Erzeugers kein Entsorgungsnachweis durch diesen Erzeuger notwendig ist – der Sonderabfallentsorger und der Transporteur müssen allerdings mit einem Sammelentsorgungsnachweis arbeiten.

Tabelle 3.15
Überblick über Verfahren zur Behandlung flüssiger Abfälle und wertende Zuordnung

Physikalische		Chemische			Biologische
Separation infolge Dichteunterschiede	Separation infolge Partikelgrößenunterschiede	Separation infolge Diffusivität	Separation durch Veränderung der Phase	Separation durch Ausnutzung/Änderung der Ladung oder von Potentialen	Separation durch Veränderung der Struktur von Komponenten
Sedimentation	Poren-Membrantrennverfahren	geschlossene Membrantrennverfahren	Strippung nach Verschiebung des Dissoziationsgleichgewichtes	Elektrodialyse	Oxidation
Eindickung	Filtration	Extraktion	Destillation/ Rektifikation	Ionenaustausch	Reduktion
Flotation	Siebung		Elektrolyse	Adsorption/ Sorption	
Zentrifugation			Membrandestillation	Zementation	
			Fällung/ Flockung		
			Kristallisation		

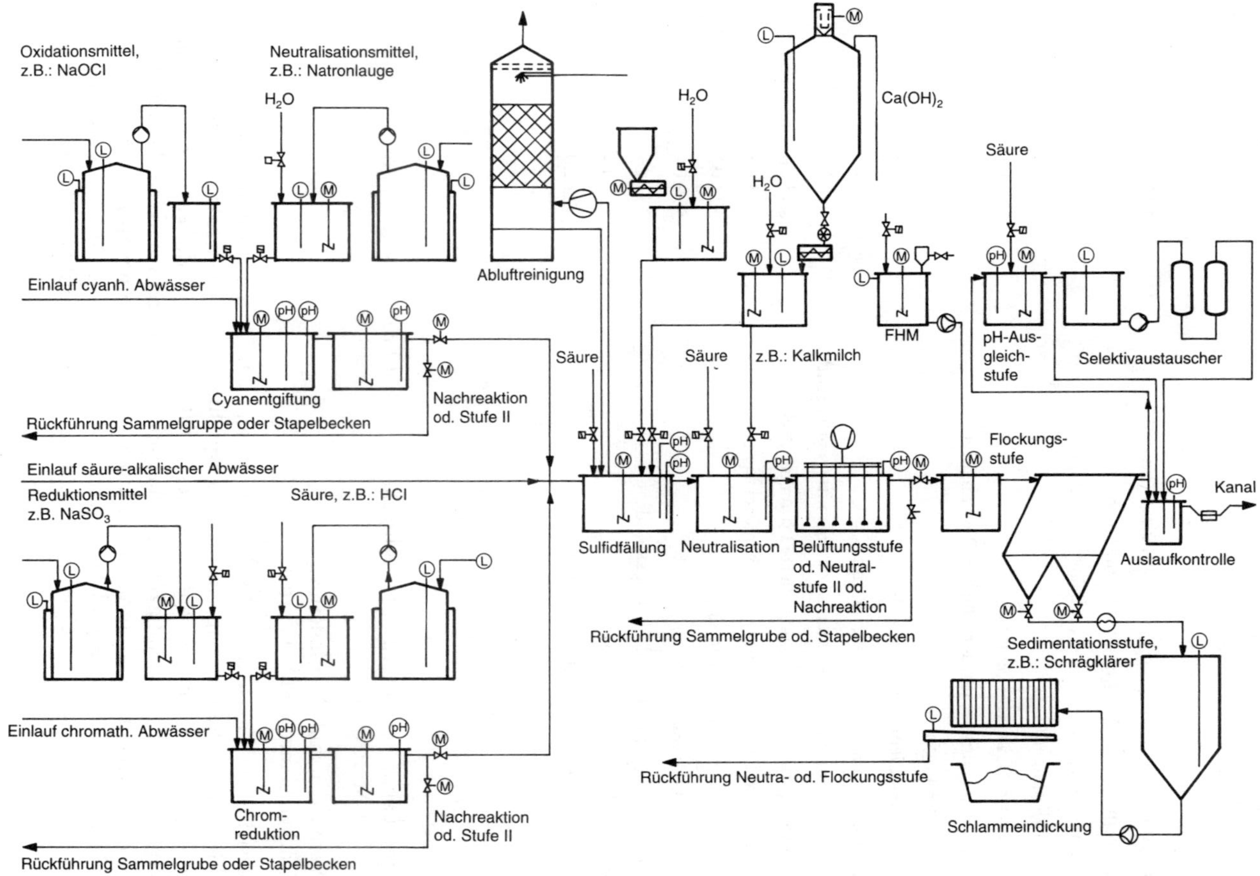

Bild 3.44 Ablaufschema einer kompletten konventionellen Behandlungsanlage für cyanid- und chromathaltige flüssige Abfälle [3.67]

Tabelle 3.16 Zuordnung von Labor-Chemikalien zu den Abfallschlüsselnummern (auszugsweise)

Besonders überwachungsbedürftige Abfälle im Labor	
Abfallarten	**Abfallschlüssel-Nr.**
Ammoniaklösung	524 03
anorganische Peroxide	599 05
anorganische Säuren, Säuregemische, Beizen (sauer)	521 02
Betriebsmittel, mit Chemikalien verunreinigt	593 04
Eisenmetallbehältnisse mit schädlichen Restinhalten	351 06
Eisensalzlösungen	527 22
halogenierte organische Säuren	522 01
Kunststoffbehältnisse mit schädlichen Restinhalten	571 27
Kupferätzlösungen	527 21
Laborchemikalienreste, organisch	593 02
Laborchemikalienreste, anorganisch	593 03
Lösemittelgemische, halogenierte Lösungsmittel enthaltend	552 20
Lösemittelgemische, ohne halogenierte Lösungsmittel	553 70
mit Chemikalien verunreinigte Betriebsmittel	593 04
nichthalogenierte organische Säuren	522 02
organische Peroxide	599 04
Quecksilber, quecksilberhaltige Rückstände	353 26
Spül- und Waschwässer, cyanidhaltig	527 14
Spül- und Waschwässer, metallsalzhaltig	527 20
verbrauchte Filter- und Aufsaugmassen mit schädlichen Verunreinigungen	314 35

Um mit Laborchemikalien aus abfallrechtlicher Sicht Probleme zu minimieren, gibt es die beiden Strategien

- □ Vermeiden und Vermindern sowie
- □ Rückgewinnen und Verwerten.

Angesichts der Tatsache, daß nahezu jede chemische Analyse – und sei sie noch so wichtig für die Beurteilung einer Umweltqualität – ein Sonderabfallproblem darstellt, liegt der Kern des Abfallgesetzes (AbfG, 1986) in diesem Bereich in der Überprüfung der Notwendigkeit und Häufigkeit derartiger Analysen. Durch intensives Nachdenken – z.B. durch Erstellung eines Auswertungsprogrammes mit den jeweiligen Darstellungen und Diagrammen bevor die erste Analyse durchgeführt wird [3.68] – lassen sich Chemikalienkosten einsparen und Sonderabfälle vermeiden.

Zur Vermeidung/Verminderung muß weiterhin auch die Logistik optimiert werden: Unter anderem ist angezeigt, die

- □ Überprüfung, ob bestimmte (meist Lösungsmittel) erforderlich sind (Substitution z.B. aus gesundheitlicher Sicht: Benzol durch Cyclohexan oder Toluol; Substitution aus Risikogründen z.B. wegen der Gefahr der Peroxidbildung aus Diethyl- oder Diisopropylether),
- □ Überprüfung der Packungsgrößen,
- □ Kennzeichung,
- □ Optimierung der Umfüllung durch größere und eindeutig identifizierbare, zugeordnete Arbeitsbehältnisse,
- □ Restentleerung von Gebinden durch Packmittelverbesserung, Mehrwegverpackung und Inliner-Verwendung.

Um eine Rückgewinnung möglich zu machen, kommen Maßnahmen zur

- □ geeigneten Sortierung und
- □ richtigen Zuordnung (Farbliniensystem),
- □ unnötigen Verdünnung und
- □ geeigneten Aufbewahrung

hinzu. Für die Entsorgung von halogenfreien Lösungsmitteln aus Laboratorien durch Verwertung kommen drei Bereiche in Betracht:

1. Verwertung im Rahmen anderer Analysenaufgaben (Ersatz von neuen Lösungsmitteln).
2. Abgabe an andere Anwender, z.B. Lackindustrie.
3. Verbrennung der Lösungsmittel.

In Abhängigkeit der jeweiligen Abfallarten und -mengen sind für jeden Laborraum geeignete Behälter (wesentlich ist das Material und die Größe) zur geordneten Zwischenlagerung (vgl. Abschnitt 1.4.2) aufzustellen. Die Behälter müssen den zu erwartenden chemischen, thermischen und mechanischen Beanspruchungen standhalten, wobei es günstig ist, wenn man zur Vermeidung von Umfüllverlusten und Folgemaßnahmen Behälter wählt, die zugleich als Transportbehälter eingesetzt werden können (d.h., daß sie gasdicht verschließbar sein müssen; Baumusterzulassung erforderlich). Die Größe richtet sich nach der Befülldauer (nicht zu lange) und nach der Transportierbarkeit (20-l-Gebinde sind normalerweise geeignet, 10-l-Gebinde bei organischen Lösungsmittelrückständen maximal vorgeschrieben). Die meisten organischen Lösungsmittelabfälle – auch mit geringem Halogenanteil – müssen als entzündlich eingestuft werden (VbF-Klasse A I mit einem Flammpunkt unter 21 °C). Besondere Verpackungsvorschriften sind einzuhalten, die Zusammenlagerungsverbote nach TRGS 514/515 sind zu beachten.

Ähnlich wie in Abschnitt 3.2 beschrieben, müssen auch Laborchemikalien vor ihrer Entsorgung, sofern sie nicht – wie nachstehend beschrieben – zurückgewonnen werden können, einer Entgiftung oder Desaktivierung unterzogen werden [3.69]. Laborchemikalien werden von Entsorgern [3.70] eingeteilt in

1. reaktionsträge, anorganische Salze und Verbindungen,
2. hydrolysierbare Verbindungen,

3. nichtchlorierte Lösungsmittel,
4. chlorierte Lösungsmittel,
5. Öle,
6. organische Feststoffe,
7. sehr giftige, anorganische Verbindungen (Selen, Arsen),
8. cyanid- oder chromathaltige Stoffe.

Häufig werden die Gebinde manuell entleert, anorganische Komponenten in speziellen Lösungsreaktoren aufgeschlämmt, alkalisiert und physikalisch-chemisch behandelt, teilweise entgiftet und den Anforderungen an Untertagedeponien angepaßt. Lösungsmittel werden separat gesammelt und der Verbrennung zugeführt. Verpackungen werden naß geshreddert und dabei von anhaftenden Rückständen befreit, aufstromklassiert und separat nach Metall oder Kunststoff getrennt gesammelt [3.70].

Innerbetriebliches Recycling von Chemikalienabfällen am Beispiel von Lösungsmitteln (Nosko, 1991 [3.71] hat hierzu ein Betriebsanalysenschema: Bild 3.45) vorgestellt, in dessen Rahmen Checklisten für die einzelnen Lösungsmittel in der Form

1. Art des Lösungsmittels,
2. Reinheitsgrad,
3. Güteanforderung,
4. physikalische Parameter,
5. biologische Relevanz,
6. sicherheitstechnische Bedeutung,
7. Einsatzart,
8. Einsatzbewertung und
9. mögliche Alternativen

nach gleichartigen Einsatzbereichen und Qualitätsstufen erarbeitet wurden. Ein sicherlich in viele Anwendungen übertragbares Ergebnis war, daß es Bereiche gibt, in denen große Lösungsmittelmengen anfallen, die wiederaufbereitet werden können, aber auch Gemische, die einer Trennung unterzogen werden können, weiterhin auch Lösungsmittel, bei denen es nicht so sehr auf große Reinheit ankommt und meistens kleine Mengen von speziellen Lösungsmitteln bzw. -gemischen, die es kaum lohnt aufzubereiten.

Im vorliegenden Beispielfall einer Chemischen Landesuntersuchungsanstalt werden beispielsweise die Extrakte aus der Pestizidanalytik zunächst schonend über Rotationsverdampfer unter Einbezug sehr wirksamer Kondensatabscheider abdestilliert (s. Abschnitt 3.4.5 und Bild 3.46) und getrennt in maximal 2,5-l-Glasflaschen gesammelt. Lösungsmittelart, Reinheitsgrad und gemischte Zusammensetzung werden exakt auf der Flasche angegeben. Die Flaschen sind mit geeigneten Trichtern und Hähnen versehen, um ein problemloses Umfüllen direkt am Arbeitsplatz zu ermöglichen. Die Zwischenlagerung erfolgt in Lösungsmittelsicherheitsschränken. Ab 20 bis 100 l Sammelvolumen eines jeden Anwenderlabors wird chargenweise deren Rückstand rektifiziert. Auch die aufgereinigte Ware wird genauestens beschriftet. Die Überprüfung auf mögliche Verunreinigungen erfolgt im jeweiligen Anwenderlabor, so daß jedes Labor für sich seine eigenen Verunreinigungen detektieren und Störsubstanzen leichter ausmachen kann. Die Recyclingmaßnahmen waren im vorliegenden Beispiel (auch wirtschaftlich) so erfolgreich, daß gegenüber Handelsware bessere Qualitäten (als Peaks im Gaschromatogramm detektiert) erzielt wurden [3.71].

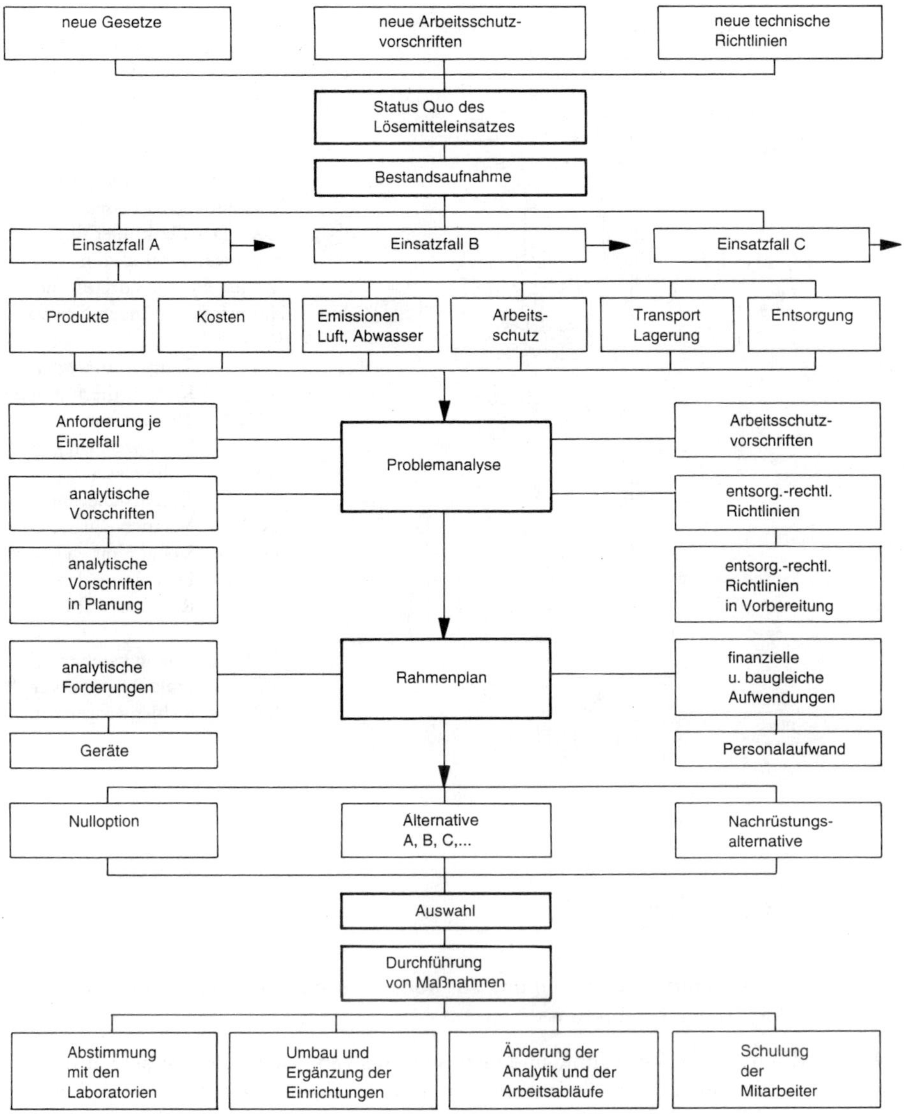

Bild 3.45 Betriebsanlayse-Schema für ein Labor (nach NOSKO, 1991 [3.71])

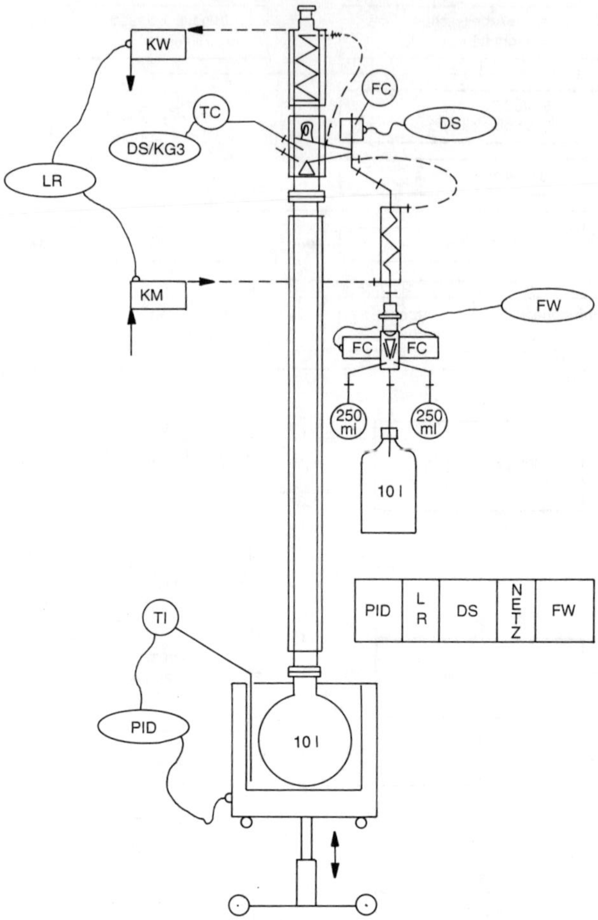

Bild 3.46
Aufbauschema einer halbautomatischen Destillationsanlage mit 10-l-Destillationskolben mit Ölbad, Füllkörperkolonne h = 1,5 m und Kühler mit steuerbarer Schaltung des Rücklaufverhältnisses sowie Destillatkühler und Vorlageapparatur zum Auffangen von Vorlauf und Hauptfraktion (nach Nosko, 1991 [3.71])

(TI)	Temperaturregler
(TC)	Kontaktthermometer
(KG)	Temperatur-Begrenzungsregler
(KM)	Kühlwasser-Zulaufsicherung
(FC)	Magnetkopf
(DS)	Steuergerät zur Einstellung des Rücklaufverhältnisses
(PID/LR)	Leistungsregler
(FW)	Fraktionssammler
(KW)	Kohlenwasserstoffe

3.5.2 Lösungsmittelrückgewinnung aus hochviskosen Rückständen aus der Polyurethanproduktion

Wie in Abschnitt 3.4.5 erwähnt, sind Gemische aus verschiedenen Lösungsmitteln, die weder krustenbildend noch belagsbildend sind, wenig problematisch einzudampfen oder zu destillieren. Konzentrate und feststoffhaltige Gemische mit Viskositäten über 30 Pa s erfordern einen größeren apparativen Aufwand (Bild 3.47). Im Beispiel geht es um die Rückgewinnung von Toluylendiisocyanat (TDI), das einen Gehalt von 20 bis 50% in einem Destillationsrückstand ausmacht. Tabelle 3.17 faßt die speziellen Anforderungen an die Eindampfanlage zusammen, die in einem Knettrockner (LIST, Schweiz) erfüllt werden konnten. Eine Rückgewinnung von TDI im kontinuierlichen Vakuumbetrieb unter 0,5% Restgehalt konnte erzielt werden [3.72].

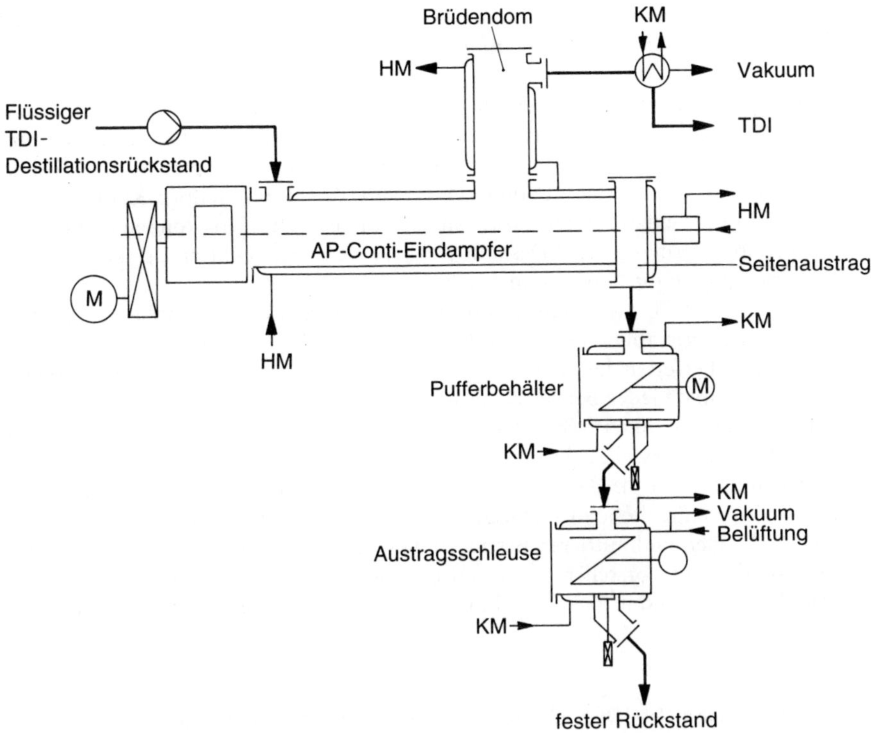

Bild 3.47 Prozeßschema einer Eindampfungsanlage von Destillationsrückständen (nach SCHWENK/RAOUZEOS, 1993 [3.72])

3.5.3 Rückgewinnung von Frostschutzmitteln – flüssige Rückstände und Abfälle in Kfz-Betrieben

In Deutschland werden jährlich etwa 80 000 t Ethylenglycol für Frostschutzzwecke in Kraftfahrzeugen eingesetzt. Gebrauchte Kühlerflüssigkeiten bestehen zu $^2/_3$ aus Wasser und $^1/_3$ Ethylenglycol. Sie enthalten daneben noch Inhibitoren zur Korrosionsminderung und beim Gebrauch freigesetzte Verunreinigungen, wie Schwermetalle und Nitrosamine, die das eigentliche Gefährdungspotential darstellen (Ethylenglycol gehört zur WGK 0, nach der Gefahrstoffverordnung ist es mindergiftig, der Flammpunkt liegt über 100 °C; [3.73]).

Mit dem Abfallschlüssel 553 03 versehen, sind ethylenglycolhaltige Rückstände besonders überwachungsbedürftig und müssen, sofern sie nicht verwertet werden, in einer Sonderabfallverbrennung mineralisiert werden. Praktisch werden sie derzeit wohl noch häufig über die Kanalisation entsorgt. Angesichts strengerer Überwachungs- und Nachweisverfahren wird diese Senke aber bald geschlossen sein. Angesichts fehlender Verbrennungskapazitäten und der Problematik des hohen Wassergehaltes wird eine

Aufbereitung zur Verwertung interessant. Eine erste Anlage mit einer 2stufigen Destillation mittels Dünnschichtverdampfern geht derzeit in Baden-Württemberg in Betrieb [3.74].

Neben einer rein mechanischen Abtrennung von Feststoffen mit einer eingeschränkten Absatzmöglichkeit werden auch von den Automobilherstellern die thermischen Aufbereitungsverfahren akzeptiert: Der Dünnschichtverdampfer ist hierbei sehr geeignet, weil er die Nitrosaminbildung verhindert. Nitrosaminhaltige Kühlerflüssigkeiten (Nitrosamine entstehen aus Nitrit und sekundären Aminen) können damit aber nicht aufbereitet werden [3.73]. Deshalb wird für derartige Kühlerflüssigkeiten noch eine Zerstörungsstufe für Nitrosamine nachgeschaltet.

Eingedenk der oben erwähnten, zukünftigen verstärkten Überwachung der Kfz-Betriebe hinsichtlich Verstößen gegen § 326 Strafgesetzbuch, die selbstverständlich auch andere Betriebe betreffen kann, wenn gegen diesbezügliche Vorschriften verstoßen wird, muß im Grunde jeder Betriebsleiter die jeweiligen Belange für seinen Betrieb zusammenstellen und systematisch auf Einhaltung überprüfen. Für das Handwerk und Gewerbe gibt es mittlerweile sehr gute Ausarbeitungen seitens der Kammern und Landesgewerbeämter; auch für die Industrie haben die Verbände entsprechende Unterlagen zusammengestellt, die jedoch ständig aktualisiert werden müssen. Da die Probleme gerade in kleinen und mittleren Betrieben diesbezüglich am größten sind, sich jeder einen Kfz-Betrieb gut vorstellen kann und dort sehr viele Sonderabfallkomponenten zusammenkommen, sind in Tabelle 3.18 einmal alle Vorschriften wiedergegeben.

Tabelle 3.17
Spezielle Anforderungen des TDI-Eindampfprozesses (Schwenk/Raouzeos, 1993 [3.72])

Der flüssige Destillationsrückstand durchläuft beim Ausdampfen eine gummiartige, zähpastöse Phase und neigt zum Aufschäumen.	Robuste Ausführung. Hohe Drehmomente. Großer Freiraum für den Abzug der Dämpfe. Wirksame Zerstörung von Schäumen durch die Wirkung der Rührwelle: Füllgradreserve im Apparat.
Bei Rest-TDI-Gehalten unter ca. 10 bis 15 % wird der Rückstand fest, starke Neigung zum Krusten.	Gute Selbstreinigung der Heizfläche und effiziente Zerkleinerungswirkung.
Erhöhte Arbeitssicherheit wegen der Toxizität des TDI.	geschlossene Bauweise;
Personaleinsparung;	kontinuierlicher Betrieb;
Vermeidung der Gefahr von Zersetzungsreaktionen.	Vakuumbetrieb, enges Verweilzeitspektrum;
Vermeidung der Behinderung des Wärme- und Stoffübergangs in der zähviskosen und festen Phase.	Gewährleistung guter Wärme- und Stoffübergangskoeffizienten durch gute Selbstreinigung der Heizflächen und ständige Erneuerung der Phasengrenzflächen sowie durch gute Zerteilwirkung und intensive Gutsbewegung in allen Zwischenphasen.

3.5.4 Pflege und Spaltung von Emulsionen

Eingangs von Abschnitt 3.2.5 ist der Begriff Emulsion ausführlich definiert. Weiterhin sind die Spaltverfahren von Emulsionen komplett aufgelistet und die chemische Spaltung von Öl-Wasser-Phasen in eine Ölphase und eine Wasserphase eingehender diskutiert. Unabhängig von der Art des Öles: verseifbare pflanzliche Öle und Fette verhalten sich diesbezüglich sehr ähnlich wie nichtverseifbare synthetische oder Mineralöle.

Abschnitt 1.4 beschränkt sich auf die wesentlichen Merkmale im Umgang mit synthetischen Ölen und Mineralölen, weil diese umweltrelevanter sind. Angesichts der Notwendigkeit (s. WhG, 1986), ölhaltige Abwässer innerbetrieblich zu behandeln, entsteht bei entsprechender Behandlung ein ölhaltiger, d.h. flüssiger Rückstand, aber auch eine ölabgereicherte flüssige Phase, die nach Definition (s. Abschnitt 1.1) auch noch den flüssigen Abfällen zuzurechnen ist. Deshalb wird dieses Thema hier etwas ausführlicher gewürdigt.

3.5.4.1 Grundlegende Betrachtungen zu Emulsionen

Als ölhaltig werden i.a. wäßrige Flüssigkeiten mit lösbaren und suspendierten Öltröpfchen bezeichnet. Kühlschmierstoffe, Hydraulikwässer, Korrosionsschutzemulsionen sind Öl-Wasser-Gemische, die gezielt für einen speziellen Anwendungsfall hergestellt werden. Reinigungs- bzw. Entfettungsbäder stellen ein notgedrungenes Produkt aus der wäßrigen Reinigung eingeölter Oberflächen vor einer permanenten Oberflächenvergütung dar und Flüssigkeiten aus Kompressoren-Kondensat-Abscheidern sind absolut unerwünscht, weil aus der Schmierung der Kompressoren Öl in den Kondensator eindringt und das Kondensat «kontaminiert».

Man unterscheidet wassermischbare und nichtwassermischbare Kühlschmierstoffe. Erstere sind preiswerter, haben günstigere Kühlungseigenschaften, verringerte Ölnebelbildung, letztere bessere Schmierwirkungen. Bei Hydraulikwässern unterscheidet man HFA (O/W), HFB (W/O) und HFC-Lösungen (wäßrige Polymerlösungen). Ihre Aufgabe ist es, zu schmieren, Kräfte zu übertragen und die berührten Werkstoffe gegen Korrosion zu schützen. Für temporären Korrosionsschutz werden verschiedene (ölige/ölig-thixotrope/vaselineartige, wachsartige/lackartige/elastisch-abziehbare/nichtfilmbildende) Korrosionsschutzmittel eingesetzt. Durch Reinigungsvorgänge von Oberflächen werden durch alkalische, neutrale oder saure Reiniger Emulsionen (Waschwässer) gebildet.

Entsprechend ihres Einsatzzweckes werden den gezielt hergestellten Emulsionen Additive maßgeschneidert zugesetzt (s. Tabelle 3.19), die Waschflüssigkeiten werden entsprechend ihrer Aufgabe so formuliert, daß sie wirksam sind. Folge davon ist, daß die wäßrige, wie auch die suspendierte Phase Additive und Verunreinigungen enthalten und die erwünschten Emulsionen gegen eine Spaltung stabilisiert sind.

Um die Entmischung zu verhindern (da die Grenzflächenspannung zwischen zwei nichtmischbaren Flüssigkeiten immer < 0 ist, führt die Dispersion zu einer Erhöhung der freien Energie des Systems, was schließlich zu ihrer Entmischung führt), wird das System durch grenzflächenspannungserhöhende Mittel stabilisiert. Als solche kommen Emulgierhilfen wie Tenside in Betracht, die durch Adsorption an den Tröpfchengrenzflächen einer Entmischung durch Coaleszenz entgegenwirken (a-Effekt: Herabsetzung der Grenzflächenspannung; b-Effekt: Ausbildung mechanischer, sterischer und/oder elektrischer Barrieren zur Senkung der Coaleszenzgeschwindigkeit). Bei der Trennung in die Öl- und Wasserphase sollten die Emulgatoren überwiegend in die Ölphase gelangen.

Tabelle 3.18 Abfallrelevante Vorschriften für Kfz-Betriebe (LGA BW, 1991 [3.75])

Vorschriftensammlung zur Aufstellung der Abfall- und Reststoffarten in Kfz- und landtechnischen Betrieben					
Bezeichnung	Abfall-Schlüssel-Nr.	Abfall = A Reststoff = R Sonderbfall = S überwiegender Reststoff = R*	Hinweise zu: Entsorgungs-erklärungen: VE = verant-wortliche Erklärung X = Sammel-entsorgung EN = einfacher Nachweis	Erforderliche Nachweise: BG = Begleit-schein ÜS = Über-nahmeschein LS = Liefer-schein	Hinweise zur Sortierung
Altfarben/ Altlacke nicht ausgehärtet	555 12	S	VE oder X	BG	–
Lackiereremabfälle	555 10	S	VE	BG	–
Altöl unbekannt	541 12	S	VE oder X	BG	max. 60 % Metallbehältnis Beachte: TRbF 143
Kompressoren-Kondensat	544 05	S	VE	BG	–
Kühlerfrostschutz, Gemisch	553 03	S	VE oder X	BG	Behälter, Faß in Auffangwanne
Öl- und Benzin-abscheiderinhalte	547 02	S	VE oder X	BG oder ÜS	–
Schlammfang, Sandfangrück-stände, ausge-preßt im Saug-wagen, nur Feststoffe	547 01	S	VE oder X	BG oder ÜS	–
ölhaltige Werkstattabfälle	542 09	S	VE oder X	BG oder ÜS	tägliche Leerung MGB oder Faß aus Kunststoff, ansonsten MGB aus Metall
Schlamm aus Emulsionsspalt-anlage	547 03	S	VE oder X	BG	–

Vorschriftensammlung zur Aufstellung der Abfall- und Reststoffarten in Kfz- und landtechnischen Betrieben					
Hinweise zur Sammlung	GGVS-Kennzeichnung	Unfallmerkblatt ab 1000 kg	Kennzeichnung des Transports ab 1000 kg	Freimengen nach GVS	Besondere Hinweise
Sonderabfallbehälter	Klasse 3 Ziffer 31c	ja	ja	500 kg	Landes-Abfall-Abgabe Baden-Württemberg Kategorie 2
Sonderabfallbehälter	Klasse 3 Ziffer 31c	ja	ja	500 kg	Landes-Abfall-Abgabe Baden-Württemberg Kategorie 2
Schadstoffstation oder zugelassenes Lager	Klasse 3 Ziffer 3b Beachte: 7a GGVS	ja	ja	keine Freimenge	–
Behälter in Auffangwanne	Klasse 3 Ziffer 32c	ja	ja	500 kg	Landes-Abfall-Abgabe Baden-Württemberg Kategorie 2
Tanks in Auffangwanne oder Bauartprüfung	nein	–	–	–	Landes-Abfall-Abgabe Baden-Württemberg Kategorie 3
Auffangraum im Öl- und Benzinabscheider	Klasse 3 Ziffer 3b	ja	ja	500 kg	Landes-Abfall-Abgabe Baden-Württemberg Kategorie 2
Sand-, Schlammfangbehälter	nein	–	–	–	Landes-Abfall-Abgabe Baden-Württemberg Kategorie 1
Deckelmulde, Spannringfaß, BSB-Behälter in Wanne, 1,1 m^3; Behälter bei Sammelentsorgung	Klasse 4.1 Ziffer 1b	ja	ja	500 kg	Landes-Abfall-Abgabe Baden-Württemberg Kategorie 2
Sonderabfallbehälter; BSA oder Tank in Wanne	nein	–	–	–	Landes-Abfall-Abgabe Baden-Württemberg Kategorie 2

Tabelle 3.18 Abfallrelevante Vorschriften für Kfz-Betriebe (LGA BW, 1991 [3.75])

Vorschriftensammlung zur Aufstellung der Abfall- und Reststoffarten in Kfz- und landtechnischen Betrieben					
Bezeichnung	Abfall-Schlüssel-Nr.	Abfall = A Reststoff = R Sonderbfall = S überwiegender Reststoff = R*	Hinweise zu: Entsorgungs-erklärungen: VE = verant-wortliche Erklärung X = Sammel-entsorgung EN = einfacher Nachweis	Erforderliche Nachweise: BG = Begleit-schein ÜS = Über-nahmeschein LS = Liefer-schein	Hinweise zur Sortierung
verunreinigte Kraftstoffe A I; Benzin-Diesel-Gemisch	541 04	S/R[1])	VE oder X	BG oder ÜS	max. 60-l-Metall-behälter. Beachte TRbF 143
Altöl bekannt	541 12	R	EN	LS	max. 60-l-Metall-behälter (Sammelwagen)
Bremsflüssigkeit	553 56	S/R*[1])	VE oder X	BG oder ÜS	verwechslungs-sicheres Entlüf-tungsbehältnis
Kältemittel aus Klimaanlagen FCKW	552 05	R*	VE	BG	zugelassene Druckbehälter Füllmenge beachten
Altverdünnung halogenfrei	553 59	S/R*	VE	BG	max. 60-l-Metall-behälter Beachte: TRbF 143
Bioöle/Pflanzen-öle	121 02	S	VE oder X	BG	–
Kaltreiniger halogenfrei	553 57	S/R*	VE oder X	BG oder ÜS	Metallbehälter in Wanne
Spritzkabinen-wasser (Lackschlamm)	555 03	S	–	–	–

Vorschriftensammlung zur Aufstellung der Abfall- und Reststoffarten in Kfz- und landtechnischen Betrieben					
Hinweise zur Sammlung	GGVS-Kennzeichnung	Unfallmerkblatt ab 1000 kg	Kennzeichnung des Transports ab 1000 kg	Freimengen nach GVS	Besondere Hinweise
Faß in Sammelstation oder Auffangwanne	Klasse 3 Ziffer 3b Beachte: 7a GGVS	ja	ja keine	–	Bei «S» Landes-Abfall-Abgabe Baden-Württemberg Kategorie 2
Tankanlagen; Großbehälter in Wanne oder Bauartprüfung	Klasse 3 Ziffer 32c	ja	ja	500 kg	–
Kunststoff-Metallfaß in Wanne oder Systemfaß mit BAM	nein	–	–	–	–
Gaslager oder Schadstoffstation	Klasse 2 Ziffer 3c Frigen R12/R22	ja	ja	200 l	–
Fässer in Auffangwanne oder Schadstoffstation	Klasse 3 Ziffer nach Stoffart	ja	ja	500 kg	Rücknahme durch Lieferanten anstreben Bei «S» Landes-Abfall-Abgabe Baden-Württemberg Kategorie 2
–	–	–	–	–	Herstellerangaben nach DIN-Datenblatt beachten
zulässiger Behälter oder Sortierbehälter in Auffangwanne	Klasse 3 Ziffer	ja	ja	500 kg	Bei «S» Landes-Abfall-Abgabe Baden-Württemberg Kategorie 2
–	–	–	–	–	Landes-Abfall-Abgabe Baden-Württemberg Kategorie 3

[1]) Doppelzuordnung (z.B.: S/R) bedeutet: Stoff ist je nach Qualität der Zusammensetzung der Entsorgungsmöglichkeit zuzuordnen

Die Angaben sind vorbehaltlich der kommunal gültigen Forderungen bzw. Entsorgungsstruktur und erheben keinen Anspruch auf Vollständigkeit

Tabelle 3.19 Wirkstoffe in Schmierölen (LOHMEYER, 1992 [3.76])

Wirkstoff	**chemische Verbindung**	**Verwendungszweck**
Oxidationsinhibitoren	Gehinderte Phenole Amine organische Sulfide Zinkdithiophosphate	Bildung von hart-, lack-, schlamm-, säure- und polymerartigen Verbindungen minimieren
Korrosionsinhibitoren	Zinkdithiophosphate geschwefelte Terpene phosphorierte, geschwefelte Terpene geschwefelte Olefine	Schutz von Lager- und anderen Metalloberflächen gegen Korrosion
Rostinhibitoren	Aminphosphate Natrium, Kalzium- und Magnesiumsulfonate Alkylsuccinsäuren Fettsäuren	Schutz von eisenhaltigen Metallflächen gegen Rost
Metalldeaktivatoren	Triatylphophite Schwefelverbindungen Diamine Dimerkaptan-Thiadizol-Derivate	Unterbindung des katalytischen Einflusses auf Oxidation und Korrosion
Verschleißschutzwirkstoffe (Anti-Wear)	Zinkdialkyldithiophosphate Trikresylphosphate	Herabsetzung übermäßigen Verschleißes zwischen Metalloberflächen
Freßschutzwirkstoffe (Extreme Pressure)	geschwefelte Fette und Olefine Chlorkohlenwasserstoffe Bleisalze organischer Säuren, Aminphosphate	Verhütung von Mikroverschweißungen zwischen Metalloberflächen bei hohen Drücken und Temperaturen
Reibungsveränderer (Friction Moditier)	Fettsäuren gefettete Amine Festschmierstoffe	Verringerung der Reibung zwischen Metalloberflächen
Detergent-Wirkstoffe	normale oder basische Kalzium-, Barium- oder Magnesiumsulfonate Phenate oder Phosphonate	Verringerung oder Verhütung von Ablagerungen in Motoren bei hohen Betriebstemperaturen
Dispersant-Wirkstoffe	Polymere wie stickstoffhaltige Polymethacrylate, alkylsuccinimide sowie Succinalester, hochmolekulargewichtige Amine und Amide	Verhinderung oder Verzögerung der Entstehung und Ablagerungen von Schlamm bei niedrigen Betriebstemperaturen

Wirkstoff	chemische Verbindung	Verwendungszweck
Pourpoint-Erniedriger (Stockpunkt)	Paraffin alkylierte Naphthadene und Phenole Polymethacrylate	Herabsetzung des Pourpoints des Öls
Viskositätsindexverbesserer	Polyisobutylene Polymethacrylate Polyacrylate Ethylen-Propylen Styrol-Maleinsäureester-Copolymere hydrogenierte Styrol-Butadien-Copolymere	Herabsetzung der Abhängigkeit der Viskosität von der Temperatur
Schauminhibitoren	Silikonpolymere Tributylphosphat	Verhinderung der Entstehung stabilen Schaums
Haftverbesserer	Seifen, Polyisobutylene und Polyacrylat-Polymere	Erhöhung des Haftvermögens des Öls
Emulgatoren	Natriumsalze der Sulfonsäure und andere organische Säuren gefettete Aminsalze	Emulgierung von Öl in Wasser
Bakterizide	Phenole Chlorverbindungen Formaldehyd-Derivate	Erhöhung der Emulsionsgebrauchsdauer, Unterdrückung unangenehmer Gerüche

Der Grad der Aufkonzentrierung der schwerflüchtigen Bestandteile im Sumpf (Eindampfrückstand) hängt von der weiteren Verwendung ab, er wird natürlich determiniert durch die Stoffeigenschaften: Viskosität, Verkrustungsneigung, chemische Stabilität. In Tabelle 3.13 sind einzelne Stoffgruppen aufgelistet, die das Ergebnis der thermischen Einengung beeinflussen.

Die physikalischen Grundlagen der Trennung einer Lösung durch Eindampfung beruhen auf der Ungleichverteilung in der flüssigen, respektive Gasphase von Lösungsmitteln und darin gelösten Stoffen. Ein direktes Maß für die Neigung eines Flüssigkeitsgemisches, sich thermisch trennen zu lassen, ist die relative Flüchtigkeit, die sich aus dem Mol-Verhältnis der Komponenten im Gemischdampf und der dazu im Phasengleichgewicht stehenden Lösung ergibt (s. im Detail [3.57]). Im allgemeinen verändert sich die relative Flüchtigkeit mit dem Siededruck (Dampfdruckkurve!) und damit der Siedetemperatur.

3.5.4.2 Konzepte zur Vermeidung von ölhaltigen Abfällen

Erste Maßnahmen zur Vermeidung von ölhaltigen Abfällen liegen in der Überprüfung der Notwendigkeit ihrer Entstehung:

- □ Bei den Kompressorenkondensaten muß man sich fragen, ob es nicht mittlerweile in mehrerer Hinsicht günstiger geworden ist, ölfreie Drucklufterzeuger einzusetzen.
- □ Bei den eingeölten und befetteten Blechen ist zu fragen, ob nicht durch die Logistik der Anteil der konservierten Ware vermindert werden kann und wirklich alle Teile befettet werden müssen (in einem konkreten Fall führte die Erfordernis einer Durchsatzerhöhung bei begrenzter Entfettungsbadkapazität dazu, daß die Coils nicht mehr befettet wurden und vor der Oberflächenbehandlung lediglich jeweils ein schmaler Streifen an den Rändern entfernt zu werden brauchte, wenn die Coils eng genug gewickelt worden waren).
- □ Bei den gezielt hergestellten Emulsionen sind der Einsatz von vollentsalztem Wasser und die Pflege der Emulsion maßgeblich abfallvermeidend. Hier können Full-service-Geschäfte ein Geschäft sein (s. Abschnitt 1.5).

3.5.4.3 Abfallvermeidung und -verminderung beim Einsatz von Kühlschmierstoffen

Wie mehrfach dargestellt, erfordert jeder Einsatz von Hilfsmitteln ein Anforderungsprofil (auch hier kann eine Bearbeitung ohne Hilfsmittel im Rahmen des Möglichen sein. Wenn das nicht geht, muß beispielsweise mit Hilfe einer Nutzwertanalyse, wie in Bild 3.48 dargestellt, eine Kompromißlösung gefunden werden).

Das Entscheidende bei der Abfallvermeidung im Rahmen der Anwendung von Kühlschmiermitteln liegt in der Formulierung des Kühlschmiermittels (Einsatz von weichem, enthalogeniertem und von feststofffreiem Wasser, weil Feinstverschmutzungen zur Adsorption von Emulgatoren führen und damit die emulgierende Wirkung herabsetzen) und seiner Pflege hinsichtlich Abtrennung der aufgerahmten Ölphase und von Verunreinigungen: Die Verlängerung der Standzeit auf die doppelte Nutzungsdauer halbiert die Kosten für neue Einsatzstoffe und die Entsorgungskosten.

Für den betrieblich, aber emulsionstechnisch wenig versierten Betriebsleiter bietet sich darüber hinaus das Full-service-Angebot einiger Mineralöllieferanten. Diese bieten neben einer

- □ Bereitstellung eines Produktgruppensystems mit entsprechender Entsorgung, wobei die Produkte i.d.R. chlor- und nitritfrei, schwermetall- und fungizidfrei und miteinander kompatibel sind,

  auch
- □ Beratung bei der Produktanwendung, insbesondere hinsichtlich optimaler Produktauswahl und -pflege sowie Entsorgung,
- □ Übernahme von Produktwechseln, Reinigung der Anlagen und Lagerung,
- □ Bereitstellung der Geräte,
- □ Überwachung der Eigenschaften vor Ort und durch Laborkontrollen,
- □ Nachschärfung (Oil laundring),
- □ Beistellung der geeigneten Lagerbehälter und
- □ eine detaillierte Schulung.

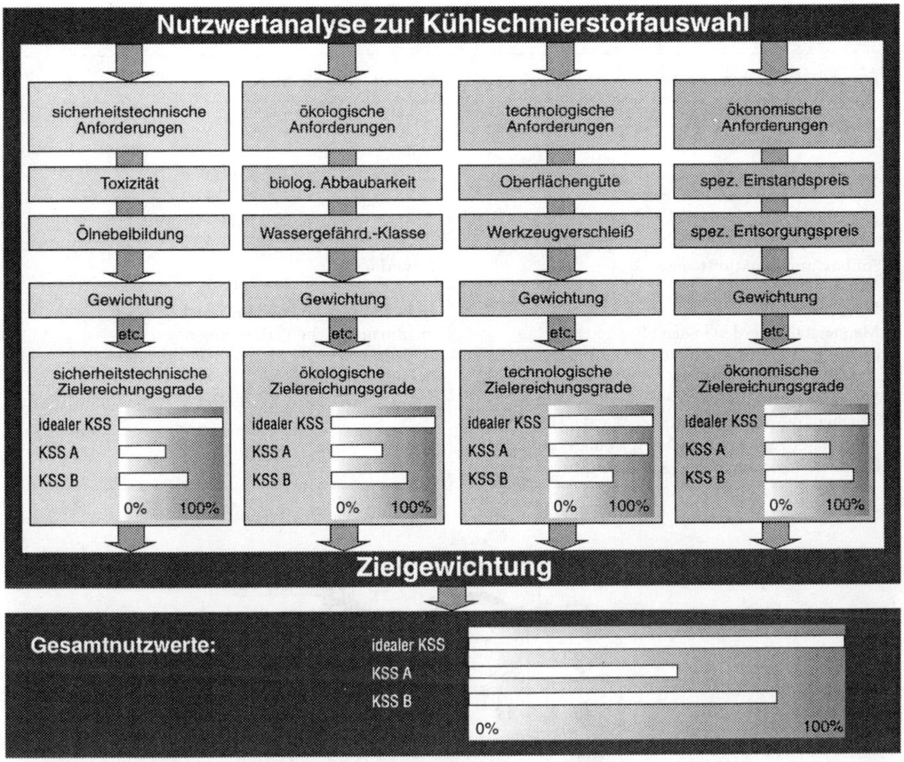

Bild 3.48 Schema einer Nutzwertanalyse für Kühlschmierstoffe (nach CASTROL, 1992 [3.77])

Aus der Vielzahl möglicher Pflegeverfahren sind in den Übersichtstafeln 3.13 bis 3.16 die wichtigsten zusammengestellt und thematisch gewürdigt, Tabelle 3.20 bewertet die einzelnen Techniken anhand verschiedener Merkmale im Überblick. Selbstverständlich werden in der Praxis die vorgestellten Techniken auch kombiniert. Beispielsweise werden vielfach Skimmer zum Abschöpfen des aufgerahmten Öles eingesetzt. Angesichts der Vermeidung von Abfällen werden künftig vor allem kleine Behandlungseinheiten Bedeutung erlangen, weil nur die dezentrale Behandlung vor Vermischung mit Fremdölen und damit vor Unbrauchbarkeit schützt.

Trotz kontinuierlicher Reinigung und Nachschärfung werden Emulsionen im Verlauf ihrer Anwendung unbrauchbar, weshalb sie entsorgt werden müssen. Gleiches gilt für Reinigungsbäder und Kompressorkondensate, wenn sie nicht vermieden werden können. Da alle diese Gemische über den zulässigen Abwassergrenzwerten mineralölhaltig sind, dürfen sie nicht auf diesem Weg, sondern müssen als Sonderabfall entsorgt werden. Aus Kostengründen empfiehlt es sich dabei jedoch, vorher möglichst viel Wasser abzutrennen.

Tafel 3.13 Pflegesystem Magnetabscheider (zusammengetragen von BRUCKNER, 1989 [3.29])

<table>
<tr><td>Einsatz: Kühlschmierstoffe</td><td>Prinzip: Magnetismus</td></tr>
<tr><td colspan="2">Abscheidung von: ferromagnetischen Feststoffen</td></tr>
<tr><td>Anfall des Feststoffes: stichfest

Erreichbare Ölkonzentration: keine Angaben</td><td>Austrag des Feststoffes: automatisch;

Austrag des Fremdöls: keine Angaben</td></tr>
<tr><td>Aufbau und Funktionsweise:

Einfache Form:
Magnetstäbe werden in den Flüssigkeitsstrom gehängt. Der Wirkungsgrad ist hier zeitabhängig.

Magnetwalzen erfassen die ferromagnetischen Teilchen, die durch Drehen der Walzen entfernt und oben abgestreift werden. Der Wirkungsgrad ist hierdurch gleichbleibend. (Knobloch, 1977)</td><td>Bemerkungen:

Neben ferromagnetischen Teilchen werden auch nichtmagnetische Verunreinigungen wie Schleifscheibenabrieb erfaßt und abgeschieden. (Knobloch, 1977)</td></tr>
<tr><td colspan="2">Schema:</td></tr>
</table>

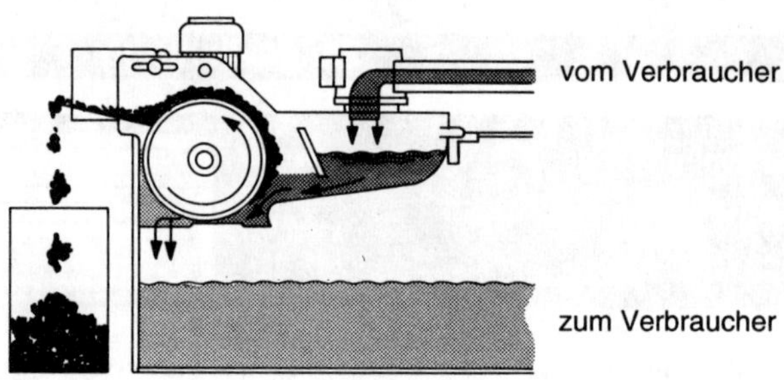

Tafel 3.14 Pflegesystem 3-Stoff-Zentrifuge (zusammengetragen von BRUCKNER, 1989 [3.29])

Einsatz: Kühlschmierstoffe	**Prinzip:** Fliehkraft
Abscheidung von: Feststoff, Öl;	
Anfall des Feststoffes: als Schlamm;	Austrag des Feststoffes: manuell, automatisch;
Erreichbare Ölkonzentration: keine Angaben	Austrag des Fremdöls: automatisch;
Aufbau und Funktionsweise: Es handelt sich um ein um eine Achse rotierendes Absetzgefäß mit einem Zulauf und zwei Abläufen, bei dem der Trennvorgang durch Flliehkraft beschleunigt wird. Der Trenneffekt wird durch den Einbau konischer Teller erhöht, die den Separierungsraum in eine Vielzahl parallel geschalteter Einzelseparierungsbehälter teilen, so daß sich der Absetzweg verringert. Der Abstand der Teller beträgt je nach Konsistenz der Flüssigkeit 0,3 bis 2 mm.	Bemerkungen: Bei hohem Feststoffgehalt besteht eine Verstopfungsgefahr der Tellerzwischenräume. Diese kann durch das Vorschalten eines Separators mit großem Schlammraum vermieden werden.
Schema: 1 Zulauf 2 Ablauf leichte Flüssigphase 3 Ablauf schwere Flüssigphase 4 Feststoff	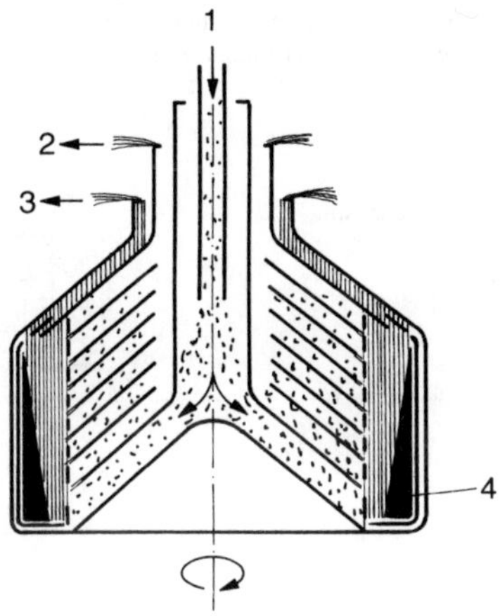

Tafel 3.15 Pflegesystem Schwerkraftbandfilter (zusammengetragen von BRUCKNER, 1989 [3.29])

<table>
<tr><td>Einsatz: Kühlschmierstoffe</td><td>Prinzip: Filtration</td></tr>
<tr><td colspan="2">Abscheidung von: Öl, Feststoffen;</td></tr>
<tr><td>Anfall des Feststoffes: als ölhaltiger Feststoffschlamm;
Erreichbare Ölkonzentration: keine Angaben</td><td>Austrag des Feststoffes: automatisch;
Austrag des Fremdöls: automatisch;</td></tr>
<tr><td>Aufbau und Funktionsweise:

Das Filtermaterial liegt auf einem Trägerband und wird so geführt, daß sich eine natürliche Mulde bildet. Der sich aufbauende Filterkuchen bewirkt eine immer feiner werdende Filtration, wodurch der Durchfluß gehemmt wird und der Flüssigkeitsstand in der Mulde ansteigt. Hierbei erhöht sich die wirksame Filterfläche.
Bei maximal möglichem Füllstand wird der Filtermittelvorschub eingeschaltet, so daß neues Filtermaterial in den Wirkungsbereich gelangt.</td><td>Bemerkungen:

Filtermaterial als zusätzlicher Abfall ;
Eignung als Vorstufe zur Emulsionstrennung;
geeignet bei großen Durchsätzen oder hohem Verschmutzungsgrad.</td></tr>
<tr><td colspan="2">Schema:
1 Zulauf
2 Papierrolle
3 Vorschubschaltung
4 Filtermulde
5 Trägerband
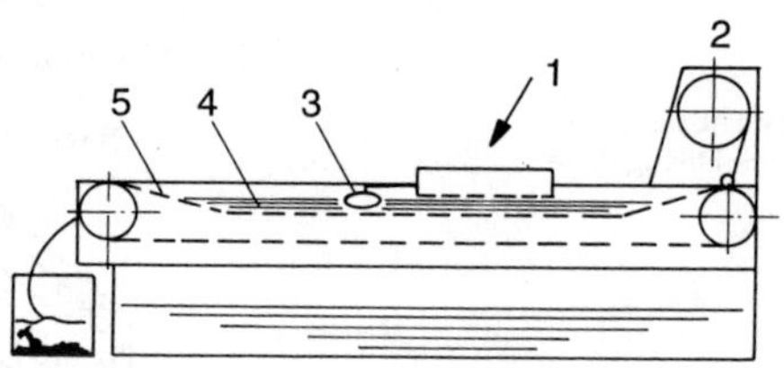</td></tr>
</table>

Tafel 3.16 Pflegesystem Unterdruckbandfilter (zusammengetragen von BRUCKNER, 1989 [3.29])

Einsatz: Kühlschmierstoffe	**Prinzip:** Filtration
Abscheidung von: Feststoffen, Öl;	
Anfall des Feststoffes: als ölhaltiger Feststoffschlamm; Erreichbare Ölkonzentration	Austrag des Feststoffes: automatisch; Austrag des Fremdöls: automatisch;
Aufbau und Funktionsweise: Die Flüssigkeit gelangt aufgrund des Flüssigkeitsdruckes vom Sammelbehälter in die darunter befindliche Reinkammer. Die Filter- und Versorgungspumpe baut ein Vakuum mit einem Differnenzdruck von 0,4 bis 0,5 bar am Filter auf. Bei maximalem Unterdruck strömt aus dem Ausgleichsbehälter Flüssigkeit in die Vakuumkammer, erzeugt einen leichten Überdruck, so daß der Transport des Filtermittels erfolgen kann. Das Filtermitel gelangt über einen Austragshals zur Aufwickelvorrichtung. Die Verschmutzungen werden über den Schlammabwurfschacht ausgetragen.	Bemerkungen: zusätzlicher Abfall durch das Filtermaterial; auch geeignet als Vorstufe zur Emulsionstrennung; geeignet bei großen Durchsätzen oder hohem Verschmutzungsgrad.

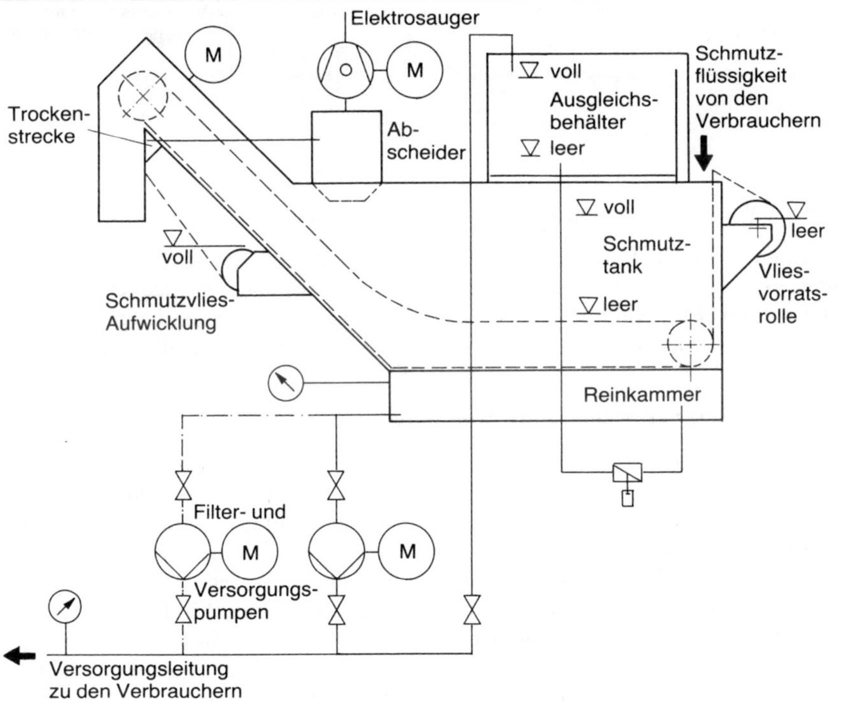

Tabelle 3.20 Merkmale von Pflegeverfahren für technische Emulsionen (nach BRUCKNER, 1989 [3.29])

Reinigungs-system	Einsatz	Prinzip	Abscheiden von	Entfernen der Ölphase	Entfernen des Feststoffs	Durchsatz in m^3/h	Bemerkungen
Sedimentations-becken	Ölverschmutzte Abwässer	Sedimentation	Feststoff, Öl	automatisch über Skimmer	automatisch oder manuell	ab 1,5	ungeeignet bei kleinen Öltröpfchen oder langen Verweilzeiten
Ringkammer-entöler	Entfettungsbäder	Sedimentation	Feststoff, Öl	automatisch	manuell	0,12 bis 0,5	hohe Ölkonzentration (95 bis 99%), nicht geeignet für hohe Feststoffgehalte
Tellerseparator	Kühlschmierstoffe	Fliehkraft	Feststoff, Öl	automatisch	automatisch oder manuell	0,3 bis 12	kein Ausmagern der Emulsion, hohe Ölkonzentrationen erreichbar
Dekanter	Kühlschmierstoffe	Fliehkraft	Feststoff, Öl	automatisch	automatisch	5 bis 30	hohe Ölkonzentration (mind. 95%), Feststoff in stichfester Form, geringerer Abscheidegrad als Separatoren
Hydrozyklon	Kühlschmierstoffe	Fliehkraft	Feststoff	–	automatisch	4,5 bis 50	kein Ausmagern der Emulsion
Bandfilter	Kühlschmierstoffe	Filtration	Feststoff, Öl	automatisch mit Filtermittel		1 bis 200	zusätzlicher Abfall durch Filtermaterial
Feinfilter	Hydraulikwasser, Kühlschmierstoffe	Filtration	Feststoff, Öl	automatisch mit Filtermittel		24 bis 1200	für kleine Durchsätze bei Einzelmaschinen, bei geringen Verunreinigungen, zusätzlicher Filtermittelabfall
Anschwemmfilter	Schleif-, Honöle Dielektrika	Filtration	Feststoff, Öl	automatisch mit Filterhilfsmittel		1,8 bis 3	für geringe Durchsätze mit geringer Reinheit, bis 0,5 µm
Magnetabscheider	Kühlschmierstoffe	Magnetismus	ferromagnetische Feststoffe	–	automatisch	5 bis 23	teilweise auch Abscheidung von nichtmagnetischen Partikeln und Öl

3.5.4.4 Wasserabtrennung aus Öl-Wasser-Gemischen

Die Aufgabe lautet deshalb: Maximale Abtrennung von Wasser aus dem Gemisch. Meist wird diese Aufgabe als Emulsionsspaltung bezeichnet, was jedoch (siehe oben) mißverständlich ist (Bild 3.49). Tabelle 3.21a zeigt im Überblick die gängigen eingesetzten Trenn- und Mineralisierungsverfahren, 3.21b Emulsionsspaltverfahren.

3.5.4.5 Einsatz von Membrantrennverfahren

Die Membrantrennverfahren sind in jüngster Zeit sehr in den Mittelpunkt gerückt, wenn es um die Entsorgung von Emulsionen ging. Membranverfahren sind innerhalb der zur Auswahl stehenden Verfahren dadurch vorteilhaft gekennzeichnet (s. auch Abschnitt 3.4.4), daß sie ohne zusätzlichen Eintrag von Chemikalien auskommen und ohne Stoffumwandlung (wie bei den biologischen und thermischen Verfahren) die Trennung herbeiführen und zur Aufkonzentrierung beitragen. Mit Hilfe von Membranen kann ohne Veränderung der Art der Inhaltsstoffe auch ein Recycling ermöglicht werden. Allerdings darf man dabei – was häufig unterbleibt – obige Ausführungen hinsichtlich der Additive und Verunreinigungen nicht vergessen.

Bild 3.49a
Zustandsform der Leichtflüssigkeit im Abwasser in Abhängigkeit vom Partikeldurchmesser

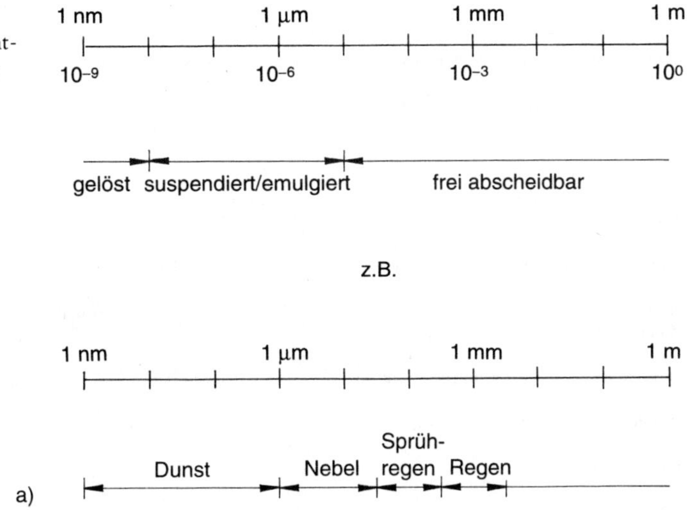

Tabelle 3.21a Beispiele von Trennverfahren für verbrauchte technische Emulsionen und emulgierte Öl-Wasser-Gemische

Verfahrens-lösungen und Verfahrens-kombinationen	chemisch-physikalische Verfahren	(biologische Verfahren)	mechanische Verfahren	thermische Verfahren
1a	chemische Spaltung plus Flockung	–	Flotation	Eindampfung des Wassers/ Verbrennung des Öls
1b	chemische Spaltung plus Flockung	–	Filtration	Eindampfung des Wassers/ Verbrennung des Öls
2	–	–	Filtration/Ultra- bzw. Mikrofiltration	Eindampfung des Wassers/ Verbrennung des Öls
3	Adsorption	–	–	Eindampfung des Wassers
4	–	mikrobieller aerober, anaerober Abbau	Sedimentation, Flotation, Filtration des Schlammes	Eindampfung des Wassers, Verbrennung des Schlammes

Tabelle 3.21b Kennzeichen

Kennzeichnende Eigenschaften und Merkmale von Emulsionsspaltverfahren						
Kriterien	Säurespaltung	Hydroxid-fällung	Organische Spalter	Adsorption der Ölphase	Ultrafiltration	Eindampfung
Verfahren						
Art der Emulsion	anionisch	anionisch	anionisch	–	–	–
Aufwand	gering	gering	gering	gering	hoch	hoch
Betriebsbedingungen	90 °C/pH 2	20 °C/normal	20 °C/normal	20 °C/normal	20 °C/bis 10 bar	130 °C/3 bar, Vakuum
Betriebsweise	kont./diskont.	kont./diskont.	kont./diskont.	diskontin.	diskontin.	kontinuierlich
Probleme durch Verunreinigungen	niedrig	niedrig	nicht bekannt	gering	hoch	mittel
Wartung	mittel	gering	mittel	gering	mittel	mittel
technische Bedeutung	mittel	gering	steigend	gering	hoch	hoch
Betriebsmittel						
Chemikalien	Säure, Lauge	Metallsalz/ Lauge	organische Spalter zusätzlich	Adsorptionsmittel (8 kg/m^3)	(keine)	(keine)
Energie, thermisch	Aufheizen auf 90 °C	gering	gering	gering	Kühlung	160 kWh/m^3
Energie, elektrisch	gering	gering	gering	gering	Druckerhöhungspumpenenergie	6 kWh/m^3
Betriebsergebnis						
Öl-Konzentrierung	ca. 50 %	40 bis 50 % im Schlamm	50 bis 70 %	15 bis 20 % im Adsorptionsmittel	30 bis 50 %	90 % nach Entwässerung in einem Fallstromverdampfer
Restöl im Wasser	< 50 mg/l	< 20mg/l	< 50 mg/l	< 10 mg/l	< 5 mg/l	20 mg/l
Sekundärabfall		Hydroxidschlamm, ölhaltig		40 bis 60 kg, ölhaltig		Salze und Schmutzstoffe
Aufsalzung des Wassers	sehr hoch	hoch	keine	keine	keine	keine
Entsorgung						
Öl-Konzentrat	säurehaltig	Verbrennung	Verbrennung	Verbrennung/ Deponierung	Verbrennung	Verbrennung
Abwasser-Nachbehandlung	Neutralisation/ A-Kohle	–	A-Kohle	–	Weiterbehandlung, CSB um 10 g/l	Phasentrennung für Restöl, A-Kohle

Bild 3.49b
Verbleib der Inhaltsstoffe von Ölemulsionen

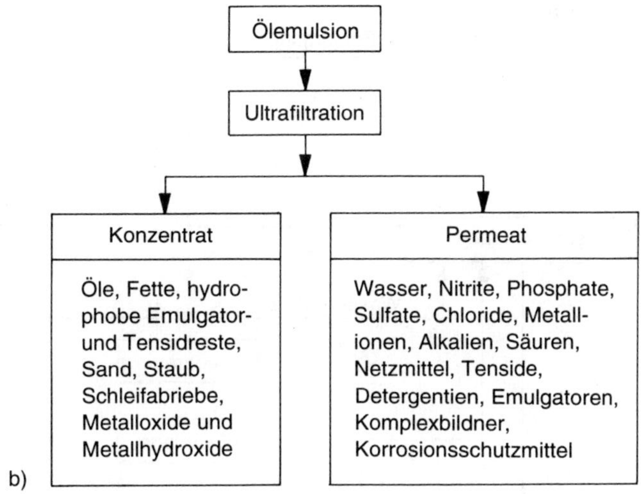

Bild 3.49b zeigt, daß sich entsprechend ihrer Größe und hydrophoben/hydrophilen Eigenschaften einzelne Inhaltsstoffe im Konzentrat oder Permeat wiederfinden. Zum Teil weisen die Permeate CSB-Konzentrationen über 20 g/l auf (s. z.B. Tabelle 3.22), so daß auch sie als flüssiger Abfall zu gelten haben und nicht ohne Vorbehandlung in die Kanalisation geleitet werden dürfen. Dies ist ein Grund, weshalb sich die in der jüngsten Vergangenheit zum Stand der Technik gezählten zentralen Membrantrennanlagen (gemeinsame Behandlung von technischen Emulsionen und Waschwässern) als weniger vorteilhaft ausgezeichnet haben.

Bild 3.50 zeigt die derzeitige Entsorgungslösung bei einem Automobilhersteller: Die verbrauchten technischen Emulsionen und Waschwässer werden nach einer Feinfiltration über eine Ultrafiltration aufkonzentriert, das Retentat wird von 65% zu 90% entwässert und als Altöl abgegeben. Das Permeat wird neutralisiert und ausgeflockt (s. Abschnitt 3.2.2) – wobei schon Versuche mit Hilfe der Umkehrosmose und einer biologischen Behandlung der Permeate gefahren wurden, um mit dem CSB-Problem fertigzuwerden. Ein anderer Automobilhersteller favorisiert die ausschließliche thermische Behandlung von Ölemulsionen.

Im Falle der Kreislaufführung des Permeats hingegen, kann es durchaus erwünscht sein, daß das Permeat die Tenside mitnimmt, so daß weniger Tensid benötigt wird. Allerdings können die anderen aufgeführten Komponenten einen Recyclingkollaps herbeiführen. Die Kreislaufführung von Waschwässern in Kfz-Portalwaschanlagen hat sich jedenfalls bewährt. Hinsichtlich der Einbindung von Membrantrennanlagen in die Behandlung von Öl-Wasser-Gemischen sind einige Gesichtspunkte zu beachten, die meist nicht ohne Vorversuche optimiert werden können. Z.B. spielt die Strömungsgeschwindigkeit oberhalb der Membrane eine Rolle (vgl. Bild 3.51a), aber auch Temperatur und Transmembrandruck auf die Zeitabhängigkeit des Permeatflusses (vgl. Bild 3.51b).

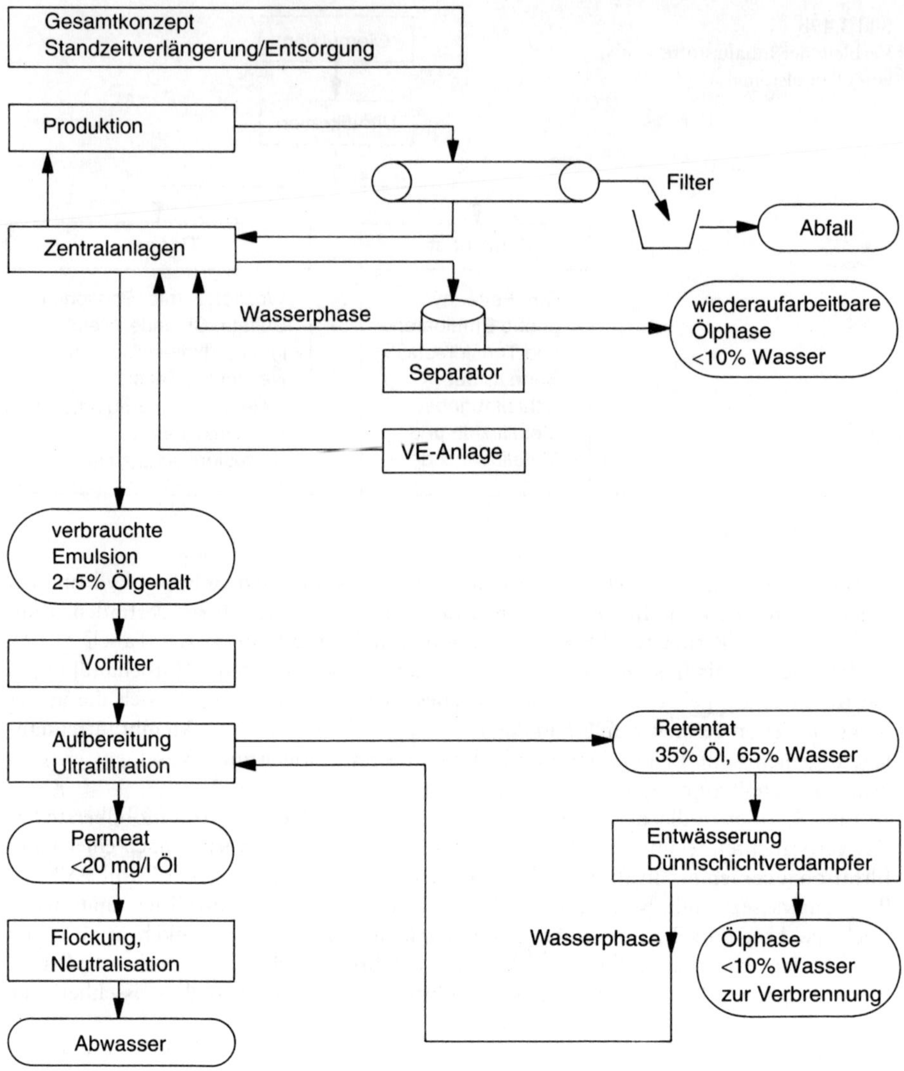

Bild 3.50 Gesamtkonzept der zentralen Entsorgung von Emulsionen bei einem Automobil-Hersteller (nach KIECHLE, 1991 [3.78])

Tabelle 3.22 Ergebnisse aus der anaeroben Behandlung von Kartoffeldick-Schlempen (WEILAND/AHLGRIMM, 1988 [3.36])

Input	Stoffwerte von Kartoffeldickschlempe	
	TS-Gehalt OTS-Gehalt CSB_{ges} CSB_{gel}	14 bis 18 % 13 bis 17 % 220 bis 260 g O_2/l 60 bis 80 g O_2/l
Prozeßparameter	**Hydrolysestufe** Verweilzeit CSB-Raumbelastung Versäurungsgrad	 15 d 8 kg O_2/m^3d 20 % CSB_{ges}
	Siebschneckenpresse	
	Massenanteil Feststoff TS-Gehalt Feststoff $TS_{susp.}$-Gehalt Flüssigphase	6 bis 10 % des Hydrolysats 13 bis 15 % 5,5 bis 6,5 %
	Methanstufe Verweilzeit CSB-Raumbelastung CSB-Abbaugrad spez. Methanproduktion	 10 d 11 kg O_2/m^3d 60 % 2 m^3/m^3d

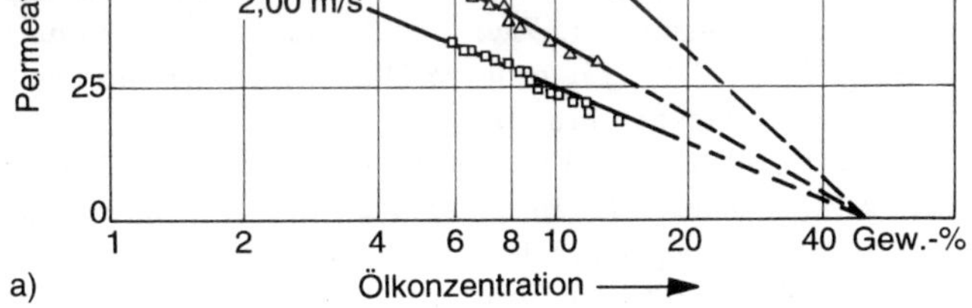

Bild 3.51a
Spezifische Permeatflußleistung einer UF-Membran-Trennanlage in Abhängigkeit der Ölkonzentration

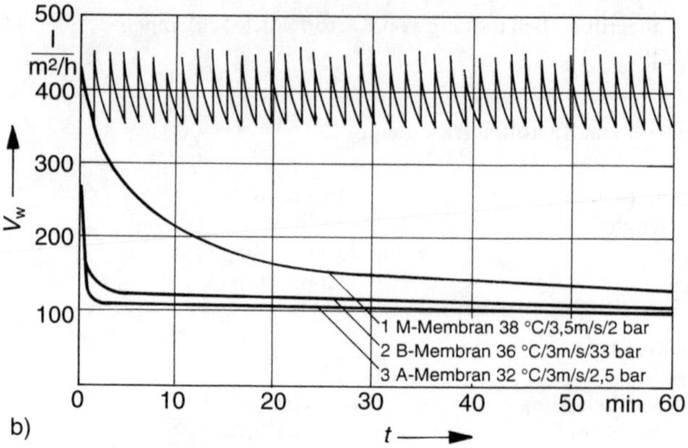

Bild 3.51b
Zeitabhängigkeit der Leistung von UF- im Vergleich zu einer MF-Membran-Trennanlage (nach FRITSCH, 1990 [3.79])

3.5.4.6 Kombination von Membrantrennverfahren mit einer organischen Vorspaltung

Zur Erweiterung chemikalienloser Einsetzbarkeit von Membrantrennanlagen, die oben als Vorteil herausgestellt wurde (wenn der Vorteil aber nur Gültigkeit für die unmittelbare Membrananlage hat und die Nachbehandlung chemisch erfolgen muß, ist er keiner mehr), schlägt SPEI (1993 [3.80]) die Verwendung tertiärer und quaternärer Polyaminverbindungen zur Vorspaltung der Emulsionen vor, um das Permeat nicht chemisch nachbehandeln zu müssen. Der Wirkungsmechanismus der organischen Spalter ist in Bild 3.52a, das Fließschema in Bild 3.52b aufgeführt, die Ergebnisse in Tabelle 3.22. Wie man daraus ersehen kann, wird der Gehalt an Mineralöl-Kohlenwasserstoffen durch die Vorspaltung gesenkt, der CSB im Permeat bleibt aber zu hoch.

3.5.4.7 Thermische Emulsionstrennung

Die thermische Emulsionstrennung beruht auf der Eindampfung der Wasserphase. Der Rückstand enthält alle schwerflüchtigen Bestandteile: die ursprüngliche Emulsion, Fremdöle, Verunreinigungen, Salze usw. Er kann unter bestimmten Voraussetzungen als Zusatzbrennstoff eingesetzt, durch Zweitraffination aufbereitet oder über die Sonderabfallschiene entsorgt werden.

Wie oben geschildert (s. Abschnitt 3.4.5), sind die Eindampfanlagen durch Verschmutzen, Kristallbildung und Verlegen der Wärmeaustauscherflächen in ihrer Betriebsstabilität gefährdet. Zweckmäßig für kleinere Emulsionsmengen sind Tauchbrenner (Tafel 3.17) für größere Dünnschichtverdampfer (Tafel 3.18). Emulsionen können auch direkt verbrannt werden (Tafel 3.19).

HOMPF und BINZER (1992 [3.81]) beschreiben eine Praxisanlage für die Behandlung von verbrauchten Kühlschmierstoffen aus der Wälzlagerfertigung (Bild 3.53): Über einen rückspülbaren Doppelfilter wird die aufzubereitende Altemulsion in den Wärmetauscher gepumpt, der aus einem Vorwärmer und einem Erhitzer besteht. Im Vorwärmer wird die Altemulsion mit Hilfe des heißen Spaltwassers aus dem zweiten Abscheider vorgewärmt und im Erhitzer mittels Sattdampf auf die erforderlichen 98 °C erhitzt. Die Spaltung wird durch Zugabe von Schwefelsäure im Säuremischer unterstützt.

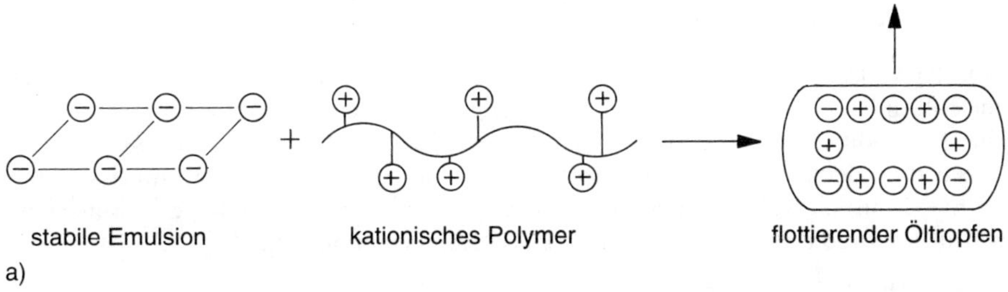

Bild 3.52 Wirkungsmechanismus organischer Spalter a) und b) Fließschema einer Emulsionsspaltanlage bestehend aus chemischer Vorspaltung und MF/UF-Membran-Trennanlage (nach SPEI, 1993 [3.80])

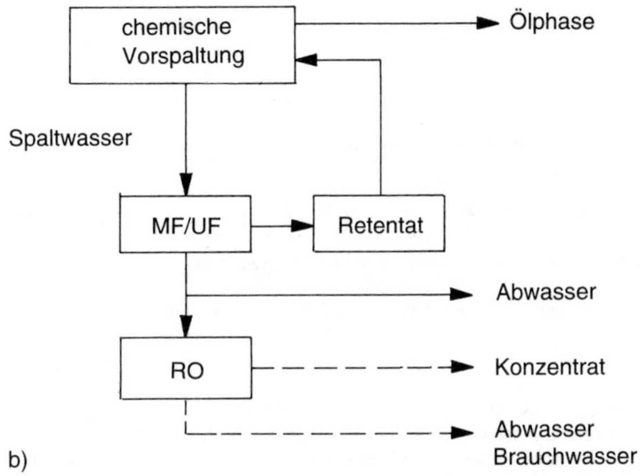

Nach dem Mischer durchströmt die angesäuerte heiße Emulsion den mit Quarzkies gefüllten ersten Abscheider, in dem das Öl in kleinen Tröpfchen abgeschieden wird und an die Oberfläche steigt. Das fast ölfreie Spaltwasser aus dem ersten Abscheider wird anschließend dem zweiten Abscheider zugeführt und im Wärmetauscher auf ca. 35 °C abgekühlt. Mittels Natronlauge und Kalkmilch wird das saure Wasser neutralisiert, mittels Flockungshilfsmitteln werden die gebildeten Flocken zu Makroflocken aggregiert und mittels Wasserstoffperoxid der Bakterienbefall eingegrenzt.

Die Schlammflocken werden in einem Schrägklärer abgetrennt und über eine Kammerfilterpresse entwässert. Die Ölkonzentrationen im gereinigten Wasser lagen in allen Versuchen unter 2 mg/l (gefordert sind meist 10 oder 20 mg/l nach DEV H18); das Altöl wird mit unter 10% Wassergehalt der Altölentsorgung zugeführt, der entwässerte Schlamm wird deponiert.

3.5.5 Behandlung von flüssigen Rückständen und Abfällen aus der Metallbearbeitung

Aus der Vielzahl von flüssigen Rückständen/Abfällen aus der Metallbearbeitung sollen die folgenden einer eingehenden Betrachtung unterzogen werden, weil sich dahinter die Anwendung neuerer emissionsmindernder Techniken verbirgt und weil sie der Umsetzung der jüngeren administrativen Anforderungen nach Teilstrombehandlung (WhG, 1986) in Verbindung mit den Anhängen zur Rahmenabwasserverwaltungsvorschrift folgen, die auch die Minimierung von Abfällen impliziert:

1. Gleitschleifflüssigkeiten,
2. Elektrolyte,
3. Chemikalienrecycling in der Leiterplattentechnik.

Tafel 3.17
Emulsionstrennung mittels Tauchbrenner (zusammengetragen von BRUCKNER, 1989 [3.29])

Einsatz: Öl-Wasser-Gemische und Emulsionen	**Prinzip:** thermische Trennung
Ölphase: als Konzentrat mit 80 bis 90% Ölgehalt; Erreichbare Ölkonzentration im Abwasser: > 10 mg/l	
Aufbau und Funktionsweise: Die Verdampfung der Wasserphase erfolgt durch direkte Einwirkung von heißen Rauchgasen auf die zugeführte Emulsion. Als Heizmittel wird Leichtbenzin oder auch Erdgas verwendet. Das Schema zeigt eine Anlage mit Tauchbrenner.	Bemerkungen: Der Tauchbrennerverdampfer arbeitet zwischen 100 und 500 l/h wirtschaftlich. Es liegt ein kontinuierlicher, automatischer, störungsfreier Betrieb vor. Es sind hohe Betriebs- und Investitionskosten erforderlich.

Schema:
1 Speisepumpe
2 Tauchbrennerverdampfer
3 Rezirkulationspumpe
4 Ölabscheider
5 Altölbehälter
6 Altölpumpe
7 Wäscher
8 Kondensator
9 Destillatabscheider
10 Nebelabscheider
11 Filter
12 Destillatpumpe
13 Neutralisation

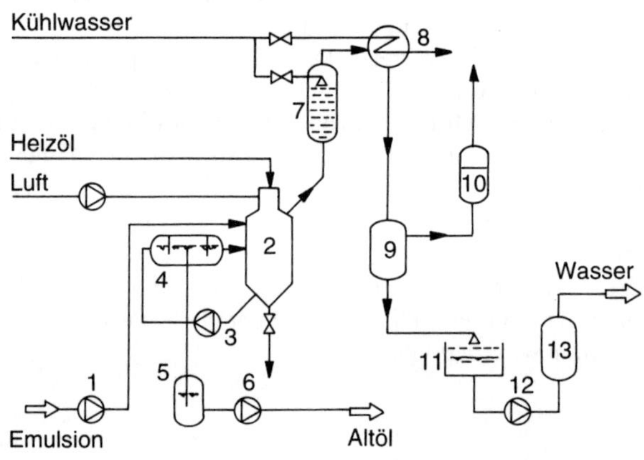

Tafel 3.18 Emulsionstrennung mittels Dünnschichtverdampfer (zusammengetragen von BRUCKNER, 1989 [3.29])

Einsatz: Öl-Wasser-Gemische bzw. Emulsionen	**Prinzip:** thermische Trennung
Ölphase: als Konzentrat mit 80 bis 90% Ölgehalt; Erreichbare Ölkonzentration im Abwasser: > 10 mg/l	
Aufbau und Funktionsweise: Die Altemulsion wird kontinuierlich über den Speisestutzen in den Apparat eingetragen und durch den rotierenden Verteilerring gleichmäßig auf den inneren Umfang des Rohres verteilt. Die Flügelelemente des Rotors erfassen das Produkt und breiten es zu einem dünnen Film aus. Durch die Schwerkraft fließt das Produkt nach unten, wird laufend umgewälzt und neu ausgebreitet. Die flüchtigen Anteile verdampfen durch die von außen zugeführte Wärme, durchlaufen den Apparat im Gegenstrom nach oben und passieren den Abscheider, wo mitgerissene Tröpfchen abgeschieden werden. Die gereinigten Dämpfe verlassen den Apparat über den Brüdenaustritt. Die nicht verdampfte Phase wird über den konischen Auslauf abgezogen.	Bemerkungen: Der Dünnschichtverdampfer arbeitet ab ca. 500 l/h wirtschaftlich. Es liegt ein störungsfreier, kontinuierlicher, automatischer Betrieb vor. Es sind hohe Betriebs- und Investitionskosten notwendig.

Schema:
1 Antriebsmotor
2 Brüdenaustritt
3 Abscheider
4 Speisung
5 Heizmedium
6 Rotor
7 Heizmantel
8 Produktaustritt

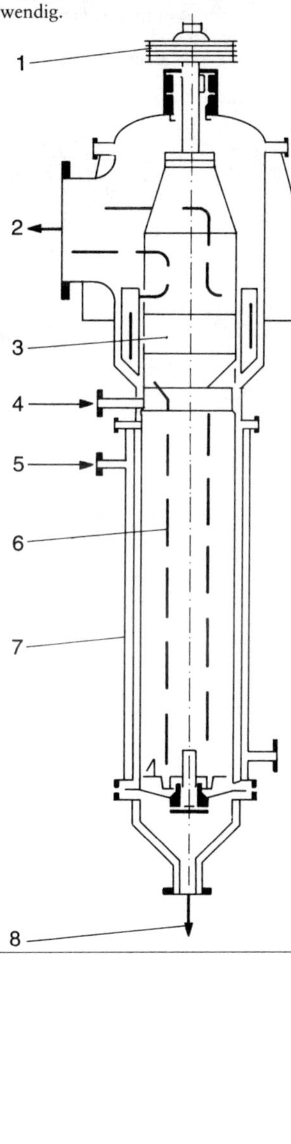

Tafel 3.19 Emulsionstrennung mittels direkter Verbrennung (zusammengetragen von BRUCKNER, 1989 [3.29])

<table>
<tr><td>Einsatz: Öl-Wasser-Gemische bzw. Emulsionen</td><td>Prinzip: thermische Trennung</td></tr>
<tr><td colspan="2">Ölphase: verbrannt;

Erreichbare Ölkonzentration im Abwasser: > 10 mg/l im Kondensat;</td></tr>
<tr><td>Aufbau und Funktionsweise:
Beim Verbrennen mit Heizöl wird die Emulsion direkt in den Flammenkörper eingespritzt, wobei der Brenner eine zündstabilisierte Flamme aufweisen und unempfindlich gegen Viskositätsschwankungen sein muß. Er darf nicht zum Verstopfen neigen und muß ein verschleißfreies Düsenmaterial aufweisen, wenn Metallabrieb oder sonstige feste Fremdstoffe in der Emulsion enthalten sind.
Das Schema zeigt eine Anlage zur Flammenverdampfung.</td><td>Bemerkungen:
Öl-Wasser-Emulsionen besitzen wegen ihres Gehaltes an organischer Substanz einen niedrigen Heizwert, der zur Verdampfung der Wasserphase durch Zugabe von Heizöl erhöht werden muß. Die Flammenverdampfung kann durch Wärmenutzung wirtschaftlich werden, bringt aber hohe Betriebskosten und Abgasprobleme mit sich.</td></tr>
<tr><td colspan="2">Schema:
1 Dampfleitung
2 Altemulsionstank
3 Filter
4 Dosierpumpe
5 Heizöltank
6 Getriebepumpe
7 Venturirohr
8 elektrische Heizung
9 Brenner
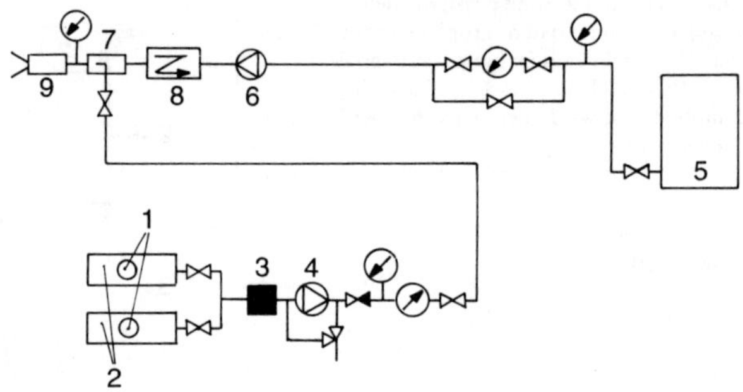
</td></tr>
</table>

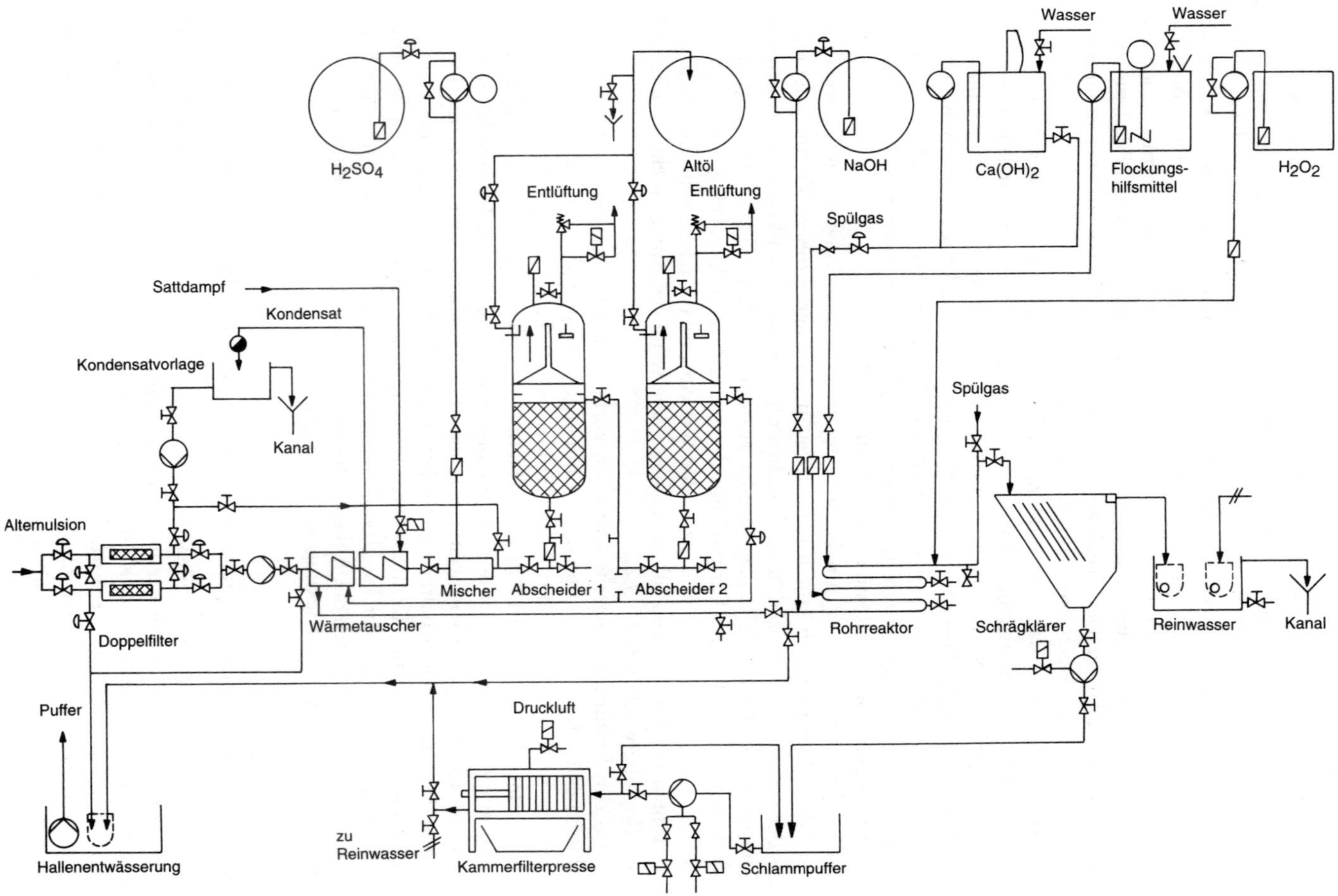

Bild 3.53 Fließschema der Altemulsionsaufbereitung (nach HOMPF, BINZER, 1992 [3.81])

3.5.5.1 Gleitschleifflüssigkeiten

Das Gleitschleifen von Serien- und Massenteilen wird in Breite in der gesamten Metallbearbeitenden Industrie eingesetzt: Mittels Schleifkörpern unterschiedlicher Formen, Größen und Materialien (Kunststoff bis Keramik) in Verbindung mit einer entsprechend formulierten Prozeßflüssigkeit (zwecks Reinigungseffekt, Korrosionsverhinderung usw.) werden Oberflächen in Vibratoren, Trommeln oder Fliehkraftanlagen bearbeitet. Die Prozeßflüssigkeit (Compound) enthält Tenside für die Entfernung der Schleifkörperrückstände und Metalle von der Oberfläche sowie zur Entfettung und Inhibitoren zur Verhinderung von Korrosion und Anlaufen. Der Gehalt an Ölen und Fetten (bis 300 mg/l) einer verunreinigten Prozeßflüssigkeit macht diese zum flüssigen Abfall.

Bisherige Lösungen sahen in rund 95% aller Anwendungen die chemische Aufbereitung durch Emulsionsspaltung vor (Ansäuerung mittels Aluminiumsulfat oder Eisenchlorid, teilweise Schwefelsäure und Kalkfällung zur Flockung der Aluminium- und Eisenhydroxide, Polyelektrolytzugabe zur Makroflockung und Sedimentation, Filtration und Nachfiltration über Aktivkohle). Dieses typische Beispiel einer chemischen Behandlung führt durch den Zusatz von 1 bis 4 kg Spaltchemikalien zu 10 bis 30 kg Schlamm mit einer Restfeuchte von 30% [3.82].

Die Mikrofiltration (0,2 µm Porenweite, erste Untersuchungen zur Verwendung von Edelstahlmembranen laufen derzeit) ist in der Lage, größere Verunreinigungen aus der verbrauchten Prozeßflüssigkeit abzufiltrieren und einen klaren, feststofffreien Compound der Gleitschleifanlage wieder zuzuführen (Bild 3.54a). Allerdings zeigte sich in der Praxis, daß der Verbund mit der gezeigten Bandfilteranlage nicht optimal war und aufgerahmte Öle und Fette der Werkstückoberflächen zum Zusetzen und Verstopfen der Membranen führte; insbesondere wenn die Anlage nicht ständig und sorgfältig überwacht wurde [3.82].

Aus den Erfahrungen heraus wurde im vorliegenden Fallbeispiel das Fließschema dahingehend verändert, daß nun der verunreinigte Compound einem Schrägklärer mit Coaleszenzeinbauten zugeführt wird (die absitzenden Feststoffe gelangen zyklisch in einen Sammelkorb, aus dem in einen Sumpf die anhaftende Flüssigkeit abtropfen kann, um wieder in den Schrägklärer gefördert zu werden). Die flüssige Phase wird über einen Hydrozyklon von weiteren Feststoffteilchen befreit, mittels Ozon desinfiziert und einem Arbeitsbehälter zugefördert (s. Bild 3.54b), aus dem sie über eine Mikrofiltrationsanlage aus Keramikmaterial weitgehend feststofffrei gemacht wird. Automatisch eingestellte Rückspülzyklen befreien die Membran vom abgesetzten Feststoffkuchen. Das Abfahren der Anlage erfolgt über spezielle Spülvorgänge, die konservierend wirken, um «Ausbackungen» zu vermeiden.

3.5.5.2 Recyclingtechniken zur Rückgewinnung von Metallen und Elektrolyten

In diesem Zusammenhang sei zunächst auf die von Hartinger (1992 [3.5]) in Bild 3.55 zusammengestellte Übersicht der möglichen Verfahren hingewiesen. In jüngster Vergangenheit haben sich daraus nun Kombinationslösungen entwickelt, die eine abwasserfreie und schlammfreie Galvanik erwarten lassen. Wenngleich es diese nicht geben wird [1.1] zeigt das Beispiel in Bild 3.56 eindrucksvoll, welches Equipment dafür erforderlich ist, zumindest den regulären Betrieb abwasserfrei zu machen. Da gemäß Definition etliche verbrauchte Prozeßflüssigkeiten unter die Definition «flüssige Abfälle» fällt, wird auf die einzelnen Techniken kurz in diesem Fallbeispiel (5 m^3/h) eingegangen [3.83]: Über vier Ultrafiltrationsanlagen sollen 4 m^3/h Spülwasser zurückgewonnen werden. Die Spülwässer sollen gegebenenfalls mittels Umkehrosmose zu Reinstwasser aufbereitet werden. Das Retentat aus der Ultrafiltration wird teils über Tellerverdunster, teils über Vakuumverdampfer auf 0,03 m^3/h und Anlage eingeengt und über einen Salzsohlen-Verdunster-Verdampfer verfestigt. Über die Chromsäurereinigung und eine Elektrodialyse sollen Chromsäure und Aktivbadelektrolyte zurückgewonnen werden.

Trotz der komplexen Anlagentechnik darf unterstellt werden, daß die in Bild 3.56 gezeigte Galvanik praktisch nicht funktionieren wird. Allein an Puffer- und Speicherbehältern, an Feinreinigungsanlagen (keine Membran ohne Vorfilter) und dergleichen, ganz abgesehen vom notwendigen Know-how des Betreibers fehlt einem derartigen Konzept nach Ansicht des Verfassers die notwendige Integrationsfähigkeit in den Galvanisierungsprozeß.

Sehr viel eher werden dezentrale Behandlungseinheiten, insbesondere wenn sie dem Aktivbadprozeß der galvanischen Metallabscheidung entsprechen, wie dies bei Elektrolyse- und Elektrodialyseprozessen (s. Tafeln 3.20 und 3.21) der Fall ist, aber auch noch bei den Verdunstertechnologien (s. Tafel 3.22), nachhaltigen Eingang in die Praxis zur Vermeidung von flüssigen Abfällen und Verminderung der Abwasserbelastungen finden. Angesichts der eingangs erwähnten Energieproblematik ist die abwasserfreie Lösung ohnehin kaum ökologisch vertretbar. Die sichere Einhaltung der vorgegebenen Grenzwerte ist selbstverständlich Pflicht.

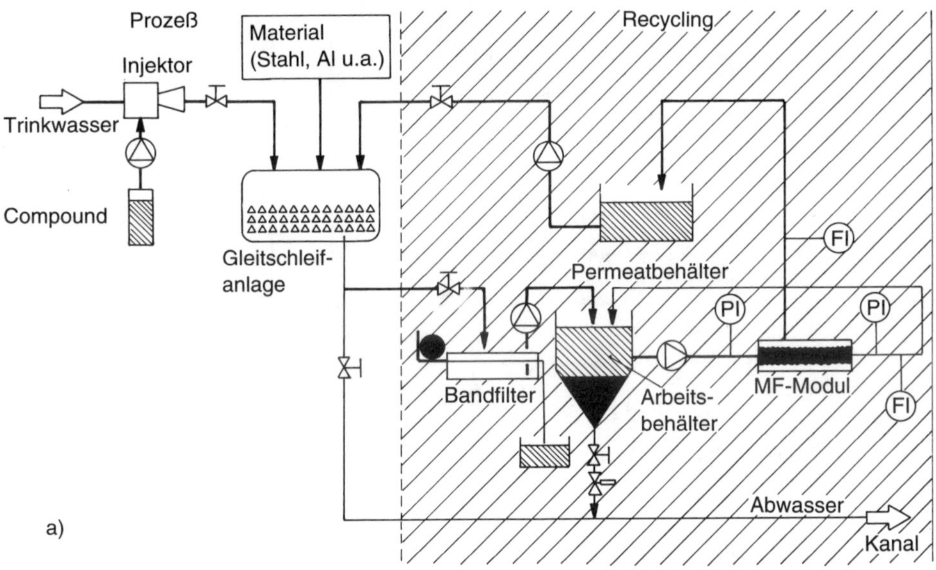

a)

Bild 3.54 Verfahren zur Aufbereitung von Gleitschleiff-Prozeßflüssigkeiten (a: Bandfilter und Mikrofiltration, b: Coaleszenzabscheider, Schrägklärer, Hydrozyklon und Mikrofiltration; nach SCHMIDT et al., 1992 [3.82])

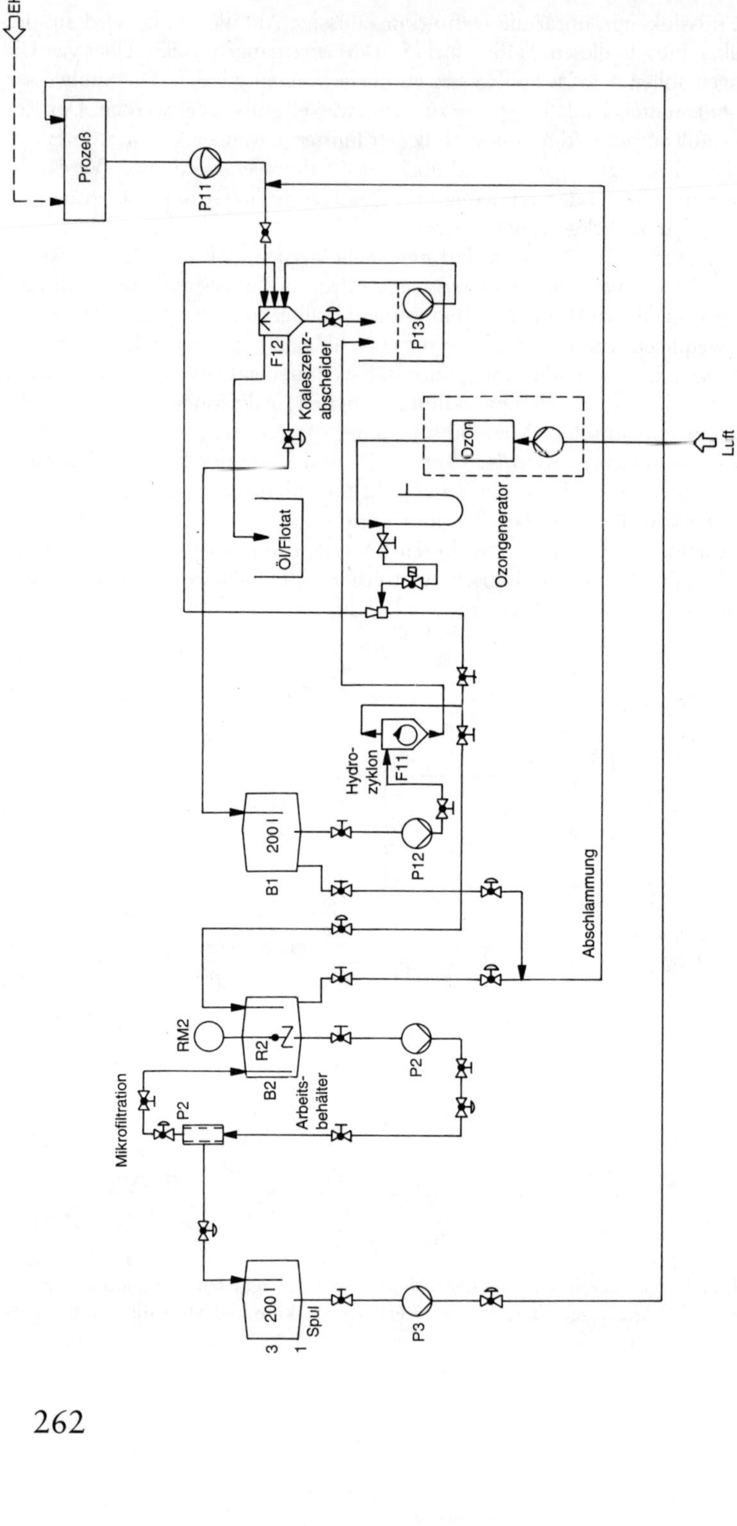
EH
Prozeß
P11
F12
Koaleszenz-
abscheider
P13
Ozon
Luft
Ozongenerator
Öl/Flotat
Hydro-
zyklon
F11
200 l
B1
P12
Abschlammung
RM2
R2
B2
Arbeits-
behälter
P2
Mikrofiltration
P2
200 l
3
1
Spul
P3

b)

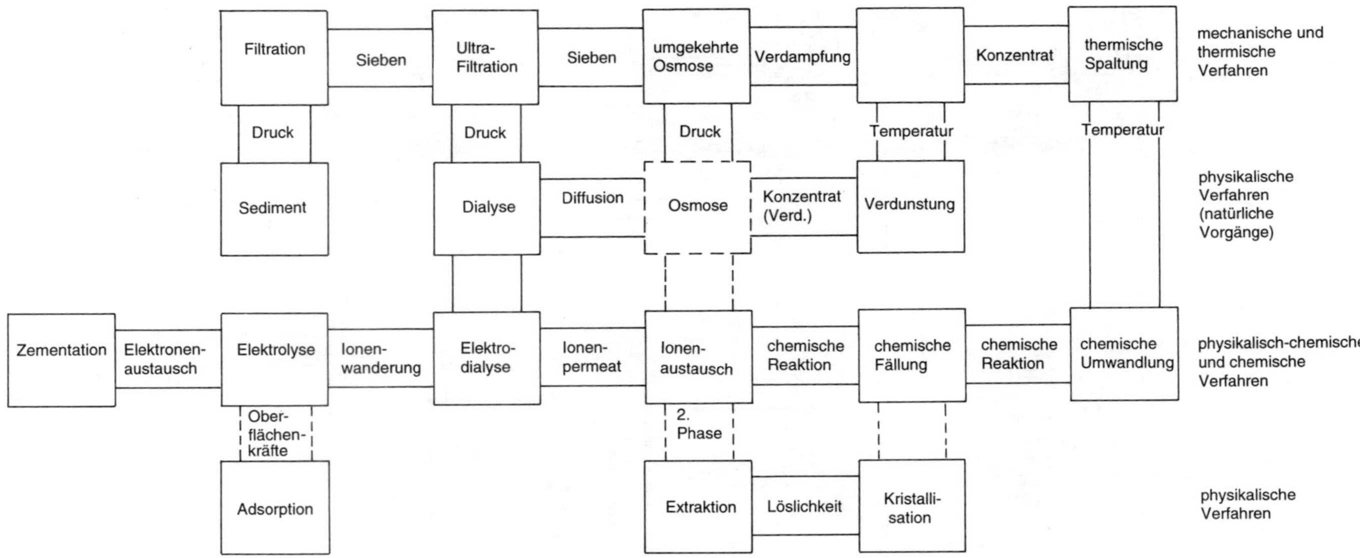

Bild 3.55 Recycling-Verfahren in der Metallindustrie (nach HARTINGER, 1992 [3.5])

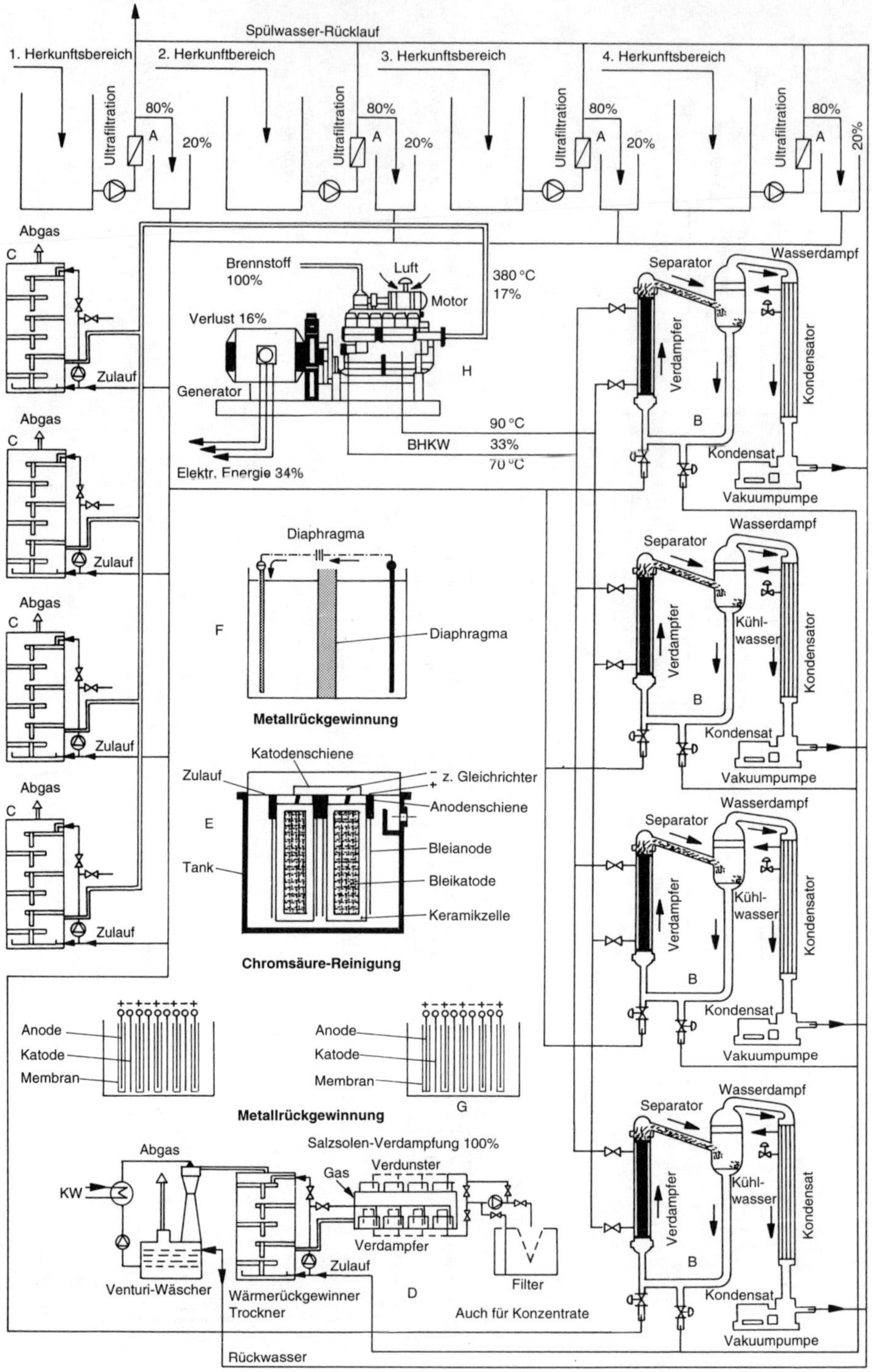

Bild 3.56 Fließschema einer – theoretisch – abwasserfreien Galvanik (nach SCHILLING, 1992)

Tafel 3.20 Fallbeispiele für den Einsatz der Elektrolyse [3.84]

Einsatzzweck: Elektrolytische Nickelrückgewinnung aus verschlepptem Elektrolyt nach Ausfällung aus dem Spülwasser und Rücklösung des Nickels aus Hydroxidschlamm bei; teilweiser Rückführung des rückgelösten Nickelsulfats in den Elektrolyten;	Betrieb: Lohngalvanik;
Betriebsdaten: Einsparungen mit dieser Verfahrensvariante: Spülwasser 6000 m^3/a, Nickelverluste: vernachlässigbar (< 1 kg/a), Borsäure 775 kg/a, Abwasser 6000 m^3/a, organische Badzusätze, Schlammbehandlung, -transport, -deponie; Betriebskosten der Nickelrückgewinnung 10 TDM/a; Einsparungen hierdurch 60 TDM/a → Amortisationszeit von etwa 3 Jahren,	Produktionsprozeß: Vor Inbetriebnahme der Elektrolyse: bei pH 9 bis 10 (18 000 kg Schlamm/a, 20 % TS), Spülwasserverbrauch 7200 m^3/a, Nickelverluste als Anoden 817 kg/a, Nickelsulfat 6530 kg/a, Borsäureverluste 1463 kg/a Abwasser der Nickelanlage (Spülwasserbedarf) 7200 m^3/a, Schwefelsäureverbrauch (für Elektrolyt) 1360 kg/a Stromausbeute an der Katode 95 % und Anode 100 %;
Betriebserfahrungen: Bei der Badrezeptur (Glanznickelelektrolyt mit 8 g/l CSB, davon 75 % Saccharin) war nach 300 Ah/l durch Anreicherung von Zersetzungsprodukten die Konzentration der organischen Bestandteile auf das 10fache gestiegen. Durch unterschiedliche Stromausbeute an Katode und Anode steigt mit der Zeit die Nickelkonzentration im Nickelelektrolyten an (vorher durch Ausschleppung ohne Rückführung verhindert). Aus den beiden genannten Gründen war ein Metallrecycling über die elektrolytische Abscheidung des Nickels und dessen Wiedereinsatz als Anodenmaterial notwendig.	
Maßnahmen/Voraussetzungen für den Einsatz: Mit dieser Verfahrensvariante muß zusätzlich durch Austrag die Anreicherung von Organika verhindert werden (ab 70 g/l absinkende katodische Stromausbeute, nachlassende Qualität der Deckschicht), um eine Kreislaufführung des Nickels zu ermöglichen. Zur Vermeidung der Nachteile eines Hochglanzelektrolyten (hoher Anteil sehr vielfältiger Organika) und um bessere Schichten zu erhalten als in einem reinen Wattsschen Nickelbad entstehen, wurde ein Nickelbad (entsprechend dem Wattsschen) mit etwa 5 % organischen Zusätzen verwendet. Die Rückgewinnungselektrolyse arbeitet mit einer besonderen Zellkonstruktion und mit schwerlöslichen Nickelelektroden als Anoden. Hierdurch wird der Einsatz unlöslicher Anoden vermieden, da geringste Spuren von Fremdmetallen oder Verunreinigungen aus «unlöslichen» Anoden sich verschlechternd auf die Qualität der Deckschicht auswirken.	
Bewertung: Bei diesem Verfahren wird ein Umweg über die Hydroxidfällung zur Abtrennung der Nickelionen gegangen (quantitativ und qualitativ gute Abtrennung aus Abwasser); dadurch ist ein zusätzlicher Aufwand und der Einsatz von Chemikalien notwendig. Da die Rücklösung mit nur einer Säure erfolgt (im Wattsschen Bad ist $NiSO_4$ und NiCl enthalten), würde nur eine dieser Komponenten zurückgeführt; deswegen muß das Nickel noch elektrolytisch abgeschieden werden, um als Anode wieder eingesetzt werden zu können; dadurch wird das gesamte Verfahren sehr aufwendig.	

Tafel 3.21 Fallbeispiele für den Einsatz der Elektrodialyse [3.84]

<table>
<tr>
<td>Einsatzzweck:
Rückgewinnung der Verschleppungsverluste eines Nickelelektrolyten aus der Sparspüle durch Aufkonzentrieren mittels EDL und Rückführung des Konzentrates in den Elektrolyten.
Badfolge: nach Vorbehandlung elektrolytische Nickelabscheidung, eine Sparspüle, Fließspüle (2er Kaskade).</td>
<td>Betrieb:
Betriebsgalvanik;
Zweischichtbetrieb = 16 h/Tag;</td>
</tr>
<tr>
<td>Betriebsdaten:
Elektrodialyse:
100 Membranen (Kationen + Anionenaustauschermembranen),
Elektrodenspannung 100 V, Strom 25 A,
Diluat-/Konzentratkreislauf je 8,6 m^3/h,
Elektrodenkreislauf 3,2 m^3/h (Salzsäure),
Laufzeit 16 h/Tag;
Chemikalieneinsparung ≈ 100 TDM/a[1] (3000 kg Nickelsalze/Jahr bei 97 % Rückführungsrate) und Einsparungen bei Abwasserbehandlung (15 TDM/a) ergeben mit Betriebskosten (inkl. 30 TDM für Membranen, Lebensdauer 1 Jahr) eine Amortisationszeit von 4 – 5 Jahren (Investition 230 TDM).
[1]) Nach eigenen Abschätzungen dürfte dieser Wert zu hoch liegen.</td>
<td rowspan="2">Produktionsprozeß:
Nickel-Trommelanlage mit stark schöpfenden Teilen;
hochchloridhaltiger Nickelelektrolyt (hohe Anforderungen an Duktilität, Streufähigkeit);
2 Elektrolysezellen mit je 3500 l Badinhalt für je 4 Trommeln (zum Konzentrationsausgleich miteinander verbunden);
Nickelkonzentration im Elektrolyt 70 – 75 g/l;
keine unlöslichen Elektroden im Bad wegen der Gefahr von Verunreinigungen hierdurch;
kontinuierliche Badkühlung und -filtration;
Nickelverschleppung 12 kg/d bei 60 Trommeln/d,
2,8 l Elektrolytverschleppung/Trommel,
200 g Nickelverschleppung/Trommel;
3 Spülen mit 600 l Inhalt;
Kaskadenspülung (2 Spülen) mit 2,6 m^3 Kreislaufwasser;</td>
</tr>
<tr>
<td>Betriebserfahrungen:
Nach einer Betriebszeit von einem halben Jahr Leistungsabfall durch
Belagbildung auf Membranen und
Kristallbildung in Elektrodennähe (es wurden die äußeren Membranen ausgewechselt).
Während längeren Betriebspausen (ab einer $^3/_4$ h) wird im Membranstapel Elektrolyt durch Spülflüssigkeit ersetzt (Reinigung und Schutz der Membranen);
Problem durch Nickel im separaten Elektrodenkreislauf (Abscheidung an Katode) müssen durch eine bessere Trennung und durch Reinigung der Elektroden behoben werden.</td>
</tr>
<tr>
<td colspan="2">Maßnahmen/Voraussetzungen für den Einsatz:
Nickelverschleppungen werden zum größten Teil in der Sparspüle zurückgehalten (ohne EDL nach 2 Tagen 25 g Nickel/l); mit der EDL wird in dieser Spüle eine Konzentration von 0,5 — 1,0 mg/l eingehalten und der in einem Pufferbecken aufkonzentrierte Teil zum Auffüllen der Verdunstungs-/Verschleppungsverluste verwendet (geringere Nickelverschleppung in 2te Spüle).
Zum Schutz der Membranen müssen die organische Belastung der Sparspüle (Badezusätze des Elektrolyten) mit Aktivkohle sowie abrasive Teilchen weitgehendst entfernt werden.
Der pH-Wert der Sparspüle muß bei Einsatz der EDL auf pH = 2,5 ± 0,2 gehalten werden.
Beim Austauschen von Membranen bzw. Öffnen des Membranstapels ist zu beachten, daß deren Ränder keinerlei Beschädigung, Anlagerung erhalten (Abdichten des Stapels und Führung der Flüssigkeitsströme ähnlich wie bei Plattenwärmetauschern).</td>
</tr>
<tr>
<td colspan="2">Bewertung:
Der Betrieb hatte Probleme mit zu hohen Nickelkonzentrationen im Abwasser, da eine von den restlichen Abwässern getrennte Behandlung nicht möglich ist (es kommt zur Komplexierung im Abwasser); unter diesen Umständen ist die weitestgehende Rückführung des Nickelelektrolyten mittels der Eletkrodialyse die beste Möglichkeit, das Metall zurückzugewinnen und gleichzeitig die Abwasseranlage zu entlasten.</td>
</tr>
</table>

Tafel 3.22 Fallbeispiele für den Einsatz der Verdunstung [3.84]

<table>
<tr>
<td>Einsatzzweck:
Vollkommene Rückführung der Chromsäure aus Spülwasser durch Verdunstung (Einengung der Spülwassermenge) bei gleichzeitiger Kühlung des Elektrolyten und Wäsche der chromsäurehaltigen Abluft (Badabsaugung).</td>
<td>Betrieb:
Betriebsgalvanik;
2-Schicht-Betrieb ≙ 16 h/Tag.</td>
</tr>
<tr>
<td>Betriebsdaten:
Verdunster: Luft 18 000 kg/h; Temperatur 20 °C; relative Feuchte bei Eintritt 45%, beim Austritt 96%; Investition 160 TDM;
Verdunstende Wassermenge = Spülwassermenge: 120 l/h;
Abgeführte Wärmemenge (aus Elektrolyt): 240 MJ/h;
Spülwasser (4 Spülvorgänge + Warmspülung) mit Konzentration von 11 g/l Chromsäure am Auslauf der Spülkaskade/vor dem Verdunster Wassereinsparung bei Verchromung 75%;
Elektrische Energie (Pumpen, Ventilator, Gleichrichter): 172 kWh;
Chemikalien:
Regenerierung Vollentsalzung (506 m^3/a)
HCl (33%): 850 kg/a
NaOH (45%): 640 kg/a;
Regenerierung Kationen austauschbar (1500 val)
H_2SO_4: 310 kg/a;
Chromsäureverbrauch 3730 kg/a nach Einsatz des Verdunsters.</td>
<td rowspan="2">Produktionsprozeß:

Taktzeit: 2,5 min, 24 Warenträger/h;

2 Chrombäder, 2 × 6000 l Elektrolyt;

freie Badoberfläche 2 × 3 m^2;

Absaugung 15 000 m^3/h;

Ventilator 14 kW;

Inhalt Spülwasser 3600 l;

Verchromte Oberfläche:
≈ 3 m^2/Warenträger = 72 m^2/h;

Verschleppende Oberfläche:
4 m^2/Warenträger ≙ 96 m^2/h;

Verschleppung: 10 l/h
= 2800 g CrO_3/h;

Elektrolyt 280 g/l CrO_3;

Verchromungszeit 4 min;
Frischwasser 10 °dH.</td>
</tr>
<tr>
<td>Betriebserfahrungen:
Folgende Änderungen ergaben sich durch Einsatz des Verdunsters:
Chromsäureverbrauch wurde um 35 % verringert (≙ Anteil, der vorher zur Abscheidung kam, Rest waren Verluste);
Frischwasserbedarf wurde um 75 % gesenkt;
Chemikalienbedarf (früher: Regeneration Kreislaufanlage, Abwasserbehandlung; heute: Regeneration der Ionenaustauscher) noch etwa 5 % des vorherigen Verbrauches;
Schlamm (durch Chromsäure) entfällt (21 t/a bei 30 % TS);
Senkung des Bedienungsaufwandes und der benötigten Energie;
Hierdurch Senkung der Betriebskosten um 50 % (ungefähr noch 90 TDM/a) und eine Amortisationszeit von etwa 3 Jahren.</td>
</tr>
<tr>
<td colspan="2">Maßnahmen/Voraussetzungen für den Einsatz:
Um die zu verdunstende Menge so gering wie möglich zu halten, muß eine wassersparende Spültechnik eingesetzt werden:
alte Anlage: eine Sparspüle und zwei Fließspülen
neue Variante: taktende Tauch-/Spritzspülung;
Um eine vollkommene Rückführung der Chromsäure zu erreichen, müssen störende Fremdmetalle, die durch das Anätzen der Metalloberfläche während des Eintauchvorganges bzw. durch Verschleppung aus einer vorangegangenen Metallbeschichtung (Kupfer, Cr III) in das Prozeßbad gelangen, mittels eines Kationenaustauschers entfernt werden (zusätzlicher Aufwand).</td>
</tr>
<tr>
<td colspan="2">Bewertung:
Wenn bei einem metallabscheidenden Elektrolyten die Spülwassermenge größer als der Verdunstungsverlust des Elektrolyten ist, eine Badkühlung erforderlich (Abfuhr der Reaktionswärme) und – speziell bei der Chromsäure – noch eine Badabsaugung vorhanden ist, sind die besten Voraussetzungen für den Einsatz eines Verdunsters als Konzentrierungsstufe gegeben.</td>
</tr>
</table>

3.5.5.3 Chemikalienrecycling in der Leiterplattentechnik

Bei der Regeneration von Prozeßflüssigkeiten ist besonderer Wert auf die Zusammensetzung zu legen: Benötigt man beispielsweise im Rahmen einer Rückgewinnung zusätzlich chemische Komponenten, die nicht in der Prozeßflüssigkeit enthalten sind, besteht die Gefahr, daß dadurch die Rückgewinnung nur eine begrenzte kurze Lösung bringt, weil sie zu Problemen im Produktionsprozeß führt. Deshalb sind physikalische Verfahren (Membrantrenntechnik, Elektrolyse, Vakuumverdunstung usw.) besonders geeignet.

Im folgenden Beispiel der Bohrlochvorbereitung werden Harze mittels Permanganat zurückgeäzt, wodurch Manganat und Braunstein als Reaktionsprodukte entstehen. Konventionell wird das Manganat mittels Per-Verbindungen zum Permanganat reoxidiert, wodurch sich allerdings die Lösung aufsalzt und im Bereich von Tagen verworfen werden muß. Bei der elektrolytischen Manganat-Reoxidation (Bild 3.57) hingegen, kann chemikalienfrei unter Begrenzung der Aufkonzentrierung auf ein sinnvolles Maß über Monate gearbeitet werden; mittels Diaphragma zur Trennung der Elektrodenräume kann auch die katodische Mangandioxidbildung verhindert werden [3.85].

Ein weiteres Beispiel in der Leiterplattentechnik stellt die Aufbereitung der Natrium-Persulfat-Beizen dar, die neben Kupfer, Schwefelsäure und unverbrauchte Persulfate aufweisen. Auch hier läßt sich nach HARTMANN (1992 [3.85]) elektrolytisch über Rollschicht-Katodenzellen (Bild 3.58) Persulfat zum Sulfat reduzieren und Kupfer metallisch abscheiden. Die Anode besteht aus silberlegiertem Blei oder platiniertem Titan. Die erreichbare Kupferkonzentration wird mit 0,5 g/l angegeben, was vollkommen ausreichend für den nachfolgenden Behandlungsschritt ist, der Stromverbrauch liegt bei 7,5 kWh/kg Cu. Die Sulfat-Reoxidation erfolgt unabhängig in einem zweiten Schritt in einer Gas-Lift-Zelle, in der an senkrechten kanalförmigen Platinelektroden bis zu 60% Peroxodisulfat gebildet werden. Restkupfer wird in Form kleiner Partikel in einem Phasentrenner abgeschieden. Der an der Katode erzeugte Wasserstoff muß durch ausreichend große Spülluftmengen ausgeblasen werden.

3.5.6 Dekontamination von Baggergut – Metallabtrennung aus Buntmetallschlämmen

Trotz verstärkter Maßnahmen zur dezentralen Teilstrombehandlung metallischer Prozeßflüssigkeiten, die im übrigen bei Notwendigkeit der Ausfällung der Metalle (s. Abschnitt 3.2.2) nicht optimal ist, weil sich bei gleichzeitiger Anwesenheit mehrerer Metalle (nach ATV 1985)

- □ Mischkristalle (besonders gilt dies für 2wertige Metalle, wie Nickel, Zink und Cadmium) bzw.
- □ schwerlöslichere Verbindungen der Metalle untereinander (z.B. zwischen den 2wertigen/3wertigen Metallen Nickel- und Zinkchromit) bilden und
- □ Ionen der 2wertigen Metalle, die normaler Weise erst bei hohen pH-Werten ausfallen, an Hydroxidniederschlägen 3wertiger Metalle schon bei niedrigeren pH-Werten bevorzugt adsorbiert und «mitgerissen» werden,

wird man nicht umhinkommen, zukünftig auch gemischte Schlämme weiterzubehandeln. Hierzu gehören beispielsweise auch die Sedimente in Flüssen und Seen, vor allem aber den Häfen.

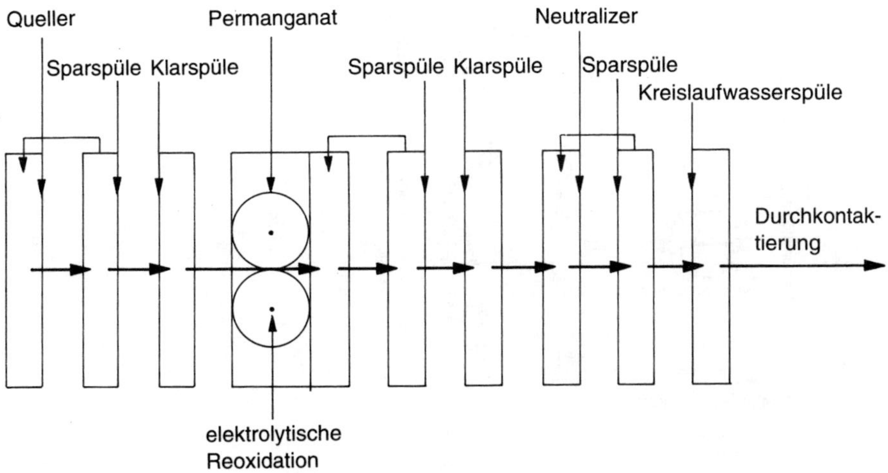

Bild 3.57 Recyclingsystem für den Permanganatprozeß (nach HARTMANN, 1992 [3.85])

Bild 3.58
Schematischer Aufbau einer Persulfat-Recycling-Anlage (nach HARTMANN, 1992 [3.85])

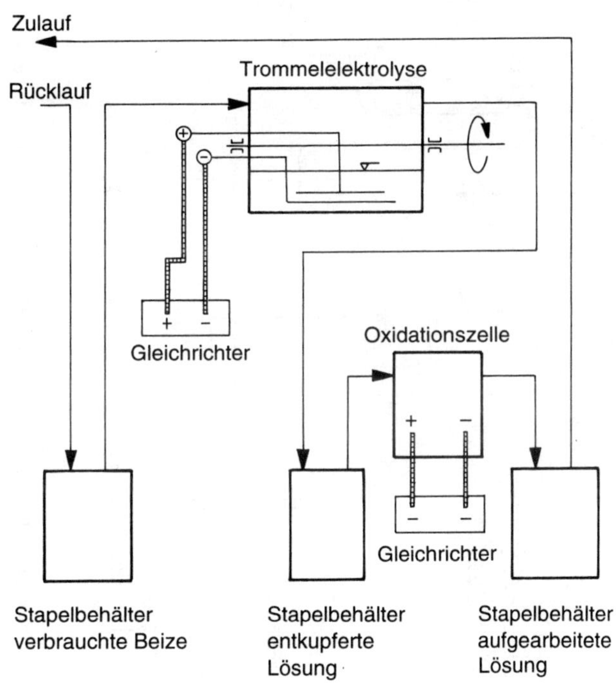

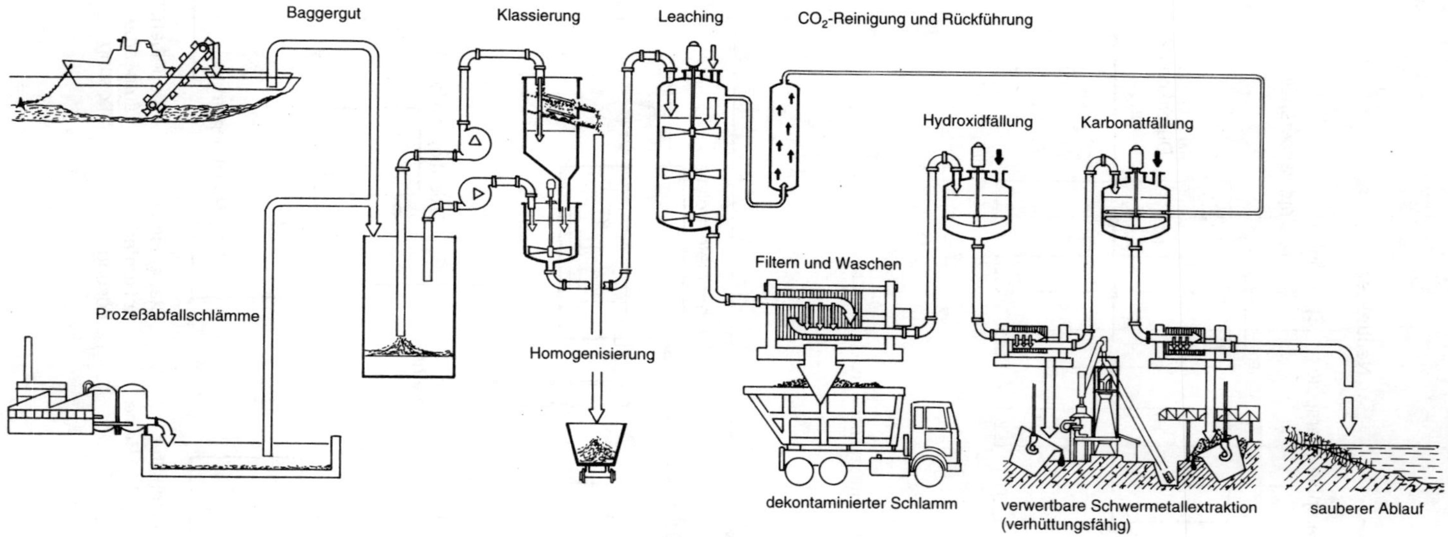

Bild 3.59 Schwermetall-Dekontamination von Baggergut und flüssigen Produktionsabfällen (nach MÜLLER, 1993 [3.86])

Bild 3.60
Kombination von Trennverfahren zur Rückgewinnung einzelner Metalle aus Buntmetallschlämmen (nach GOLDSCHMIDT, Essen [3.87])

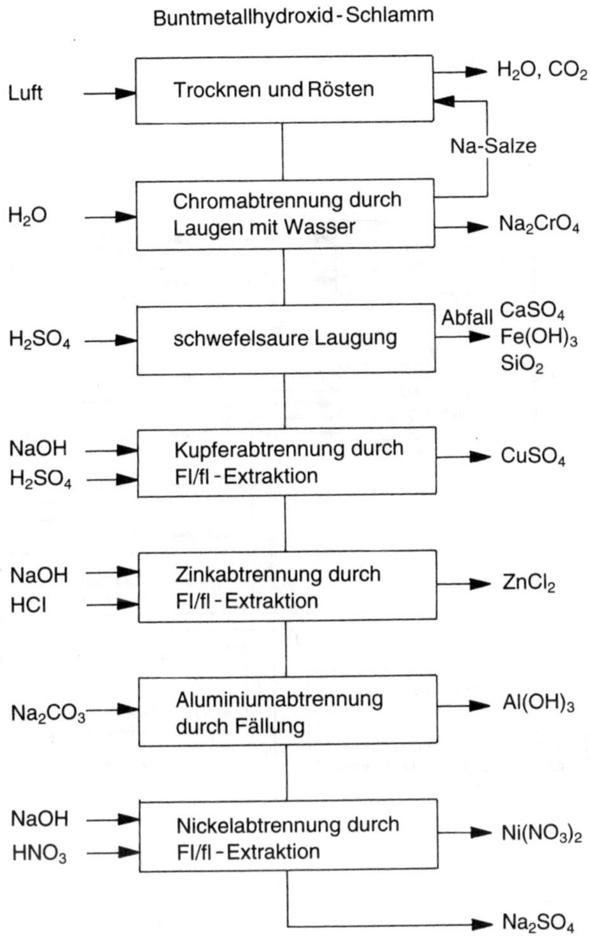

Zur Freihaltung der Schiffahrtswege müssen aus den Hafenbecken laufend große Mengen mit Schwermetallen belasteten Sedimenten ausgebaggert werden, deren Beseitigung teuer und kaum gesichert ist (Elution von Schwermetallen verbietet eine Deponierung ohne Vorbehandlung). Wie Bild 3.59 zeigt, werden mittlerweile mit Hilfe des Extraktionsverfahrens auf Basis von Mineralsäuren Schwermetalle in die flüssige Phase überführt und von dort auf dem Wege einer 2stufigen Hydroxid- und Karbonatfällung wieder eliminiert und aufkonzentriert. Aus dem Konzentrat können die Schwermetalle beispielsweise nach dem in Bild 3.60 gezeigten Schema selektiv geleacht und extrahiert oder bei Metallinhalten > 10 % auch verhüttet werden.

Tafel 3.23 Fließschema einer integrierten Sonderabfallbehandlung

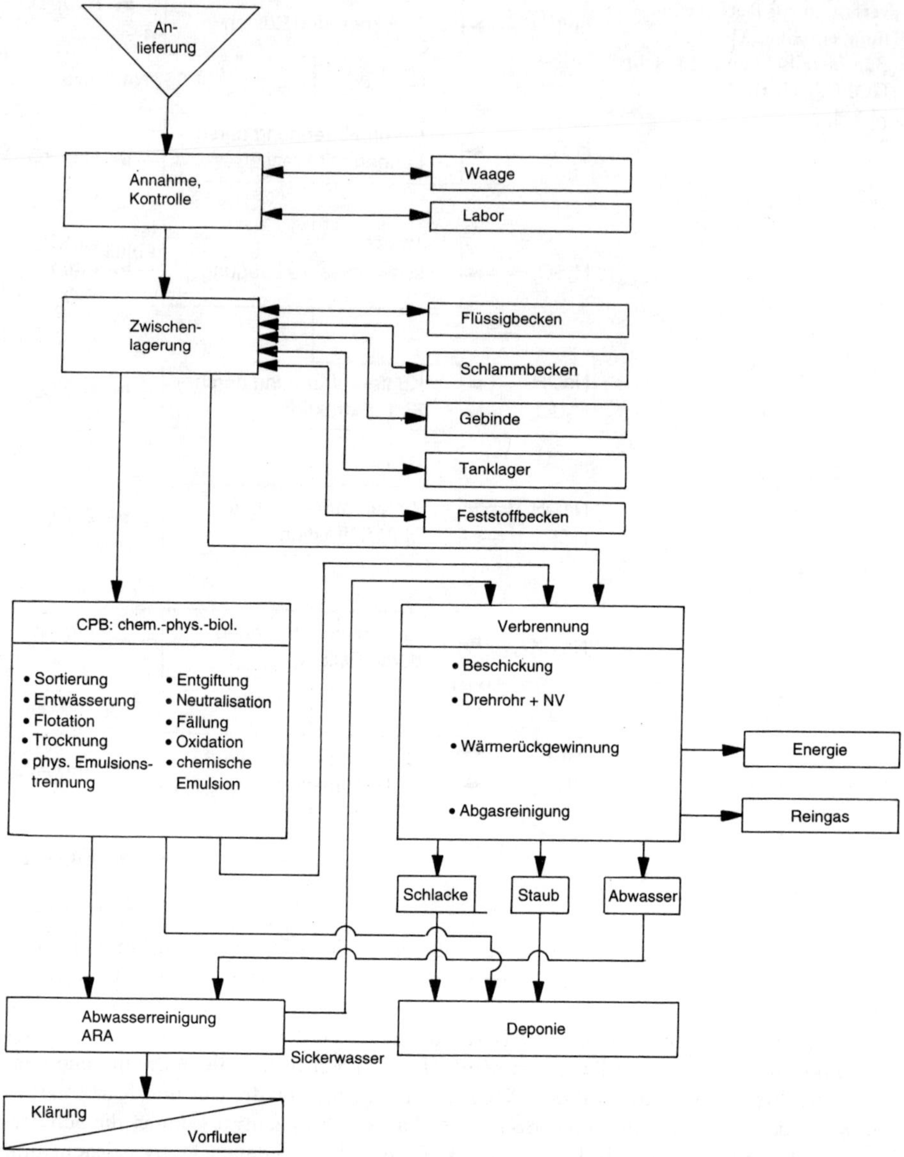

Derartige Verfahren werden zwar bereits schon sehr lange verfolgt, allerdings bekommen sie erst jetzt durch die verschärften Anforderungen Aufwind, da in der Vergangenheit wirtschaftlich zu geringe Mengen mit zu geringen Konzentrationen angefallen sind. Neben den Galvanikschlämmen werden nach diesem Prinzip heute an verschiedenen Stellen Edelmetalle aus Elektronikschrott, Schwermetalle aus Batterien und Leuchtstoffröhren u.v.a.m. aufbereitet.

3.5.7 Behandlung flüssiger Sonderabfälle beim Sonderabfallentsorger

Im Gegensatz zu den produzierenden Unternehmen können die Sonderabfallentsorger nur begrenzt Einfluß auf die Stoffeingänge nehmen (durch Anforderungen an die Vorbehandlung, zeitliche Anlieferung, s. Tafel 3.23).

Sie müssen die zwar deklarierten, aber nicht immer homogenen Stoffgemischen in einer wirtschaftlich technisch vertretbaren Weise ablagerbar machen. Sonderabfälle werden nach SCHODER (1989 [3.88]) eingeteilt in

1. ohne Vorbehandlung deponierbar,
2. ohne Vorbehandlung verbrennbar,
3. ohne Vorbehandlung verwertbar (sicherlich die Ausnahme!) und
4. physikalisch, chemisch oder biologisch aufarbeitbar.

Letztere sind Gegenstand dieses Abschnittes.

Im Vordergrund der Behandlung beim Sonderabfallentsorger steht die schadlose Endbeseitigung in wirtschaftlich vertretbaren Dimensionen; d.h., Entgiftung und Wasserabtrennung sowie Inertisierung. Letztere erfolgt in den meisten Bundesländern auf dem Weg der Verbrennung, wobei auch hier die Vorbehandlung die Aufgabe hat, flüssige sowie pastöse Abfälle nach Heizwert-, Chlor- und Schwefelgehalt getrennt zu halten und entsprechend der Möglichkeiten in konstanten Mischungen oder separat verbrennen zu können.

Der Zweckverband Sondermüllentsorgung Mittelfranken (ZVSMM) in Schwabach (s. Bild 3.61) betreibt beispielsweise eine

- □ Emulsionstrennanlage: Die Flüssigkeit wird aus den Saugwagen über ein Rollsieb zur Grobstoffabscheidung in ein Annahmebecken entleert, Sedimente aus den Saugwagen werden in Mulden gelagert und direkt zur Verbrennungsanlage verbracht. Nach der Beruhigung im Annahmebecken sedimentieren bzw. schwimmen die jeweiligen Phasen ab/auf, so daß sie über Pumpen ebenfalls der Verbrennung zugeführt werden können. Die verbliebenen Öl-Wasser-Gemische werden in Stapelbecken gelagert und beprobt. Auf Basis der Analysenergebnisse werden die jeweils geeigneten Entgiftungs- bzw. Fällungsreaktionen durchgeführt. Abschließend wird der Behandlungserfolg dieses Prozeßschrittes ermittelt.
- □ Biologische Behandlung: Diese und andere Suspensionen (auch aus der Anlieferung von Metall-, Farb- und Lackschlamm) werden einer biologischen Behandlung unterzogen, um Stickstoff zu entfernen und schwer abbaubare Inhaltsstoffe zu verstoffwechseln. Die permanente Überprüfung der biologischen Behandlung hat trotz vermuteter kritischer Inhaltsstoffe bewiesen, daß eine biologische Behandlung in diesem Einsatzbereich auch unter schwankenden Bedingungen einsetzbar ist [3.89].

- ☐ Verbrennung: Die flüssigen Abfälle werden entweder aus den oben beschriebenen Muldentanklagern oder aus Containern und Fässern bis 200 l abgesaugt, während gefährliche und hochtoxische Anlieferungen (Beispiel Pflanzenschutzmittel) im Gebinde über einen Faßaufzug direkt in den Drehrohrofen (s. Bild 3.62) gegeben werden. Die Dosierung erfolgt nach Homogenitätsgesichtspunkten, um einen kontinuierlichen Betrieb und eine optimale Rauchgasreinigung zu erreichen. Vor der Rauchgasreinigung wird in einer mit flüssigem Sonderabfall als Brennstoff betriebenen Nachbrennkammer die vorgeschriebene Temperatur (1200 °C) zur Zerstörung von Dioxinen nachgeregelt. Hier werden auch chemisch nicht zu behandelnde flüssige Abfälle (Phenolwasser, komplexbildnerhaltige Flüssigkeiten usw.), eingedüst und verbrannt.

3.5.8 Methanisierung von flüssigen Rückständen aus der landwirtschaftlichen Produktion

Zum Abschluß dieses Kapitels wird noch ein an und für sich «unproblematisches» Thema, die Entsorgung von flüssigen Rückständen aus der landwirtschaftlichen Produktion bzw. Verarbeitung landwirtschaftlicher Produkte gestreift. Ziel des nachstehend beschriebenen Verfahrens ist es, die organischen Inhaltsstoffe abzubauen und den Rückstand zu stabilisieren, hohe Gasausbeuten zu erzielen bei noch relativ kleinen Reaktionsvolumina und Abwässer zu vermeiden, indem die flüssigen, aufbereiteten Phasen wieder in den Prozeß zurückgeführt werden.

Das realisierte Verfahren besteht aus einer mehrstufigen Anlage (s. Abschnitt 3.3.1), in deren

1. Stufe die Hydrolyse und die Versäuerung stattfindet; die
2. Stufe eine Feststoffabtrennung über Siebschnecken vorsieht, damit die organischen Stoffe der flüssigen Phase in der
3. Stufe methanisiert werden können, während in der
4. Stufe die Feststoffe kompostiert werden (s. Bild 3.63).

Mit hoher Prozeßstabilität konnten die in Tabelle 3.22 gelisteten Ergebnisse erzielt werden. Aus einem kg TS können 560 l Biogas produziert werden, was einem Energieäquivalent von 0,35 l Heizöl entspricht.

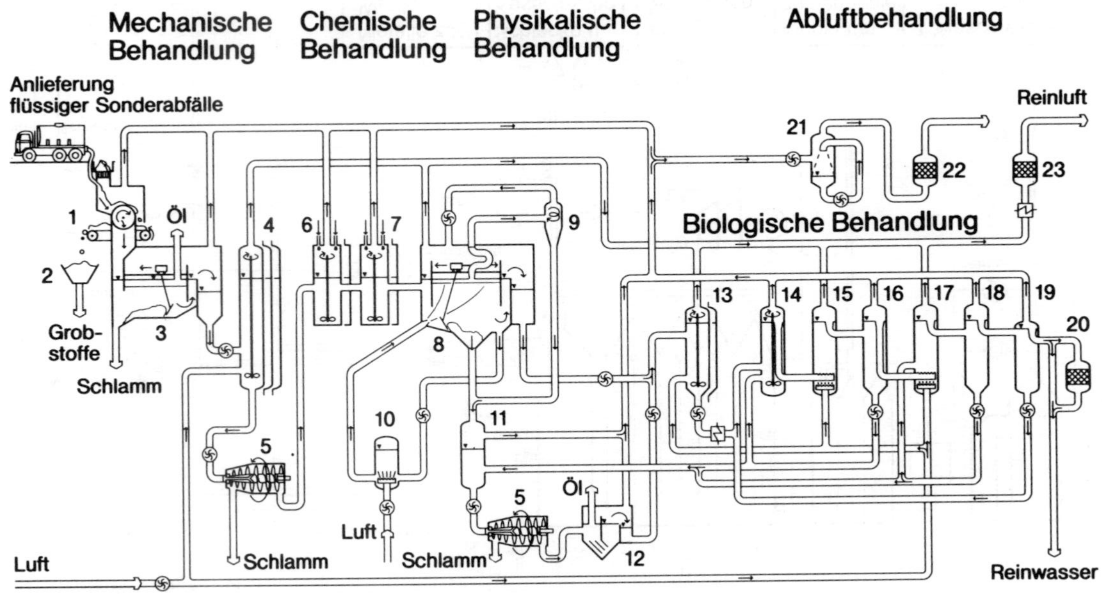

1	Rollsieb
2	Grobstoffmulde
3	Annahmebecken
4	Speicherbecken
5	Dekanter
6	Emulsionsspaltung
7	Entgiftung
8	Flotation
9	Zyklonabscheider
10	Druckwasser
11	Schlammbehälter
12	Ölabscheider
13	Speicherbecken Biologie
14	Denitrifikationsbecken
15	Biologiebecken I
16	Zwischenklärbecken
17	Biologiebecken II
18	Nachklärbecken
19	Abgabebehälter
20	Aktivkohlefilter-Wasser
21	Luftbefeuchter
22	Biologiefilter-Abluft
23	Aktivkohlefilter-Abluft

Bild 3.61 Aufbereitung flüssiger Sonderabfälle (nach ZVSMM, Schwabach)

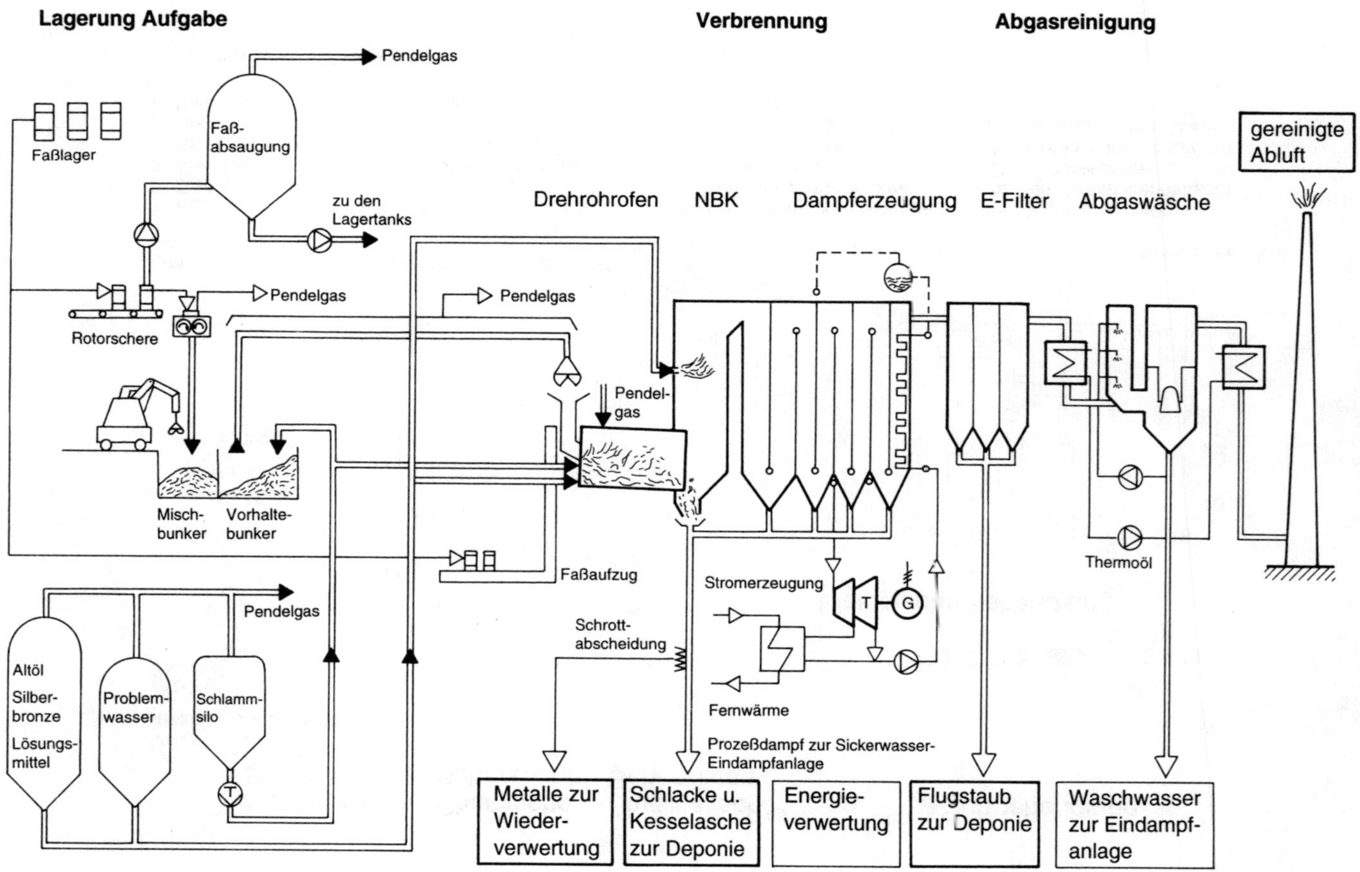

Bild 3.62 Verfahrensfließbild der Verbrennungsanlage für Sonderabfälle (nach SCHODER, 1992 [3.88])

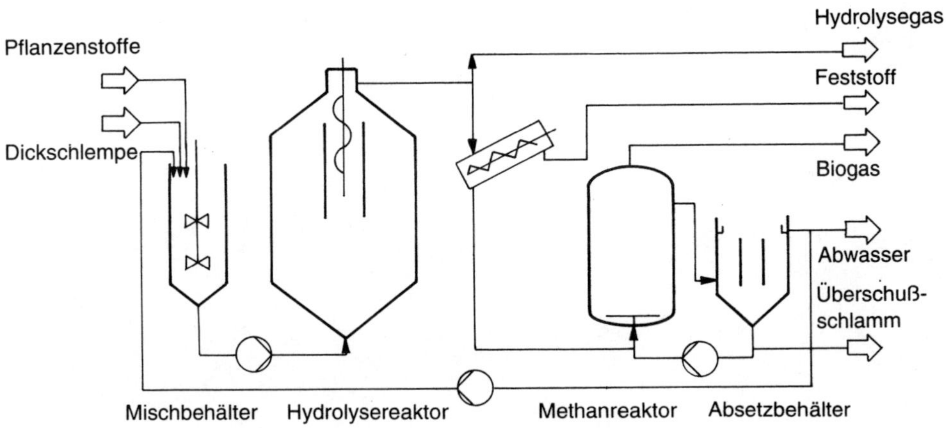

Bild 3.63 Anlagenschema der anaeroben Behandlung von Schlempen (nach WEILAND/AHLGRIMM, 1988 [3.35])

4 Verbleib der flüssigen Abfälle

Alle vorgestellten Behandlungsmaßnahmen haben die Aufgabe, den Rückstand oder Abfall in eine verwertbare oder zumindest entsorgungsfähige Form (gemeint ist in der Regel die Konsistenz) zu bringen. Die vorangestellten Ausführungen orientierten sich jeweils am Verbleib. Eine Entsorgung im wahrsten Sinne des Wortes endet jedoch nicht unbedingt auf der Deponie.

In vielen Unternehmensleitungen herrscht häufig noch ein Denken vor, das den Bestand eines Unternehmens künftig gefährden kann: «Der Abfall muß erst einmal vom Hof! Koste es (beinahe), was es wolle!» Berücksichtigt man die aktuelle deutsche Gesetzgebung, vielmehr aber noch die Entwicklungen auf dem EG-Sektor (s. Tabelle 4.1), wird ein solches Denken und Handeln künftig zumindest pekuniär bestraft, wenn nicht überhaupt unmöglich gemacht: Bestimmte Abfälle müssen schon heute so entsorgt werden, daß sie auch wieder zurückgeholt werden können. Wenn ein Abfall nicht bei einem Sonderabfallentsorger (z.B. in dessen Emulsionsspaltanlage oder in einer Verbrennungsanlage) vermischt und in seiner Struktur verändert wird, können die Abfälle ihren Produzenten zugeordnet und zu einem späteren Zeitpunkt zu einer Weiterbehandlung an den Abfallproduzenten zurückgegeben werden.

Flüssige, meist pastöse oder schlammige Abfälle, die in oberirdischen Deponien abgelagert wurden, enthielten eine unübersehbare Vielfalt von Stoffen und Stoffgemischen, von denen ein Teil auf der schwarzen oder grauen Liste der EG-Gewässerschutzrichtlinie stehen. Früher wurde bei der Ablagerung lediglich auf die Standfestigkeit des Deponiekörpers geachtet. Meist wurden sie gemeinsam ungesichert abgelagert, was zu unkontrollierten und unkontrollierbaren physikalischen, chemischen und biologischen Reaktionen im Deponiekörper führte. Solange eine Deponie jedoch «gast», ist sie ein Reaktor. Eine Deponiegasverwertung ist im Grunde also nur die Schönung eines massiven Altlastenproblems auch aus der jüngeren Vergangenheit: Sickerwässer und Deponiegase sind unzulässige und zum Teil gefährliche Emissionen (vgl. Tabelle 4.2), weil sie auf vielfältige unkontrollierbare Reaktionen zurückgehen.

Deponien sind nach heutigem Verständnis Abfallbeseitigungsanlagen, in denen Abfälle auf Dauer – also für die Ewigkeit – beseitigt werden sollen. Die Grundsätze des § 2.1 AbfG und § 34.2 WhG müssen dabei erfüllt werden. Die Genehmigungspraxis kennt für flüssige Abfälle heute eigentlich nur noch die Sonderabfalldeponie (Abschnitt 4.1.1), die Hochsicherheitsdeponie (Abschnitt 4.1.2), die Monodeponie (Abschnitt 4.1.3) und die Untertagedeponie (Abschnitt 4.1.4).

In allen Fällen soll eine Deponie eine konzentrierte Schadstoffsenke darstellen (im Gegensatz zu den hohen Schornsteinen, die für eine ubiquitäre Verteilung nach dem Verdünnungsprinzip sorgen). Läuft aus einer Deponie etwas aus (Sickerwasser) oder gast etwas aus (Deponiegas), läuft dies bereits den Konzentrierungsabsichten entgegen. Eine künftige Deponie muß «dicht» sein. Da aber auch Kunststoffe einer Alterung unterliegen (in vielen 30 und mehr Jahre alten Deponien findet man heute die damals als unverwüstlich geltenden Nyltesthemden nicht mehr!), kann man sich nicht auf die Abdichtung verlassen: Die TA Sonderabfall (s. Kapitel 2) fordert deshalb, daß Abfall selbst die Barriere gegen den Untergrund darstellen muß.

Bis hierfür die Kapazitäten geschaffen sind, werden aber noch etliche Jahre verstreichen, in denen man mit den Sickerwässern zu leben hat. Deponiebauwerke, die bereits mit Tiefgaragen verglichen wurden, weil sie unter der Sohle begehbar/befahrbar sind und ein Dach gegen den Zutritt von Regenwasser aufweisen, werden darüber hinaus kaum für alle Abfälle realisierbar sein. Da aber in den Haushaltsabfällen und Klärschlämmen dieselben Stoffe auftauchen, die industriell hergestellt wurden und deren Rückstände bei fehlender Verwertung Sonderabfall sind, sind alle Sickerwässer mehr oder weniger gleich problematisch (s. Abschnitt 4.2).

Tabelle 4.1 EG-Richtlinienvorschlag für die zulässigen Eluate aus Deponien (22.05.1991, [4.1])

	gefährlicher Abfall mg/l	inerter Abfall mg/l	TA Abfall Anhang D mg/l
TOC	40 bis 200	200	200
As^{III}	0,2 bis 1	0,1	1
PB	0,4 bis 2		2
Cd	0,1 bis 0,5		0,5
Cr^{VI}	0,1 bis 0,5		0,5
Cu	2 bis 10	5*	10
Ni	0,4 bis 2		2
Hg	0,02 bis 0,1		0,1
Zn	2 bis 10		10
Phenole	20 bis 100	10	100
P	10 bis 50	5	50
NH_4	200 bis 1000	20	1000
Cl	1200 bis 6000	500	10000
CN, leicht freisetzbar	0,2 bis 1	0,1	1
SO_4	200 bis 1000 (500)	1000	5000
NO_2	6 bis 30	3	30
ACX	0,6 bis 3	0,3	3
chlorierte Lösemittel	0,02 bis 0,1	0,01	mg Cl
Pestizide	0,0001 bis 0,005	0,0005	mg Cl
lipophile Substanzen	0,4 bis 2	1	4 Gew.-%
pH-Wert	4 – 13	4 – 13	4 – 13
Glühverlust			10 Gew.-%

*) kein Einzelwert höher als Wert für gefährlichen Abfall

Tabelle 4.2 Organische gasförmige Emissionen aus Hausmülldeponien [4.2]

1 Isobutan	27 Ethylacetat	53 Ethylisobutanoat
2 Vinylchlorid	28 Methylcyclopentan	54 3-Ethan-2-methylpentan
3 Butylen	29 1,1,1-Trichlorethan	55 2-Hexanol
4 n-Butan	30 Isobutanol	56 1,4-Dimethylcyclohexan
5 Methylmercaptan	31 Benzol	57 Ethylmethylcyclopentan
6 Fluordichlormethan	32 Cyclohexan	58 1,2-Dimethylcyclopentan
7 Isopentan	33 1,1-Dimethylcyclopentan	59 Perchlorethylen
8 Ethanol	34 2-Methylhexan	60 Ethylbutanoat
9 Aceton	35 n-Butanol	61 n-Octan
10 n-Pentan	36 3-Methylhexan	62 Chlorbenzol
11 Dimethylsulfid	37 Methylisobutanoat	63 1,1,3-Trimethylcyclohexan
12 Schwefelkohlenstoff	38 Trichlorethylen	64 Ethylbenzol
13 Isopropanol	39 Dimethylcyclopentan	65 1,2,4-Trimethylcyclohexan
14 Dichlormethan	40 Isooctan	66 m- + p-Xylol
15 Methylacetat	41 n-Heptan	67 1,3,5,7-Cyclooctatetraen
16 1,1,2-Dichlorethylen	42 Methylcyclohexan	68 o-Xylol
17 1,3-Dimethylbutan	43 Methylbutanoat	69 Propylbutanoat
18 1,1-Dichlorethan	44 1,1,3-Trimethylcyclopentan	70 n-Nonan
19 2-Methylpentan	45 Propylacetat	71 Ethyltoluol
20 n-Propanol	46 Ethylcyclopentan	72 alpha-Pinen
21 3-Methylpentan	47 Methylisobutylketon	73 Trimethylbenzol
22 Methylethylketon	48 1,2,4-Trimethylcyclopentan	74 Dichlorbenzol
23 cis-1,2-Dichlorethylen	49 1,2,3-Trimethylcyclopentan	75 3-Caren
24 2-Methylfuran	50 Toluol	76 n-Dekan
25 n-Hexan	51 2,3,4-Trimethylpentan	77 Limonen
26 2-Butanol	52 2,3,3-Trimethylpentan	

4.1 Deponierung von flüssigen Abfällen

Im Grunde gibt es nur wenige Möglichkeiten, flüssige Abfälle zu deponieren, weil in der Regel eine Entfeuchtung als Vorbehandlungsmaßnahme vorgeschaltet werden muß. Da jedoch feucht im Sinne der Definition auch pastös und schlammig sein kann, ist die ganze Bandbreite von nicht-trockenen Abfällen zu diskutieren.

Im Rahmen der Aufstellung der Technischen Anleitung Sonderabfall (TA Sonderabfall, s. Abschnitt 2.3.2) wurden verschiedene Deponiekonzepte im Zusammenhang mit der Endlagerung flüssiger Abfälle diskutiert:

- □ Hochsicherheitsdeponien,
- □ Behälterdeponien,
- □ Monodeponien,
- □ Quasi-Monodeponien,
- □ Untertagedeponien.

Nach STIEF (1986) muß man davon ausgehen, daß alle künstlichen Maßnahmen zur Beherrschung einer Deponie ganz oder teilweise versagen. Die Genehmigung einer Deponie erfordert somit die Kenntnis, daß der Standort zu irgendeinem Zeitpunkt die Emissionsfolgen verkraftet. Nach heutiger Sicht rechnet man 30 Jahre in die Zukunft, d.h., daß eine Deponie nur dann akzeptiert wird, wenn gewährleistet ist, daß nach 30 Jahren von den abgelagerten Abfällen auch bei Versagen der Deponiebasis- und Oberflächenabdichtung das Grundwasser und das Umfeld der Deponie durch die Abfälle selbst oder die Emissionen aus dem Deponiekörper nicht mehr beeinträchtigt werden, als es heute zulässig ist.

Die speziellen Deponien für flüssige Abfälle werden entweder von öffentlich-rechtlichen Gebietskörperschaften oder firmeneigen betrieben. Sie unterliegen strengen Genehmigungs- (Planfeststellung) und Überwachungsauflagen. Insbesondere sind Pegelstände und Mengen des Deponiesickerwassers, Gasentwicklung und Temperaturentwicklung im Deponiekörper, aber auch der Wasserstand in umliegenden Grundwasserpegeln zu kontrollieren; monatlich muß darüber hinaus das Setzungsverhalten des Deponiekörpers ermittelt werden.

4.1.1 Sonderabfalldeponien (SAD)

Gemäß der TA Abfall, Teil 1 (Sonderabfall) müssen bestimmte überwachungsbedürftige Abfälle einer Sonderabfalldeponie (SAD) zugeführt werden. In der Regel müssen flüssige Abfälle zuvor entfeuchtet werden; einige Sonderabfalldeponien dürfen keine flüssigen, pastösen oder Lösungsmittel enthaltende Chargen annehmen.

Sollen Sonderabfälle in ein Endlager, müssen ihre Eluate mindestens Trinkwasserqualität besitzen [4.3]. Heutige Sonderabfalldeponien sind davon noch sehr weit entfernt.

Am Beispiel einer in die Schlagzeilen gekommenen Sonderabfalldeponie (Malsch) soll die Vergangenheit aufgearbeitet und die Zukunft skizziert werden. Zwischen 1971 und 1984 wurden in Malsch rund 700 000 t Sonderabfall deponiert, die im nachhinein in 4 Kategorien eingeteilt wurden (SMB, 1990):

1. Abfälle aus der Leichtmetallproduktion (20%); überwiegend Salzschlacken aus dem Aluminiumrecycling.
2. Abfälle aus der Wasser- und Abwasseraufbereitung (25%); Schwermetallhydroxide (entwässerte Galvanikschlämme).
3. Kontaminierte Böden (20%); hauptsächlich mineralölbelastete Böden.
4. Eine Vielzahl unterschiedlicher Abfälle (35%), die als umweltrelevant eingeschätzt werden, wie Farb- und Lackschlämme, Filterstäube, Mineralölabfälle, Ölschlämme, insbesondere Produktionsabfälle aus der Pestizidproduktion (2,3,7,8-TCDD), die in nicht zugänglichen tieferen Bereichen abgelagert worden waren.

Der in Bild 4.1 gezeigte Wasserspiegelverlauf vor und nach der Einrichtung von ersten Sicherungsmaßnahmen (Behandlung des Deponiesickerwassers nach Einbringung einer Tiefendrainage und einer Oberflächenabdichtung) macht deutlich, wie wenig Gedanken man sich noch vor rund zehn Jahren, also in der jüngsten Vergangenheit, um die Vorsorge gegen diffuse Austräge aus kritischen Ablagerungen gemacht hat. Fotos dieser Deponie zeigen, daß man bei der Auffüllung wohl darauf «gehofft» hat, daß Filterstäube und Schlämme miteinander reagieren und sich von selbst verfestigen. Mangelhafte Gründung, mangelhafte Sicherung gegen Eintritt und Austritt von Grund- und Regenwasser, mangelhafte Fassung von reagierenden Komponenten und mangelhafte Maßnahmen gegen die Selbstentzündung von Gasgemischen sind aus heutiger Sicht aus einem umfangreichen Katalog von Versäumnissen zu konstatieren.

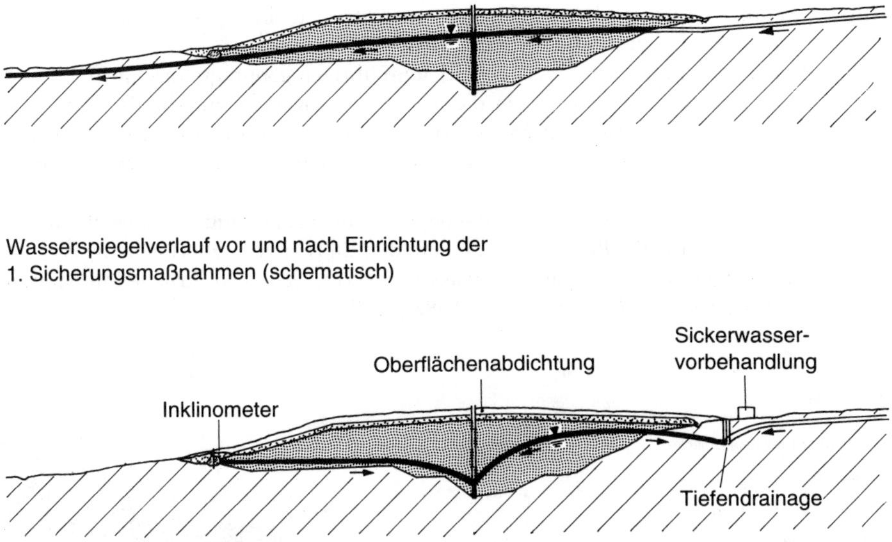

Bild 4.1 Wasserspiegelverlauf in der Sonderabfalldeponie Malsch [4.4]

Ganz anders sieht es bei der Sonderabfalldeponie Billigheim aus (Bild 4.2, vgl. Bild 4.3: Deponieabdichtungssysteme nach der TA Siedlungsabfall). Der Wasserspiegel des Grundwassers liegt z.B. mit seinem Höchststand 20 m unter der Deponieaufstandsfläche. Der Untergrund besteht aus einer Tonschicht mit einer sehr geringen Durchlässigkeit. Darüber hinaus wurde ein Dichtungssystem gewählt, das neben Standsicherheitsfragen zur Aufnahme der Auflasten aus dem Abfall über eine ausreichende Verformbarkeit verfügt sowie einen Ausgleich von Setzungen der Basis ermöglicht (Tabelle 4.3 faßt die wesentlichen Daten zusammen). Hinsichtlich der Verwendung der unterschiedlichen Materialien (Geotextilien u.ä.) sei auf die umfangreiche Literatur verwiesen [4.5, 4.6, 4.7]

Die Ablagerung von Sonderabfällen nach Fertigstellung einer Sonderabfalldeponie erfolgt nach einem strengen Reglement: Nach der Eingangskontrolle sind der Abfallbegleitschein, die Abfallablagerungsgenehmigung sowie die Transportgenehmigung vorzulegen. Per EDV wird schnellstens die Angabe geprüft (Ablagerungsgenehmigung durch das zuständige Regierungspräsidium sowie Übereinstimmung von Genehmigung und mitgeführten Abfällen). Über eine chemische Schnellanalyse werden die gemachten Angaben auf Richtigkeit geprüft; das Transportfahrzeug wird gewogen. Erst wenn das Ergebnis der chemischen Kontrolle positiv ist, d.h. übereinstimmend mit den Genehmigungsdaten, darf das Transportfahrzeug zur vorbestimmten Abladestelle fahren. Das Abkippen wird persönlich überwacht, wobei darauf geachtet wird, daß der Abfall in seiner Gesamtheit mit der gezogenen Probe übereinstimmt.

Der Aufbau des Abfallkörpers (es handelt sich hierbei um ein «Bauwerk») erfolgt nach einem detaillierten Betriebsablaufplan. Die angelieferte Abfallmenge wird mit

Hilfe eines horizontalen und vertikalen Deponierasters zu einem Deponiekatatster zusammengesetzt, so daß bestimmte Abfälle wieder auffindbar sind.

Die Reifen der Transportfahrzeuge werden im übrigen gereinigt; anschließend wird das Fahrzeug nochmals gewogen (um die Masse des abgeladenen Abfalls zu bestimmen). Der Transporteur erhält anschließend eine Bestätigung über die ordnungsgemäße Erledigung seines Auftrages. Die Überwachungsbehörden werden jeweils informiert.

Abschnittsweise wird die Sonderabfalldeponie mit gegenseitig verschweißten Folienbahnen – meist aus HDPE – abgedeckt, um den Eintritt von Oberflächenwasser zu verhindern (und dadurch Deponiesickerwasser zu vermeiden; ausführliche Informationen bei FLÜGGE, 1992 [4.9], und SCHMID 1992 [4.5]).

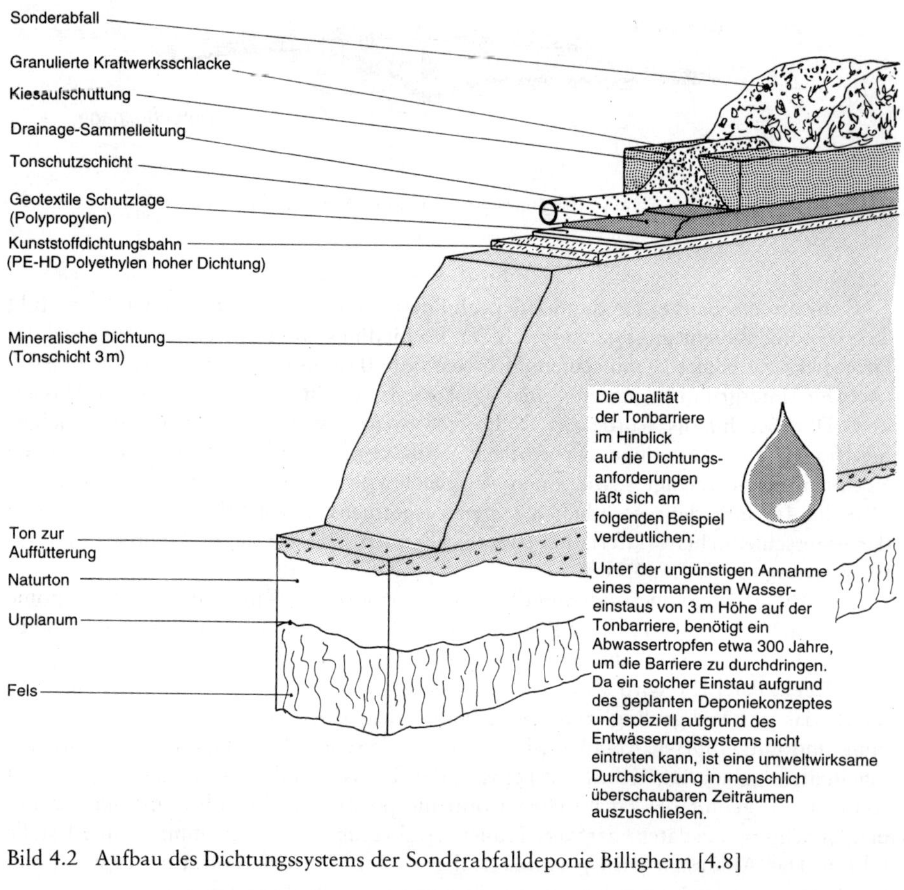

Bild 4.2 Aufbau des Dichtungssystems der Sonderabfalldeponie Billigheim [4.8]

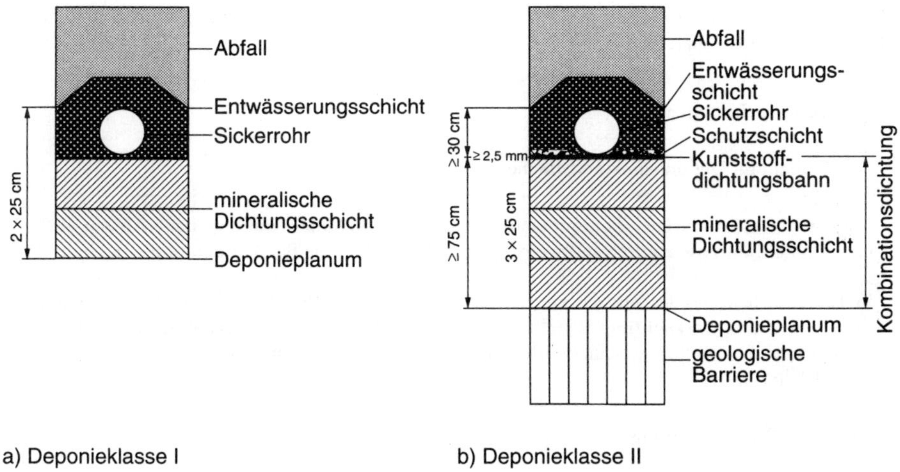

Bild 4.3 Aufbau der Dichtungssysteme nach TA Siedlungsabfall für die Deponieklassen I und II

Nach der Verfüllung einer Sonderabfalldeponie wird die Oberfläche in der Regel in zwei Phasen abgedichtet (Tabelle 4.4 und Bild 4.4). Die erste Phase erfolgt sukzessive nach Einbaufortschritt (Teilabschnitte von z.B. 5000 m^2), die zweite, wenn sich der Deponiekörper gesetzt hat.

Während im Untergrund Drainagen für Sickerwässer verlegt werden, müssen im Bereich der Oberflächendichtung Sammelleitungen und Dome für mögliche austretende Gase eingebracht werden. Alle Maßnahmen werden heute in allen Einzelheiten durch ein aufwendiges Kontrollsystem bei der Einbringung, aber auch im laufenden Betrieb überwacht.

Bevor der Abfall – z.B. in Billigheim – eingebracht wird, durchfährt eine Kamera sämtliche Drainagerohre und überprüft optisch die Funktion. Die Höhenlage wird alle 10 m vermessen: Vor dem Einbringen, nach der Aufschüttung von 3 m Höhe sowie jährlich danach. Daneben werden im Umfeld Boden- und Pflanzenprobenmeßstellen von Landwirtschaftsämtern eingerichtet; standardisierte Graskulturen und Flechtentafeln ergänzen diese Überwachungsmaßnahmen. Meteorologische Meßprogramme und zusätzliche Grundwasserstationen (Abwehrbrunnen abstrom) ergänzen die auf der Deponie eingerichteten Überwachungsmaßnahmen.

Neben dem teilweise offenen System werden derzeit intensiv die überdachten Lösungen der Einbringung von Sonderabfällen diskutiert (s. auch Abschnitt 1.4.2 Zwischenlagerung). Bild 4.5 zeigt eine Anlage des Zweckverbandes Sondermüllentsorgung Mittelfranken mit einem Kassettensystem.

Da auch bei den Unternehmen die Sonderabfall-Ablagerungskapazität schwindet, hat sich die Firma Bayer eine «Kompakt-Deponie» einfallen lassen (Bild 4.6): Die Abfälle werden nach geeigneten Rezepturen in Abhängigkeit von der Korngrößenverteilung und der chemischen Zusammensetzung verarbeitet und anschließend zu Platten gepreßt. Die Platten werden zu größeren Einheiten gestapelt und in Folien verpackt, so daß sie staub- und wasserdicht sind. Der Einbau erfolgt bausteinartig.

Tabelle 4.3 Daten zur Sicherung der Sonderabfalldeponie Billigheim gegen unkontrollierten Austritt von Emissionen [4.4]

Sicherung nach «unten»
Das Urplanum Deponieaufstandsfläche
Ein natürlich gewachsener Tonuntergrund bildet das Fundament auf dem nach Abtrag des Oberbodens, durchwurzelter und weicher Bodenschichten, die Basisabdichtung aufgebaut wird. In Teilbereichen, wo der gewachsene Ton nicht bis zur geplanten Unterkante der 3 m mächtigen, mineralischen Dichtung ansteht, wird Ton in Schichten von maximal 32 cm Stärke aufgefüttert. Die Dichtungsschichten weisen einen Durchlässigkeitswert von $K \leq 10^{9}$ m/s auf.
Die mineralische Dichtung
Auf dem so geschaffenen Planum wird über die gesamte Deponiefläche eine durchgehende Sohldichtung von 3 m Dicke eingebracht. In Schichten von 20 – 25 cm Stärke und einer Proctordichte (Maß für Lagerungsdichte) von $D_{pr} \geq 0{,}95$. Die geforderten Durchlässigkeitswerte betragen im unteren, 2,4 m starken Teil, $K_f \leq 10^{9}$ m/s und in dem oberen, 0,60 m starken Teil, $K_f \leq 10^{10}$ m/s. Tonmaterial wird in die Einbaufelder eingeschoben etwa 5 – 7 cm über der zugelassenen Sollstärke von 20 – 25 cm. Die hohen Anforderungen an die Ebenheit und die höhenmäßige Gefäll-Lage werden durch eine automatische Niveauregulierung der lasergesteuerten Raupenschilder erreicht. Das grobstückige Material wird anschließend mit Bodenfräsen erkleinert und homogenisiert. Durch die Frästiefe von 30 cm wird das darunter liegende, bereits verdichtete Einbaufeld 3 – 5 cm tief angefräst und damit eine gute Verzahnung und eine risse- und spaltenfreie Verbindung der einzelnen Schichten garantiert. Die Verdichtung erfolgt mit mindestens 4 Übergängen der schweren Stampffußwalze. Abschließend wird die Fläche exakt planiert und glattgewalzt.
Die geotextile Dichtung
Zum mechanischen Schutz der Kunststoffdichtungsbahnen dienen geotextile Schutzanlagen: Im Basisbereich haben sie die Aufgabe, die Dichtungsbahn gegenüber den Beanspruchungen beim Einbau der mineralischen Schutzschicht zu schützen. Hier werden gewebeverstärkte Vliese aus Polypropylen (PP) eingesetzt, die in der Lage sind, Horizontalkräfte aufzunehmen. In den Böschungsbereichen haben sie darüber hinaus die Aufgabe, Zugbeanspruchungen aus den Auflasten abzutragen. Hier werden gewebeverstärkte Vliese aus PE-HD eingesetzt. Als Mindestanforderungen werden in beiden Fällen gestellt: Flächengewicht 1000 g/m^2 Dicke 6,9 mm Zugkraft bei 3% Verformung 10 KN/m

Tabelle 4.4 Daten zur Sicherung der Sonderabfalldeponie Billigheim gegen Eintritt von Immissionen [4.4]

Sicherung nach «oben»
Die heutige Deponietechnik zur Einlagerung von Abfällen gewährleistet eine dauerhafte Vermeidung von Immissionen (Einwirkungen von außen) auf den Abfall sowie Emmissionen (Wirkungen nach außen). Dieses Ziel wird erreicht, indem die planmäßig verfüllte Deponie eine Abdichtung in 2 Phasen erhält, wobei die 1. Phase sukzessive nach Einbaufortschritt in Teilabschnitten von ca. 5000 m^2 aufgebracht wird.
Dichtungsaufbau der 1. Phase (von unten nach oben):
1,0 m mächtige Ausgleichsschicht auf dem Müllkörper zur Verdichtung, Profilierung und Planie; 0,4 m dicker Flächenfilter (u.a. zur ev. Gasabführung) aus granulierter Kesselschlacke, Körnung 0/4 mm; Kunststoffdichtungsbahn aus PE-HD 2,5 mm dick, beidseitig profiliert; 0,3 m dicker Flächenfilter aus granulierter Kraftwerkschlacke, Körnung 0/10 mm einschließlich Rohrdrainage (in Sektoren unterteilt). Durch die konstruktive Ausbildung des Deponierandes im Bereich der Ringstraße sind die Kunststoffdichtungen der Basis- und Oberflächenabdichtung dicht miteinander verbunden. Nach Abklingen der erwarteten Setzung des Müllkörpers wird die 2. Phase der Oberflächenabdichtung aufbauend auf der 1. Phase aufgebracht: Ausgleichsschicht aus granulierter Kraftwerkschlacke für eingetretene Setzungen; Geotextil aus Polypropylen 600 g/m^2; 0,6 m dicke mineralische Dichtung aus Ton mit Durchlässigkeitswert $K_f \leq 10^9$ m/s; 0,3 dicke Filterschicht aus granulierter Kraftwerkschlacke Körnung 0/10 mm; Geotextil aus Polypropylen mit einem Gewicht von 600 g/m^2; 1 m dicke Rekultivierungsschicht aus Bodenmaterial einschließlich Begrünung;

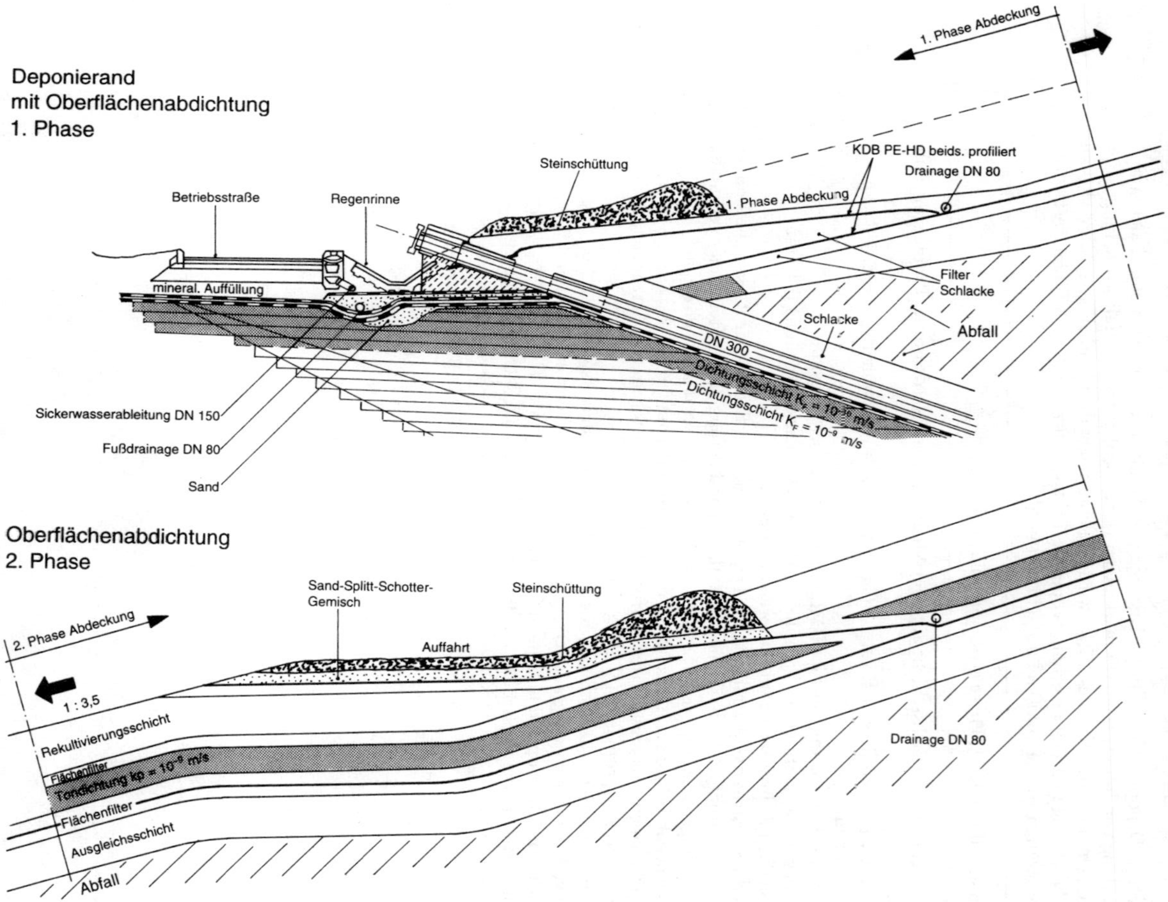

Bild 4.4 Aufbau des Oberflächenabdichtungssystems der Sonderabfalldeponie Billigheim [4.8]

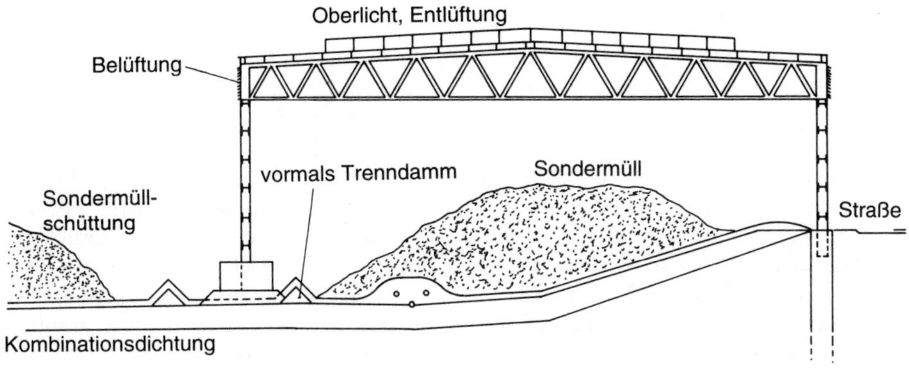

Bild 4.5 Teilüberdachung einer Sonderabfallablagerung – Deponie Raindorf (ZVSMM, 1993)

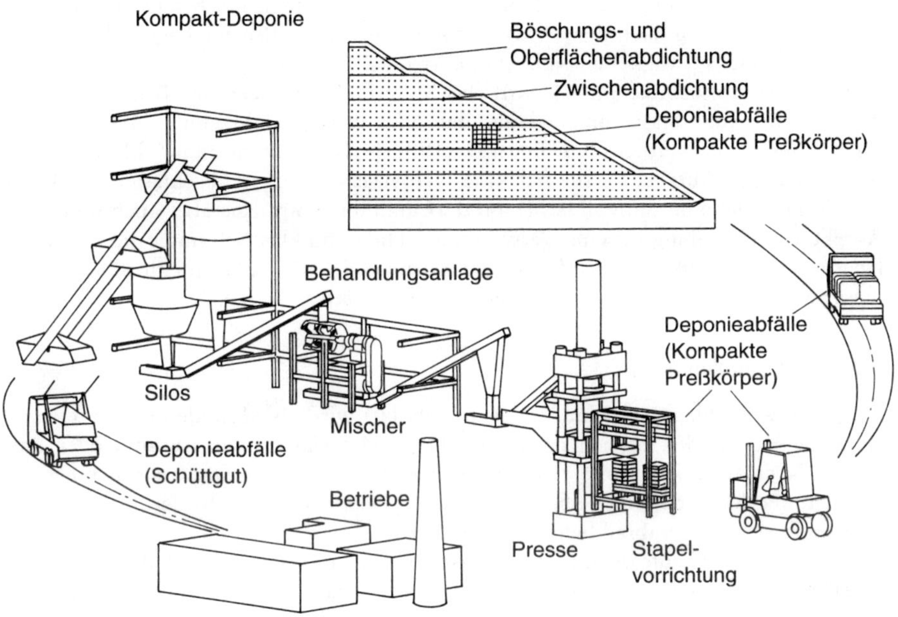

Bild 4.6 Behandlung von Abfällen auf dem Weg zur BAYER-Kompakt-Deponie (*Chemische Industrie* 1991)

4.1.2 Hochsicherheitsdeponie

Wie oben aufgelistet, diskutiert man auch sogenannte «Hochsicherheitsdeponien», die jedoch weniger als Endlagerstätten gedacht sind, sondern eher als Zwischenlager für größere Mengen der unterschiedlichsten Stoffe. Es ist daran gedacht, mehrere, bis 160 000 m^3 große Behälter aufzustellen (s. Bild 4.7).

Solche Behälter stellen jedoch bereits Monodeponien dar, weil es sich im dichtbesiedelten Deutschland niemand mehr leisten kann, derartige, einmal verfüllte Behältnisse in der Landschaft oder im Untergrund stehen zu lassen. Unter dem Druck der hohen Kosten für diese Form der Deponierung erhofft man sich eine rasche Aufarbeitung mit dem Ziel der Wiederverwertung oder Behandlung zu einem unschädlichen Produkt [4.10]. Eine wirtschaftliche Aufarbeitung ist jedoch nur möglich, wenn es sich um weitgehend unvermischte oder zumindest bekannte Stoffgemische handelt.

SCHMID (1992 [4.5]) ordnet die Behälterdeponie zwischen die Oberflächen- und Untertagedeponie ein, weil sowohl hochbauspezifsche als auch tiefbauspezifische Belange berücksichtigt werden müssen.

Im Vergleich zu herkömmlichen Deponien sind Behälterdeponien eher vertikal ausgedehnt (Durchmesser bis 50 m, Höhe 30 m). Die Merkmale der Behältertechnik sind übertragbar aus den nach dem WHG geforderten Merkmalen für Lagerbehälter wassergefährdender Flüssigkeiten (vgl. Abschnitt 1.4.2).

In einer Risikostudie [4.11] wird die Materiallebensdauer der Behälter kritisch durchleuchtet und darauf hingewiesen, daß nach wenigen Jahrzehnten mit einer Umfüllung gerechnet werden muß. BIEHLER (1988 [4.10]) kommt zum Schluß, daß nur für sehr wenige Abfälle, für die sich eine Wiederverwertung in absehbarer Zeit lohnt, eine Behälterdeponie sinnvoll ist. Dann darf man diese Strategie aber auch unter dem Aspekt «Bereitstellung für eine Verwertung» sehen und klassisch unter die Zwischenlagerung in beispielsweise Produkt- oder Vorprodukt-Silo-Anlagen einordnen, da für diese genauso gilt, daß sie dicht und sicher sein müssen.

4.1.3 Monodeponien

Die geordnete Ablagerung einer einzigen Abfallart wird als Monodeponie bezeichnet. Überwiegend handelt es sich dabei um inerte Materialien, wie Abraum oder Bauschutt. Aber auch Schlämme aus Abwasserreinigungsanlagen werden zunehmend in sogenannten Monodeponien abgelagert. Tabelle 4.5 stellt die Anforderungen der Monodeponie der Sonderabfalldeponie gegenüber.

Etwa 10% der heute deponierten Klärschlämme aus kommunalen, aber auch industriellen Abwasserreinigungsanlagen (z.B. Papierfabriksschlämme oder Schlämme aus der Mineralwasserherstellung usw.) werden in Monodeponien abgelagert. Meist handelt es sich dabei um einfache Grubensysteme, die mit Folien ausgelegt sind. Der häufig noch fließfähige Schlamm wird in die Gruben gepumpt und dort über Wochen und Monate gelagert. Witterungsbedingt entwässert er dabei, teilweise fault er unter psychrophilen Bedingungen, teilweise wird der Schlamm aerob umgesetzt.

Daneben gibt es noch Monodeponiestrukturen für flüssige Abfälle, die Kompostierungswalmen ähnlich aufgeschüttet werden, wobei in die Zwischenräume andere Arten von Abfälle eingefüllt werden. Der ATV/BDE/VKS-Fachausschuß (1992 [4.13]) weist in diesem Zusammenhang darauf hin, daß diese Form der Ablagerung die Fassung von Sickerwasser und Abführung von Deponiegas behindern kann und etwaige Mischvorgänge vorgenommen werden müssen. Dann handelt es sich allerdings nicht mehr um eine Klärschlamm-Mono-Deponie. Konstruktive Vorschläge für den Aufbau einer derartigen Naßmüll-Mono-Deponie sind in Bild 4.8 dargestellt.

Bild 4.7
Schema einer Hochsicherheits-Behälterdeponie (nach SCHMID, 1992 [4.5])

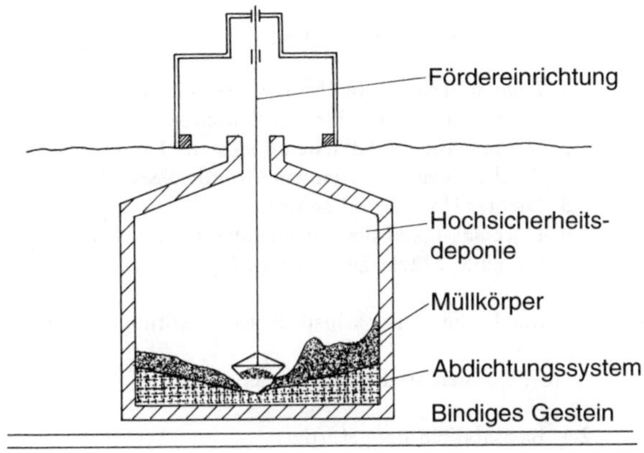

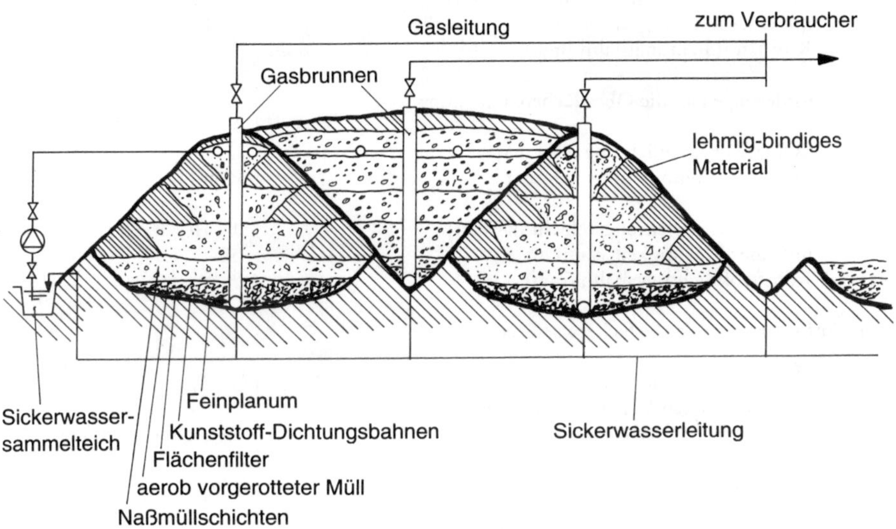

Bild 4.8 Möglicher Aufbau einer Naßmüll-Monodeponie (nach SPERL, 1986 [4.14])

Tabelle 4.5
Anforderungen Regel-SAD im Verhältnis zu Mono-SAD (nach FISCHER/SCHENKEL, 1990 [4.12])

TA Sonderabfall	Regel-SAD	Mono-SAD
1. Anforderungen an den Standort		
1.1 Lage außerhalb von Trinkwasserschutzzonen	ja	ja
Grundwasser- und Heilquellenschutzgebieten	ja	ja
1.2 Deponieaufstandsfläche mindestens 1 m über dem höchsten zu erwartendem Grundwasser-(druck-)spiegel	ja	ja
1.3 Dichter Untergrund gefordert	ja	ja
1.4 Durchlässigkeit des anstehenden Untegrundes (k-Wert)	$1 \cdot 10^8$	$1 \cdot 10^8$
mit einer Mächtigkeit von (m)	3	3
(CH): ohne Einbau eines künstl. Basisabdichtungssystems (k; m)		
2. Anforderungen an die Basisabdichtung		
2.1 Basisabdichtung gefordert	ja	ja
2.2 Einfach-/Kombinationsdichtung	Kombi	*)
a) Mineralische Dichtungsschicht (k-Wert)	$1 \cdot 10^{10}$	
mit einer Mächtigkeit von (cm)	150	
b) Kunststoffdichtungsbahn (mm)	2	
3. Anforderungen an die Oberflächenabdichtung		
3.1 Oberflächenabdichtung gefordert	ja	ja
3.2 Einfach-/Kombinationsdichtung	Kombi	*)
a) Mineralische Dichtungsschicht (k-Wert)	$1 \cdot 10^{10}$	
mit einer Mächtigkeit von (cm)	50	
b) Kunststoffdichtungsbahn (mm)	2	
4. Anforderungen an die Sickerwasserbehandlung		
4.1 Sickerwasser gefordert	ja	ja
4.2 Ableiten in den Vorfluter/in ein Gewässer		
4.3 Reinigung auf der Deponie	Reinigung	Reinigung
5. Anforderungen an die Gasbehandlung	**)	**)
5.1 Gasbildung zu erwarten		
5.2 Offene Entgasung über die Deponieoberfläche		
5.3 Gasfassung und Behandlung		

*) Evtl. geringere Anforderungen möglich als bei der Regel-SAD
**) sollte eine Gasbildung eintreten, so ist eine Gasbehandlung vorgeschrieben

Tabelle 4.6 Abfallarten nach TA Sonderabfall, die einer Untertagedeponie zugewiesen sind

Abfall-schlüssel	Bezeichnung	Herkunft
313 10	Schlacken aus Sonderabfallverbrennungsanlagen	Sonderabfallverbrennungsanlagen
313 12	Feste Reaktionsprodukte aus der Abgasreinigung von Abfallverbrennungsanlagen	Hausmüllverbrennungsanlagen, Klärschlammverbrennungsanlagen, Sulfitablaugeverbrennung
313 13	Feste Reaktionsprodukte aus der Abgasreinigung von Sonderabfallverbrennungsanlagen	Sonderabfallverbrennungsanlagen
313 16	Feste Pyrolyserückstände	Pyrolyseanlagen
314 40	Strahlmittelrückstände mit schädlichen Verunreinigungen	Mechanische Oberflächenbehandlung
316 28	Härtereischlamm, cyanidhaltig	Härterei
316 29	Härtereischlamm, nitridhaltig	Härterei
316 32	Bariumsulfatschlamm, quecksilberhaltig	Chemische Industrie, Erzeugung von Chlor
353 02	Berylliumhaltige Abfälle	Berylliumgewinnung, Verarbeitung von Beryllium
353 23	Nickel-Cadmium-Akkumulatoren	Akkumulatoren, Handel und Anwendung
353 24	Batterien, quecksilberhaltig	Herstellung von Batterien, Handel und Anwendung
353 25	Trockenbatterien (Trockenzellen)	Herstellung von Batterien, Handel und Anwendung
353 26	Quecksilber, quecksilberhaltige Rückstände, Quecksilberdampflampen, Leuchtsstoffröhren	Herstellung, Handel und Anwendung, Metallurgie
399 03	Steinsalzrückstände (Gangart)	Chemische Industrie, Erzeugung von Chlor

Hinsichtlich der Veränderung der Konsistenz (Verminderung der organischen Masse über die Zeit) gibt es widersprüchliche Angaben: Zum Teil wird davon berichtet, daß sich Klärschlamm in Monodeponien überhaupt nicht verändert hat, zum Teil hat der Glühverlust erheblich abgenommen (s.d. ATV/VKS 1991 [4.15] und 1992 [4.13] sowie KÖHLHOFF, 1993 [4.16]). Da es keinen Einheitsklärschlamm gibt, wird man hier mit allgemeinen Aussagen keinen Erfolg haben.

Da die TA Siedlungsabfall die Deponierung von Klärschlamm mit organischem Kohlenstoff über 5% (gleichgültig ob in Hausmüll- oder Monodeponien) nur noch bis ins Jahr 2005 zuläßt, erübrigen sich weitere Bemerkungen.

Für die Sonderabfälle darf man angesichts der oben genannten Einbringungsstrukturen allerdings auch bereits von einer Mono-Deponierung sprechen. Gemeint ist hierbei aber die Vereinzelung besonders überwachungsbedürftiger Abfälle in einer Sonderabfalldeponie. Auch hier gilt natürlich die in der TA Sonderabfall genannte Grenze von 10% organischem Kohlenstoff.

4.1.4 Untertagedeponien (UTD)

Bei den Untertagedeponien handelt es sich um unter der Erdoberfläche liegende, umgewidmete Kavernen und Bergwerksstollen, die nun für die Endlagerung von besonders überwachungsbedürftigen Abfällen genutzt werden. Vor der Einrichtung einer Untertagedeponie wird der Standort auf die Zutrittsmöglichkeit von Wasser, auf Klüftungen und Gesteinsspalten, auf tektonische Aktivitäten (Elastizität des Gesteins) und Reaktionsträgheit von Gestein und Abfall überprüft.

Nach SCHMID (1992 [4.5]) erfüllen lediglich Salzstöcke (Diapire) nach dem Stand der Technik die Anforderungen an die Endablagerung von Abfällen (s. Bild 4.9). Die Liste der Abfallarten, für die nach TA Sonderabfall eine Endablagerung in einer Untertagedeponie vorgesehen ist, ist lang (Tabelle 4.6). Die Kosten im Vergleich zu einer Entsorgung über eine Verbrennungsschiene erscheinen geradezu noch erschwinglich: Z.B. wurde der Grundpreis in der Untertagedeponie Herfa-Neurode (sie ist eigentlich nur als Zwischenlager für hochtoxische Stoffe konzipiert [4.10]) zum 01.01.1994 lediglich von 440 auf 460 DM/t angehoben; die anteiligen Kosten für die Abmauerung liegen bei 8,4 DM/t. Allerdings können eben nur «zugelassene» Abfälle in einer Untertagedeponie gelagert werden. Neben dem Abfallrecht gilt das Bergrecht. Aufsichtsbehörde ist also das Oberbergamt.

Jeder Abfall, der in einer UTD eingelagert werden soll, wird einem individuellen Genehmigungsverfahren unterzogen. Dies gilt auch für in der Zusammensetzung identische Abfälle verschiedener Abfallerzeuger.

Wie aus Tabelle 4.6 hervorgeht, können auch organische Abfälle in der UTD eingelagert werden (z.B. nicht verbrennbare Abfälle, weil sie Quecksilber, Arsen oder Jod enthalten); es gelten besondere Sicherheitsvorkehrungen (nach KIND, 1992 [4.17]), wie

- □ Verpackung auf schwer entflammbaren Paletten,
- □ Abdeckung durch Anhydritstopfen,
- □ bei Flammpunkt 100 °C doppelte Verpackung (Faß in Faß usw.).

Die einzulagernden Abfälle müssen die in Tabelle 4.7 aufgelisteten Bedingungen erfüllen.

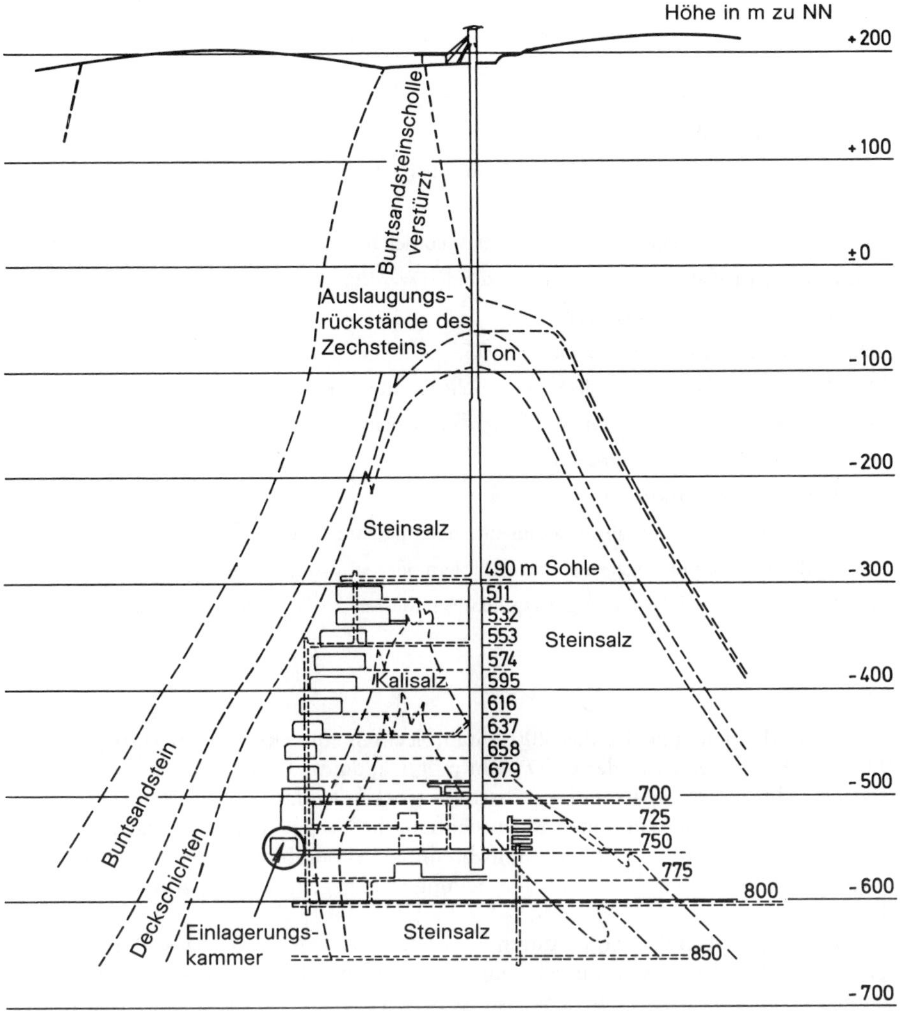

Bild 4.9 Vereinfachter geologischer Schnitt durch das Salzbergwerk Asse (nach SATTLER/EMBERGER, 1992 [1.7])

Die angelieferten Abfälle werden zu Stoffgruppen zusammengefaßt, und gleichartige Abfälle einer Stoffgruppe gemeinsam gelagert. Hauptkriterium für die Aufteilung und Trennung ist die Forderung, daß die Abfälle – obwohl sie in dicht verschlossenen Behältern angeliefert und abgelagert werden – nicht miteinander reagieren dürfen. Die Trennung gegeneinander wird durch Abgrenzung durch Ziegelsteinmauern erreicht. Derzeit werden in Herfa-Neurode 16 Stoffgruppen in jeweils getrennten Räumen abgelagert [4.17].

Tabelle 4.7 Anforderungen an die einzulagernden Abfälle in der UTD Herfa-Neurode [4.17]

Sie dürfen nicht explosiv sein.
Sie dürfen nicht selbstentzündlich sein.
Sie dürfen nicht ausgasen, das heißt keinen meßbaren Dampfdruck haben.
Sie müssen fest sein.
Sie müssen verpackt sein in chemisch und mechanisch beständige Behälter.
Korrosion der Behälter von innen muß verhindert werden.
Die Verpackung muß unbrennbar sein.
Die Behälter müssen palettiert sein.
Die Behälter müssen zu Kontrollzwecken leicht zu öffnen und wieder zu verschließen sein.
Die Abfälle dürfen nicht mit dem Salzgebirge reagieren können.
Sie dürfen nicht volumenvergrößernd sein.
Sie dürfen nicht radioaktiv sein.
Sie dürfen nicht aus Sammlungen stammen (undefinierbare Mischungen!)
Sie werden nur vom Erzeuger, nicht von Maklern oder «Entsorgern» angenommen.
Die Verantwortlichen des Entsorgungspflichtigen müssen der Deponie im Regelfall persönlich bekannt sein.

Standardverpackung ist das 200-l-Stahlblechfaß mit eingelegtem starkwandigem PE-Sack. Korrosion ist in der UTD nicht möglich, da die Grubenwetter bei einer relativen Feuchte zwischen 15 und 40% extrem trocken sind. Gegebenenfalls wird für jeden Abfall, abhängig von seinen Eigenschaften, die Verpackung festgelegt (Bild 4.10). Die äußere Verpackung darf keinesfalls brennbar sein und muß den mechanischen Belastungen standhalten, die innere Verpackung muß gegenüber dem Abfall korrosionsbeständig sein.

Eingelagerte Abfälle werden durch ein Mehrbarrierensystem abgeschlossen (neben der natürlichen Barriere des umgebenden gasdichten Salzgebirges, das auf Beanspruchungen durch Kräfte in der Erdkruste plastisch reagiert, so daß es nicht zu Klüften und Spalten kommen kann), wobei einzelne Barrieren zum heutigen Zeitpunkt noch nicht realisiert sind:

1. die Verpackungen aus Stahlblech, teilweise mit Kunststoff-Inlinern und teilweise mit Einbetonierungen;
2. die Abmauerung aus Ziegelsteinmauern (24 cm stark);
3. die gasdichten Abschlußdämme für einzelne Einlagerungsfelder aus synthetischem Anhydrit, die einer Gasexplosion widerstehen müssen;
4. die gegen hydrostatischen Wasserdruck stabilen Absperrdämme zwischen Kaligewinnungs- und Deponiebetrieb;
5. die flüssigkeitsdichte Schachtverfüllung nach Einstellung des Kaligewinnungsbetriebes.

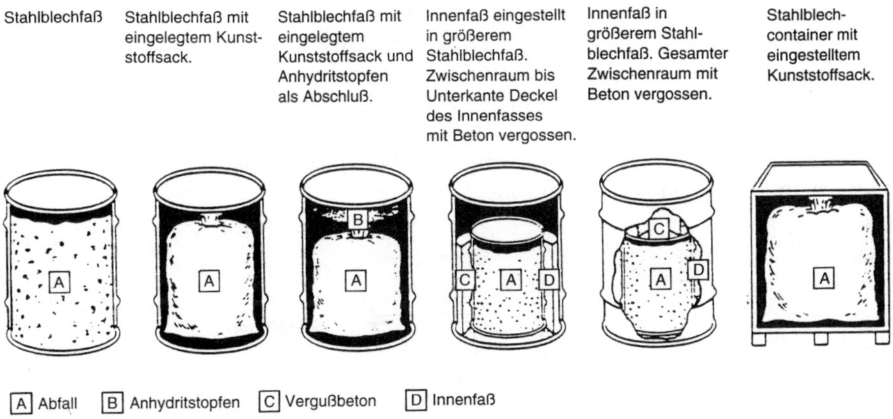

Bild 4.10 Verpackungsformen für die Ablagerung in der UTD Herfa-Neurode (nach KIND, 1992 [4.17])

Bemerkenswert sind noch zwei Usancen in der UTD Herfa-Neurode [4.17]:

- In der Vergangenheit wurden in sieben Fällen Abfälle wieder ausgelagert und einem Produktionsprozeß zugeführt (immerhin 15 000 Fässer).
- Drei Jahre nach der Einlagerung geht der Besitz der Abfälle in das Eigentum der Kali und Salz AG über.

Auch die aus heutiger Sicht als Endlagerstätten begriffenen Deponien stellen demzufolge nur Zwischenlagerstätten dar, die einer Verwertung der eingelagerten Stoffe zu gegebener Zeit zugänglich sind. Beispielsweise werden die eingelagerten Transformatoren wegen ihres hohen Kupferanteils mit Sicherheit in absehbarer Zeit wieder ausgelagert werden. Sie wurden bereits in Herfa-Neurode in der Nähe des Schachtes gelagert.

Grundsätzlich ist es (neben dem Aspekt der Auslagerung und Verwertung) richtig, nicht wiedereinsetzbare Stoffe in die Lithosphäre einzubringen, von wo sie entnommen wurden. Stoffkreisläufe in der Lithosphäre dauern wesentlich länger (Jahrtausende bis Jahrmillionen) als in der Biosphäre (nach HERRMANN [4.18] 1 bis 100 Jahre, 1985).

Nur in diesem Zusammenhang sind demzufolge auch die untertägigen Schluckbrunnen zu sehen, in die aus der vorwiegend chemischen Industrie zu beseitigenden flüssigen Abfälle entsorgt werden. Im hessischen Teil des Werra-Kalireviers sind beispielsweise 10 Anlagen mit Aufnahmekapazitäten zwischen 100 und 800 m^3/h mit Tiefen zwischen 325 und 525 m in Betrieb. Teils unter Schwerkraft, teils unter Druck werden die flüssigen Abfälle in hohlraumreiche, gegen das Grundwasser gut abgeschirmte Sandstein-, Kalkstein oder Dolomitformationen eingefüllt (s. Bild 4.11).

Da alle Kreisläufe (auch die natürlichen, z.B. mikrobielle Laugung von Schwermetallen aus Erzlagerstätten) von der Mobilisierung und Immobilisierung von toxischen Stoffen gekennzeichnet sind, müssen für jeden Kreislauf auch Senken geschaffen werden: Die Einlagerung von stark eingeengten Abfallmengen in die untertägig geschaffenen Hohlräume (vorwiegend Salzstöcke oder -kavernen) ist also nur konsequent, da sie teilweise die Stoffe wieder dorthin zurückbringt, von wo sie entnommen wurden. Wenngleich ein Schluckbrunnensystem enorme Vorteile für den Betreiber aufweist, sollte nach Ansicht des Verfassers in jedem Fall ein technisches Mehrbarrierensystem vorgesehen werden, um zumindest in überschaubaren Zeiträumen unkontrollierte Reaktionen im Untergrund zu vermeiden.

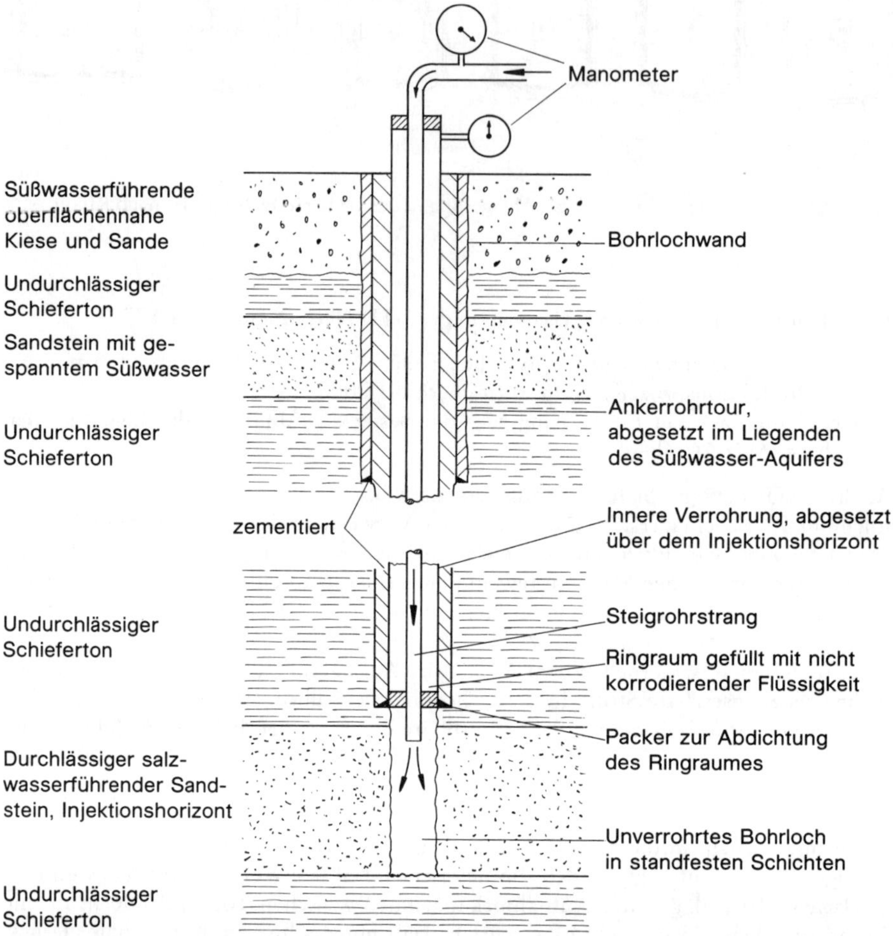

Bild 4.11 Schluckbrunnenanlage für die untertägige Entsorgung von flüssigen Abfällen (nach SATTLER/EMBERGER, 1992 [1.7])

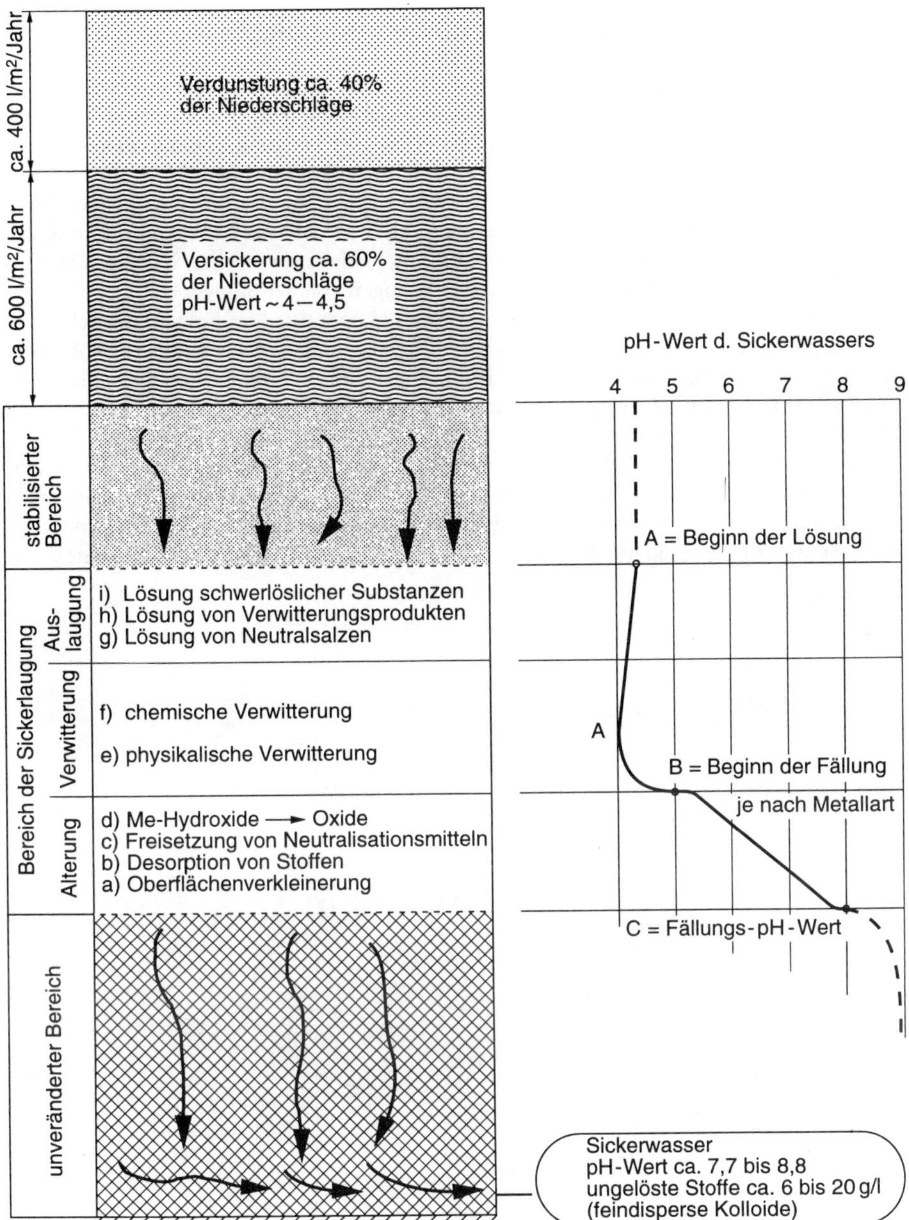

a)

Bild 4.12a Schema einer Sickerlaugung in einer Deponie (nach HÄMMERLI-WIRTH, 1987 [4.19]) bzw. einer Trenddarstellung hinsichtlich einer ansteigenden Mobilität von Metallen in Abhängigkeit von veränderten Redoxpotentialen (nach STEGMANN, 1990)

4.2 Deponiesickerwässer – flüssige Abfälle flüssiger Abfälle

Die Überschrift über diesen letzten Abschnitt verdeutlicht bereits zusammenfassend, welches Problem unsere bisherigen Problemlösungstechniken in sich tragen: Die Probleme werden häufig nur verlagert! Aus der Abwasserreinigung kommt ein verhältnismäßig sauberes Wasser und eine aufkonzentrierte Schlammbrühe heraus, die halbherzig so behandelt wird, daß man sie irgendwo noch für vertretbare Kosten durch Ablagerung entsorgen kann ... «Die Vermeidung des Problems Abwasser durch Kreisprozeßlösungen wäre ohnehin nicht 100%ig möglich und vor allen Dingen sind Einzelfallösungen immer wesentlich teurer als Lösungen von der Stange.»

Diese Form der Externalisierung der Kosten (Reparatur von Folgen aus der Ablagerung, s. Bilder 4.12) und Verantwortung des einzelnen Unternehmers oder Ausführenden wird künftig zurecht immer stärker eingeschränkt, wenngleich es legale Übergangsfristen, persönliche Ermessensentscheidungen in der Auslegung der Gesetze und Verordnungen bis hin zu illegalen Entsorgungsmöglichkeiten immer geben wird.

Bild 4.13 soll abschließend verdeutlichen, daß die Reparatur des Deponieproblems «Sickerwasser» technisch aufwendig und demzufolge teuer ist. Auf eine Firmenangabe wurde hier bewußt verzichtet, weil diese Abbildung, aber auch jede andere von konkurrierenden Firmen, keine Werbung sein kann, sondern eher so etwas wie eine Anti-

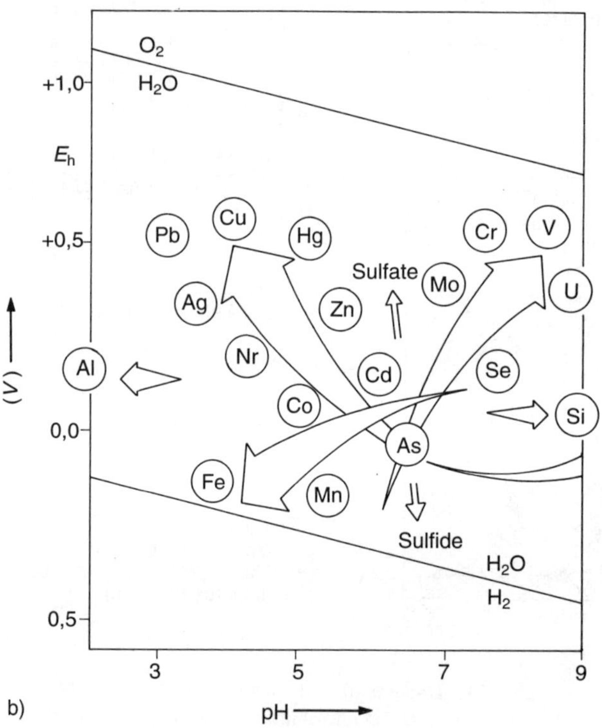

Bild 4.12b

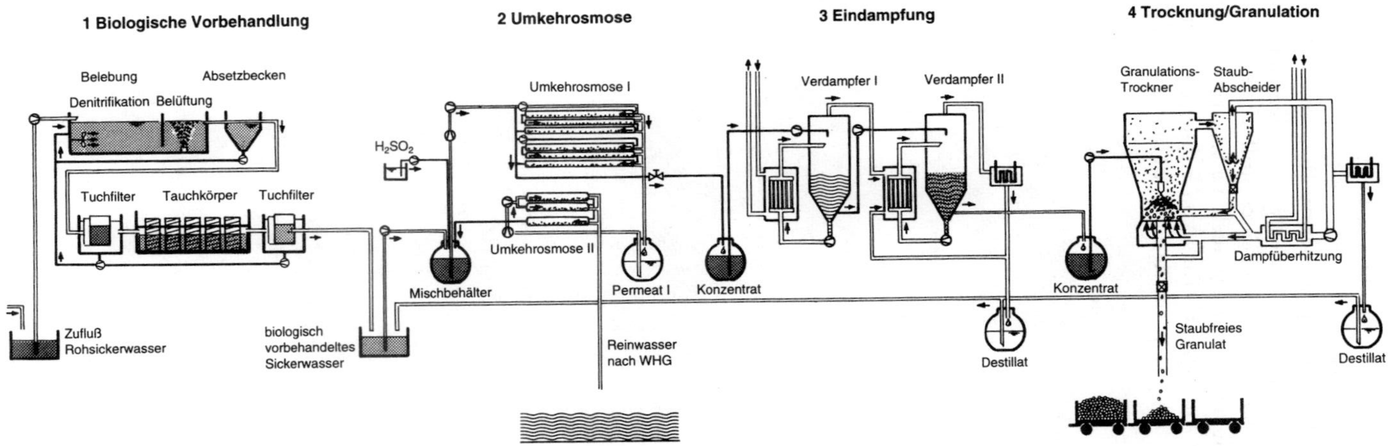

Bild 4.13 Verfahrensschema einer mehrstufigen Sickerwasser-Behandlungsanlage [4.20]

werbung darstellt: Sieht so eine Problemlösung aus ganzheitlicher Sicht (z.B. unter Berücksichtigung der Entropie) aus?

Die Behandlungstechniken für Deponiesickerwässer sind in diesem Buch in Kapitel 3 beschrieben (man könnte unter diesem Blickwinkel wiederum ganze Bücher füllen). Spezialitäten der Deponiesickerwässer sind deren stoffliche Bandbreite und deren verhältnismäßig geringe Volumenströme. Da auch die Sickerwasserbehandlung nur eine Phasenumwandlung und Aufkonzentrierung von Stoffen darstellt, müssen auch hier wieder Abfallprodukte entsorgt werden, die zum Teil immer noch flüssig sind ...

Glossar

Abfall (objektiv) ist eine bewegliche Sache, deren geordnete Beseitigung zur Wahrung des Wohls der Allgemeinheit, insbesondere des Schutzes der Umwelt, geboten ist.

Abfall (subjektiv) ist eine bewegliche Sache, deren sich der Besitzer entledigen will bzw.

Abfall (neu) Rückstand nach dem Gebrauch eines Produktes bzw. unerwünschter Rückstand, der nicht mehr als Sekundärrohstoff verwertet werden kann.

Abfälle, besonders überwachungsbedürftige sind Abfälle, die nach Art, Beschaffenheit oder Menge in besonderem Maße gesundheits-, luft- oder wassergefährdend, explosibel oder brennbar sind oder Erreger übertragbarer Krankheiten enthalten oder hervorbringen können (§ 2, Abs. 2 AbfG).

Abfälle, flüssige sind Abwässer mit einer chemischen Oxidierbarkeit mittels Kaliumdichromat (CSB) von 10 g O_2/l bzw. Konzentrate, die in der Sonderabfall- bzw. Reststoffbestimmungsverordnung (SAbfBestV oder RestBestV) aufgelistet sind und in Gebinden gelagert, transportiert und/oder abgelagert werden.

Abfälle, gefährliche sind Abfallarten, die in einem der Anhänge I und II der EG-Richtlinie 91/689/EWG vom 12.12.1991 aufgelistet sind und einen oder mehrere Eigenschaften des Anhangs III aufweisen.

Abwasser ist durch häuslichen, gewerblichen und industriellen Gebrauch verunreinigtes Wasser sowie Niederschlags- und Grundwasser, das in Rohrleitungen transportiert wird.

Aktivkohle Werkstoff mit hoher innerer Oberfläche.

Altöl ist ein gebrauchter Schmierstoff auf Mineralölbasis, wie Motorenöl, Getriebeöl sowie Maschinen-, Turbinen- oder Hydrauliköl, verunreinigt durch Schwermetalle, Halogenverbindungen, Wasseranteil bis 5%; gilt als wassergefährdender Stoff. Gebrauchte Metallbearbeitungsöle (Schneidöle) und Elektroisolieröle (Transformatorenöle) zählen nicht zum Altöl!

Behandlung Summarische Bezeichnung für Aktivitäten beim Umgang mit verschiedenen Stoffen und Medien, die durch einen vorangestellten Ausdruck näher spezifiziert werden (ohne Spezifizierung der Veränderung der Konzentrationen oder Massen der betrachteten Stoffe).

CKW, HKW Chlorierte (bzw. halogenierte) Kohlenwasserstoffe.

Dampf 2-Phasen-Gemisch aus Flüssigkeit und Gas.

Dampfdruck Der Druck eines Dampfes heißt Sättigungsdampfdruck, wenn er mit seiner Flüssigkeit in Berührung steht. Der Sättigungsdampfdruck ist vom Flüssigkeitsvolumen nicht abhängig, jedoch steigt er mit zunehmender Temperatur der Flüssigkeit.

Emission Bezeichnung für die von einer ortsfesten oder beweglichen Anlage oder von Produkten abgegebenen Luft-, Wasser- und Bodenverunreinigungen, Geräusche, Erschütterungen, Licht, Wärme, Strahlen, und ähnliche Erscheinungen.

Emissionswerte Nach der Definition der Technischen Anleitung zur Reinhaltung der Luft (TA Luft) von einer Anlage ausgehende Luftverunreinigungen. Emissionswerte werden als Masse der emittierten Stoffe bezogen auf das Volumen als Massenkonzentration [g/m^3 oder mg/m^3] oder auf die Zeit als Massenstrom [kg/h, g/h oder mg/h] angegeben.

Entsorgung Entledigung von Stoffen nach Maßgabe der gesetzlichen Vorschriften durch anerkannte Verfahren der Mineralisierung und Verbringung der Rückstände auf geordnete Ablageflächen.

Gülle, Jauche ist ein bei der Tierhaltung anfallendes, mehr oder weniger verdünntes Gemisch aus Kot und Harn, vermischt mit Futterresten. Jauche ist vergorene Gülle.

Immission Einwirkung von Luft-, Wasser- und Bodenverunreinigungen, Lärm, Erschütterungen, Strahlen, Wärme u.a. Erscheinungen auf Menschen, Tiere, Pflanzen und andere Sachen.

Injektor Einrichtung zur Vermischung zweier Fluide (gasförmig oder flüssig).

Input Stoffeingang.

Klärschlamm ist das aus dem Rohschlamm nach Ausfaulung (Faulschlamm) oder auf sonstige Weise stabilisierte Produkt einer Abwasserreinigungsmaßnahme und kann aus der mechanischen Abtrennung sowie aus biologischen und/oder chemischen Behandlungsprozessen stammen.

Kompost nennt man das durch mikrobielle Aktivität mehr oder weniger stark veränderte Gemisch vorwiegend pflanzlicher, organischer und mineralischer Ausgangsstoffe.

Leistung Eine auf die Zeit bezogene Wirkung eines Systems.

Lösemittel, Lösungsmittel eine im Überschuß vorliegende Flüssigkeit homogener molekularverteilter Gemische mehrerer gelöster Reinstoffe (L. lösen Stoffe ohne mit diesen zu reagieren).

Lösungsmittelabfälle sind unbrauchbare oder verunreinigte Restmengen von Lösungsmitteln; z.B. chlorierte Lösungsmittel gelten als wassergefährdend.

MAK-Werte-Liste Von der bei der Deutschen Forschungsgemeinschaft angesiedelten Senatskommission zur Prüfung gesundheitsschädlicher Arbeitsstoffe jährlich aktualisierte Liste mit Angaben der maximal zulässigen Konzentration bestimmter Stoffe am Arbeitsplatz. Die MAK-Werte-Liste enthält eine Klassifizierung bestimmter Arbeitsstoffe nach deren bewiesener oder vermuteter Kanzerogenität. Hintergrund der MAK-Werte-Liste ist, daß bei Unterschreitung der Werte eine Gesundheitsgefährdung oder unangemessene Belästigung der Beschäftigten nicht zu erwarten ist.

Output Stoffausgang.

Recycling Kreislaufführung von Stoffen über interne (innerbetriebliche) oder externe (außerbetriebliche) Rückgewinnungsverfahren.

Regeln der Technik Verfahren, Vorgehens- oder Betriebsweisen, die als gängige Praxis gelten bzw. die herrschende Auffassung unter den Technikern reflektieren. In Anlehnung an die allgemein anerkannten Regeln der Technik (aaRdT) der Baukunst: «...auf wissenschaftlicher Grundlage oder fachlichen Erkenntnissen beruhenden Regeln ..., die in der praktischen Anwendung eine (vielfache; Reichsgericht 1891) Erprobung gefunden haben und Gedankengut der auf dem betreffenden Gebiet tätigen Personen geworden sind.» § 3 Abs. 6 des BImSchG definiert den Stand der Technik als den «Entwicklungsstand fortschrittlicher Verfahren, Einrichtungen oder Betriebsweisen, der die praktische Eignung ... gesichert erscheinen läßt».

Reinigung Zielgerichteter Vorgang zur Herausnahme von Stoffen aus einem verunreinigten gasförmigen, flüssigen oder festen Medium.

Reststoffe sind die in einer Rechtsverordnung aufgeführten Stoffe (Reststoff-Bestimmungsverordnung), die keine Abfälle im Sinne des Gesetzes sind, sondern verwertet werden sollen.

Rückgewinnung Gewinnung noch verwertbarer Stoffe oder Energien aus Nebenprodukten oder Produktionsrückständen wie Abluft, Abwasser, Abfall oder Abwärme.

Schlamm Flüssigkeits-Feststoff-Gemisch, das entweder aus der Abtrennung und Aufkonzentrierung von Feststoffen aus Flüssigkeiten und/oder aus der Phasenumwandlung von gelösten Stoffen in ungelöste entstanden ist; wird auch als Rohschlamm bezeichnet.

Schwaden Bezeichnung für Dampf (s.d.).

Sickerwasser ist das aus einem Deponiekörper austretende, mit eluierbaren Stoffen angereicherte Wasser aus Niederschlägen.

Siedepunkt Eine Flüssigkeit siedet, wenn ihr Dampfdruck mindestens gleich dem äußeren Druck ist.

Sonderabfälle sind von der durch die abfallbeseitigungspflichtige Gebietskörperschaft mit Zustimmung der zuständigen Behörde durch Satzung von der Beseitigung nach Art und Menge ausgeschlossenen Abfälle.

vegetabil pflanzlich

Vermeidung hier Durchführung von Maßnahmen, Umweltprobleme gar nicht erst entstehen zu lassen durch Verwendung unproblematischer Stoffe oder Einbindung der Stoffe auf eine Weise, daß diese nicht in die Umwelt gelangen können.

Verminderung hier Senkung der umweltbelastenden Massenströme durch Senkung der Konzentrationen und/oder der entsprechenden Volumenströme

Verwertung Nutzung des stofflichen oder energetischen Charakters von Stoffen in gleicher oder verminderter Qualität.

Wirkungsgrad Prozentuale Angabe für die Leistung einer Anlage; in der Regel angegeben als Quotient aus der Differenz Input minus Output und dem Input.

Abkürzungen

AbfVerbV: Verordnung über die grenzüberschreitende Verbringung von Abfällen. 18.11.1988 (BGBl. I S. 2126, ber. S. 2418, BGBl. III S. 2129-15-1)

AbwAG (Abwasserabgabengesetz): Gesetz über Abgaben für das Einleiten von Abwasser in Gewässer vom 13.09.1976, in der Fassung d. 2. ÄndG vom 19.12.1986 (BGBl. I S. 2619)

AbwHerkV: Verordnung über die Herkunftsbereiche von Abwasser. 03.07.1987 (BGBl. I S. 1578)

BImSchG (Bundes-Immissionsschutz-Gesetz): Gesetz zum Schutz vor schädlichen Umwelteinwirkungen durch Luftverunreinigungen, Geräusche, Erschütterungen und ähnliche Vorgänge. 15.03.1974 (BGBl. I S. 721, ber. S. 1193); zuletzt geändert durch Artikel 34 des Ersten Rechtsbereinigungsgesetzes vom 24.04.1986 (BGBl. I S. 560)

GefStoffV (Gefahrstoff-Verordnung): Verordnung über gefährliche Stoffe. BGBl. I, S. 1932 ff.)

HKW-AbfV: Verordnung über die Entsorgung gebrauchter halogenierter Lösemittel. BMU - WA II 3 -530 114-1/3

PCB-, PCT-, VC-Verbotsverordnung (Verordnung zum Verbot von polychlorierten Biphenyylen, polychlorierten Terphenylen und zur Beschränkung von Vinylchlorid): vom 18.07.1989 (BGBl. I S. 1482)

PflSchG (Pflanzenschutzgesetz): Gesetz zum Schutz der Kulturpflanzen vom 15.09.1986 (BGBl. I S. 1505)

VDMA (Verband Deutscher Maschinen- und Anlagenbau e.V.): Regel für die Prüfung von Emulsionstrennanlagen. VDMA Einheitsblatt 24 436

WHG (Wasserhaushaltsgesetz): Gesetz zur Ordnung des Wasserhaushalts vom 27.07.1957 (BGBl. I S. 1110) zuletzt geändert durch das 5. ÄndG vom 25.07.1986 (BGBl. I S. 1165), Neufassung im BGBl. I S. 530)

Literaturverzeichnis

1.1 KUNZ, P.: *Behandlung von Abwasser.* Umweltschutz/Entsorgungstechnik. 3. Aufl., Würzburg: Vogel Buchverlag, 1992.

1.2 GRÜTERING, K.: Der Begriff des Abfalls. *Abfallwirtschaftsjournal* 4(1992)6, S. 453 – 457.

1.3 Abfallgesetz (AbfG): Gesetz über die Vermeidung und Entsorgung von Abfällen. 3. Novelle: 27.08.1986 (BGBl. I S. 1410, ber. S. 1501).

1.4 KrWabfG: (Gesetz zur Förderung einer abfallarmen Kreislaufwirtschaft und Sicherung der umweltverträglichen Entsorgung von Abfällen (Kreislaufwirtschafts- und Abfallgesetz). Drucksache des BMU, Stand März 1993.

1.5 Umweltschutz in Deutschland. Eine Information des Bundesumweltministers. Bonn: Economica-Verlag (1992), s. auch Statistisches Jahrbuch; s.a. Daten zur Umwelt 1990/91, Umweltbundesamt, Berlin.

1.6 Sonderabfall. Broschüre des Ministeriums für Umwelt, Baden-Württemberg, Stuttgart, 1990.

1.7 SATTLER, K., EMBERGER, J.: *Behandlung fester Abfälle.* Umweltschutz/Entsorgungstechnik. 3. Aufl., Würzburg: Vogel Buchverlag, 1992.

1.8 TA Abfall: Erste Allgemeine Verwaltungsvorschrift zum Abfallgesetz; Teil 1: Technische Anleitung zur Lagerung, chemisch-physikalischen Behandlung und Verbrennung von Abfällen nach § 2 Abs. 2 Abfallgesetz. BMU – WA II 5 -530 400-1/15.

1.9 FORTH, W., ECKERT, K.-G.: Toxikologie chlorhaltiger Verbindungen. *GIT Fachzeitschrift für das Labor* (1992)8, S. 797 – 800; s.a.: Äquivalent-Faktoren bei Dioxinen. Die Chemie des Chlors und seiner Verbindungen. (Hrsg.) Fonds der Chemischen Industrie Frankfurt/Main, 1992.

1.10 CULIK, H.: Möglichkeiten der Entwicklung und Anwendung umweltfreundlicher Lacksysteme. *Metalloberfläche* 41(1987)5 EG: 80/86/EWG über den Schutz des Grundwassers gegen Verschmutzung durch bestimmte gefährliche Stoffe. 26. Januar 1980 (EG Abl. Nr. L 20, S. 43).

1.11 MAY, T.: Lackarten und ihre spezifischen Rückstandsformen. TAE-Seminar: Recycling und Entsorgung von Lackschlämmen. Ostfildern, 07./08. April 1992.

1.12 MINK, E.: *Müllmagazin* (1990)4.

1.13 SENG, H.-P.: Behandlung des Auswaschwassers von Spritzkabinen beim Einsatz von Wasserlacken. *Coating* (1987)7.

1.14 ADINOLFI, S.: Erfahrungen mit der Behandlung von organisch belasteten Prozeßabwässern aus der Automobil-Lackierung. Haus der Technik: Biologische Abwasserreinigungsanlagen in der Industrie. Essen, 14./15. September 1992.

1.15 BEREWINKEL, K.-H.: Lackschlammverminderung. Würzburg: Vogel Verlag, *Maschinenmarkt* (1991).

1.16 WINKEL, P.: Lack in der Diskussion. *Galvanotechnik* 1989.

1.17 RAPP, K.: Recyclingstrategien für Lackabfall aus der Automobilindustrie. TAE-Seminar: Recycling und Entsorgung von Lackschlämmen. Ostfildern, 07./08. April 1992.

1.18 Bardenhagen, J.: Vermeidung von Lackierabfällen durch abfallarme Produktionsverfahren: Strategien in Baden-Württemberg. Workshop: Umweltschonende und abfallarme Lackiertechnik, Landesregierung Baden-Württemberg, 26. September 1991.
1.19 Kunz, P., Frietsch, G.: *Mikrobizide Stoffe in biologischen Kläranlagen – Immissionen und Prozeßstabilität.* Heidelberg–Berlin: Springer-Verlag 1986.
1.20 Reiter, F.: Reiter-Lack-Auffang-System RELAS (Firmenunterlagen), Winnenden 1992.
1.21 Wittemann, K.: Abfall- und emissionsfreier Lackierbetrieb durch Kreislaufführung von Wasserlacken. Workshop: Umweltschonende und abfallarme Lackiertechnik, Landesregierung Baden-Württemberg, Stuttgart, 26. September 1991.
1.22 Kübler, E.: Möglichkeiten und Grenzen der Membrantechnik beim Lackrecycling: Elektrotauchlacke und Wasserlacke. Praxis-Forum, Bad Nauheim, 24./25. September 1992.
1.23 Steckelbach, K.: Recycling unter ökonomischen Aspekten. Haus der Technik: Umgang mit Reststoffen/Betriebliche Reststoffverwertung – Grundlagen – Strategien – Perspektiven. Essen, 09./10. November 1992.
1.24 Obst, M.: Vermeidung von Lackierabfällen durch abfallarme Produktionsverfahren: Fahrzeuglackierung. Workshop: Umweltschonende und abfallarme Lackiertechnik, Landesregierung Baden-Württemberg, 26. September 1991.
1.25 Vesper, H.: Verwertung und Vermeidung von Lackoverspray. Workshop: Umweltschonende und abfallarme Lackiertechnik, Landesregierung Baden-Württemberg, 26. September 1991.
1.26 Bardenhagen, J.: Vermeiden, Vermindern, Verwerten von festen und flüssigen Rückständen bei der industriellen Lackierung. Umweltministerium Baden-Württemberg, Stuttgart, 1990.
1.27 Brodt, P.: Aufbereitung von lösemittelhaltigen Lackkoagulaten. Workshop: Umweltschonende und abfallarme Lackiertechnik, Landesregierung Baden-Württemberg, Stuttgart, 26. September 1991.
1.28 May, T.: *Emissionsminderung und Abfallvermeidung.* Taschenbuch für Lackierbetriebe. Hannover: Vincentz-Verlag, 48. Jhrg.,(1991).
1.29 UBA: Verwaltungsvorschrift zur Vermeidung und Verwertung von Lackierabfällen (Entwurf). Umweltbundesamt Berlin, Juni (1991).
1.30 Sander, H.-P.: Zur Definition des Abfallbegriffes. Würzburg: Vogel Verlag, *Umweltmagazin* (1991)9, S. 92, 93.
1.31 Ehresmann, J.: Korrekte Entsorgung von Sonderabfällen. TAM-Seminar: Abfälle, Rückstände und Sonderabfälle in der Industrie. Mannheim, 28. März 1990.
1.32 ChemG (Gesetz zum Schutz vor gefährlichen Stoffen: Chemikaliengesetz): vom 16.09.1980 (BGBl. I S. 1718) geändert durch Gesetz vom 15.09.1986 (BGBl. I S. 1505), zuletzt geändert am 14.03.1990 (BGBl. I S. 493) und in der Neufassung bekantgemacht (BGBl. I S. 521).
1.33 LAWA: Musterverordnung über Anlagen zum Umgang mit wassergefährdenden Stoffen und über Fachbetriebe (Muster-VAwS) vom 09. November 1990.
1.34 LAWA: Katalog der an Anlagen zum Abfüllen und Umschlagen wassergefährdender Stoffe zu stellenden Anforderungen (Anforderungskatalog für Abfüll-/Umschlaganlagen) März 1988.
1.35 LAWA: Katalog der im Rahmen von Eignungsfeststellungen an Anlagen zum Lagern wassergefährdender Stoffe zu stellenden Anforderungen (Anforderungskatalog) November 1984.
1.36 Hamann, W.: Angewandter Umweltschutz – Mineralölprodukte und Gewässerschutz. Deutsche BP AG, Hamburg 1992.
1.37 MFU-BW (Ministerium für Umwelt Baden-Württemberg): Sonderabfall Konzept 2000. Broschüre, Stuttgart 1990.
1.38 von Köller, H.: *Leitfaden Abfallrecht.* Abfallwirtschaft in Forschung und Praxis Band 34. Berlin- Bielefeld: Erich Schmidt Verlag, 1990.

1.39 ESSER, R.: Umgang mit Altölen. TAM-Seminar: Der Gewässerschutzbeauftragte. Mannheim: 26. – 29. Oktober 1992.

1.40 MÜLLER, N., SCHMITT, P.: Böses Erwachen in Europa. *Gefährliche Ladung,* 35(1992)10, S. 467 – 470.

1.41 HAHN, J.: Anforderungen an zukünftige Abfallbehandlung und Lagerung. *IWS-Schriftenreihe:* Die Deponie – ein Bauwerk. (1987), S. 9 – 55.

1.42 RUDAT, D.; UECKER, G.: Lagerung von unbehandeltem Abfall. *Abwassertechnik* (1991)4, S. 12 – 14.

2.1 KIMMINICH, O., von LERSNER, H.,: STORM, P.-C.: *Handwörterbuch des Umweltrechts.* 2. Aufl., Berlin: Erich Schmidt Verlag, 1994.

2.2 HÖSEL, G., SCHENKEL, W., SCHNURER, H.: Müllhandbuch. Berlin-Bielefeld: Erich Schmidt Verlag, Loseblattsammlung 1993.

2.3 BIRN, H.; JUNG, G.: *Abfallbeseitigungsrecht für die betriebliche Praxis.* Weka-Verlag, Augsburg (1993).

2.4 SUTTER, H.: *Vermeidung und Verwertung von Sonderabfällen. Grundlagen, Verfahren, Entwicklungstendenzen.* Abfallwirtschaft in Forschung und Praxis Band 17. Bielefeld-Berlin: Erich Schmidt Verlag, 1991.

2.5 SUTTER, H.: Sonderabfallvermeidung Gesetzliche Vorgaben, Vermeidungspotentiale. Symposium Sonderabfallvermeidung Mainz 1990, Stuttgarter Berichte zur Abfallwirtschaft Band 39 (1990), S. 21 – 45.

2.6 GIRAUD, V.: Liefert das Chemikaliengesetz einen Beitrag für die Sonderabfallvermeidung. Symposium Sonderabfallvermeidung, Mainz 1990, Stuttgarter Berichte zur Abfallwirtschaft Band 39 (1990), S. 165 – 172.

2.7 SANDER, H: Zur Definition des Abfallbegriffes. *Umweltmagazin* (1991)9, S. 92, 93; s.a. Höhere Anforderungen in der Abfallwirtschaft. *Umweltmagazin* (1990)2, S. 72 – 73.

2.8 KINKELDEI, K.: Flüssige Abfälle und Schlämme – das aktuelle Umweltrecht in kurzen Umrissen. Veranstaltung der TÜV-Akademie Bayern: Problemschlämme – Lösungen durch Vermeidung, Verminderung und Behandlung. München: 24. Januar 1992.

2.9 WAGNER, K., STÖHR, G.: Verordnungen zur Bestimmung und Überwachung von Abfällen und Reststoffen. *Entsorga-Magazin* (1990)11 und 12, S. 24 – 27 und 35 – 41.

2.10 GAY, M.: Methoden zum Einbau von gepreßtem oder getrocknetem Klärschlamm in Deponien – Darstellung anhand aktueller Beispiele. 27. Fortbildungslehrgang Abfallentsorgung/Abfallwirtschaft des BMU-Baden-Württemberg, Öhringen: Oktober 1992.

3.1 EISENMANN: Leitfaden Umwelttechnik. Broschüre, Böblingen: 1990.

3.2 RODENKIRCHEN, M.: *Galvanotechnik* 74(1983), S. 924 – 928.

3.3 WINKEL, P.: *Wasser und Abwasser, Behandlung und Kreislaufführung in der Galvanotechnik und Metallindustrie.* Saulgau: Eugen G. Leuze Verlag (1992), S. 100.

3.4 MÜHLSTÄDT, I.: persönliche Mitteilungen (1993).

3.5 HARTINGER, L.: *Taschenbuch der Abwasserbehandlung.* Band 2. Hanser-Verlag, München (1992).

3.6 a.a.O., siehe 3.3, S. 101.

3.7 SCHLEGEL, H.: *Metalloberfläche* 17(1963), S. 129.

3.8 BULL, R. A., McMANAMON, J. T.: Supported catalysts in hazardous waste treatment. in: (Hrsg.) TEDDER, D. W.; POHLAND F. G.: Emerging Technologies in hazardous Waste Management II. American Chemical Society Symposium Series 468. Washington (1991).

3.9 GAJEWSKI, W., KORHERR, U.: Katalytische Oxidation zur Behandlung von Deponiesickerwasser und Industrieabwasser. *Entsorgungspraxis* (1993)4, S. 242 – 254.

3.10 HOLM, K.: Erzeugung von UV-Strahlen. in: GELZHÄUSER, P.: *Desinfektion von Trinkwasser durch UV-Bestrahlung.* Ehningen: expert-Verlag, 1989.

3.11 LESSEL, T.: Klärschlamm-Hygiene. Hintergründe, Vorschriften und Praxis der Klärschlammentseuchung. Düsseldorf: *VDI-Umwelt* (1986)2, S. 213 – 235; s.a. Abwasserdesinfektion mittels UV-Strahlung. *Korrespondenz Abwasser* (1990).
3.12 Dr. LANGE: Firmenschrift. Willstätterstraße 11, Düsseldorf 1993.
3.13 NOWACK, K.: persönliche Mitteilungen 1993.
3.14 Simex-Simulationsanlage für reststofffreie oxidative Verfahren der Firma Sorbios.
3.15 SORBIOS: Firmenschrift. Ackerstraße 71 – 76, Berlin 1988.
3.16 AMSONEIT, N.: Verwertbare Galvanoschlämme. *Umwelt* 10(1987), S. 423 – 428.
3.17 MÜLLER, G., RIETHMEIER, S.: Chemische Entgiftung – das alternative Konzept zur problemlosen und endgültigen Entsorgung schwermetallbelasteter Baggerschlämme. *Chemiker Zeitung* 106(1982), S. 282 – 292.
3.18 BISCHOFSBERGER, R., RIET, M.: Schwermetallelimination aus Klärschlamm. Kritische Beurteilung der Möglichkeiten eines Säureverfahrens. TU München: *Berichte aus der Wassergüterwirtschaft* (1990) 2.
3.19 JENKINS, R. J., SCHEYBELER, B. J., SMITH, M. L. et al.: Metals removal and recovery from municipal sludge. *JWPCF* 53(1981)1, S. 25 – 32.
3.20 BRAUCKMANN, B.: Autotrophe und heterotrophe Bakterien im Biotop Altes Lager Erzbergwerk Rammelsberg und ihr Einfluß auf die Laugung sulfidischer Mischerze. Dissertation TU Braunschweig, 1985.
3.21 SCHÖNBORN, W., HARTMANN, H.: Entfernung von Schwermetallen aus Klärschlamm durch bakterielle Laugung. *gwf-wasser/abwasser* 120(1979)7.
3.22 GENSICKE, R.: Untersuchung der Möglichkeiten zur mikrobiellen Schadstoffentfrachtung von Galvanikschlämmen. Diplomarbeit am Institut für Biologische Verfahrenstechnik FHT Mannheim 1989.
3.23 CALMANO, W., AHLF, W.: Bakterielle Laugung von Schwermetallen aus Baggerschlamm – Optimierung des Verfahrens im Labormaßstab. *Wasser und Boden* (1988)1, S. 30 – 32.
3.24 STÖBERL, A.: Verfahren zur Dekontaminierung von Schwermetallen aus Klärschlammtrokkensubstanzen. Persönliche Mitteilung 09. August 1993.
3.25 MARR, R., DRAXLER, J., BART, H. J: Flüssig-Membran-Permeation. *Chemische Industrie* (1989)4, S. 78 – 80.
3.26 OAKE, R. J., BOOKER, C. S., DAVIS, R. D.: Fraktionierung von Schwermetallen im Klärschlamm. Oswald-Schulze-Berichte Nr. 6, 1984.
3.27 STOVELAND, S., PERRY, R., LESTER, J. N.: Influence of detergent builders on metal solubility in activated sludge. *Effluent an water treatment Journal* (1979)10.
3.28 LOHMEYER, S.: Ölrückgewinnung aus Emulsionen. Entsorgung durch Reststoffverwertung. Ehningen: expert-verlag, Band 24 (1980).
3.29 BRUCKNER, S.: Innerbetriebliche Behandlungsmöglichkeiten von Öl-Wasser-Gemischen. Diplomarbeit am Institut für Biologische Verfahrenstechnik FHT Mannheim (1989).
3.30 THOMANETZ, E: Grundoperationen für die physikalisch-chemisch-biologische Behandlung von Sonderabfällen. in: *Behandlung von Sonderabfall* (Hrsg.: THOMÉ-KOZMIENSKY, K. J.) Berlin: EF-Verlag, 1990.
3.31 HANERT, H.-H.: Vorteile der aeroben-anaeroben Umsetzung im Restmüll. Braunschweig: Schriftenreihe Technische Ökologie des Instituts für Mikrobiologie, 1992.
3.32 KALTWASSER, B. J.: *Biogas. Regenerative Erzeugung durch anaerobe Fermentation organischer Abfälle in Biogasanlagen.* Wiesbaden: Bauverlag, 1980.
3.33 NEUMANN, U.: Biogas aus organischen Abfällen. Symposium Umwelttechnik Rostock, 27. August 1993; s.a. Uhde-Technologie für die Umwelt: Anaerobe Stabilisierung mit dem zweistufigen Uhde-Schwarting-Verfahren. Uhde GmbH, Friedrich-Uhde-Str. 15, 4600 Dortmund.
3.34 EMBERGER, J.: *Kompostierung und Vergärung.* Umweltschutz/Entsorgungstechnik. Würzburg: Vogel Buchverlag, 1993, S. 145 ff.

3.35 SCHNEIDER, D.: Vergärung organischer Abfallstoffe. *AbfallwirtschaftsJournal* 4(1992)7, S. 591 – 594; s.a. Bioabfall-Vergärung nach dem WABIO-Verfahren. Deutsche Babcock Anlagen GmbH, Duisburger Straße 375, Oberhausen.
3.36 WEILAND, P., AHLGRIMM, H.-J.: Feststoff-Biomethanisierung von Rest- und Abfallstoffen. ACHEMA 1988.
3.37 THOMÉ-KOZMIENSKY, K. J.: *Behandlung von Sonderabfällen*, Band 1. Berlin: EF-Verlag, 1987.
3.38 RAUTENBACH, R., KOLLBACH, J., OFFERMANN, H.: Verfahrenstechnische Möglichkeiten zur Aufarbeitung von flüssigen Sonderabfällen. Berichte zur Wassergütewirtschaft, TU München Nr. 58 (1985), S. 275 – 302.
3.39 KAMINSKY, W.: Pyrolyse von Biomasse. *Chemie-Ingenieur-Technik* 61(1989)10, S. 775 – 782.
3.40 BARNISKE, L.: Energetische Abfallverwertung: Verbrennung und Pyrolyse von Abfällen. *Umwelt* (1985)3, S. 259 – 266.
3.41 BERGHOFF, R.: Die Pyrolyse von Abfällen. Düsseldorf: *VDI-Umwelt* 19(1989)5, S. 285 – 286.
3.42 SCHULLER, D., BRAT, B.: Klärschlammpyrolyse mit Rückstandsvergasung. *Chemie-Ingenieur-Technik* 65(1993)4, S. 401 – 409.
3.43 JOSCHEK, H.-J., MROSS, W.-D.: Thermische Verwertung von Rückständen, Abgrenzung zur Beseitigung – Teil 2. *AbfallwirtschaftsJournal* 5(1993)5, S. 419 – 421.
3.44 JOSCHEK, H.-I., JANISCH, G., RÖMER, R.: Thermische Verwertung von Rückständen, Abgrenzung zur Beseitigung. *Abfallwirtschaftsjournal* 5(1993)2, 133 – 136.
3.45 LURGI GmbH, Frankfurt (Auszug aus SATTLER/EMBERGER, [3.34])
3.46 FUHR, H.: Die Verbrennung von Sonderabfällen. Düsseldorf: VDI-Bildungswerk, Abfallwirtschaft und Entsorgung, 1988.
3.47 TABASARAN, O.: Thermische Verfahren der Abfallwirtschaft. Düsseldorf: VDI-Bildungswerk, Abfallwirtschaft und Entsorgung, 1988.
3.48 LEITHNER, R.: Wirbelschichtfeuerung. Abfallverbrennung in der Wirbelschicht. Bayer AG, Leverkusen (1988), Würzburg: Vogel Verlag, *Maschinemarkt* 98(1992)36, S. 22 – 27.
3.49 KURZ, G., GÜTHOFF, H.: Incineratoren. *Chemie-Anlagen+Verfahren* 21(1988).
3.50 Darstellung nach Unterlagen aus der Firmenbroschüre: Caloric GmbH, Lohenstraße 12, 82166 Gräfelfing.
3.51 Darstellung nach Unterlagen aus der Firmenbroschüre: Imperial-Krauss-Maffei-Industrieanlagen GmbH, München.
3.52 Darstellung nach Unterlagen aus der Firmenbroschüre: Steinmüller GmbH, Gummersbach.
3.53 FRITZ, W., KERN, H.: *Reinigung von Abgasen*. Würzburg: Vogel Buchverlag, 1992.
3.54 HAHN, J. (Hrsg.: G. Sutter): *Behandlung von Sonderabfall*. Technische und umweltverträglichkeitsrelevante Anforderungen aus der Sicht der Abfallwirtschaft. Berlin: EF Verlag, (1990).
3.55 KETTENBAUER: Thermische Reinigung von Industrieabfällen im Hochtemperaturbereich. Murg (1993).
3.56 VOGG, H.: *Chemie-Ingenieur-Technik* 60(1988), S. 247.
3.57 GNIELINSKI, V., MERSMANN, A., THURNER, F.: Verdampfung, Kristallisation, Trocknung. Wiesbaden: *Chemie+Technik*, Vieweg-Lehrbuch, (1993).
3.58 RITTNER, A., STEINER, H.: Die Schmelzkristallisation von organischen Stoffen und ihre großtechnische Anwendung. *Chemie-Ingenieur-Technik* 57(1985)2, S. 91 – 102.
3.59 Abfallverwertung und Recycling durch Schlammaufbereitung. Bericht über Fa. Gartner, Gundelfingen. *Galvanotechnik* 82(1991)6, S. 199.
3.60 SCHMOK, K.: Abwasserreinigung durch gesteuerte Fällungskristallisation. *Chemie-Anlagen+Verfahren* (1993)3, S. 92 – 98.
3.61 SIGNUM, Dresden.

3.62 VESER, M.: Vergleichende Untersuchungen an Membrananlagen zur Abwasseraufbereitung im Bereich von Großwäschereien Diplomarbeit am Institut für Biologische Verfahrenstechnik, FHT Mannheim, März 1992.
3.63 RIPPERGER, S., SCHULZ G.: Berechnungsmodell zur Beschreibung der Crossflow-Mikrofiltration. *Chemie-Ingenieur-Technik* 60(1988)11, S. 892 – 894.
3.64 ALLGAIER, K.: Thermische Behandlung von hochbelasteten Abwässern in Verbindung mit einer biologischen Brüdenkondensatbehandlung. Diplomarbeit am IBV-FHT Mannheim, 1992.
3.65 BUEB, M., FINZENHAGEN, M., MANN, T., MÜLLER, K.: Verminderung der Abwasseremission in der chemischen Industrie durch Verfahrensumstellungen und Teilstrombehandlungen. *Korrespondenz Abwasser* 37(1990)5, S. 542 – 558.
3.66 JAEGER, H.-P.: Beitrag zum Stand der Technik der thermischen Abwasserreinigung. *Chemie-Ingenieur-Technik* 52(1980)6, S. 527 – 530.
3.67 STEULER: Regenerationsverfahren zur Aufbereitung von Abfallösungen. *Verfahrenstechnik* 24(1990)9, S. 52 – 54.
3.68 KUNZ, P.: *Studier-Handbuch für ein effizientes Arbeiten.* Mannheim: Eigenverlag, 1993.
3.69 BERNABEI, D.: Die Problematik der Laborabfälle. GIT Spezial: *Arbeitsschutz* (1992)1, S. 54 – 57.
3.70 GUBLER, D.: Chemie-Sonderabfälle recycelt und entsorgt. *Chemische Rundschau* (1991)45, S. 19.
3.71 NOSKO, S.: Ökonomische Aspekte beim Recycling von Lösungsmitteln. Würzburg: Vogel Verlag, *LaborPraxis* (1991)9, S. 723 – 734.
3.72 SCHWENK, W., RAOUZEOS, G.: Lösungsmittelrückgewinnung aus schwierigen Sonderabfällen. *Chemie-technik* 22(1993)6.
3.73 SEITZ, R.: Recycling von Frostschutzmitteln aus Kraftfahrzeugen. *AbfallwirtschaftsJournal* 4(1992)10, S. 777 – 781.
3.74 BEISTER, H.-J.: Gestern Sondermüll, morgen Wertstoff. Düsseldorf: *VDI-Nachrichten* (1992)45, S. 40.
3.75 LGA-BW (Landesgewerbeamt Baden-Württemberg): Betrieblicher Umweltschutz – Reststoff, Abfall und Entsorgung im Kraftfahrzeugbetrieb, Stuttgart 1991.
3.76 LOHMEYER, S.: Pflege von Kühlschmierstoffen. TAE-Seminar, Ostfildern 1992.
3.77 Castrol: Care-System. Broschüre. Deutsche Castrol Industrieöl GmbH, Esplanade 39, Hamburg (1992).
3.78 KIECHLE, A.: Vermeiden, Behandeln und Entsorgen ölhaltiger Reststoffe aus der Metallindustrie. TAM-Seminar, Mannheim 1991.
3.79 FRITSCH, F.: Überblick über den Einsatz der Membrantechnik in der metallbearbeitenden Industrie. TAM-Seminar, Mannheim 1990.
3.80 SPEI, B.: Emulsionsspaltung mit organischen Spaltprodukten. *UTA* (1993)3, S. 204 – 211.
3.81 HOMPF, D., BINZER, U.: Emulsionsspaltung auf chemisch-thermischem Weg. *wlb* (1992)9, S. 38 – 42.
3.82 SCHMIDT, H. J., PSCHERA, S., VOITH, H., REICH, J.: Mechanisch-physikalische Trennverfahren als Recyclingtechnik unter dem Kostenaspekt. TAE-Semiar Industrieabwasserreinigung, Ostfildern 1992.
3.83 SCHILLING, R.: Integrierter Umweltschutz am Beispiel der abwasserfreien Galvanik. *EntsorgungsPraxis* (1992)12, S. 886 – 887.
3.84 BISCHOF, J., BÖHM, E.: Innerbetriebliche Rückgewinnung von Wertstoffen in der galvanischen Industrie. F+E-Bericht Umweltbundesamt 1985.
3.85 HARTMANN, B.: Chemikalienrecycling – ein Weg zu mehr Wirtschaftlichkeit. *Leiterplattentechnik* (1992)11, S. 154 – 155.
3.86 MÜLLER, G.: Klärschlamm wird Rohstoff. *Entsorga-Magazin* (1993)4, S. 17 – 22.

3.87 MÜLLER, W.: Verfahren zur Rückgewinnung reiner Buntmetalle oder Buntmetallverbindungen aus Galvanikschlämmen. Ehningen: expert-Verlag, Band 42, 1980, S. 151; s.d. Goldschmidt-Verfahren der Fa. Goldschmidt, Essen.
3.88 SCHODER, F.: Korrekte Entsorgung von Lackrückständen. TAM-Seminar: Vermeidung und Behandlung von Lackschlämmen, Mannheim 1989.
3.89 HEIDINGSFELDER, S., RÖMERMANN, H.-D.: Sondermüllentsorgung – wohin mit dem Abwasser? *EntsorgungsTechnik* (1992)7/8, S. 20 – 22.
4.1 anonym: Deponiekriterien in der EG ... *Chemische Industrie* (1992)2, S. 11.
4.2 WOOD, J. A., PORTER, M. L.: Hazardous Pollutants in Class II Landfills. Soutz Coast Air Quality Management District, El Monte, CA, Dezember 1986.
4.3 THOMÉ-KOZMIENSKY, K. J.: *Deponie*. Berlin: EF-Verlag, 1990.
4.4 SBW: (Sondermüll-Betriebsgesellschaft) Baden-Württemberg. Projektdokumentation: Die Sonderabfalldeponie Billigheim. Broschüre 1989.
4.5 SCHMID, G.: *Deponietechnik*. Umweltschutz-Entsorgungstechnik. Würzburg: Vogel Buchverlag, 1992.
4.6 KIRSCHNER, R., KREIT, V.: Verwendung von Geokunststoffen im Deponiebau. *EntsorgungsPraxis* (1991)11, S. 686 – 695.
4.7 GARTUNG, E.: Geotextilien und Kunststoffdichtungsbahnen im Deponiebau. *EntsorgungsPraxis* (1991)11, S. 678 – 684.
4.8 SBW (Sonderabfallentsorgung Baden-Württemberg): Projektdokumentation. Die Sonderabfalldeponie Billigheim. Broschüre 1989.
4.9 FLÜGGE, F.: Alternative Bestandteile von Deponieoberflächen-Abdichtungssystemen. *EntsorgungsPraxis* (1992)11, S. 766 – 770.
4.10 BIEHLER, D.: Alternative Deponierungsstragtegien für Sonderabfälle. *Zeitschrift für angewandte Umweltforschung* 1(1988)1, S. 37 – 50.
4.11 Ökoinstitut Darmstadt: Risikostudie Hochsicherheitsdeponie. Endbericht Teil 1 Darmstadt 1987.
4.12 FISCHER, D., SCHENKEL, W.: Anforderungen an die Ablagerung von Abfällen in der Bundesrepublik Deutschland, der Schweiz und Österreich. *Müll und Abfall* (1990)1, S. 2 – 13.
4.13 ATV/BDE/VKS-Fachausschuß 3.6: Ablagerung von getrocknetem Klärschlamm. *Korrespondenz Abwasser* 39(1992)8, S. 1165 – 1167.
4.14 SPERL, J. G.: Mono-Naßmülldeponie – Alternative Verwertung von organischem Naßmüll mit Deponiegasgewinnung. GIT-Supplement *Umwelt* (1986)1, S. 59 – 64 1986.
4.15 ATV/VKS-Fachausschuß 3.6: Monodeponie von Klärschlamm. *Korrespondenz Abwasser* 38(1991)2, S. 285 – 291.
4.16 KÖHLHOFF, D.: Emissionsverhalten von Klärschlamm in der Deponie. WAP (1993)3, S. 208 – 213.
4.17 KIND, H.-J. (Hrsg.: TEUSCHER, G.): Die Untertage-Deponie Herfa-Neurode; in: *Umweltschutz – Abfallbeseitigung und Abfallverwertung*. 2. Aufl., Ehningen: expert-Verlag, 1992.
4.18 HERRMANN, A. G., BRUMSACK, H. J., HEINRICHS, H.: Notwendigkeit, Möglichkeiten und Grenzen der Untertagedeponie anthropogener Schadstoffe. *Naturwissenschaften* 72(1985), S. 408 – 418.
4.19 HÄMMERLI-WIRTH, H.: Die Behandlung und Ablagerung von Kehrrichtschlacken und Filteraschen. *Phoenix International* (1987)6, S. 11 – 17.
4.20 anonym: Deponiesickerwässer reinigen ... *Chemie-Technik* 20(1991)6, S. 154.

Stichwortverzeichnis